TABELLEN

zur

Berechnung der Ausbeute aus dem Malze

und zur

saccharometrischen Bieranalyse.

———

Von

Dr. Georg Holzner,

pens. Professor der Kgl. Akademie Weihenstephan.

———

Vierte verbesserte und durch eine Tabelle von Jais, sowie
eine Tabelle von **Dr. Fr. Wiedmann** und **Dr. G. Kappeller**
vermehrte Auflage.

München und **Berlin.**
Druck und Verlag von R. Oldenbourg.
1904.

Vorwort

zur vierten Auflage.

In der vorliegenden Ausgabe ist die Tabelle zur Berechnung der Ausbeute aus dem Malze im Sudhause den
Fortschritten im Abläutern entsprechend verbessert und
nebst der Tabelle zur Bestimmung der Extraktausbeute im
Gärkeller erweitert worden.

Die Verbesserung der ersten Tabelle hat zur Folge,
daſs in der neuen Ausgabe für die gleiche Menge und den
nämlichen Extraktgehalt des Ausschlages höhere Ausbeute-
prozente angegeben sind als in der dritten. So sind z. B.
in der dritten Auflage für 280 Liter mit 12,5% B. als
Ausbeute (S. 25) 68,1%, dagegen in der neuen Auflage
(S. 21) 70,8% angegeben. Dieses erklärt sich daraus, daſs
vor zehn Jahren das Malz nicht so fein geschrotet worden
und im Hopfengeläger mehr Extrakt zurückgeblieben als
es heutzutage in rationell geleiteten Brauereien der Fall
ist. Es wird aber kein Betriebsleiter deshalb meinen, daſs
er am ersten Tage des Gebrauchs der neuen Auflage um
z. B. 2,7 Pfund mehr Extrakt aus einem Zentner Malz erhalten hat als bei sonst gleichen Umständen am vorher-
gegangenen Tage; sondern er wird richtig schlieſsen, daſs
die Ausbeutezahlen, welche vor zehn Jahren im Durchschnitt
richtig gewesen sind, nunmehr zu niedrig sind.

Die beiden auf ein Kilogramm Malz bezogenen Tabellen
zur Berechnung der Extraktausbeute sind in der vierten

Auflage weggelassen worden, da sie nicht mehr nötig erscheinen.

Dagegen ist mit Rücksicht auf die Brauerei- und Untersuchungslaboratorien die neue Auflage durch die Anfügung einer von J. Jais berechneten Tabelle zur Bestimmung der theoretischen Ausbeute aus dem lufttrockenen Malze und aus der Malztrockensubstanz, ferner einer Tabelle zur Bestimmung des Extraktgehaltes der angestellten Würze nach dem Alkoholgehalte und dem wirklichen Extraktreste eines Bieres nebst dem dazu gehörigen wirklichen Vergärungsgrade vermehrt worden.

Dr. Holzner.

Inhalt.

I.

Tabelle

zur

Berechnung der prozentischen Ausbeute nach der Anzahl und dem Extraktgehalte der aus einem Zollzentner Malz erhaltenen Liter heissen Würze in der Pfanne.

Von Dr. Holzner.

Die Extraktausbeute hat in den letzten Jahrzehnten sehr grofse Fortschritte gemacht. Durch verbesserte Malzbereitung, feineres Schroten und vollkommeneres Aussüfsen des Malzes beim Abläutern ist erreicht worden, dafs Extraktausbeuten, welche noch 1894 als hohe angesehen worden sind, nun als nur regelmäfsige erscheinen. Diesem Umstande ist in der neuen Auflage nach jeder Richtung Rechnung getragen worden.

Die in dieser Tabelle enthaltenen Zahlen für die Extraktausbeute stellen Durchschnitte dar, während bei der Bestimmung der Ausbeute in der Praxis meist nur Näherungswerte erhalten werden. Gleichwohl sind diese in dem gleichen Betriebe ein höchst schätzbares Mittel zur Kontrolle, von deren Wichtigkeit alle Brauer überzeugt sind.

Es ist selbstverständlich, dafs die Pfannen und Gärbottiche geeicht und die Skala des benützten Saccharometers richtig sein mufs. Am meisten empfiehlt es sich, nicht das in jeder Brauerei vorhandene ganz genaue Normalsaccharometer zum Messen des Würzeextraktes, sondern nur zur Vergleichung für andere Instrumente zu benützen.

In Bayern wird das zu vermaischende Malz von der Steuerbehörde nicht gewogen, sondern mit dem Hohlmafse gemessen. Daher mufs jeder bayerische Brauer, wenn er annähernd genau die Ausbeuten kontrollieren will, das Hektolitergewicht mit einer Reichswage feststellen und dann das Gewicht des vermaischten Malzes berechnen.

Die der Pfanne entnommene heifse Würze mufs zur Verhütung der Verdunstung rasch auf 14° R abgekühlt werden.

Die Tabelle für Nachbier habe ich in dieser Ausgabe weggelassen. Wenn ein solches Bier bereitet wird, so geschieht die Berechnung in der Weise, daſs man einen Bruchteil der Menge nimmt und dafür den Extraktgehalt der Würze in demselben Verhältnisse vermehrt, z. B. statt 36 Liter à 2,1% setzt 9 Liter à 8,4%.

1. Beispiel: Von 35 Zentner Malz werden 99,4 Hektoliter heiſse Würze in der Pfanne erhalten. Eine rasch auf 14° F (17,5° C) abgekühlte Würze zeigt 12,3% B. an.

Die Menge Würze von 1 Hektoliter Malz ist somit $\frac{9940}{35} = 284$ Liter.

Auf Seite 20 der Tabelle ist für 280 Liter als Ausbeute bei 12,3% der Würze 69,6%, dann für 4 Liter 1% angegeben; also Ausbeute 70,6%.

2. Beispiel: Von 35 Zentner Malz werden 99 Hektoliter heiſse Würze in der Pfanne erhalten, welche rasch abgekühlt 12,3% B. anzeigt.

Die Menge Würze 1 Hektoliter Malz ist 282,8 Liter.

Seite 20:	280 Liter Würze		69,6%
	2 » »		0,5%
	0,8 » »		0,2%
		Gesamtausbeute	70,3%.

3. Beispiel: Von 38,4 Zentner Malz werden 105,6 Hektoliter Stammwürze und 8,2 Hektoliter Nachbierwürze erhalten, welche 12,3% B. und 2,4% B. Extrakt enthielten.

Von 1 Zentner Malz werden $\frac{105,6}{38,4}$ Hektoliter = 275 Liter Würze

und $\frac{8200}{384} = 21,3$ Liter Nachbierwürze = $\frac{21,3}{3}$ Liter zu 7,2%.

Seite 20:	270 Liter Stammwürze		67,1 %
	5 » »		1,3 %
Seite 10:	7 » Nachbierwürze		1,0 %
	0,1 » »		0,01%
		Gesamtausbeute	69,41%.

4. Beispiel: Von 40,3 Zentner Malz werden 1130,7 Hektoliter heiſse Stammwürze (11,8%) und 32 Hektoliter Nachbierwürze (abgekühlt 1,5%) erhalten oder von 1 Zentner Malz 280,6 Liter Stammwürze und 79,4 Liter Nachbierwürze. Nun sind 79,4 Liter à 1,5 annähernd gleich 20 Liter à 6%.

280 Liter Stammwürze geben		66,6 %	Ausbeute (Seite 19)
0,6 » » »		0,14%	»
20 » Nachbierwürze à 6% geben		2,4 %	»
	Gesamtausbeute	69,14%.	

5. Beispiel: Von 26,4 Hektoliter Malz mit dem Hektolitergewicht zu 52,6 Kilogramm = 103,2 Zollpfund werden 69,21 Hektoliter Würze mit 13,4 % B. erhalten. Das Gewicht des verschroteten Malzes ist 26,4 × 103,2 oder nahezu 27,25 Zentner. Somit liefert 1 Zentner 254 Liter à 13,4 % B.

Seite 19: 250 Liter geben 67,9 % Ausbeute
4 » » 1,1 % »
Gesamtausbeute 69 %.

6. Beispiel: Bei der Vermaischung ven 33,5 Hektoliter Malz à 52,8 Kilogramm werden 93,75 Hektoliter Stammwürze mit 12,7 % und 7,5 Hektoliter Nachbierwürze mit 2,4 % Be erhalten.

33,5 × 105,6 = 35,376 Zentner. Es gibt 1 Zentner Malz 265 Liter Stammwürze und 21,2 Liter Nachbierwürze à 2,7 % annähernd soviel wie 7,1 Liter zu 8,1 %.

Seite 18: 260 Liter Stammwürze geben 66,8 % Ausbeute
5 » » » 1,3 % »
Seite 9: 7 » Nachbierwürze » 1,1 % »
0,1 » » » 0,02 % »
Summa 69,22 % Ausbeute.

4,0 Saccharo-meter-Anzeige der Würze bei 14° R		4,1 Saccharo-meter-Anzeige der Würze bei 14° R		4,2 Saccharo-meter-Anzeige der Würze bei 14° R		4,3 Saccharo-meter-Anzeige der Würze bei 14° R		4,4 Saccharo-meter-Anzeige der Würze bei 14° R	
Heiße Würze in der Pfanne Liter	Ausbeute aus dem Malze Prozent	Heiße Würze in der Pfanne Liter	Ausbeute aus dem Malze Prozent	Heiße Würze in der Pfanne Liter	Ausbeute aus dem Malze Prozent	Heiße Würze in der Pfanne Liter	Ausbeute aus dem Malze Prozent	Heiße Würze in der Pfanne Liter	Ausbeute aus dem Malze Prozent
710	55,8	660	53,2	660	54,5	640	54,1	620	53,6
720	56,6	670	54,0	670	55,3	650	54,9	630	54,5
730	57,3	680	54,8	680	56,2	660	55,8	640	55,3
740	58,1	690	55,7	690	57,0	670	56,6	650	56,2
750	58,9	700	56,5	700	57,8	680	57,5	660	57,1
760	59,7	710	57,3	710	58,6	690	58,3	670	57,9
770	60,5	720	58,1	720	59,5	700	59,2	680	58,8
780	61,3	730	58,9	730	60,3	710	60,0	690	59,7
790	62,1	740	59,7	740	61,1	720	60,9	700	60,5
800	62,9	750	60,5	750	62,0	730	61,7	710	61,4
810	63,6	760	61,3	760	62,8	740	62,6	720	62,3
820	64,4	770	62,1	770	63,6	750	63,4	730	63,1
830	65,2	780	62,9	780	64,4	760	64,3	740	64,0
840	66,0	790	63,8	790	65,3	770	65,1	750	64,9
850	66,8	800	64,6	800	66,1	780	66,0	760	65,7
860	67,6	810	65,4	810	66,9	790	66,8	770	66,6
870	68,4	820	66,2	820	67,8	800	67,7	780	67,5
880	69,2	830	67,0	830	68,6	810	68,5	790	68,3
890	69,9	840	67,8	840	69,4	820	69,4	800	69,2
900	70,7	850	68,6	850	70,2	830	70,2	810	70,1
910	71,5	860	69,4	860	71,1	840	71,0	820	70,9
920	72,3	870	70,2	870	71,9	850	71,9	830	71,8
930	73,1	880	71,0	880	72,7	860	72,7	840	72,7
940	73,9	890	71,8	890	73,6	870	73,6	850	73,5
950	74,7	900	72,7	900	74,4	880	74,4	860	74,4
960	75,5	910	73,5	910	75,2	890	75,3	870	75,3
970	76,2	920	74,3	920	76,0	900	76,1	880	76,1
980	77,0	930	75,1	930	76,8	910	77,0	890	77,0
990	77,8	940	75,9	940	77,7	920	77,8	900	77,9
1	0,1	1	0,1	1	0,1	1	0,1	1	0,1
2	0,2	2	0,2	2	0,2	2	0.2	2	0,2
3	0,2	3	0,2	3	0,2	3	0,3	3	0,3
4	0,3	4	0,3	4	0,3	4	0,3	4	0,3
5	0,4	5	0,4	5	0,4	5	0,4	5	0,4
6	0,5	6	0,5	6	0,5	6	0,5	6	0,5
7	0,6	7	0,6	7	0,6	7	0,6	7	0,6
8	0,6	8	0,6	8	0,7	8	0,7	8	0,7
9	0,7	9	0,7	9	0,7	9	0,8	9	0,8

4,5 Saccharometer-Anzeige der Würze bei 14° R		4,6 Saccharometer-Anzeige der Würze bei 14° R		4,7 Saccharometer-Anzeige der Würze bei 14° R		4,8 Saccharometer-Anzeige der Würze bei 14° R		4,9 Saccharometer-Anzeige der Würze bei 14° R	
Heifse Würze in der Pfanne Liter	Ausbeute aus dem Malze Prozent	Heifse Würze in der Pfanne Liter	Ausbeute aus dem Malze Prozent	Heifse Würze in der Pfanne Liter	Ausbeute aus dem Malze Prozent	Heifse Würze in der Pfanne Liter	Ausbeute aus dem Malze Prozent	Heifse Würze in der Pfanne Liter	Ausbeute aus dem Malze Prozent
600	53,1	600	54,3	580	53,6	560	52,9	550	53,0
610	54,0	610	55,2	590	54,5	570	53,9	560	54,0
620	54,9	620	56,1	600	55,5	580	54,8	570	55,0
630	55,8	630	57,0	610	56,4	590	55,8	580	56,0
640	56,7	640	57,9	620	57,3	600	56,7	590	56,9
650	57,6	650	58,8	730	58,2	610	57,7	600	57,9
660	58,5	660	59,7	640	59,2	620	58,6	610	58,9
670	59,4	670	60,6	650	60,1	630	59,6	620	59,8
680	60,2	680	61,6	660	61,0	640	60,5	630	60,8
690	61,1	690	62,5	670	61,9	650	61,5	640	61,8
700	62,0	700	63,4	680	62,9	660	62,4	650	62,7
710	62,9	710	64,3	690	63,8	670	63,4	660	63,7
720	63,8	720	65,2	700	64,7	680	64,3	670	64,7
730	64,7	730	66,1	710	65,6	690	65,3	680	65,6
740	65,6	740	67,0	720	66,6	700	66,2	690	66,6
750	66,5	750	67,9	730	67,5	710	67,2	700	67,6
760	67,3	760	68,8	740	68,4	720	68,1	710	68,5
770	68,2	770	69,7	750	69,4	730	69,1	720	69,5
780	69,1	780	70,6	760	70,3	740	70,0	730	70,5
790	70,0	790	71,5	770	71,2	750	71,0	740	71,4
800	70,9	800	72,5	780	72,1	760	71,9	750	72,4
810	71,8	810	73,4	790	73,1	770	72,9	760	73,4
820	72,7	820	74,3	800	74,0	780	73,8	770	74,3
830	73,6	830	75,2	810	74,9	790	74,8	780	75,3
840	74,5	840	76,1	820	75,8	800	75,7	790	76,3
850	75,3	850	77,0	830	76,8	810	76,7	800	77,3
860	76,2	860	77,9	840	77,7	820	77,6	810	78,2
870	77,1	870	78,8	850	78,6	830	78,6	820	79,2
880	78,0	880	79,7	860	79,6	840	79,5	830	80,2
1	*0,1*	*1*	*0,1*	*1*	*0,1*	*1*	*0,1*	*1*	*0,1*
2	*0,2*	*2*	*0,2*	*2*	*0,2*	*2*	*0,2*	*2*	*0,2*
3	*0,3*	*3*	*0,3*	*3*	*0,3*	*3*	*0,3*	*3*	*0,3*
4	*0,4*	*4*	*0,4*	*4*	*0,4*	*4*	*0,4*	*4*	*0,4*
5	*0,4*	*5*	*0,5*	*5*	*0,5*	*5*	*0,5*	*5*	*0,5*
6	*0,5*	*6*	*0,5*	*6*	*0,6*	*6*	*0,6*	*6*	*0,6*
7	*0,6*	*7*	*0,6*	*7*	*0,6*	*7*	*0,7*	*7*	*0,7*
8	*0,7*	*8*	*0,7*	*8*	*0,7*	*8*	*0,8*	*8*	*0,8*
9	*0,8*	*9*	*0,8*	*9*	*0,8*	*9*	*0,9*	*9*	*0,9*

5,0 Saccharometer-Anzeige der Würze bei 14° R		5,1 Saccharometer-Anzeige der Würze bei 14° R		5,2 Saccharometer-Anzeige der Würze bei 14° R		5,3 Saccharometer-Anzeige der Würze bei 14° R		5,4 Saccharometer-Anzeige der Würze bei 14° R	
Heiße Würze in der Pfanne Liter	Ausbeute aus dem Malze Prozent	Heiße Würze in der Pfanne Liter	Ausbeute aus dem Malze Prozent	Heiße Würze in der Pfanne Liter	Ausbeute aus dem Malze Prozent	Heiße Würze in der Pfanne Liter	Ausbeute aus dem Malze Prozent	Heiße Würze in der Pfanne Liter	Ausbeute aus dem Malze Prozent
540	53,2	530	53,3	520	53,3	510	53,3	500	53,2
550	54,2	540	54,3	530	54,3	520	54,4	510	54,3
560	55,2	550	55,3	540	55,3	530	55,4	520	55,4
570	56,2	560	56,3	550	56,3	540	56,5	530	56,4
580	57,2	570	57,3	560	57,4	550	57,5	540	57,5
590	58,2	580	58,3	570	58,4	560	58,6	550	58,6
600	59,2	590	59,3	580	59,4	570	59,6	560	59,6
610	60,1	600	60,3	590	60,5	580	60,7	570	60,7
620	61,1	610	61,3	600	61,5	590	61,7	580	61,8
630	62,1	620	62,3	610	62,5	600	62,8	590	62,9
640	63,1	630	63,4	620	63,6	610	63,8	600	63,9
650	64,1	640	64,4	630	64,6	620	64,9	610	65,0
660	65,1	650	65,4	640	65,6	630	65,9	620	66,1
670	66,1	660	66,4	650	66,6	640	67,0	630	67,1
680	67,1	670	67,4	660	67,7	650	68,0	640	68,2
690	68,1	680	68,4	670	68,7	660	69,1	650	69,3
700	69,0	690	69,4	680	69,7	670	70,1	660	70,3
710	70,0	700	70,4	690	70,8	680	71,2	670	71,4
720	71,0	710	71,4	700	71,8	690	72,2	680	72,5
730	72,0	720	72,4	710	72,8	700	73,3	690	73,5
740	73,0	730	73,4	720	73,8	710	74,3	700	74,6
750	74,0	740	74,5	730	74,9	720	75,4	710	75,7
760	75,0	750	75,5	740	75,9	730	76,4	720	76,7
770	76,0	760	76,5	750	76,9	740	77,5	730	77,8
780	77,0	770	77,5	760	78,0	750	78,5	740	78,9
790	77,9	780	78,5	770	79,0	760	79,6	750	80,0
800	78,9	790	79,5	780	80,1	770	80,6		
810	79,9	800	80,5	790	81,1	780	81,7		
820	80,9	810	81,5						
1	0,1	1	0,1	1	0,1	1	0,1	1	0,1
2	0,2	2	0,2	2	0,2	2	0,2	2	0,2
3	0,3	3	0,3	3	0,3	3	0,3	3	0,3
4	0,4	4	0,4	4	0,4	4	0,4	4	0,4
5	0,5	5	0,5	5	0,5	5	0,5	5	0,5
6	0,6	6	0,6	6	0,6	6	0,6	6	0,6
7	0,7	7	0,7	7	0,7	7	0,7	7	0,7
8	0,8	8	0,8	8	0,8	8	0,8	8	0,9
9	0,9	9	0,9	9	0,9	9	0,9	9	0,0

5,5		5,6		5,7		5,8		5,9	
Saccharometer-Anzeige der Würze bei 14° R		Saccharometer-Anzeige der Würze bei 14° R		Saccharometer-Anzeige der Würze bei 14° R		Saccharometer-Anzeige der Würze bei 14° R		Saccharometer-Anzeige der Würze bei 14° R	
Heiße Würze in der Pfanne Liter	Ausbeute aus dem Malze Prozent	Heiße Würze in der Pfanne Liter	Ausbeute aus dem Malze Prozent	Heiße Würze in der Pfanne Liter	Ausbeute aus dem Malze Prozent	Heiße Würze in der Pfanne Liter	Ausbeute aus dem Malze Prozent	Heiße Würze in der Pfanne Liter	Ausbeute aus dem Malze Prozent
500	54,3	480	53,0	480	54,1	470	53,8	460	53,7
510	55,4	490	54,2	490	55,2	480	55,0	470	54,8
520	56,5	500	55,3	500	56,3	490	56,1	480	55,0
530	57,6	510	56,4	510	57,5	500	57,3	490	57,2
540	58,7	520	57,5	520	58,6	510	58,4	500	58,4
550	59,8	530	58,6	530	59,7	520	59,6	510	59,5
560	60,9	540	59,7	540	60,9	530	60,7	520	60,7
570	62,0	550	60,8	550	62,0	540	61,9	530	61,9
580	63,0	560	61,9	560	63,1	550	63,0	540	62,0
590	64,1	570	63,0	570	64,3	560	64,2	550	64,2
600	65,2	580	64,1	580	65,4	570	65,3	560	65,4
610	66,3	590	65,2	590	66,5	580	66,5	570	66,6
620	67,4	600	66,4	600	67,6	590	67,6	580	67,7
630	68,5	610	67,5	610	68,8	600	68,8	590	68,9
640	69,6	620	68,6	620	69,9	610	70,0	600	70,0
650	70,7	630	69,7	630	71,0	620	71,1	610	71,2
660	71,8	640	70,8	640	72,2	630	72,2	620	72,4
670	72,9	650	71,9	650	73,3	640	73,4	630	73,6
680	74,0	660	73,0	660	74,4	650	74,5	640	74,8
690	75,1	670	74,2	670	75,5	660	75,7	650	75,9
700	76,2	680	75,3	680	76,7	670	76,8	660	77,1
710	77,2	690	76,4	690	77,8	680	78,0	670	78,3
720	78,3	700	77,5	700	78,9	690	79,1	680	79,4
730	79,4	710	78,6	710	80,1	700	80,3	690	80,6
740	80,5	720	79,7						
1	0,1	1	0,1	1	0,1	1	0,1	1	0,1
2	0,2	2	0,2	2	0,2	2	0,2	2	0,2
3	0,3	3	0,3	3	0,3	3	0,3	3	0,4
4	0,4	4	0,5	4	0,5	4	0,5	4	0,5
5	0,6	5	0,6	5	0,6	5		5	0,6
							0,6		
6	0,7	6	0,7	6	0,7	6	0,7	6	0,7
7	0,8	7	0,8	7	0,8	7	0,8	7	0,8
8	0,9	8	0,9	8	0,9	8	0,9	8	0,9
9	1,0	9	1,0	9	1,0	9	1,0	9	1,1

6,0		6,1		6,2		6,3		6,4	
Saccharo-meter-Anzeige der Würze bei 14° R		Saccharo-meter-Anzeige der Würze bei 14° R		Saccharo-meter-Anzeige der Würze bei 14° R		Saccharo-meter-Anzeige der Würze bei 14° R		Saccharo-meter-Anzeige der Würze bei 14° R	
Heifse Würze in der Pfanne Liter	Ausbeute aus dem Malze Prozent	Heifse Würze in der Pfanne Liter	Ausbeute aus dem Malze Prozent	Heifse Würze in der Pfanne Liter	Ausbeute aus dem Malze Prozent	Heifse Würze in der Pfanne Liter	Ausbeute aus dem Malze Prozent	Heifse Würze in der Pfanne Liter	Ausbeute aus dem Malze Prozent
450	53,4	440	53,0	430	52,7	430	53,6	420	53,2
460	54,6	450	54,2	440	54,0	440	54,9	430	54,5
470	55,7	460	55,4	450	55,2	450	56,1	440	55,7
480	56,9	470	56,7	460	56,4	460	57,4	450	57,0
490	58,1	480	57,9	470	57,7	470	58,6	460	58,3
500	59,3	490	59,1	480	58,9	480	59,9	470	59,6
510	60,5	500	60,3	490	60,1	490	61,1	480	60,8
520	61,7	510	61,5	500	61,4	500	62,4	490	62,1
530	62,9	520	62,7	510	62,6	510	63,6	500	63,4
540	64,1	530	63,9	520	63,8	520	64,9	510	64,7
550	65,3	540	65,1	530	65,0	530	66,1	520	65,9
560	66,5	550	66,3	540	66,3	540	67,4	530	67,2
570	67,6	560	67,5	550	67,5	550	68,6	540	68,5
580	68,8	570	68,8	560	68,7	560	69,9	550	69,8
590	70,0	580	70,0	570	70,0	570	71,1	560	71,0
600	71,2	590	71,2	580	71,2	580	72,4	570	72,3
610	72,4	600	72,4	590	72,4	590	73,6	580	73,6
620	73,6	610	73,6	600	73,7	600	74,9	590	74,8
630	74,8	620	74,8	610	74,9	610	76,1	600	76,1
640	76,0	630	76,0	620	76,1	620	77,4	610	77,4
650	77,2	640	77,2	630	77,4	630	78,6	620	78,7
660	78,4	650	78,4	640	78,6	640	79,9	630	79,9
670	79,6	660	79,7	650	79,8	650	81,1	640	81,2
680	80,8	670	80,9	660	81,1				
1	0,1	1	0,1	1	0,1	1	0,1	1	0,1
2	0,2	2	0,2	2	0,2	2	0,3	2	0,3
3	0,4	3	0,4	3	0,4	3	0,4	3	0,4
4	0,5	4	0,5	4	0,5	4	0,5	4	0,5
5	0,6	5	0,6	5	0,6	5	0,6	5	0,6
6	0,7	6	0,7	6	0,7	6	0,8	6	0,8
7	0,8	7	0,8	7	0,9	7	0,9	7	0,9
8	1,0	8	1,0	8	1,0	8	1,0	8	1,0
9	1,1	9	1,1	9	1,1	9	1,1	9	1,1

6,5 Saccharo-meter-Anzeige der Würze bei 14° R		6,6 Saccharo-meter-Anzeige der Würze bei 14° R		6,7 Saccharo-meter-Anzeige der Würze bei 14° R		6,8 Saccharo-meter-Anzeige der Würze bei 14° R		6,9 Saccharo-meter-Anzeige der Würze bei 14° R	
Heiße Würze in der Pfanne Liter	Ausbeute aus dem Malze Prozent	Heiße Würze in der Pfanne Liter	Ausbeute aus dem Malze Prozent	Heiße Würze in der Pfanne Liter	Ausbeute aus dem Malze Prozent	Heiße Würze in der Pfanne Liter	Ausbeute aus dem Malze Prozent	Heiße Würze in der Pfanne Liter	Ausbeute aus dem Malze Prozent
410	52,7	400	52,3	400	53,1	390	52,5	390	53,3
420	54,0	410	53,6	410	54,4	400	53,9	400	54,7
430	55,3	420	54,9	420	55,7	410	55,2	410	56,0
440	56,6	430	56,2	430	57,1	420	56,6	420	57,4
450	57,9	440	57,5	440	58,4	430	58,0	430	58,8
460	59,2	450	58,8	450	59,7	440	59,3	440	60,2
470	60,5	460	60,1	460	61,1	450	60,7	450	61,5
480	61,8	470	61,4	470	62,4	460	62,0	460	62,9
490	63,1	480	62,8	480	63,7	470	63,4	470	64,3
500	64,3	490	64,1	490	65,1	480	64,7	480	65,7
510	65,6	500	65,4	500	66,4	490	66,1	490	67,0
520	66,9	510	66,7	510	67,8	500	67,4	500	68,4
530	68,2	520	68,0	520	69,1	510	68,8	510	69,8
540	69,5	530	69,4	530	70,4	520	70,1	520	71,1
550	70,8	540	70,7	540	71,8	530	71,5	530	72,5
560	72,1	550	72,0	550	73,1	540	72,9	540	73,9
570	73,4	560	73,3	560	74,4	550	74,2	550	75,3
580	74,7	570	74,6	570	75,8	560	75,6	560	76,6
590	76,0	580	75,9	580	77,1	570	76,9	570	78,0
600	77,3	590	77,2	590	78,4	580	78,3	580	79,4
610	78,6	600	78,6	600	79,8	590	79,6	590	80,8
620	79,8	610	79,9	610	81,1	600	80,9	600	82,1
630	81,1	620	81,2	620	82,4				
1	0,1	1	0,1	1	0,1	1	0,1	1	0,1
2	0,3	2	0,3	2	0,3	2	0,3	2	0,3
3	0,4	3	0,4	3	0,4	3	0,4	3	0,4
4	0,5	4	0,5	4	0,5	4	0,5	4	0,5
5	0,6	5	0,7	5	0,7	5	0,7	5	0,7
6	0,8	6	0,8	6	0,8	6	0,8	6	0,8
7	0,9	7	0,9	7	0,9	7	0,9	7	1,0
8	1,0	8	1,1	8	1,1	8	1,1	8	1,1
9	1,2	9	1,2	9	1,2	9	1,2	9	1,2

7,0		7,1		7,2		7,3		7,4	
Saccharo-meter-Anzeige der Würze bei 14° R		Saccharo-meter-Anzeige der Würze bei 14° R		Saccharo-meter-Anzeige der Würze bei 14° R		Saccharo-meter-Anzeige der Würze bei 14° R		Saccharo-meter-Anzeige der Würze bei 14° R	
Heifse Würze in der Pfanne Liter	Ausbeute aus dem Malze Prozent	Heifse Würze in der Pfanne Liter	Ausbeute aus dem Malze Prozent	Heifse Würze in der Pfanne Liter	Ausbeute aus dem Malze Prozent	Heifse Würze in der Pfanne Liter	Ausbeute aus dem Malze Prozent	Heifse Würze in der Pfanne Liter	Ausbeute aus dem Malze Prozent
380	52,7	380	53,5	370	52,8	370	53,6	360	52,9
390	54,1	390	54,9	380	54,3	380	55,1	370	54,3
400	55,5	400	56,3	390	55,7	390	56,5	380	55,8
410	56,9	410	57,7	400	57,1	400	58,0	390	57,3
420	58,3	420	59,1	410	58,6	410	59,4	400	58,8
430	59,7	430	60,5	420	60,0	420	60,9	410	60,2
440	61,1	440	61,9	430	61,4	430	62,4	420	61,7
450	62,5	450	63,4	440	62,9	440	63,8	430	63,2
460	63,9	460	64,8	450	64,3	450	65,3	440	64,7
470	65,3	470	66,2	460	65,8	460	66,7	450	66,1
480	66,7	480	67,6	470	67,2	470	68,2	460	67,6
490	68,1	490	69,0	480	68,6	480	69,6	470	69,1
500	69,5	500	70,4	490	70,1	490	71,1	480	70,6
510	70,9	510	71,8	500	71,5	500	72,5	490	72,0
520	72,3	520	73,3	510	72,9	510	74,0	500	73,5
530	73,7	530	74,7	520	74,4	520	75,5	510	75,0
540	75,0	540	76,1	530	75,8	530	76,9	520	76,5
550	76,4	550	77,5	540	77,3	540	78,4	530	77,9
560	77,8	560	78,9	550	78,7	550	79,8	540	79,4
570	79,2	570	80,3	560	80,1	560	81,3	550	80,9
580	80,6	580	81,7	570	81,5	570	82,7	560	82,4
590	82,0								
1	0,1	1	0,1	1	0,1	1	0,1	1	0,1
2	0,3	2	0,3	2	0,3	2	0,3	2	0,3
3	0,4	3	0,4	3	0,4	3	0,4	3	0,4
4	0,5	4	0,6	4	0,6	4	0,6	4	0,6
5	0,7	5	0,7	5	0,7	5	0,7	5	0,7
6	0,8	6	0,8	6	0,9	6	0,9	6	0,9
7	1,0	7	1,0	7	1,0	7	1,0	7	1,0
8	1,1	8	1,1	8	1,1	8	1,1	8	1,2
9	1,3	9	1,3	9	1,3	9	1,3	9	1,3

| 7,5 | | 7,6 | | 7,7 | | 7,8 | | 7,9 | |
| Saccharo-meter-Anzeige der Würze bei 14° R | | Saccharo-meter-Anzeige der Würze bei 14° R | | Saccharo-meter-Anzeige der Würze bei 14° R | | Saccharo-meter-Anzeige der Würze bei 14° R | | Saccharo-meter-Anzeige der Würze bei 14° R | |
Heifse Würze in der Pfanne Liter	Ausbeute aus dem Malze Prozent	Heifse Würze in der Pfanne Liter	Ausbeute aus dem Malze Prozent	Heifse Würze in der Pfanne Liter	Ausbeute aus dem Malze Prozent	Heifse Würze in der Pfanne Liter	Ausbeute aus dem Malze Prozent	Heifse Würze in der Pfanne Liter	Ausbeute aus dem Malze Prozent
350	52,1	350	52,8	350	53,5	340	52,7	340	53,4
360	53,6	360	54,3	360	55,1	350	54,3	350	55,0
370	55,1	370	55,8	370	56,6	360	55,8	360	56,6
380	56,6	380	57,3	380	58,2	370	57,4	370	58,1
390	58,1	390	58,9	390	59,7	380	59,0	380	59,7
400	59,6	400	60,4	400	61,2	390	60,5	390	61,3
410	61,1	410	61,9	410	62,8	400	62,1	400	62,9
420	62,6	420	63,4	420	64,3	410	63,6	410	64,5
430	64,1	430	64,9	430	65,8	420	65,2	420	66,0
440	65,6	440	66,4	440	67,4	430	66,8	430	67,6
450	67,1	450	68,0	450	68,9	440	68,3	440	69,2
460	68,6	460	69,5	460	70,5	450	69,9	450	70,8
470	70,1	470	71,0	470	72,0	460	71,4	460	72,4
480	71,6	480	72,5	480	73,5	470	73,0	470	73,9
490	73,1	490	74,0	490	75,1	480	74,6	480	75,5
500	74,6	500	75,5	500	76,6	490	76,1	490	77,1
510	76,1	510	77,0	510	78,1	500	77,7	500	78,7
520	77,6	520	78,6	520	79,7	510	79,2	510	80,3
530	79,1	530	80,1	530	81,2	520	80,8	520	81,8
540	80,6	540	81,6	540	82,8	530	82,4	530	83,4
550	82,1								
1	0,1	1	0,2	1	0,2	1	0,2	1	0,2
2	0,3	2	0,3	2	0,3	2	0,3	2	0,3
3	0,4	3	0,5	3	0,5	3	0,5	3	0,5
4	0,6	4	0,6	4	0,6	4	0,6	4	0,6
5	0,7	5	0,8	5	0,8	5	0,8	5	0,8
6	0,9	6	0,9	6	0,9	6	0,9	6	0,9
7	1,0	7	1,1	7	1,1	7	1,1	7	1,1
8	1,2	8	1,2	8	1,2	8	1,2	8	1,3
9	1,3	9	1,4	9	1,4	9	1,4	9	1,4

8,0		8,1		8,2		8,3		8,4	
Saccharo-meter-Anzeige der Würze bei 14° R		Saccharo-meter-Anzeige der Würze bei 14° R		Saccharo-meter-Anzeige der Würze bei 14° R		Saccharo-meter-Anzeige der Würze bei 14° R		Saccharo-meter-Anzeige der Würze bei 14° R	
Heiße Würze in der Pfanne Liter	Ausbeute aus dem Malze Prozent	Heiße Würze in der Pfanne Liter	Ausbeute aus dem Malze Prozent	Heiße Würze in der Pfanne Liter	Ausbeute aus dem Malze Prozent	Heiße Würze in der Pfanne Liter	Ausbeute aus dem Malze Prozent	Heiße Würze in der Pfanne Liter	Ausbeute aus dem Malze Prozent
330	52,6	330	53,2	330	53,8	320	52,8	320	53,5
340	54,2	340	54,8	340	55,5	330	54,5	330	55,2
350	55,8	350	56,4	350	57,1	340	56,2	340	56,9
360	57,4	360	58,1	360	58,8	350	57,8	350	58,6
370	59,0	370	59,7	370	60,4	360	59,5	360	60,3
380	60,6	380	61,3	380	62,0	370	61,1	370	62,0
390	62,2	390	62,9	390	63,7	380	62,8	380	63,7
400	63,8	400	64,6	400	65,3	390	64,5	390	65,3
410	65,4	410	66,2	410	67,0	400	66,1	400	67,0
420	67,0	420	67,8	420	68,6	410	67,8	410	68,7
430	68,6	430	69,4	430	70,2	420	69,5	420	70,4
440	70,2	440	71,0	440	71,9	430	71,1	430	72,1
450	71,8	450	72,7	450	73,5	440	72,8	440	73,8
460	73,4	460	74,3	460	75,2	450	74,4	450	75,4
470	75,0	470	75,9	470	76,8	460	76,1	460	77,1
480	76,6	480	77,5	480	78,4	470	77,8	470	78,8
490	78,2	490	79,2	490	80,1	480	79,4	480	80,5
500	79,8	500	80,8	500	81,7	490	81,1	490	82,2
510	81,4	510	82,6	510	83,4	500	82,7		
520	83,0								
1	0,2	1	0,2	1	0,2	1	0,2	1	0,2
2	0,3	2	0,3	2	0,3	2	0,3	2	0,3
3	0,5	3	0,5	3	0,5	3	0,5	3	0,5
4	0,6	4	0,6	4	0,7	4	0,7	6	0,7
5	0,8	5	0,8	5	0,8	5	0,8	5	0,8
6	1,0	6	1,0	6	1,0	6	1,0	6	1,0
7	1,1	7	1,1	7	1,1	7	1,2	7	1,2
8	1,3	8	1,3	8	1,3	8	1,3	8	1,3
9	1,4	9	1,5	9	1,5	9	1,5	9	1,5

8,5		8,6		8,7		8,8		8,9	
Saccharo-meter-Anzeige der Würze bei 14° R		Saccharo-meter-Anzeige der Würze bei 14° R		Saccharo-meter-Anzeige der Würze bei 14° R		Saccharo-meter-Anzeige der Würze bei 14° R		Saccharo-meter-Anzeige der Würze bei 14° R	
Heifse Würze in der Pfanne Liter	Ausbeute aus dem Malze Prozent	Heifse Würze in der Pfanne Liter	Ausbeute aus dem Malze Prozent	Heifse Würze in der Pfanne Liter	Ausbeute aus dem Malze Prozent	Heifse Würze in der Pfanne Liter	Ausbeute aus dem Malze Prozent	Heifse Würze in der Pfanne Liter	Ausbeute aus dem Malze Prozent
320	54,2	310	53,1	310	53,7	310	54,4	300	53,2
330	55,9	320	54,8	320	55,5	320	56,2	310	55,0
340	57,6	330	56,6	330	57,2	330	57,8	320	56,8
350	59,3	340	58,3	340	58,9	340	59,7	330	78,6
360	61,0	350	60,0	350	60,7	350	61,5	340	60,4
370	62,7	360	61,7	360	62,4	360	63,3	350	62,1
380	64,4	370	63,5	370	64,2	370	65,0	360	64,0
390	66,1	380	65,2	380	65,9	380	66,8	370	65,8
400	67,8	390	66,9	390	67,7	390	68,6	380	67,6
410	69,5	400	68,6	400	69,4	400	70,3	390	69,4
420	71,2	410	70,4	410	71,2	410	72,1	400	71,1
430	72,9	420	72,1	420	72,9	420	73,9	410	72,9
440	74,6	430	73,8	430	74,7	430	75,6	420	74,7
450	76,3	440	75,5	440	76,4	440	77,4	430	76,5
460	78,0	450	77,3	450	78,2	450	79,2	440	78,3
470	79,7	460	79,0	460	80,0	460	80,9	450	80,0
480	81,4	470	80,7	470	81,7	470	82,7	460	81,8
490	83,1	480	82,4						
1	0,2	1	0,2	1	0,2	1	0,2	1	0,2
2	0,3	2	0,3	2	0,3	2	0,4	2	0,4
3	0,5	3	0,5	3	0,5	3	0,5	3	0,5
4	0,7	4	0,7	4	0,7	4	0,7	4	0,7
5	0,9	5	0,9	5	0,9	5	0,9	5	0,9
6	1,0	6	1,0	6	1,0	6	1,1	6	1,1
7	1,2	7	1,2	7	1,2	7	1,2	7	1,3
8	1,4	8	1,4	8	1,4	8	1,4	8	1,4
9	1,5	9	1,6	9	1,6	9	1,6	9	1,6

9,0		9,1		9,2		9,3		9,4	
Saccharo-meter-Anzeige der Würze bei 14° R		Saccharo-meter-Anzeige der Würze bei 14° R		Saccharo-meter-Anzeige der Würze bei 14° R		Saccharo-meter-Anzeige der Würze bei 14° R		Saccharo-meter-Anzeige der Würze bei 14° R	
Heiße Würze in der Pfanne	Ausbeute aus dem Malze	Heiße Würze in der Pfanne	Ausbeute aus dem Malze	Heiße Würze in der Pfanne	Ausbeute aus dem Malze	Heiße Würze in der Pfanne	Ausbeute aus dem Malze	Heiße Würze in der Pfanne	Ausbeute aus dem Malze
Liter	Prozent	Liter	Prozent	Liter	Prozent	Liter	Prozent	Liter	Prozent
300	53,9	300	54,5	290	53,3	290	53,8	290	54,5
310	55,7	310	56,3	300	55,1	300	55,7	300	56,6
320	57,5	320	58,1	310	57,0	310	57,6	310	58,3
330	59,3	330	59,9	320	58,8	320	59,4	320	60,1
340	61,1	340	61,8	330	60,7	330	61,3	330	62,0
350	62,9	350	63,6	340	62,5	340	63,2	340	63,9
360	64,7	360	65,4	350	64,3	350	65,0	350	65,8
370	66,5	370	67,3	360	66,2	360	67,0	360	67,7
380	68,3	380	69,1	370	68,1	370	68,8	370	69,6
390	70,2	390	70,9	380	69,9	380	70,7	380	71,5
400	72,0	400	72,7	390	71,9	390	72,5	390	73,4
410	73,8	410	74,6	400	73,7	400	74,4	400	75,3
420	75,6	420	76,4	410	75,6	410	76,3	410	77,2
430	77,5	430	78,2	420	77,4	420	78,1	420	79,1
440	79,3	440	80,0	430	79,3	430	80,0	430	81,0
450	81,1	450	81,9	440	81,1	440	81,8	440	82,8
460	82,9	460	83,7	450	83,0	450	83,7		
1	0,2	1	0,2	1	0,2	1	0,2	1	0,2
2	0,4	2	0,4	2	0,4	2	0,4	2	0,4
3	0,5	3	0,5	3	0,6	3	0,6	3	0,6
4	0,7	4	0,7	4	0,7	4	0,7	4	0,8
5	0,9	5	0,9	5	0,9	5	0,9	5	0,9
6	1,1	6	1,1	6	1,1	6	1,1	6	1,1
7	1,3	7	1,3	7	1,3	7	1,3	7	1,3
8	1,4	8	1,5	8	1,5	8	1,5	8	1,5
9	1,6	9	1,6	9	1,7	9	1,7	9	1,7

9,5 Saccharo-meter-Anzeige der Würze bei 14° R		9,6 Saccharo-meter-Anzeige der Würze bei 14° R		9,7 Saccharo-meter-Anzeige der Würze bei 14° R		9,8 Saccharo-meter-Anzeige der Würze bei 14° R		9,9 Saccharo-meter-Anzeige der Würze bei 14° R	
Heiße Würze in der Pfanne Liter	Ausbeute aus dem Malze Prozent	Heiße Würze in der Pfanne Liter	Ausbeute aus dem Malze Prozent	Heiße Würze in der Pfanne Liter	Ausbeute aus dem Malze Prozent	Heiße Würze in der Pfanne Liter	Ausbeute aus dem Malze Prozent	Heiße Würze in der Pfanne Liter	Ausbeute aus dem Malze Prozent
280	53,1	280	53,7	280	54,3	270	52,9	270	53,5
290	55,0	290	55,1	290	56,3	280	54,9	280	55,5
300	56,9	300	57,6	300	58,2	290	56,9	290	57,5
310	58,8	310	59,5	310	60,2	300	58,9	300	59,5
320	60,8	320	61,4	320	62,1	310	60,8	310	61,5
330	62,7	330	63,4	330	64,1	320	62,8	320	63,5
340	64,6	340	65,3	340	66,0	330	64,8	330	65,5
350	66,5	350	67,2	350	68,0	340	66,8	340	67,5
360	68,4	360	69,2	360	69,9	350	68,7	350	69,5
370	70,3	370	71,1	370	71,9	360	70,7	360	71,5
380	72,2	380	73,0	380	73,8	370	72,7	370	73,5
390	74,1	390	75,0	390	72,8	380	74,7	380	75,5
400	76,0	400	76,9	400	77,8	390	76,6	390	77,5
410	78,0	410	78,8	410	79,7	400	78,6	400	79,5
420	79,9	420	80,8	420	81,7	410	80,6	410	81,4
430	81,8	430	82,7	430	83,6	420	82,6	420	83,4
440	83,7								
1	0,2	1	0,2	1	0,2			1	0,2
2	0,4	2	0,4	2	0,4			2	0,4
3	0,6	3	0,6	3	0,6			3	0,6
4	0,8	4	0,8	4	0,8			4	0,8
5	1,0	5	1,0	5	1,0			5	1,0
6	1,1	6	1,2	6	1,2			6	1,2
7	1,3	7	1,4	7	1,4			7	1,4
8	1,5	8	1,5	8	1,6			8	1,6
9	1,7	9	1,7	9	1,8			9	1,8

10,0 Saccharometer-Anzeige der Würze bei 14° R		10,1 Saccharometer-Anzeige der Würze bei 14° R		10,2 Saccharometer-Anzeige der Würze bei 14° R		10,3 Saccharometer-Anzeige der Würze bei 14° R		10,4 Saccharometer-Anzeige der Würze bei 14° R	
Heiſse Würze in der Pfanne Liter	Ausbeute aus dem Malze Prozent	Heiſse Würze in der Pfanne Liter	Ausbeute aus dem Malze Prozent	Heiſse Würze in der Pfanne Liter	Ausbeute aus dem Malze Prozent	Heiſse Würze in der Pfanne Liter	Ausbeute aus dem Malze Prozent	Heiſse Würze in der Pfanne Liter	Ausbeute aus dem Malze Prozent
270	54,1	270	54,6	260	53,1	260	53,7	260	54,2
280	56,1	280	56,6	270	55,1	270	55,7	270	56,3
290	58,1	290	58,7	280	57,2	280	57,8	280	58,4
300	60,1	300	60,7	290	59,3	290	59,9	290	60,5
310	62,1	310	62,7	300	61,3	300	62,0	300	62,6
320	64,2	320	64,8	310	63,4	310	64,0	310	64,7
330	66,2	330	66,8	320	65,4	320	66,1	320	66,8
340	68,2	340	68,8	330	67,5	330	68,2	330	68,9
350	70,2	350	70,9	340	69,6	340	70,3	340	71,0
360	72,2	360	72,9	350	71,6	350	72,4	350	73,1
370	74,2	370	75,0	360	73,7	360	74,4	360	75,2
380	76,3	380	77,0	370	75,7	370	76,5	370	77,3
390	78,3	390	79,0	380	77,8	380	78,6	380	79,4
400	80,3	400	81,1	390	79,9	390	80,7	390	81,5
410	82,3	410	83,1	400	81,9	400	82,8	400	83,6
1	0,2	1	0,2	1	0,2	1	0,2	1	0,2
2	0,4	2	0,4	2	0,4	2	0,4	2	0,4
3	0,6	3	0,6	3	0,6	3	0,6	3	0,6
4	0,8	4	0,8	4	0,8	4	0,8	4	0,8
5	1,0	5	1,0	5	1,0	5	1,0	5	1,1
6	1,2	6	1,2	6	1,2	6	1,2	6	1,3
7	1,4	7	1,4	7	1,4	7	1,5	7	1,5
8	1,6	8	1,6	8	1,6	8	1,7	8	1,7
9	1,8	9	1,8	9	1,9	9	1,9	9	1,9

10,5 Saccharo-meter-Anzeige der Würze bei 14° R		**10,6** Saccharo-meter-Anzeige der Würze bei 14° R		**10,7** Saccharo-meter-Anzeige der Würze bei 14° R		**10,8** Saccharo-meter-Anzeige der Würze bei 14° R		**10,9** Saccharo-meter-Anzeige der Würze bei 14° R	
Heiße Würze in der Pfanne Liter	Ausbeute aus dem Malze Prozent	Heiße Würze in der Pfanne Liter	Ausbeute aus dem Malze Prozent	Heiße Würze in der Pfanne Liter	Ausbeute aus dem Malze Prozent	Heiße Würze in der Pfanne Liter	Ausbeute aus dem Malze Prozent	Heiße Würze in der Pfanne Liter	Ausbeute aus dem Malze Prozent
260	54,7	250	53,1	250	53,6	250	54,2	250	54,7
270	56,8	260	55,2	260	55,8	260	56,4	260	56,9
280	58,9	270	57,4	270	58,0	270	58,5	270	59,1
290	61,1	280	59,5	280	60,1	280	60,7	280	61,3
300	63,2	290	61,7	290	62,3	290	62,9	290	63,5
310	65,3	300	63,8	300	64,5	300	65,1	300	65,7
320	67,4	310	66,0	310	66,6	310	67,3	310	68,0
330	69,5	320	68,1	320	68,8	320	69,5	320	70,2
340	71,7	330	70,2	330	70,9	330	71,6	330	72,4
350	73,8	340	72,4	340	73,1	340	73,8	340	74,6
360	75,9	350	74,5	350	75,3	350	76,0	350	76,8
370	78,0	360	76,7	360	77,4	360	78,2	360	79,0
380	80,2	370	78,8	370	79,6	370	80,4	370	81,2
390	82,3	380	81,0	380	81,8	380	82,6	380	83,4
1	0,2	1	0,2	1	0,2	1	0,2	1	0,2
2	0,4	2	0,4	2	0,4	2	0,4	2	0,4
3	0,6	3	0.6	3	0,6	3	0,7	3	0,7
4	0,8	4	0,9	4	0,9	4	0,9	4	0,9
5	1,1	5	1,1	5	1,1	5	1,1	5	1,1
6	1,3	6	1,3	6	1,3	6	1,3	6	1,3
7	1,5	7	1,5	7	1,5	7	1,5	7	1,5
8	1,7	8	1,7	8	1,7	8	1,7	8	1,8
9	1,9	9	1,9	9	1,9	9	2,0	9	2,0

11,0 Saccharometer-Anzeige der Würze bei 14° R		11,1 Saccharometer-Anzeige der Würze bei 14° R		11,2 Saccharometer-Anzeige der Würze bei 14° R		11,3 Saccharometer-Anzeige der Würze bei 14° R		11,4 Saccharometer-Anzeige der Würze bei 14° R	
Heifse Würze in der Pfanne Liter	Ausbeute aus dem Malze Prozent	Heifse Würze in der Pfanne Liter	Ausbeute aus dem Malze Prozent	Heifse Würze in der Pfanne Liter	Ausbeute aus dem Malze Prozent	Heifse Würze in der Pfanne Liter	Ausbeute aus dem Malze Prozent	Heifse Würze in der Pfanne Liter	Ausbeute aus dem Malze Prozent
240	53,0	240	53,4	240	54,0	240	54,5	230	52,7
250	55,2	250	55,7	250	56,3	250	56,8	240	55,0
260	57,5	260	57,9	260	58,6	260	59,1	250	57,3
270	59,7	270	60,2	270	60,8	270	61,3	260	59,6
280	61,9	280	62,4	280	63,1	280	63,6	270	61,9
290	64,1	290	64,7	290	65,4	290	65,9	280	64,2
300	66,4	300	66,9	300	67,6	300	68,2	290	66,5
310	68,6	310	69,2	310	69,9	310	70,5	300	68,8
320	70,8	320	71,4	320	72,2	320	72,8	310	71,2
330	73,0	330	73,7	330	74,5	330	75,1	320	73,5
340	75,3	340	75,9	340	76,7	340	77,4	330	75,8
350	77,5	350	78,2	350	79,0	350	79,7	340	78,1
360	79,7	360	80,4	360	81,3	360	82,0	350	80,4
370	82,0	370	82,7	370	83,5				
1	0,2	1	0,2	1	0,2	1	0,2	1	0,2
2	0,4	2	0,5	2	0,5	2	0,5	2	0,5
3	0,7	3	0,7	3	0,7	3	0,7	3	0,7
4	0,9	4	0,9	4	0,9	4	0,9	4	0,9
5	1,1	5	1,1	5	1,1	5	1,1	5	1,2
6	1,3	6	1,3	6	1,4	6	1,4	6	1,4
7	1,6	7	1,6	7	1,6	7	1,6	7	1,6
8	1,8	8	1,8	8	1,8	8	1,8	8	1,8
9	2,0	9	2,0	9	2,0	9	2,0	9	2,1

11,5 Saccharo-meter-Anzeige der Würze bei 14° R		11,6 Saccharo-meter-Anzeige der Würze bei 14° R		11,7 Saccharo-meter-Anzeige der Würze bei 14° R		11,8 Saccharo-meter-Anzeige der Würze bei 14° R		11,9 Saccharo-meter-Anzeige der Würze bei 14° R	
Heifse Würze in der Pfanne Liter	Ausbeute aus dem Malze Prozent	Heifse Würze in der Pfanne Liter	Ausbeute aus dem Malze Prozent	Heifse Würze in der Pfanne Liter	Ausbeute aus dem Malze Prozent	Heifse Würze in der Pfanne Liter	Ausbeute aus dem Malze Prozent	Heifse Würze in der Pfanne Liter	Ausbeute aus dem Malze Prozent
230	53,2	230	53,7	230	54,1	230	54,6	230	55,1
240	55,5	240	56,0	240	56,5	240	57,0	240	57,5
250	57,8	250	58,4	250	58,9	250	59,4	250	60,0
260	60,2	260	60,7	260	61,3	260	61,8	260	62,4
270	62,5	270	63,1	270	63,6	270	64,2	270	64,8
280	64,8	280	65,4	280	66,0	280	66,6	280	67,2
290	67,2	290	67,8	290	68,4	290	69,0	290	69,6
300	69,5	300	70,1	300	70,8	300	71,4	300	72,0
310	71,8	310	72,5	310	73,1	310	73,8	310	74,5
320	74,2	320	74,8	320	75,5	320	76,2	320	76,9
330	76,5	330	77,2	330	77,9	330	78,6	330	79,3
340	78,8	340	79,5	340	80,3	340	81,0	340	81,7
350	81,2	350	81,9	350	62,6	350	83,4		
1	0,2	1	0,2	1	0,2	1	0,2	1	0,2
2	0,5	2	0,5	2	0,5	2	0,5	2	0,5
3	0,7	3	0,7	3	0,7	3	0,7	3	0,7
4	0,9	4	0,9	4	0,9	4	1,0	4	1,0
5	1,2	5	1,2	5	1,2	5	1,2	5	1,2
6	1,4	6	1,4	6	1,4	6	1,4	6	1,5
7	1,6	7	1,6	7	1,7	7	1,7	7	1,7
8	1,9	8	1,9	8	1,9	8	1,9	8	1,9
9	2,1	9	2,1	9	2,1	9	2,2	9	2,2

2*

12,0 Saccharo-meter-Anzeige der Würze bei 14° R		12,1 Saccharo-meter-Anzeige der Würze bei 14° R		12,2 Saccharo-meter-Anzeige der Würze bei 14° R		12,3 Saccharo-meter-Anzeige der Würze bei 14° R		12,4 Saccharo-meter-Anzeige der Würze bei 14° R	
Heiſse Würze in der Pfanne Liter	Ausbeute aus dem Malze Prozent	Heiſse Würze in der Pfanne Liter	Ausbeute aus dem Malze Prozent	Heiſse Würze in der Pfanne Liter	Ausbeute aus dem Malze Prozent	Heiſse Würze in der Pfanne Liter	Ausbeute aus dem Malze Prozent	Heiſse Würze in der Pfanne Liter	Ausbeute aus dem Malze Prozent
220	53,2	220	53,6	220	54,0	220	54,6	220	55,0
230	55,6	230	56,1	230	56,5	230	57,1	230	57,5
240	58,0	240	58,5	240	59,0	240	59,6	240	60,0
250	60,5	250	61,0	250	61,5	250	62,1	250	62,6
260	62,9	260	63,5	260	64,0	260	64,6	260	65,1
270	65,4	270	65,9	270	66,5	270	67,1	270	67,6
280	67,8	280	68,4	280	69,0	280	69,6	280	70,1
290	70,3	290	70,8	290	71,4	290	72,1	290	72,6
300	72,7	300	73,3	300	73,9	300	74,6	300	75,2
310	75,1	310	75,8	310	76,4	310	77,1	310	77,7
320	77,6	320	78,2	320	78,9	320	79,6	320	80,2
330	80,0	330	80,7	330	81,4	330	82,1	330	85,7
340	82,4	340	83,1	340	83,8	340	84,6	340	85,2
1	0,2	1	0,2	1	0,3	1	0,3	1	0,3
2	0,5	2	0,5	2	0,5	2	0,5	2	0,5
3	0,7	3	0,7	3	0,8	3	0,8	3	0,8
4	1,0	4	1,0	4	1,0	4	1,0	4	1,0
5	1,2	5	1,2	5	1,3	5	1,3	5	1,3
6	1,5	6	1,5	6	1,5	6	1,5	6	1,5
7	1,7	7	1,7	7	1,8	7	1,8	7	1,8
8	1,9	8	2,0	8	2,0	8	2,0	8	2,0
9	2,2	9	2,2	9	2,3	9	2,3	9	2,3

12,5 Saccharo-meter-Anzeige der Würze bei 14° R		12,6 Saccharo-meter-Anzeige der Würze bei 14° R		12,7 Saccharo-meter-Anzeige der Würze bei 14° R		12,8 Saccharo-meter-Anzeige der Würze bei 14° R		12,9 Saccharo-meter-Anzeige der Würze bei 14° R	
Heiße Würze in der Pfanne Liter	Ausbeute aus dem Malze Prozent	Heiße Würze in der Pfanne Liter	Ausbeute aus dem Malze Prozent	Heiße Würze in der Pfanne Liter	Ausbeute aus dem Malze Prozent	Heiße Würze in der Pfanne Liter	Ausbeute aus dem Malze Prozent	Heiße Würze in der Pfanne Liter	Ausbeute aus dem Malze Prozent
210	52,9	210	53,4	210	53,8	210	54,3	210	54,7
220	55,5	220	56,0	220	56,4	220	56,9	220	57,3
230	58,0	230	58,5	230	59,0	230	59,5	230	60,0
240	60,6	240	61,1	240	61,6	240	62,1	240	62,6
250	63,1	250	63,7	250	64,2	250	64,7	250	65,2
260	65,7	260	66,2	260	66,8	260	67,3	260	67,9
270	68,2	270	68,8	270	69,4	270	69,9	270	70,5
280	70,8	280	71,4	280	71,9	280	72,5	280	73,1
290	73,3	290	73,9	290	74,5	290	75,2	290	75,8
300	75,9	300	76,5	300	77,1	300	77,8	300	78,4
310	78,4	310	79,1	310	79,7	310	80,4	310	81,0
320	80,9	320	81,6	320	82,3	320	83,0	320	83,7
330	83,5	330	84,2						
1	0,3	1	0,3	1	0,3	1	0,3	1	0,3
2	0,5	2	0,5	2	0,5	2	0,5	2	0,5
3	0,8	3	0,8	3	0,8	3	0,8	3	0,8
4	1,0	4	1,0	4	1,0	4	1,0	4	1,1
5	1,3	5	1,3	5	1,3	5	1,3	5	1,3
6	1,5	6	1,5	6	1,6	6	1,6	6	1,6
7	1,8	7	1,8	7	1,8	7	1,8	7	1,8
8	2,0	8	2,1	8	2,1	8	2,1	8	2,1
9	2,3	9	2,3	9	2,3	9	2,3	9	2,4

13,0 Saccharometer-Anzeige der Würze bei 14° R		13,1 Saccharometer-Anzeige der Würze bei 14° R		13,2 Saccharometer-Anzeige der Würze bei 14° R		13,3 Saccharometer-Anzeige der Würze bei 14° R		13,4 Saccharometer-Anzeige der Würze bei 14° R	
Heiße Würze in der Pfanne Liter	Ausbeute aus dem Malze Prozent	Heiße Würze in der Pfanne Liter	Ausbeute aus dem Malze Prozent	Heiße Würze in der Pfanne Liter	Ausbeute aus dem Malze Prozent	Heiße Würze in der Pfanne Liter	Ausbeute aus dem Malze Prozent	Heiße Würze in der Pfanne Liter	Ausbeute aus dem Malze Prozent
200	52,6	200	52,9	200	53,4	200	53,8	200	54,2
210	55,2	210	55,6	210	56,1	210	56,5	210	56,9
220	57,8	220	58,3	220	58,7	220	59,2	220	59,7
230	60,5	230	60,9	230	61,4	230	61,9	230	62,4
240	63,1	240	63,6	240	64,1	240	64,6	240	65,1
250	65,8	250	66,3	250	66,8	250	67,4	250	67,9
260	68,4	260	69,0	260	69,5	260	70,1	260	70,6
270	71,1	270	71,6	270	72,2	270	72,8	270	73,4
280	73,7	280	74,3	280	74,9	280	75,5	280	76,1
290	76,4	290	77,0	290	77,6	290	78,2	290	78,8
300	79,0	300	79,7	300	80,3	300	80,9	300	81,6
310	81,7	310	82,3	310	83,0	310	83,7	310	
1	0,3	1	0,3	1	0,3	1	0,3	1	0,3
2	0,5	2	0,5	2	0,5	2	0,5	2	0,5
3	0,8	3	0,8	3	0,8	3	0,8	3	0,8
4	1,1	4	1,1	4	1,1	4	1,1	4	1,1
5	1,3	5	1,3	5	1,3	5	1,4	5	1,4
6	1,6	6	1,6	6	1,6	6	1,6	6	1,6
7	1,9	7	1,9	7	1,9	7	1,9	7	1,9
8	2,1	8	2,1	8	2,2	8	2,2	8	2,2
9	2,4	9	2,4	9	2,4	9	2,4	9	2,5

13,5 Saccharo-meter-Anzeige der Würze bei 14° R		13,6 Saccharo-meter-Anzeige der Würze bei 14° R		13,7 Saccharo-meter-Anzeige der Würze bei 14° R		13,8 Saccharo-meter-Anzeige der Würze bei 14° R		13,9 Saccharo-meter-Anzeige der Würze bei 14° R	
Heiſse Würze in der Pfanne Liter	Ausbeute aus dem Malze Prozent	Heiſse Würze in der Pfanne Liter	Ausbeute aus dem Malze Prozent	Heiſse Würze in der Pfanne Liter	Ausbeute aus dem Malze Prozent	Heiſse Würze in der Pfanne Liter	Ausbeute aus dem Malze Prozent	Heiſse Würze in der Pfanne Liter	Ausbeute aus dem Malze Prozent
200	54,6	200	55,0	200	55,4	200	55,9	200	56,3
210	57,4	210	57,8	210	58,3	210	58,7	210	59,2
220	60,1	220	60,6	220	61,1	220	61,5	220	62,0
230	62,9	230	63,4	230	63,9	230	64,4	230	64,8
240	65,7	240	66,2	240	66,7	240	67,2	240	67,7
250	68,4	250	69,0	250	69,5	250	70,0	250	70,5
260	71,2	260	71,7	260	72,3	260	72,8	260	73,4
270	73,9	270	74,5	270	75,1	270	75,6	270	76,2
280	76,7	280	77,3	280	77,9	280	78,5	280	79,1
290	79,5	290	80,1	290	80,7	290	81,3	290	81,9
300	82,2	300	82,9	300	83,5	300	84,1	300	84,7
1	0,3	1	0,3	1	0,3	1	0,3	1	0,3
2	0,6	2	0,6	2	0,6	2	0,6	2	0,6
3	0,8	3	0,8	3	0,8	3	0,8	3	0,9
4	1,1	4	1,1	4	1,1	4	1,1	4	1,1
5	1,4	5	1,4	5	1,4	5	1,4	5	1,4
6	1,6	6	1,7	6	1,7	6	1,7	6	1,7
7	1,9	7	1,9	7	2,0	7	2,0	7	2,0
8	2,2	8	2,2	8	2,2	8	2,3	8	2,3
9	2,5	9	2,5	9	2,5	9	2,5	9	2,6

14,0 Saccharo-meter-Anzeige der Würze bei 14° R		14,1 Saccharo-meter-Anzeige der Würze bei 14° R		14,2 Saccharo-meter-Anzeige der Würze bei 14° R		14,3 Saccharo-meter-Anzeige der Würze bei 14° R		14,4 Saccharo-meter-Anzeige der Würze bei 14° R	
Heifse Würze in der Pfanne Liter	Ausbeute aus dem Malze Prozent	Heifse Würze in der Pfanne Liter	Ausbeute aus dem Malze Prozent	Heifse Würze in der Pfanne Liter	Ausbeute aus dem Malze Prozent	Heifse Würze in der Pfanne Liter	Ausbeute aus dem Malze Prozent	Heifse Würze in der Pfanne Liter	Ausbeute aus dem Malze Prozent
190	53,9	190	54,3	190	54,7	190	55,1	190	55,5
200	56,8	200	57,2	200	57,6	200	58,0	200	58,5
210	59,6	210	60,1	210	60,5	210	60,9	210	61,4
220	62,5	220	63,0	220	63,4	220	63,9	220	64,4
230	65,4	230	65,9	230	66,3	230	66,8	230	67,3
240	68,2	240	68,7	240	69,3	240	69,7	240	70,3
250	71,1	250	71,6	250	72,2	250	72,7	250	73,2
260	74,0	260	74,5	260	75,1	260	75,6	260	76,2
270	76,8	270	77,4	270	78,0	270	78,5	270	79,1
280	79,7	280	80,3	280	80,9	280	81,5	280	82,1
290	82,6	290	83,2	290	83,8	290	84,4		
1	0,3	1	0,3	1	0,3	1	0,3	1	0,3
2	0,6	2	0,6	2	0,6	2	0,6	2	0,6
3	0,9	3	0,9	3	0,9	3	0,9	3	0,9
4	1,1	4	1,2	4	1,2	4	1,2	4	1,2
5	1,4	5	1,4	5	1,5	5	1,5	5	1,5
6	1,7	6	1,7	6	1,7	6	1,8	6	1,8
7	2,0	7	2,0	7	2,0	7	2,1	7	2,1
8	2,3	8	2,3	8	2,3	8	2,3	8	2,4
9	2,6	9	2,6	9	2,6	9	2,6	9	2,7

14,5		14,6		14,7		14,8		14,9	
Saccharo-meter-Anzeige der Würze bei 14° R		Saccharo-meter-Anzeige der Würze bei 14° R		Saccharo-meter-Anzeige der Würze bei 14° R		Saccharo-meter-Anzeige der Würze bei 14° R		Saccharo-meter-Anzeige der Würze bei 14° R	
Heiße Würze in der Pfanne	Ausbeute aus dem Malze	Heiße Würze in der Pfanne	Ausbeute aus dem Malze	Heiße Würze in der Pfanne	Ausbeute aus dem Malze	Heiße Würze in der Pfanne	Ausbeute aus dem Malze	Heiße Würze in der Pfanne	Ausbeute aus dem Malze
Liter	Prozent	Liter	Prozent	Liter	Prozent	Liter	Prozent	Liter	Prozent
190	55,9	190	56,3	190	56,8	190	57,2	190	57,6
200	58,9	200	59,3	200	59,8	200	60,2	200	60,6
210	61,9	210	62,3	210	62,8	210	63,2	210	63,7
220	64,8	220	65,3	220	65,8	220	66,3	220	66,7
230	67,8	230	68,3	230	68,8	230	69,3	230	69,8
240	70,8	240	71,3	240	71,8	240	72,4	240	72,9
250	73,8	250	74,3	250	74,9	250	75,4	250	75,9
260	76,7	260	77,3	260	77,9	260	78,4	260	79,0
270	79,7	270	80,3	270	80,9	270	81,5	270	82,1
280	82,7	280	83,3	280	83,9	280	84,5		
1	0,3	1	0,3	1	0,3	1	0,3	1	0,3
2	0,6	2	0,6	2	0,6	2	0,6	2	0,6
3	0,9	3	0,9	3	0,9	3	0,9	3	0,9
4	1,2	4	1,2	4	1,2	4	1,2	4	1,2
5	1,5	5	1,5	5	1,5	5	1,5	5	1,5
6	1,8	6	1,8	6	1,8	6	1,8	6	1,8
7	2,1	7	2,1	7	2,1	7	2,1	7	2,1
8	2,4	8	2,4	8	2,4	8	2,4	8	2,4
9	2,7	9	2,7	9	2,7	9	2,7	9	2,8

15,0 Saccharo-meter-Anzeige der Würze bei 14° R		15,1 Saccharo-meter-Anzeige der Würze bei 14° R		15,2 Saccharo-meter-Anzeige der Würze bei 14° R		15,3 Saccharo-meter-Anzeige der Würze bei 14° R		15,4 Saccharo-meter-Anzeige der Würze bei 14° R	
Heifse Würze in der Pfanne	Ausbeute aus dem Malze	Heifse Würze in der Pfanne	Ausbeute aus dem Malze	Heifse Würze in der Pfanne	Ausbeute aus dem Malze	Heifse Würze in der Pfanne	Ausbeute aus dem Malze	Heifse Würze in der Pfanne	Ausbeute aus dem Malze
Liter	Prozent	Liter	Prozent	Liter	Prozent	Liter	Prozent	Liter	Prozent
180	54,9	180	55,3	180	55,7	180	56,0	180	56,5
190	58,0	190	58,4	190	58,8	190	59,2	190	59,6
200	61,0	200	61,4	200	61,9	200	62,3	200	62,8
210	64,1	210	64,5	210	65,0	210	65,5	210	66,0
220	67,2	220	67,6	220	68,2	220	68,6	220	69,1
230	70,3	230	70,7	230	71,3	230	71,8	230	72,3
240	73,4	240	73,8	240	74,4	240	74,9	240	75,5
250	76,4	250	76,9	250	77,6	250	78,1	250	78,7
260	79,5	260	80,0	260	80,7	260	81,2	260	81,8
270	82,6	270	83,1	270	83,8				
1	0,3	1	0,3	1	0,3	1	0,3	1	0,3
2	0,6	2	0,6	2	0,6	2	0,6	2	0,6
3	0,9	3	0,9	3	0,9	3	0,9	3	1,0
4	1,2	4	1,2	4	1,3	4	1,3	4	1,3
5	1,5	5	1,6	5	1,6	5	1,6	5	1,6
6	1,8	6	1,9	6	1,9	6	1,9	6	1,9
7	2,2	7	2,2	7	2,2	7	2,2	7	2,2
8	2,5	8	2,5	8	2,5	8	2,5	8	2,5
9	2,8	9	2,8	9	2,8	9	2,8	9	2,9

15,5 Saccharo-meter-Anzeige der Würze bei 14° R		15,6 Saccharo-meter-Anzeige der Würze bei 14° R		15,7 Saccharo-meter-Anzeige der Würze bei 14° R		15,8 Saccharo-meter-Anzeige der Würze bei 14° R		15,9 Saccharo-meter-Anzeige der Würze bei 14° R	
Heifse Würze in der Pfanne	Ausbeute aus dem Malze	Heifse Würze in der Pfanne	Ausbeute aus dem Malze	Heifse Würze in der Pfaune	Ausbeute aus dem Malze	Heifse Würze in der Pfanne	Ausbeute aus dem Malze	Heifse Würze in der Pfanne	Ausbeute aus dem Malze
Liter	Prozent	Liter	Prozent	Liter	Prozent	Liter	Prozent	Liter	Prozent
180	56,8	180	57,2	180	57,7	180	58,0	180	58,4
190	60,0	190	60,4	190	60,9	190	61,2	190	61,7
200	63,2	200	63,6	200	64,2	200	64,5	200	65,0
210	66,4	210	66,9	210	67,4	210	67,8	210	68,2
220	69,6	220	70,1	220	70,6	220	71,0	220	71,5
230	72,8	230	73,3	230	73,9	230	74,3	230	74,8
240	76,0	240	76,5	240	77,1	240	77,6	240	78,1
250	79,2	250	79,7	250	80,3	250	80,8	250	81,4
260	82,4	260	82,9	260	83,5	260	84,0	260	84,6
1	0,3	1	0,3	1	0,3	1	0,3	1	0,3
2	0,6	2	0,6	2	0,6	2	0,7	2	0,7
3	1,0	3	1,0	3	1,0	3	1,0	3	1,0
4	1,3	4	1,3	4	1,3	4	1,3	4	1,3
5	1,6	5	1,6	5	1,6	5	1,6	5	1,6
6	1,9	6	1,9	6	1,9	6	2,0	6	2,0
7	2,2	7	2,2	7	2,3	7	2,3	7	2,3
8	2,6	8	2,6	8	2,6	8	2,6	8	2,6
9	2,9	9	2,9	9	2,9	9	2,9	9	3,0

16,0 Saccharo-meter-Anzeige der Würze bei 14° R		16,1 Saccharo-meter-Anzeige der Würze bei 14° R		16,2 Saccharo-meter-Anzeige der Würze bei 14° R		16,3 Saccharo-meter-Anzeige der Würze bei 14° R		16,4 Saccharo-meter-Anzeige der Würze bei 14° R	
Heiße Würze in der Pfanne Liter	Ausbeute aus dem Malze Prozent	Heiße Würze in der Pfanne Liter	Ausbeute aus dem Malze Prozent	Heiße Würze in der Pfanne Liter	Ausbeute aus dem Malze Prozent	Heiße Würze in der Pfanne Liter	Ausbeute aus dem Malze Prozent	Heiße Würze in der Pfanne Liter	Ausbeute aus dem Malze Prozent
170	55,5	170	55,9	170	56,2	170	56,6	170	57,0
180	58,8	180	59,2	180	59,6	180	59,9	180	60,4
190	62,1	190	62,5	190	62,9	190	63,3	190	63,7
200	65,4	200	65,8	200	66,3	200	66,7	200	67,1
210	68,7	210	69,2	210	69,6	210	70,0	210	70,5
220	72,0	220	72,5	220	73,0	220	73,4	220	73,9
230	75,3	230	75,8	230	76,3	230	76,8	230	77,3
240	78,6	240	79,1	240	79,6	240	80,2	240	80,7
250	81,9	250	82,5	250	83,0	250	83,5	250	83,4
1	0,3	1	0,3	1	0,3	1	0,3	1	0,3
2	0,7	2	0,7	2	0,7	2	0,7	2	0,7
3	1,0	3	1,0	3	1,0	3	1,0	3	1,0
4	1,3	4	1,3	4	1,3	4	1,3	4	1,4
5	1,7	5	1,7	5	1,7	5	1,7	5	1,7
6	2,0	6	2,0	6	2,0	6	2,0	6	2,0
7	2,3	7	2,3	7	2,3	7	2,4	7	2,4
8	2,7	8	2,7	8	2,7	8	2,7	8	2,7
9	3,0	9	3,0	9	3,0	9	3,0	9	3,1

16,5 Saccharometer-Anzeige der Würze bei 14° R		16,6 Saccharometer-Anzeige der Würze bei 14° R		16,7 Saccharometer-Anzeige der Würze bei 14° R		16,8 Saccharometer-Anzeige der Würze bei 14° R		16,9 Saccharometer-Anzeige der Würze bei 14° R	
Heifse Würze in der Pfanne Liter	Ausbeute aus dem Malze Prozent	Heifse Würze in der Pfanne Liter	Ausbeute aus dem Malze Prozent	Heifse Würze in der Pfanne Liter	Ausbeute aus dem Malze Prozent	Heifse Würze in der Pfanne Liter	Ausbeute aus dem Malze Prozent	Heifse Würze in der Pfanne Liter	Ausbeute aus dem Malze Prozent
170	57,3	170	57,7	170	58,1	170	58,5	170	58,8
180	60,7	180	61,1	180	61,5	180	61,9	180	62,3
190	64,2	190	64,6	190	65,0	190	65,4	190	65,8
200	67,6	200	68,0	200	68,5	200	68,9	200	69,3
210	71,0	210	71,4	210	71,9	210	72,4	210	72,8
220	74,4	220	74,9	220	75,4	220	75,9	220	76,3
230	77,8	230	78,3	230	78,8	230	79,4	230	79,8
240	81,2	240	81,7	240	82,3	240	82,8	240	83,3
1	0,3	1	0,3	1	0,3	1	0,3	1	0,4
2	0,7	2	0,7	2	0,7	2	0,7	2	0,7
3	1,0	3	1,0	3	1,0	3	1,0	3	1,1
4	1,4	4	1,4	4	1,4	4	1,4	4	1,4
5	1,7	5	1,7	5	1,7	5	1,7	5	1,8
6	2,0	6	2,0	6	2,1	6	2,1	6	2,1
7	2,4	7	2,4	7	2,4	7	2,4	7	2,5
8	2,7	8	2,7	8	2,8	8	2,8	8	2,8
9	3,1	9	3,1	9	3,1	9	3,1	9	3,2

17,0 Saccharometer-Anzeige der Würze bei 14° R		17,1 Saccharometer-Anzeige der Würze bei 14° R		17,2 Saccharometer-Anzeige der Würze bei 14° R		17,3 Saccharometer-Anzeige der Würze bei 14° R		17,4 Saccharometer-Anzeige der Würze bei 14° R	
Heiſse Würze in der Pfanne Liter	Ausbeute aus dem Malze Prozent	Heiſse Würze in der Pfanne Liter	Ausbeute aus dem Malze Prozent	Heiſse Würze in der Pfanne Liter	Ausbeute aus dem Malze Prozent	Heiſse Würze in der Pfanne Liter	Ausbeute aus dem Malze Prozent	Heiſse Würze in der Pfanne Liter	Ausbeute aus dem Malze Prozent
160	55,7	160	56,0	160	56,3	160	56,7	160	57,0
170	59,2	170	59,5	170	59,9	170	60,3	170	60,7
180	62,7	180	63,1	180	63,5	180	63,9	180	64,3
190	66,2	190	66,6	190	67,0	190	67,5	190	67,9
200	69,8	200	70,2	200	70,6	200	71,1	200	71,5
210	73,3	210	73,7	210	74,2	210	74,7	210	75,1
220	76,8	220	77,2	220	77,7	220	78,2	220	78,7
230	80,3	230	80,8	230	81,3	230	81,8	230	82,3
1	0,4	1	0,4	1	0,4	1	0,4	1	0,4
2	0,7	2	0,7	2	0,7	2	0,7	2	0,7
3	1,1	3	1,1	3	1,1	3	1,1	3	1,1
4	1,4	4	1,4	4	1,4	4	1,4	4	1,4
5	1,8	5	1,8	5	1,8	5	1,8	5	1,8
6	2,1	6	2,1	6	2,1	6	2,2	6	2,2
7	2,4	7	2,5	7	2,5	7	2,5	7	2,5
8	2,8	8	2,8	8	2,9	8	2,9	8	2,9
9	3,2	9	3,2	9	3,2	9	3,2	9	3,2

17,5		17,6		17,7		17,8		17,9	
Saccharo-meter-Anzeige der Würze bei 14° R		Saccharo-meter-Anzeige der Würze bei 14° R		Saccharo-meter-Anzeige der Würze bei 14° R		Saccharo-meter-Anzeige der Würze bei 14° R		Saccharo-meter-Anzeige der Würze bei 14° R	
Heifse Würze in der Pfanne	Ausbeute aus dem Malze	Heifse Würze in der Pfanne	Ausbeute aus dem Malze	Heifse Würze in der Pfanne	Ausbeute aus dem Malze	Heifse Würze in der Pfanne	Ausbeute aus dem Malze	Heifse Würze in der Pfanne	Ausbeute aus dem Malze
Liter	Prozent	Liter	Prozent	Liter	Prozent	Liter	Prozent	Liter	Prozent
160	57,4	160	57,7	160	58,1	160	58,5	160	58,8
170	61,0	170	61,4	170	61,8	170	62,2	170	62,5
180	64,7	180	65,1	180	65,5	180	65,9	180	66,3
190	68,3	190	68,7	190	69,2	190	69,6	190	70,0
200	72,0	200	72,4	200	72,8	200	73,3	200	73,7
210	75,6	210	76,0	210	76,5	210	77,0	210	77,4
220	79,2	220	79.6	220	80,1	220	80,7	220	81,2
230	82,8	230	83,3	230	83,8	230	84,4	230	84,9
1	0,4	1	0,4	1	0,4	1	0,4	1	0,4
2	0,7	2	0,7	2	0,7	2	0,7	2	0,7
3	1,1	3	1,1	3	1,1	3	1,1	3	1,1
4	1,5	4	1,5	4	1,5	4	1,5	4	1,5
5	1,8	5	1,8	5	1,8	5	1,9	5	1,9
6	2,2	6	2,2	6	2,2	6	2,2	6	2,2
7	2,5	7	2,6	7	2,6	7	2,6	7	2,6
8	2,9	8	2,9	8	2,9	8	3,0	8	3,0
9	3,3	9	3,3	9	3,3	9	3,3	9	3,4

18,0 Saccharo-meter-Anzeige der Würze bei 14° R		18,1 Saccharo-meter-Anzeige der Würze bei 14° R		18,2 Saccharo-meter-Anzeige der Würze bei 14° R		18,3 Saccharo-meter-Anzeige der Würze bei 14° R		18,4 Saccharo-meter-Anzeige der Würze bei 14° R	
Heifse Würze in der Pfanne Liter	Ausbeute aus dem Malze Prozent	Heifse Würze in der Pfanne Liter	Ausbeute aus dem Malze Prozent	Heifse Würze in der Pfanne Liter	Ausbeute aus dem Malze Prozent	Heifse Würze in der Pfanne Liter	Ausbeute aus dem Malze Prozent	Heifse Würze in der Pfanne Liter	Ausbeute aus dem Malze Prozent
150	55,4	150	55,7	150	56,1	150	56,4	150	56,7
160	59,2	160	59,5	160	59,9	160	60,2	160	60,5
170	62,9	170	63,3	170	63,7	170	64,0	170	64,3
180	66,6	180	67,0	180	67,4	180	67,8	180	68,1
190	70,4	190	70,8	190	71,2	190	71,7	190	72,0
200	74,1	200	74,5	200	75,0	200	75,5	200	75,8
210	77,9	210	78,3	210	78,8	210	79,3	210	79,6
220	81,6	220	82,1	220	82,6	220	83,1	220	83,4
1	0,4	1	0,4	1	0,4	1	0,4	1	0,4
2	0,7	2	0,8	2	0,8	2	0,8	2	0,8
3	1,1	3	1,1	3	1,1	3	1,1	3	1,1
4	1,5	4	1,5	4	1,5	4	1,5	4	1,5
5	1,9	5	1,9	5	1,9	5	1,9	5	1,9
6	2,2	6	2,3	6	2,3	6	2,3	6	2,3
7	2,6	7	2,6	7	2,7	7	2,7	7	2,7
8	3,0	8	3,0	8	3,0	8	3,0	8	3,1
9	3,4	9	3,4	9	3,4	9	3,4	9	3,4

18,5 Saccharo-meter-Anzeige der Würze bei 14° R		18,6 Saccharo-meter-Anzeige der Würze bei 14° R		18,7 Saccharo-meter-Anzeige der Würze bei 14° R		18,8 Saccharo-meter-Anzeige der Würze bei 14° R		18,9 Saccharo-meter-Anzeige der Würze bei 14° R	
Heiße Würze in der Pfanne Liter	Ausbeute aus dem Malze Prozent	Heiße Würze in der Pfanne Liter	Ausbeute aus dem Malze Prozent	Heiße Würze in der Pfanne Liter	Ausbeute aus dem Malze Prozent	Heiße Würze in der Pfanne Liter	Ausbeute aus dem Malze Prozent	Heiße Würze in der Pfanne Liter	Ausbeute aus dem Malze Prozent
150	57,1	150	57,4	150	57,7	150	58,1	150	58,4
160	60,9	160	61,3	160	61,6	160	62,0	160	62,4
170	64,7	170	65,1	170	65,5	170	65,9	170	66,3
180	68,6	180	69,0	180	69,4	180	69,9	180	70,3
190	72,5	190	72,9	190	73,3	190	73,8	190	74,2
200	76,3	200	76,8	200	77,2	200	77,7	200	78,2
210	80,2	210	80,7	210	81,1	210	81,6	210	82,1
1	0,4	1	0,4	1	0,4	1	0,4	1	0,4
2	0,8	2	0,8	2	0,8	2	0,8	2	0,8
3	1,2	3	1,2	3	1,2	3	1,2	3	1,2
4	1,5	4	1,6	4	1,6	4	1,6	4	1,6
5	1,9	5	1,9	5	2,0	5	2,0	5	2,0
6	2,3	6	2,3	6	2,3	6	2,4	6	2,4
7	2,7	7	2,7	7	2,7	7	2,7	7	2,8
8	3,1	8	3,1	8	3,1	8	3,1	8	3,2
9	3,5	9	3,5	9	3,5	9	3,5	9	3,6

19,0 Saccharo-meter-Anzeige der Würze bei 14° R		19,1 Saccharo-meter-Anzeige der Würze bei 14° R		19,2 Saccharo-meter-Anzeige der Würze bei 14° R		19,3 Saccharo-meter-Anzeige der Würze bei 14° R		19,4 Saccharo-meter-Anzeige der Würze bei 14° R	
Heiße Würze in der Pfanne Liter	Ausbeute aus dem Malze Prozent	Heiße Würze in der Pfanne Liter	Ausbeute aus dem Malze Prozent	Heiße Würze in der Pfanne Liter	Ausbeute aus dem Malze Prozent	Heiße Würze in der Pfanne Liter	Ausbeute aus dem Malze Prozent	Heiße Würze in der Pfanne Liter	Ausbeute aus dem Malze Prozent
140	54,8	140	55,1	140	55,4	140	55,7	140	56,0
150	58,8	150	59,1	150	59,4	150	59,7	150	60,1
160	62,8	160	63,1	160	63,4	160	63,8	160	64,2
170	66,7	170	67,1	170	67,4	170	67,8	170	68,2
180	70,7	180	71,1	180	71,5	180	71,9	180	72,3
190	74,7	190	75,1	190	75,5	190	75,9	190	76,3
200	78,6	200	79,1	200	79,5	200	79,9	200	80,4
210	82,6	210	83,0	210	83,5	210	84,0	210	84,5
1	0,4	1	0,4	1	0,4	1	0,4	1	0,4
2	0,8	2	0,8	2	0,8	2	0,8	2	0,8
3	1,2	3	1,2	3	1,2	3	1,2	3	1,2
4	1,6	4	1,6	4	1,6	4	1,6	4	1,6
5	2,0	5	2,0	5	2,0	5	2,0	5	2,0
6	2,4	6	2,4	6	2,4	6	2,4	6	2,4
7	2,8	7	2,8	7	2,8	7	2,8	7	2,8
8	3,2	8	3,2	8	3,2	8	3,2	8	3,2
9	3,6	9	3,6	9	3,6	9	3,7	9	3,7

19,5		19,6		19,7		19,8		19,9	
Saccharometer-Anzeige der Würze bei 14° R		Saccharometer-Anzeige der Würze bei 14° R		Saccharometer-Anzeige der Würze bei 14° R		Saccharometer-Anzeige der Würze bei 14° R		Saccharometer-Anzeige der Würze bei 14° R	
Heiße Würze in der Pfanne	Ausbeute aus dem Malze	Heiße Würze in der Pfanne	Ausbeute aus dem Malze	Heiße Würze in der Pfanne	Ausbeute aus dem Malze	Heiße Würze in der Pfanne	Ausbeute aus dem Malze	Heiße Würze in der Pfanne	Ausbeute aus dem Malze
Liter	Prozent	Liter	Prozent	Liter	Prozent	Liter	Prozent	Liter	Prozent
130	52,3	130	52,5	130	52,8	130	53,1	130	53,4
140	56,3	140	56,6	140	57,0	140	57,3	140	57,6
150	60,4	150	60,8	150	61,1	150	61,4	150	61,8
160	64,5	160	64,9	160	65,2	160	65,6	160	65,9
170	68,6	170	69,0	170	69,4	170	69,7	170	70,1
180	72,7	180	73,1	180	73,5	180	73,9	180	74,3
190	76,8	190	77,2	190	77,6	190	78,0	190	78,5
200	80,8	200	81,3	205	81,7	200	82,2	200	82,6
1	0,4	1	0,4	1	0,4	1	0,4	1	0,4
2	0,8	2	0,8	2	0,8	2	0,8	2	0,8
3	1,2	3	1,2	3	1,2	3	1,2	3	1,3
4	1,6	4	1,6	4	1,7	4	1,7	4	1,7
5	2,0	5	2,1	5	2,1	5	2,1	5	2,1
6	2,4	6	2,5	6	2,5	6	2,5	6	2,5
7	2,9	7	2,9	7	2,9	7	2,9	7	2,9
8	3,3	8	3,3	8	3,3	8	3,3	8	3,3
9	3,7	9	3,7	9	3,7	9	3,7	9	3,8

Tabelle

zur

Berechnung der prozentischen Ausbeute aus dem Extraktgehalte und den aus einem Zentner Malz erhaltenen Litern kalter Würze im Gärbottiche.

Von Dr. Holzner.

Die Menge der Würze im Gärbottiche muſs genau gemessen sein. Der Extraktgehalt wird wieder bei der Normaltemperatur 14° R (17,5° C) bestimmt. — Die hier angegebenen Zahlen für die Extraktausbeute sind vollkommen genau.

1. Beispiel: Die anstellbare Würze aus 28 Zentner 25 Pfund Malz beträgt 6215 Liter mit 14,8% B. Es wurden also von 1 Zentner Malz 220 Liter Würze erhalten. Diesen entspricht nach Seite 59 eine Ausbeute von 69,1%.

2. Beispiel: Das zur Herstellung von 110 Hektoliter Würze mit 12,7% B. nötige Malz hat 41,5 Zentner betragen. Demnach wurden von 1 Zentner Malz 265 Liter Würze erhalten. Diesen entsprechen nach Seite 55

für 260 Liter 69,6%

» 5 » 1,3%

Summa 70,9% Ausbeute.

3. Beispiel: Die in einem Gärbottiche gemessene Würze enthielt bei 14° R 13,9% Extrakt und betrug 78,8 Hektoliter. Aufserdem wurden 7 Hektoliter Nachbierwürze mit 2,2% B. erhalten. Das hierzu verwendete Malz betrug 33,2 Zentner. Demnach wurden von 1 Zentner Malz 237,36 Liter Stammwürze und 21 Liter Dünnbier mit 2,2% gleich 7 Liter mit 6,6% erhalten.

Nach Seite 57 bzw. 43 entsprechen

230 Liter Stammwürze 67,7% Ausbeute

7 » » 2,1% »

0,35 » (= ⅓ Liter) Stammwürze 0,1% »

7 » Nachbierwürze 1,0% »

Summa 70,9% Ausbeute.

4. Beispiel: 22 Hektoliter Malz lieferten 5280 Liter anstellbare, bei 4° R (5° C) kalte Würze mit 13,7 %, B. und 8,2 Hektoliter Nachbier würze mit 1,8 %, B. Das Hektolitergewicht des Malzes betrug 51,5 Kilogramm. Somit war das Malzgewicht 22,66 Zentner, und es wurden von 1 Zentner 233 Liter Stammwürze und 36,2 Liter à 1,8 %, gleich 9 Liter à 7,2 %, B. Dünnbierwürze erhalten. Die entsprechende Ausbeute ist

für	230	Liter Stammwürze	66,7 %,
›	3	› ›	0,9 %,
›	9	› Nachbierwürze	1,3 %,
		Summa	68,9 %,.

4,0		4,1		4,2		4,3		4,4	
Saccharo-meter-Anzeige der Würze bei 14° R		Saccharo-meter-Anzeige der Würze bei 14° R		Saccharo-meter-Anzeige der Würze bei 14° R		Saccharo-meter-Anzeige der Würze bei 14° R		Saccharo-meter-Anzeige der Würze bei 14° R	
Kalte Würze im Gär-bottiche	Ausbeute aus dem Malze	Kalte Würze im Gär-bottiche	Ausbeute aus dem Malze	Kalte Würze im Gär-bottiche	Ausbeute aus dem Malze	Kalte Würze im Gär-bottiche	Ausbeute aus dem Malze	Kalte Würze im Gär-bottiche	Ausbeute aus dem Malze
Liter	Prozent	Liter	Prozent	Liter	Prozent	Liter	Prozent	Liter	Prozent
670	54,5	670	55,9	650	55,6	630	55,2	620	55,6
680	55,4	680	56,8	660	56,5	640	56,1	630	56,5
690	56,2	690	57,6	670	57,3	650	57,0	640	57,4
700	57,0	700	58,4	680	58,2	660	57,8	650	58,3
710	57,8	710	59,3	690	59,0	670	58,7	660	59,2
720	58,6	720	60,1	700	59,9	680	59,6	670	60,1
730	59,4	730	60,9	710	60,7	690	60,5	680	61,0
740	60,2	740	61,8	720	61,6	700	61,3	690	61,9
750	61,1	750	62,6	730	62,5	710	62,2	700	62,8
760	61,9	760	63,4	740	63,3	720	63,1	710	63,7
770	62,7	770	64,3	750	64,2	730	64,0	720	64,6
780	63,5	780	65,1	760	65,0	740	64,8	730	65,5
790	64,3	790	66,0	770	65,9	750	65,7	740	66,4
800	65,1	800	66,8	780	66,7	760	66,6	750	67,3
810	65,9	810	67,6	790	67,6	770	67,5	760	68,2
820	66,8	820	68,4	800	68,5	780	68,3	770	69,1
830	67,6	830	69,3	810	69,3	790	69,2	780	70,0
840	68,4	840	70,1	820	70,2	800	70,1	790	70,9
850	69,2	850	70,9	830	71,0	810	71,0	800	71,8
860	70,0	860	71,8	840	71,9	820	71,8	810	72,7
870	70,8	870	72,6	850	72,7	830	72,7	820	73,6
880	71,6	880	73,4	860	73,6	840	73,6	830	74,5
890	72,5	890	74,3	870	74,4	850	74,5	840	75,4
900	73,3	900	75,1	880	75,3	860	75,3	850	76,3
910	74,1	910	75,9	890	76,2	870	76,2	860	77,2
920	74,9	920	76,8	900	77,0	880	77,1	870	78,1
930	75,7	930	77,6	910	77,9	890	78,0	880	79,0
940	76,5	940	78,4	920	78,7	900	78,9	890	79,9
950	77,3	950	79,3	930	79,6	910	79,8	900	80,8
1	0,1	1	0,1	1	0,1	1	0,1	1	0,1
2	0,2	2	0,2	2	0,2	2	0,2	2	0,2
3	0,2	3	0,3	3	0,3	3	0,3	3	0,3
4	0,3	4	0,3	4	0,3	4	0,4	4	0,4
5	0,4	5	0,4	5	0,4	5	0,4	5	0,4
6	0,5	6	0,5	6	0,5	6	0,5	6	0,5
7	0,6	7	0,6	7	0,6	7	0,6	7	0,6
8	0,7	8	0,7	8	0,7	8	0,7	8	0,7
9	0,8	9	0,8	9	0,8	9	0,8	9	0,8

4,5 Saccharo-meter-Anzeige der Würze bei 14° R		4,6 Saccharo-meter-Anzeige der Würze bei 14° R		4,7 Saccharo-meter-Anzeige der Würze bei 14° R		4,8 Saccharo-meter-Anzeige der Würze bei 14° R		4,9 Saccharo-meter-Anzeige der Würze bei 14° R	
Kalte Würze im Gär-bottiche Liter	Ausbeute aus dem Malze Prozent	Kalte Würze im Gär-bottiche Liter	Ausbeute aus dem Malze Prozent	Kalte Würze im Gär-bottiche Liter	Ausbeute aus dem Malze Prozent	Kalte Würze im Gär-bottiche Liter	Ausbeute aus dem Malze Prozent	Kalte Würze im Gär-bottiche Liter	Ausbeute aus dem Malze Prozent
600	55,1	590	55,4	580	55,6	560	54,9	550	55,0
610	56,0	600	56,3	590	56,6	570	55,9	560	56,0
620	56,9	610	57,2	600	57,6	580	56,8	570	57,0
630	57,8	620	58,2	610	58,5	590	57,8	580	58,0
640	58,7	630	59,1	620	59,5	600	58,8	590	59,1
650	59,7	640	60,1	630	60,4	610	59,8	600	60,1
660	60,6	650	61,0	640	61,4	620	60,8	610	61,1
670	61,5	660	61,9	650	62,4	630	61,7	620	62,1
680	62,4	670	62,9	660	63,3	640	62,7	630	63,1
690	63,3	680	63,8	670	64,3	650	63,7	640	64,1
700	64,2	690	64,8	680	65,2	660	64,7	650	65,1
710	65,2	700	65,7	690	66,2	670	65,7	660	66,1
720	66,1	710	66,6	700	67,1	680	66,6	670	67,1
730	67,0	720	67,6	710	68,1	690	67,6	680	68,1
740	67,9	730	68,5	720	69,1	700	68,6	690	69,1
750	68,8	740	69,4	730	70,0	710	69,6	700	70,1
760	69,7	750	70,4	740	71,0	720	70,6	710	71,2
770	70,7	760	71,3	750	71,9	730	71,5	720	72,2
780	71,6	770	72,2	760	72,9	740	72,5	730	73,2
790	72,5	780	73,2	770	73,9	750	73,5	740	74,2
800	73,4	790	74,1	780	74,8	760	74,5	750	75,2
810	74,3	800	75,1	790	75,8	770	75,5	760	76,2
820	75,2	810	76,0	800	76,7	780	76,4	770	77,2
830	76,2	820	76,9	810	77,7	790	77,4	780	78,2
840	77,1	830	77,9	820	78,6	800	78,4	790	79,2
850	78,0	840	78,8	830	79,6	810	79,4	800	80,2
860	78,9	850	79,8	840	80,6	820	80,3		
870	79,8	860	80,7						
880	80,8								
1	0,1	1	0,1	1	0,1	1	0,1	1	0,1
2	0,2	2	0,2	2	0,2	2	0,2	2	0,2
3	0,3	3	0,3	3	0,3	3	0,3	3	0,3
4	0,4	4	0,4	4	0,4	4	0,4	4	0,4
5	0,5	5	0,5	5	0,5	5	0,5	5	0,5
6	0,6	6	0,6	6	0,6	6	0,6	6	0,6
7	0,6	7	0,7	7	0,7	7	0,7	7	0,7
8	0,7	8	0,8	8	0,8	8	0,8	8	0,8
9	0,8	9	0,8	9	0,9	9	0,9	9	0,9

| 5,0 | | 5,1 | | 5,2 | | 5,3 | | 5,4 | |
| Saccharo-meter-Anzeige der Würze bei 14° R | | Saccharo-meter-Anzeige der Würze bei 14° R | | Saccharo-meter-Anzeige der Würze bei 14° R | | Saccharo-meter-Anzeige der Würze bei 14° R | | Saccharo-meter-Anzeige der Würze bei 14° R | |
Kalte Würze im Gär-bottiche Liter	Ausbeute aus dem Malze Prozent	Kalte Würze im Gär-bottiche Liter	Ausbeute aus dem Malze Prozent	Kalte Würze im Gär-bottiche Liter	Ausbeute aus dem Malze Prozent	Kalte Würze im Gär-bottiche Liter	Ausbeute aus dem Malze Prozent	Kalte Würze im Gär-bottiche Liter	Ausbeute aus dem Malze Prozent
540	55,2	530	55,3	520	55,3	510	55,3	500	55,3
550	56,2	540	56,3	530	56,4	520	56,4	510	56,4
560	57,2	550	57,3	540	57,4	530	57,5	520	57,5
570	58,2	560	58,4	550	58,5	540	58,6	530	58,6
580	59,3	570	59,4	560	59,6	550	59,6	540	59,7
590	60,3	580	60,5	570	60,6	560	60,7	550	60,8
600	61,3	590	61,5	580	61,7	570	61,8	560	61,9
610	62,3	600	62,6	590	62,7	580	62,9	570	63,0
620	63,3	610	63,6	600	63,8	590	64,0	580	64,1
630	64,4	620	64,6	610	64,9	600	65,1	590	65,2
640	65,4	630	65,7	620	65,9	610	66,1	600	66,3
650	66,4	640	66,7	630	67,0	620	67,2	610	67,4
660	67,4	650	67,8	640	68,1	630	68,3	620	68,5
670	68,5	660	68,8	650	69,1	640	69,4	630	69,6
680	69,5	670	69,9	660	70,2	650	70,5	640	70,7
690	70,5	680	70,9	670	71,3	660	71,6	650	71,8
700	71,5	690	71,0	680	72,3	670	72,7	660	72,9
710	72,6	700	72,0	690	73,4	680	73,7	670	74,0
720	73,6	710	73,0	700	74,4	690	74,8	680	75,2
730	74,6	720	74,1	710	75,5	700	75,9	690	76,3
740	75,6	730	75,1	720	76,6	710	77,0	700	77,4
750	76,6	740	76,2	730	77,6	720	78,1	710	78,5
760	77,7	750	77,2	740	78,7	730	79,2	720	79,6
770	78,7	760	78,2	750	79,8	740	80,2	730	80,7
780	79,7	770	79,3	760	80,8				
790	80,7	780	80,3						
1	0,1	1	0,1	1	0,1	1	0,1	1	0,1
2	0,2	2	0,2	2	0,2	2	0,2	2	0,2
3	0,3	3	0,3	3	0,3	3	0,3	3	0,3
4	0,4	4	0,4	4	0,4	4	0,4	4	0,4
5	0,5	5	0,5	5	0,5	5	0,5	5	0,6
6	0,6	6	0,6	6	0,6	6	0,7	6	0,7
7	0,7	7	0,7	7	0,7	7	0,8	7	0,8
8	0,8	8	0,8	8	0,9	8	0,9	8	0,9
9	0,9	9	0,9	9	1,0	9	1,0	9	1,0

5,5 Saccharometer-Anzeige der Würze bei 14° R		5,6 Saccharometer-Anzeige der Würze bei 14° R		5,7 Saccharometer-Anzeige der Würze bei 14° R		5,8 Saccharometer-Anzeige der Würze bei 14° R		5,9 Saccharometer-Anzeige der Würze bei 14° R	
Kalte Würze im Gärbottiche Liter	Ausbeute aus dem Malze Prozent	Kalte Würze im Gärbottiche Liter	Ausbeute aus dem Malze Prozent	Kalte Würze im Gärbottiche Liter	Ausbeute aus dem Malze Prozent	Kalte Würze im Gärbottiche Liter	Ausbeute aus dem Malze Prozent	Kalte Würze im Gärbottiche Liter	Ausbeute aus dem Malze Prozent
490	55,2	480	55,1	470	54,9	460	54,7	460	55,7
500	56,3	490	56,2	480	56,1	470	55,9	470	56,9
510	57,4	500	57,3	490	57,2	480	57,1	480	58,1
520	58,6	510	58,5	500	58,4	490	58,3	490	59,3
530	59,7	520	59,6	510	59,6	500	59,4	500	60,5
540	60,8	530	60,8	520	60,7	510	60,6	510	61,7
550	61,9	540	61,9	530	61,9	520	61,8	520	62,9
560	63,1	550	63,1	540	63,1	530	63,0	530	64,1
570	64,2	560	64,2	550	64,2	540	64,2	540	65,3
580	65,3	570	65,4	560	65,4	550	65,4	550	66,5
590	66,4	580	66,5	570	66,6	560	66,6	560	67,8
600	67,6	590	67,7	580	67,7	570	67,8	570	69,0
610	68,7	600	68,8	590	68,9	580	69,0	580	70,2
620	69,8	610	70,0	600	70,1	590	70,1	590	71,4
630	70,9	620	71,1	610	71,2	600	71,3	600	72,6
640	72,1	630	72,3	620	72,4	610	72,5	610	73,8
650	73,2	640	73,4	630	73,6	620	73,7	620	75,0
660	74,3	650	74,6	640	74,7	630	74,9	630	76,2
670	75,4	660	75,7	650	75,9	640	76,1	640	77,4
680	76,6	670	76,8	660	77,1	650	77,3	650	78,7
690	77,7	680	78,0	670	78,2	660	78,5	660	79,8
700	78,8	690	79,1	680	79,4	670	79,6		
710	79,9	700	80,3	690	80,6	680	80,8		
1	*0,1*	*1*	*0,1*	*1*	*0,1*	*1*	*0,1*	*1*	*0,1*
2	*0,2*	*2*	*0,2*	*2*	*0,2*	*2*	*0,2*	*2*	*0,2*
3	*0,3*	*3*	*0,3*	*3*	*0,4*	*3*	*0,4*	*3*	*0,4*
4	*0,5*	*4*	*0,5*	*4*	*0,5*	*4*	*0,5*	*4*	*0,5*
5	*0,6*	*5*	*0,6*	*5*	*0,6*	*5*	*0,6*	*5*	*0,6*
6	*0,7*	*6*	*0,7*	*6*	*0,7*	*6*	*0,7*	*6*	*0,7*
7	*0,8*	*7*	*0,8*	*7*	*0,8*	*7*	*0,8*	*7*	*0,8*
8	*0,9*	*8*	*0,9*	*8*	*0,9*	*8*	*1,0*	*8*	*1,0*
9	*1,0*	*9*	*1,0*	*9*	*1,1*	*9*	*1,1*	*9*	*1,1*

6,0 Saccharometer-Anzeige der Würze bei 14° R		6,1 Saccharometer-Anzeige der Würze bei 14° R		6,2 Saccharometer-Anzeige der Würze bei 14° R		6,3 Saccharometer-Anzeige der Würze bei 14° R		6,4 Saccharometer-Anzeige der Würze bei 14° R	
Kalte Würze im Gärbottiche Liter	Ausbeute aus dem Malze Prozent	Kalte Würze im Gärbottiche Liter	Ausbeute aus dem Malze Prozent	Kalte Würze im Gärbottiche Liter	Ausbeute aus dem Malze Prozent	Kalte Würze im Gärbottiche Liter	Ausbeute aus dem Malze Prozent	Kalte Würze im Gärbottiche Liter	Ausbeute aus dem Malze Prozent
450	55,4	440	55,1	430	54,7	430	55,6	420	55,2
460	56,6	450	56,3	440	56,0	440	56,9	430	56,5
470	57,8	460	57,6	450	57,3	450	58,2	440	57,9
480	59,1	470	58,8	460	58,6	460	59,5	450	59,2
490	60,3	480	60,1	470	59,8	470	60,8	460	60,5
500	61,5	490	61,3	480	61,1	480	62,1	470	61,8
510	62,8	500	62,6	490	62,4	490	63,4	480	63,1
520	64,0	510	63,8	500	63,6	500	64,7	490	64,4
530	65,2	520	65,1	510	64,9	510	66,0	500	65,8
540	66,5	530	66,3	520	66,2	520	67,3	510	67,1
550	67,7	540	67,6	530	67,5	530	68,6	520	68,4
560	68,9	550	68,8	540	68,7	540	69,9	530	69,7
570	70,2	560	70,1	550	70,0	550	71,2	540	71,0
580	71,4	570	71,3	560	71,3	560	72,5	550	72,3
590	72,6	580	72,6	570	72,6	570	73,8	560	73,7
600	73,9	590	73,8	580	73,8	580	75,0	570	75,0
610	75,1	600	75,1	590	75,1	590	76,3	580	76,3
620	76,3	610	76,3	600	76,4	600	77,6	590	77,6
630	77,5	620	77,6	610	77,6	610	78,9	600	78,9
640	78,8	630	78,8	620	78,9	620	80,2	610	80,2
650	80,0	640	80,1	630	80,2				
1	0,1	1	0,1	1	0,1	1	0,1	1	0,1
2	0,2	2	0,2	2	0,2	2	0,2	2	0,3
3	0,3	3	0,3	3	0,3	3	0,3	3	0,4
4	0,4	4	0,4	4	0,4	4	0,4	4	0,5
5	0,6	5	0,6	5	0,6	5	0,6	5	0,7
6	0,7	6	0,8	6	0,8	6	0,8	6	0,8
7	0,9	7	0,9	7	0,9	7	0,9	7	0,9
8	1,0	8	1,0	8	1,0	8	1,0	8	1,1
9	1,1	9	1,1	9	1,1	9	1,2	9	1,2

6,5		6,6		6,7		6,8		6,9	
Saccharo-meter-Anzeige der Würze bei 14° R		Saccharo-meter-Anzeige der Würze bei 14° R		Saccharo-meter-Anzeige der Würze bei 14° R		Saccharo-meter-Anzeige der Würze bei 14° R		Saccharo-meter-Anzeige der Würze bei 14° R	
Kalte Würze im Gär-bottiche Liter	Ausbeute aus dem Malze Prozent	Kalte Würze im Gär-bottiche Liter	Ausbeute aus dem Malze Prozent	Kalte Würze im Gär-bottiche Liter	Ausbeute aus dem Malze Prozent	Kalte Würze im Gär-bottiche Liter	Ausbeute aus dem Malze Prozent	Kalte Würze im Gär-bottiche Liter	Ausbeute aus dem Malze Prozent
420	56,1	410	55,6	400	55,1	390	54,6	390	55,4
430	57,5	420	57,0	410	56,5	400	56,0	400	56,8
440	58,8	430	58,4	420	57,9	410	57,4	410	58,2
450	60,1	440	59,7	430	59,3	420	58,8	420	59,7
460	61,5	450	61,1	440	60,0	430	60,2	430	61,1
470	62,8	460	62,4	450	62,0	440	61,6	440	62,5
480	64,1	470	63,8	460	63,4	450	63,0	450	63,9
490	65,5	480	65,1	470	64,8	460	64,4	460	65,3
500	66,8	490	66,5	480	66,2	470	65,8	470	66,8
510	68,1	500	67,9	490	67,5	480	67,2	480	68,2
520	69,5	510	69,2	500	68,9	490	68,6	490	69,6
530	70,8	520	70,6	510	70,3	500	70,0	500	71,0
540	72,1	530	71,9	520	71,7	510	71,4	510	72,4
550	73,5	540	73,3	530	73,1	520	72,8	520	73,9
560	74,8	550	74,7	540	74,5	530	74,2	530	75,3
570	76,1	560	76,1	550	75,8	540	75,6	510	76,7
580	77,5	570	77,4	560	77,2	550	77,0	550	78,1
590	78,8	580	78,8	570	78,6	560	78,4	560	79,5
600	80,2	590	80,1	580	80,0	570	79,8	570	81,0
1	0,1	1	0,1	1	0,1	1	0,1	1	0,1
2	0,3	2	0,3	2	0,3	2	0,3	2	0,3
3	0,4	3	0,4	3	0,4	3	0,4	3	0,4
4	0,5	4	0,5	4	0,6	4	0,6	4	0,6
5	0,7	5	0,7	5	0,7	5	0,7	5	0,7
6	0,8	6	0,8	6	0,8	6	0,8	6	0,9
7	0,9	7	1,0	7	1,0	7	1,0	7	1,0
8	1,1	8	1,1	8	1,1	8	1,1	8	1,1
9	1,2	9	1,2	9	1,2	9	1,3	9	1,3

7,0 Saccharo-meter-Anzeige der Würze bei 14° R		7,1 Saccharo-meter-Anzeige der Würze bei 14° R		7,2 Saccharo-meter-Anzeige der Würze bei 14° R		7,3 Saccharo-meter-Anzeige der Würze bei 14° R		7,4 Saccharo-meter-Anzeige der Würze bei 14° R	
Kalte Würze im Gär-bottiche Liter	Ausbeute aus dem Malze Prozent	Kalte Würze im Gär-bottiche Liter	Ausbeute aus dem Malze Prozent	Kalte Würze im Gär-bottiche Liter	Ausbeute aus dem Malze Prozent	Kalte Würze im Gär-bottiche Liter	Ausbeute aus dem Malze Prozent	Kalte Würze im Gär-bottiche Liter	Ausbeute aus dem Malze Prozent
380	54,8	380	55,6	370	54,9	370	55,7	360	55,0
390	56,2	390	57,1	380	56,4	380	57,2	370	56,5
400	57,7	400	58,5	390	57,9	390	58,7	380	58,0
410	59,1	410	60,0	400	59,4	400	60,2	390	59,5
420	60,6	420	61,4	410	60,9	410	61,7	400	61,1
430	62,0	430	62,9	420	62,3	420	63,2	410	62,6
440	63,4	440	64,4	430	63,8	430	64,7	420	64,1
450	64,9	450	65,8	440	65,3	440	66,2	430	65,6
460	66,3	460	67,3	450	66,8	450	67,7	440	67,2
470	67,8	470	68,8	460	68,3	460	69,2	450	68,7
480	69,2	480	70,2	470	69,8	470	70,7	460	70,2
490	70,7	490	71,7	480	71,3	480	72,2	470	71,7
500	72,1	500	73,2	490	72,8	490	73,7	480	73,3
510	73,5	510	74,6	500	74,2	500	75,2	490	74,8
520	75,0	520	76,1	510	75,7	510	76,7	500	76,3
530	76,4	530	77,5	520	77,2	520	78,2	510	77,8
540	77,9	540	78,9	530	78,7	530	79,7	520	79,4
550	79,3	550	80,4	540	80,2	540	81,2	530	80,9
560	80,8								
1	0,1	1	0,1	1	0,1	1	0,2	1	0,2
2	0,3	2	0,3	2	0,3	2	0,3	2	0,3
3	0,4	3	0,4	3	0,4	3	0,5	3	0,5
4	0,6	4	0,6	4	0,6	4	0,6	4	0,6
5	0,7	5	0,7	5	0,7	5	0,8	5	0,8
6	0,9	6	0,9	6	0,9	6	0,9	6	0,9
7	1,0	7	1,0	7	1,0	7	1,1	7	1,1
8	1,2	8	1,2	8	1,2	8	1,2	8	1,2
9	1,3	9	1,3	9	1,3	9	1,4	9	1,4

7,5 Saccharometer-Anzeige der Würze bei 14° R		**7,6** Saccharometer-Anzeige der Würze bei 14° R		**7,7** Saccharometer-Anzeige der Würze bei 14° R		**7,8** Saccharometer-Anzeige der Würze bei 14° R		**7,9** Saccharometer-Anzeige der Würze bei 14° R	
Kalte Würze im Gärbottiche Liter	Ausbeute aus dem Malze Prozent	Kalte Würze im Gärbottiche Liter	Ausbeute aus dem Malze Prozent	Kalte Würze im Gärbottiche Liter	Ausbeute aus dem Malze Prozent	Kalte Würze im Gärbottiche Liter	Ausbeute aus dem Malze Prozent	Kalte Würze im Gärbottiche Liter	Ausbeute aus dem Malze Prozent
360	55,7	350	54,9	350	55,7	340	54,8	340	55,5
370	57,3	360	56,5	360	57,3	350	56,4	350	57,2
380	58,8	370	58,1	370	58,8	360	58,0	360	58,8
390	60,4	380	59,6	380	60,4	370	59,6	370	60,4
400	61,9	390	61,2	390	62,0	380	61,2	380	62,1
410	63,5	400	62,8	400	63,6	390	62,9	390	63,7
420	65,0	410	64,3	410	65,2	400	64,5	400	65,3
430	66,6	420	65,9	420	66,8	410	66,1	410	67,0
440	68,1	430	67,5	430	68,4	420	67,7	420	68,6
450	69,7	440	69,0	440	70,0	430	69,3	430	70,2
460	71,2	450	70,6	450	71,6	440	70,9	440	71,9
470	72,8	460	72,2	460	73,2	450	72,5	450	73,5
480	74,3	470	73,7	470	74,7	460	74,2	460	75,1
490	75,9	480	75,3	480	76,3	470	75,8	470	76,8
500	77,5	490	76,9	490	77,9	480	77,4	480	78,4
510	79,0	500	78,5	500	79,5	490	79,0	490	80,0
520	80,6	510	80,1	510	81,1	500	80,6	500	81,7
1	0,2	1	0,2	1	0,2	1	0,2	1	0,2
2	0,3	2	0,3	2	0,3	2	0,3	2	0,3
3	0,5	3	0,5	3	0,5	3	0,5	3	0,5
4	0,6	4	0,6	4	0,6	4	0,6	4	0,7
5	0,8	5	0,8	5	0,8	5	0,8	5	0,8
6	0,9	6	0,9	6	0,9	6	0,9	6	1,0
7	1,1	7	1,1	7	1,1	7	1,1	7	1,1
8	1,2	8	1,3	8	1,3	8	1,3	8	1,3
9	1,4	9	1,4	9	1,4	9	1,5	9	1,5

8,0		8,1		8,2		8,3		8,4	
Saccharo-meter-Anzeige der Würze bei 14° R		Saccharo-meter-Anzeige der Würze bei 14° R		Saccharo-meter-Anzeige der Würze bei 14° R		Saccharo-meter-Anzeige der Würze bei 14° R		Saccharo-meter-Anzeige der Würze bei 14° R	
Kalte Würze im Gär-bottiche	Ausbeute aus dem Malze	Kalte Würze im Gär-bottiche	Ausbeute aus dem Malze	Kalte Würze im Gär-bottiche	Ausbeute aus dem Malze	Kalte Würze im Gär-bottiche	Ausbeute aus dem Malze	Kalte Würze im Gär-bottiche	Ausbeute aus dem Malze
Liter	Prozent	Liter	Prozent	Liter	Prozent	Liter	Prozent	Liter	Prozent
330	54,6	330	55,3	330	56,0	320	55,0	320	55,7
340	56,2	340	56,9	340	57,7	330	56,7	330	57,4
350	57,9	350	58,6	350	59,4	340	58,4	340	59,2
360	59,6	360	60,3	360	61,1	350	60,1	350	60,9
370	61,2	370	62,0	370	62,8	360	61,9	360	62,6
380	62,9	380	63,7	380	64,5	370	63,6	370	64,4
390	64,5	390	65,3	390	66,2	380	65,3	380	66,1
400	66,2	400	67,0	400	67,9	390	67,0	390	67,9
410	67,8	410	68,7	410	69,6	400	68,7	400	69,6
420	69,5	420	70,4	420	71,3	410	70,4	410	71,3
430	71,1	430	72,0	430	73,0	420	72,2	420	73,1
440	72,8	440	73,7	440	74,7	430	73,9	430	74,8
450	74,5	450	75,4	450	76,4	440	75,6	440	76,5
460	76,1	460	77,1	460	78,1	450	77,3	450	78,2
470	77,8	470	78,8	470	79,8	460	79,0	460	80,0
480	79,4	480	80,4	480	81,5	470	80,8		
490	81,1								
1	0,2	1	0,2	1	0,2	1	0,2	1	0,2
2	0,3	2	0,3	2	0,3	2	0,3	2	0,3
3	0,5	3	0,5	3	0,5	3	0,5	3	0,5
4	0,7	4	0,7	4	0,7	4	0,7	4	0,7
5	0,8	5	0,8	5	0,8	5	0,9	5	0,9
6	1,0	6	1,0	6	1,0	6	1,0	6	1,0
7	1,2	7	1,2	7	1,2	7	1,2	7	1,2
8	1,3	8	1,3	8	1,4	8	1,4	8	1,4
9	1,5	9	1,5	9	1,5	9	1,5	9	1,6

8,5 Saccharometer-Anzeige der Würze bei 14° R		8,6 Saccharometer-Anzeige der Würze bei 14° R		8,7 Saccharometer-Anzeige der Würze bei 14° R		8,8 Saccharometer-Anzeige der Würze bei 14° R		8,9 Saccharometer-Anzeige der Würze bei 14° R	
Kalte Würze im Gärbottiche Liter	Ausbeute aus dem Malze Prozent	Kalte Würze im Gärbottiche Liter	Ausbeute aus dem Malze Prozent	Kalte Würze im Gärbottiche Liter	Ausbeute aus dem Malze Prozent	Kalte Würze im Gärbottiche Liter	Ausbeute aus dem Malze Prozent	Kalte Würze im Gärbottiche Liter	Ausbeute aus dem Malze Prozent
310	54,6	310	55,2	310	55,9	300	54,8	300	55,4
320	56,4	320	57,0	320	57,7	310	56,6	310	57,3
330	58,2	330	58,8	330	59,5	320	58,4	320	59,1
340	59,9	340	60,6	340	61,3	330	60,2	330	61,0
350	61,7	350	62,4	350	63,1	340	62,1	340	62,8
360	63,4	360	64,2	360	64,9	350	63,9	350	64,6
370	65,2	370	66,0	370	66,8	360	65,7	360	66,5
380	66,9	380	67,7	380	68,6	370	67,5	370	68,3
390	68,7	390	69,5	390	70,4	380	69,4	380	70,2
400	70,4	400	71,3	400	72,2	390	71,2	390	72,0
410	72,2	410	73,1	410	74,0	400	73,0	400	73,9
420	74,0	420	74,9	420	75,8	410	74,9	410	75,7
430	75,7	430	76,6	430	77,6	420	76,7	420	77,6
440	77,5	440	78,4	440	79,4	430	78,5	430	79,5
450	79,2	450	80,2	450	81,2	440	80,3	440	81,3
1	*0,2*	*1*	*0,2*	*1*	*0,2*	*1*	*0,2*	*1*	*0,2*
2	*0,4*	*2*	*0,4*	*2*	*0,4*	*2*	*0,4*	*2*	*0,4*
3	*0,5*	*3*	*0,5*	*3*	*0,5*	*3*	*0,5*	*3*	*0,6*
4	*0,7*	*4*	*0,7*	*4*	*0,7*	*4*	*0,7*	*4*	*0,7*
5	*0,9*	*5*	*0,9*	*5*	*0,9*	*5*	*0,9*	*5*	*0,9*
6	*1,1*	*6*	*1,1*	*6*	*1,1*	*6*	*1,1*	*6*	*1,1*
7	*1,2*	*7*	*1,2*	*7*	*1,3*	*7*	*1,3*	*7*	*1,3*
8	*1,4*	*8*	*1,4*	*8*	*1,4*	*8*	*1,5*	*8*	*1,5*
9	*1,6*	*9*	*1,6*	*9*	*1,6*	*9*	*1,6*	*9*	*1,7*

9,0 Saccharometer-Anzeige der Würze bei 14° R		9,1 Saccharometer-Anzeige der Würze bei 14° R		9,2 Saccharometer-Anzeige der Würze bei 14° R		9,3 Saccharometer-Anzeige der Würze bei 14° R		9,4 Saccharometer-Anzeige der Würze bei 14° R	
Kalte Würze im Gärbottiche Liter	Ausbeute aus dem Malze Prozent	Kalte Würze im Gärbottiche Liter	Ausbeute aus dem Malze Prozent	Kalte Würze im Gärbottiche Liter	Ausbeute aus dem Malze Prozent	Kalte Würze im Gärbottiche Liter	Ausbeute aus dem Malze Prozent	Kalte Würze im Gärbottiche Liter	Ausbeute aus dem Malze Prozent
300	56,1	290	54,8	290	55,4	290	56,1	280	54,7
310	57,9	300	56,7	300	57,3	300	58,0	290	56,7
320	59,8	310	58,6	310	59,3	310	59,9	300	58,6
330	61,7	320	60,5	320	61,2	320	61,9	310	60,6
340	63,5	330	62,4	330	63,1	330	63,8	320	62,5
350	65,4	340	64,3	340	65,0	340	65,7	330	64,5
360	67,3	350	66,1	350	66,9	350	67,7	340	66,5
370	69,1	360	68,0	360	68,8	360	69,6	350	68,4
380	71,0	370	69,9	370	70,7	370	71,5	360	70,4
390	72,8	380	71,8	380	72,7	380	73,5	370	72,3
400	74,7	390	73,6	390	74,6	390	75,4	380	74,8
410	76,6	400	75,5	400	76,5	400	77,3	390	76,2
420	78,5	410	77,4	410	78,4	410	79,3	400	78,2
430	80,4	420	79,3	420	80,3	420	81,2	410	80,2
1	0,2	1	0,2	1	0,2	1	0,2	1	0,2
2	0,4	2	0,4	2	0,4	2	0,4	2	0,4
3	0,6	3	0,6	3	0,6	3	0,6	3	0,6
4	0,7	4	0,8	4	0,8	4	0,8	4	0,8
5	0,9	5	0,9	5	1,0	5	1,0	5	1,0
6	1,1	6	1,1	6	1,1	6	1,2	6	1,2
7	1,3	7	1,3	7	1,3	7	1,4	7	1,4
8	1,5	8	1,5	8	1,5	8	1,5	8	1,6
9	1,7	9	1,7	9	1,7	9	1,7	9	1,8

9,5 Saccharo-meter-Anzeige der Würze bei 14° R		9,6 Saccharo-meter-Anzeige der Würze bei 14° R		9,7 Saccharo-meter-Anzeige der Würze bei 14° R		9,8 Saccharo-meter-Anzeige der Würze bei 14° R		9,9 Saccharo-meter-Anzeige der Würze bei 14° R	
Kalte Würze im Gär-bottiche Liter	Ausbeute aus dem Malze Prozent	Kalte Würze im Gär-bottiche Liter	Ausbeute aus dem Malze Prozent	Kalte Würze im Gär-bottiche Liter	Ausbeute aus dem Malze Prozent	Kalte Würze im Gär-bottiche Liter	Ausbeute aus dem Malze Prozent	Kalte Würze im Gär-bottiche Liter	Ausbeute aus dem Malze Prozent
280	55,3	280	55,9	270	54,5	270	55,1	270	55,7
290	57,3	290	57,9	280	56,5	280	57,1	280	57,8
300	59,3	300	59,9	290	58,6	290	59,2	290	59,8
310	61,3	310	61,9	300	60,6	300	61,2	300	61,9
320	63,2	320	63,9	310	62,6	310	63,3	310	63,9
330	65,2	330	65,9	320	64,6	320	65,3	320	66,0
340	67,2	340	67,9	330	66,6	330	67,3	330	68,0
350	69,2	350	69,9	340	68,7	340	69,4	340	70,1
360	71,1	360	71,9	350	70,7	350	71,4	350	72,2
370	73,1	370	73,9	360	72,7	360	73,5	360	74,2
380	75,1	380	75,9	370	74,7	370	75,5	370	76,3
390	77,0	390	77,9	380	76,7	380	77,5	380	78,3
400	79,0	400	79,9	390	78,8	390	79,6	390	80,4
410	81,0	410	81,9	400	80,8	400	81,6	400	82,4
1	0,2	1	0,2	1	0,2	1	0,2	1	0,2
2	0,4	2	0,4	2	0,4	2	0,4	2	0,4
3	0,6	3	0,6	3	0,6	3	0,6	3	0,6
4	0,8	4	0,8	4	0,8	4	0,8	4	0,8
5	1,0	5	1,0	5	1,0	5	1,0	5	1,0
6	1,2	6	1,2	6	1,2	6	1,2	6	1,2
7	1,4	7	1,4	7	1,4	7	1,4	7	1,4
8	1,6	8	1,6	8	1,6	8	1,6	8	1,7
9	1,8	9	1,8	9	1,8	9	1,8	9	1,9

10,0 Saccharo-meter-Anzeige der Würze bei 14° R		10,1 Saccharo-meter-Anzeige der Würze bei 14° R		10,2 Saccharo-meter-Anzeige der Würze bei 14° R		10,3 Saccharo-meter-Anzeige der Würze bei 14° R		10,4 Saccharo-meter-Anzeige der Würze bei 14° R	
Kalte Würze im Gär-bottiche Liter	Ausbeute aus dem Malze Prozent	Kalte Würze im Gär-bottiche Liter	Ausbeute aus dem Malze Prozent	Kalte Würze im Gär-bottiche Liter	Ausbeute aus dem Malze Prozent	Kalte Würze im Gär-bottiche Liter	Ausbeute aus dem Malze Prozent	Kalte Würze im Gär-bottiche Liter	Ausbeute aus dem Malze Prozent
260	54,2	260	54,8	260	55,3	260	55,9	260	56,4
270	56,3	270	56,9	270	57,4	270	58,0	270	58,6
280	58,4	280	59,0	280	59,6	280	60,2	280	60,8
290	60,4	290	61,1	290	61,7	290	62,3	290	63,0
300	62,5	300	63,2	300	63,8	300	64,5	300	65,1
310	64,6	310	65,3	310	66,0	310	66,6	310	67,3
320	66,7	320	67,4	320	68,1	320	68,8	320	69,5
330	68,8	330	69,5	330	70,2	330	70,9	330	71,6
340	70,9	340	71,6	340	72,4	340	73,1	340	73,8
350	72,9	350	73,7	350	74,5	350	75,2	350	76,0
360	75,0	360	75,8	360	76,6	360	77,4	360	78,2
370	77,1	370	77,9	370	78,8	370	79,5	370	80,3
380	79,1	380	80,0	380	80,9	380	81,7	380	82,5
390	81,2								
1	0,2	1	0,2	1	0,2	1	0,2	1	0,2
2	0,4	2	0,4	2	0,4	2	0,4	2	0,4
3	0,6	3	0,6	3	0,6	3	0,6	3	0,7
4	0,8	4	0,8	4	0,9	4	0,9	4	0,9
5	1,0	5	1,1	5	1,1	5	1,1	5	1,1
6	1,3	6	1,3	6	1,3	6	1,3	6	1,3
7	1,5	7	1,5	7	1,5	7	1,5	7	1,5
8	1,7	8	1,7	8	1,7	8	1,7	8	1,7
9	1,9	9	1,9	9	1,9	9	1,9	9	2,0

10,5		10,6		10,7		10,8		10,9	
Saccharo-meter-Anzeige der Würze bei 14° R		Saccharo-meter-Anzeige der Würze bei 14° R		Saccharo-meter-Anzeige der Würze bei 14° R		Saccharo-meter-Anzeige der Würze bei 14° R		Saccharo-meter-Anzeige der Würze bei 14° R	
Kalte Würze im Gär-bottiche	Ausbeute aus dem Malze	Kalte Würze im Gär-bottiche	Ausbeute aus dem Malze	Kalte Würze im Gär-bottiche	Ausbeute aus dem Malze	Kalte Würze im Gär-bottiche	Ausbeute aus dem Malze	Kalte Würze im Gär-bottiche	Ausbeute aus dem Malze
Liter	Prozent	Liter	Prozent	Liter	Prozent	Liter	Prozent	Liter	Prozent
250	54,8	250	55,4	250	55,9	250	56,5	240	54,7
260	57,0	260	57,6	260	58,1	260	58,7	250	57,0
270	59,2	270	59,8	270	60,4	270	61,0	260	59,3
280	61,4	280	62,0	280	62,6	280	63,2	270	61,6
290	63,6	290	64,2	290	64,9	290	65,5	280	63,8
300	65,8	300	66,4	300	67,1	300	67,7	290	66,1
310	68,0	310	68,7	310	69,3	310	70,0	300	68,4
320	70,2	320	70,9	320	71,6	320	72,2	310	70,7
330	72,4	330	73,1	330	73,8	330	74,5	320	73,0
340	74,6	340	75,3	340	76,0	340	76,7	330	75,2
350	76,8	350	77,5	350	78,3	350	79,0	340	77,5
360	79,0	360	79,7	360	80,5	360	81,2	350	79,8
370	81,2								
1	0,2	1	0,2	1	0,2	1	0,2	1	0,2
2	0,4	2	0,4	2	0,4	2	0,5	2	0,5
3	0,7	3	0,7	3	0,7	3	0,7	3	0,7
4	0,9	4	0,9	4	0,9	4	0,9	4	0,9
5	1,1	5	1,1	5	1,1	5	1,1	5	1,1
6	1,3	6	1,3	6	1,3	6	1,4	6	1,4
7	1,5	7	1,6	7	1,6	7	1,6	7	1,6
8	1,8	8	1,8	8	1,8	8	1,8	8	1,8
9	2,0	9	2,0	9	2,0	9	2,0	9	2,1

4 *

11,0 Saccharo-meter-Anzeige der Würze bei 14° R		11,1 Saccharo-meter-Anzeige der Würze bei 14° R		11,2 Saccharo-meter-Anzeige der Würze bei 14° R		11,3 Saccharo-meter-Anzeige der Würze bei 14° R		11,4 Saccharo-meter-Anzeige der Würze bei 14° R	
Kalte Würze im Gär-bottiche Liter	Ausbeute aus dem Malze Prozent	Kalte Würze im Gär-bottiche Liter	Ausbeute aus dem Malze Prozent	Kalte Würze im Gär-bottiche Liter	Ausbeute aus dem Malze Prozent	Kalte Würze im Gär-bottiche Liter	Ausbeute aus dem Malze Prozent	Kalte Würze im Gär-bottiche Liter	Ausbeute aus dem Malze Prozent
240	55,2	240	55,7	230	54,0	230	54,5	230	55,0
250	57,5	250	58,0	240	56,3	240	56,8	240	57,3
260	59,9	260	60,4	250	58,6	250	59,2	250	59,7
270	62,2	270	62,7	260	61,0	260	61,6	260	62,1
280	64,5	280	65,1	270	63,3	270	63,9	270	64,5
290	66,8	290	67,4	280	65,7	280	66,3	280	66,9
300	69,1	300	69,7	290	68,0	290	68,7	290	69,3
310	71,5	310	72,1	300	70,4	300	71,0	300	71,6
320	73,8	320	74,4	310	72,7	310	73,4	310	74,0
330	76,1	330	76,7	320	75,1	320	75,8	320	76,4
340	78,4	340	79,1	330	77,4	330	78,1	330	78,8
350	80,7	350	81,4	340	79,8	340	80,5	340	81,2
1	0,2	1	0,2	1	0,2	1	0,2	1	0,2
2	0,5	2	0,5	2	0,5	2	0,5	2	0,5
3	0,7	3	0,7	3	0,7	3	0,7	3	0,7
4	0,9	4	0,9	4	0,9	4	0,9	4	1,0
5	1,2	5	1,2	5	1,2	5	1,2	5	1,2
6	1,4	6	1,4	6	1,4	6	1,4	6	1,4
7	1,6	7	1,6	7	1,6	7	1,7	7	1,7
8	1,8	8	1,9	8	1,9	8	1,9	8	1,9
9	2,1	9	2,1	9	2,1	9	2,1	9	2,2

11,5 Saccharo-meter-Anzeige der Würze bei 14° R		11,6 Saccharo-meter-Anzeige der Würze bei 14° R		11,7 Saccharo-meter-Anzeige der Würze bei 14° R		11,8 Saccharo-meter-Anzeige der Würze bei 14° R		11,9 Saccharo-meter-Anzeige der Würze bei 14° R	
Kalte Würze im Gär-bottiche Liter	Ausbeute aus dem Malze Prozent	Kalte Würze im Gär-bottiche Liter	Ausbeute aus dem Malze Prozent	Kalte Würze im Gär-bottiche Liter	Ausbeute aus dem Malze Prozent	Kalte Würze im Gär-bottiche Liter	Ausbeute aus dem Malze Prozent	Kalte Würze im Gär-bottiche Liter	Ausbeute aus dem Malze Prozent
230	55,5	230	56,0	230	56,5	220	54,5	220	55,0
240	57,9	240	58,4	240	58,9	230	57,0	230	57,5
250	60,3	250	60,8	250	61,4	240	59,4	240	60,0
260	62,7	260	63,3	260	63,8	250	61,9	250	62,5
270	65,1	270	65,7	270	66,3	260	64,4	260	65,0
280	67,5	280	68,1	280	68,7	270	66,9	270	67,5
290	69,9	290	70,6	290	71,2	280	69,4	280	70,0
300	72,2	300	72,9	300	73,6	290	71,8	290	72,5
310	74,6	310	75,3	310	76,1	300	74,3	300	75,0
320	77,0	320	77,8	320	78,5	310	76,8	310	77,5
330	79,4	330	80,2	330	80,0	320	79,2	320	79,9
1	0,2	1	0,2	1	0,2	1	0,2	1	0,2
2	0,5	2	0,5	2	0,5	2	0,5	2	0,5
3	0,7	3	0,7	3	0,7	3	0,7	3	0,7
4	1,0	4	1,0	4	1,0	4	1,0	4	1,0
5	1,2	5	1,2	5	1,2	5	1,2	5	1,2
6	1,4	6	1,5	6	1,5	6	1,5	6	1,5
7	1,7	7	1.7	7	1,7	7	1,7	7	1,7
8	1,9	8	2,0	8	2,0	8	2,0	8	2,0
9	2,2	9	2,2	9	2,2	9	2,2	9	2,2

12,0 Saccharometer-Anzeige der Würze bei 14° R		12,1 Saccharometer-Anzeige der Würze bei 14° R		12,2 Saccharometer-Anzeige der Würze bei 14° R		12,3 Saccharometer-Anzeige der Würze bei 14° R		12,4 Saccharometer-Anzeige der Würze bei 14° R	
Kalte Würze im Gärbottiche Liter	Ausbeute aus dem Malze Prozent	Kalte Würze im Gärbottiche Liter	Ausbeute aus dem Malze Prozent	Kalte Würze im Gärbottiche Liter	Ausbeute aus dem Malze Prozent	Kalte Würze im Gärbottiche Liter	Ausbeute aus dem Malze Prozent	Kalte Würze im Gärbottiche Liter	Ausbeute aus dem Malze Prozent
220	55,5	220	56,0	220	56,5	210	54,3	210	54,8
230	58,0	230	58,5	230	59,0	220	56,9	220	57,4
240	60,5	240	61,0	240	61,5	230	59,5	230	60,0
250	63,0	250	63,6	250	64,1	240	62,1	240	62,6
260	65,6	260	66,2	260	66,6	250	64,7	250	65,2
270	68,1	270	68,7	270	69,2	260	67,3	260	67,8
280	70,6	280	71,3	280	71,8	270	69,9	270	70,5
290	73,1	290	73,8	290	74,4	280	72,5	280	73,1
300	75,7	300	76,3	300	76,9	290	75,1	290	75,7
310	78,2	310	78,9	310	79,5	300	77,6	300	78,3
320	80,6	320	81,3	320	81,0	310	80,2	310	80,9
1	0,3	1	0,3	1	0,3	1	0,3	1	0,3
2	0,5	2	0,5	2	0,5	2	0,5	2	0,5
3	0,8	3	0,8	3	0,8	3	0,8	3	0,8
4	1,0	4	1,0	4	1,0	4	1,0	4	1,0
5	1,2	5	1,3	5	1,3	5	1,3	5	1,3
6	1,5	6	1,5	6	1,5	6	1,6	6	1,6
7	1,8	7	1,8	7	1,8	7	1,8	7	1,8
8	2,0	8	2,0	8	2,1	8	2,1	8	2,1
9	2,3	9	2,3	9	2,3	9	2,3	9	2,3

12,5 Saccharo-meter-Anzeige der Würze bei 14° R		12,6 Saccharo-meter-Anzeige der Würze bei 14° R		12,7 Saccharo-meter-Anzeige der Würze bei 14° R		12,8 Saccharo-meter-Anzeige der Würze bei 14° R		12,9 Saccharo-meter-Anzeige der Würze bei 14° R	
Kalte Würze im Gärbottiche Liter	Ausbeute aus dem Malze Prozent	Kalte Würze im Gärbottiche Liter	Ausbeute aus dem Malze Prozent	Kalte Würze im Gärbottiche Liter	Ausbeute aus dem Malze Prozent	Kalte Würze im Gärbottiche Liter	Ausbeute aus dem Malze Prozent	Kalte Würze im Gärbottiche Liter	Ausbeute aus dem Malze Prozent
210	55,3	210	55,8	200	53,5	200	54,0	200	54,4
220	57,9	220	58,4	210	56,2	210	56,7	210	57,1
230	60,5	230	61,0	220	58,9	220	59,4	220	59,8
240	63,2	240	63,7	230	61,5	230	62,1	230	62,6
250	65,8	250	66,3	240	64,2	240	64,8	240	65,3
260	68,4	260	69,0	250	66,9	250	67,5	250	68,0
270	71,1	270	71,6	260	69,6	260	70,1	260	70,7
280	73,7	280	74,3	270	72,3	270	72,8	270	73,4
290	76,3	290	76,9	280	75,0	280	75,5	280	76,1
300	79,0	300	79,6	290	77,6	290	78,2	290	78,9
310	81,6	310	82,2	300	80,3	300	80,9	300	81,6
1	0,3	1	0,3	1	0,3	1	0,3	1	0,3
2	0,5	2	0,5	2	0,5	2	0,5	2	0,5
3	0,8	3	0,8	3	0,8	3	0,8	3	0,8
4	1,1	4	1,1	4	1,1	4	1,1	4	1,1
5	1,3	5	1,3	5	1,3	5	1,3	5	1,4
6	1,6	6	1,6	6	1,6	6	1,6	6	1,6
7	1,8	7	1,9	7	1,9	7	1,9	7	1,9
8	2,1	8	2,1	8	2,1	8	2,2	8	2,3
9	2,4	9	2,4	9	2,4	9	2,4	9	2,4

13,0 Saccharometer-Anzeige der Würze bei 14° R		13,1 Saccharometer-Anzeige der Würze bei 14° R		13,2 Saccharometer-Anzeige der Würze bei 14° R		13,3 Saccharometer-Anzeige der Würze bei 14° R		13,4 Saccharometer-Anzeige der Würze bei 14° R	
Kalte Würze im Gärbottiche Liter	Ausbeute aus dem Malze Prozent	Kalte Würze im Gärbottiche Liter	Ausbeute aus dem Malze Prozent	Kalte Würze im Gärbottiche Liter	Ausbeute aus dem Malze Prozent	Kalte Würze im Gärbottiche Liter	Ausbeute aus dem Malze Prozent	Kalte Würze im Gärbottiche Liter	Ausbeute aus dem Malze Prozent
200	54,8	200	55,3	200	55,7	200	56,2	200	56,6
210	57,6	210	58,1	210	58,5	210	59,0	210	59,5
220	60,3	220	60,8	220	61,3	220	61,8	220	62,3
230	63,1	230	63,6	230	64,1	230	64,6	230	65,1
240	65,8	240	66,3	240	66,9	240	67,4	240	68,0
250	68,6	250	69,1	250	69,7	250	70,2	250	70,8
260	71,3	260	71,9	260	72,5	260	73,0	260	73,6
270	74,1	270	74,7	270	75,3	270	75,8	270	76,5
280	76,8	280	77,4	280	78,1	280	78,6	280	79,3
290	79,5	290	80,1	290	80,8	290	81,4	290	82,1
1	0,3	1	0,3	1	0,3	1	0,3	1	0,3
2	0,5	2	0,6	2	0,6	2	0,6	2	0,6
3	0,8	3	0,8	3	0,8	3	0,8	3	0,8
4	1,1	4	1,1	4	1,1	4	1,1	4	1,1
5	1,4	5	1,4	5	1,4	5	1,4	5	1,4
6	1,6	6	1,7	6	1,7	6	1,7	6	1,7
7	1,9	7	1,9	7	2,0	7	2,0	7	2,0
8	2,2	8	2,2	8	2,2	8	2,2	8	2,3
9	2,5	9	2,5	9	2,5	9	2,5	9	2,5

13,5 Saccharo-meter-Anzeige der Würze bei 14° R		13,6 Saccharo-meter-Anzeige der Würze bei 14° R		13,7 Saccharo-meter-Anzeige der Würze bei 14° R		13,8 Saccharo-meter-Anzeige der Würze bei 14° R		13,9 Saccharo-meter-Anzeige der Würze bei 14° R	
Kalte Würze im Gärbottiche Liter	Ausbeute aus dem Malze Prozent	Kalte Würze im Gärbottiche Liter	Ausbeute aus dem Malze Prozent	Kalte Würze im Gärbottiche Liter	Ausbeute aus dem Malze Prozent	Kalte Würze im Gärbottiche Liter	Ausbeute aus dem Malze Prozent	Kalte Würze im Gärbottiche Liter	Ausbeute aus dem Malze Prozent
190	54,2	190	54,6	190	55,1	190	55,5	190	55,9
200	57,1	200	57,5	200	58,0	200	58,4	200	58,9
210	59,9	210	60,4	210	60,9	210	61,3	210	61,8
220	62,8	220	63,3	220	63,8	220	64,2	220	64,7
230	65,6	230	66,1	230	66,7	230	67,2	230	67,7
240	68,5	240	69,0	240	69,6	240	70,1	240	70,6
250	71,3	250	71,9	250	72,5	250	73,0	250	73,5
260	74,2	260	74,8	260	75,4	260	75,9	260	76,4
270	77,1	270	77,7	270	78,3	270	78,9	270	79,4
280	79,9	280	80,5	280	81,2	280	81,8	280	82,3
1	0,3	1	0,3	1	0,3	1	0,3	1	0,3
2	0,6	2	0,6	2	0,6	2	0,6	2	0,6
3	0,9	3	0,9	3	0,9	3	0,9	3	0,9
4	1,1	4	1,2	4	1,2	4	1,2	4	1,2
5	1,4	5	1,4	5	1,4	5	1,5	5	1,5
6	1,7	6	1,7	6	1,7	6	1,8	6	1,8
7	2,0	7	2,0	7	2,0	7	2,0	7	2,1
8	2,3	8	2,3	8	2,3	8	2,3	8	2,4
9	2,6	9	2,6	9	2,6	9	2,6	9	2,7

14,0 Saccharometer-Anzeige der Würze bei 14° R		14,1 Saccharometer-Anzeige der Würze bei 14° R		14,2 Saccharometer-Anzeige der Würze bei 14° R		14,3 Saccharometer-Anzeige der Würze bei 14° R		14,4 Saccharometer-Anzeige der Würze bei 14° R	
Kalte Würze im Gärbottiche	Ausbeute aus dem Malze	Kalte Würze im Gärbottiche	Ausbeute aus dem Malze	Kalte Würze im Gärbottiche	Ausbeute aus dem Malze	Kalte Würze im Gärbottiche	Ausbeute aus dem Malze	Kalte Würze im Gärbottiche	Ausbeute aus dem Malze
Liter	Prozent	Liter	Prozent	Liter	Prozent	Liter	Prozent	Liter	Prozent
190	56,3	190	56,8	190	57,2	180	54,6	180	55,0
200	59,3	200	59,7	200	60,2	190	57,6	190	58,0
210	62,3	210	62,7	210	63,2	200	60,6	200	61,1
220	65,2	220	65,7	220	66,2	210	63,7	210	64,1
230	68,2	230	68,7	230	69,2	220	66,7	220	67,2
240	71,2	240	71,7	240	72,2	230	69,7	230	70,2
250	74,1	250	74,6	250	75,2	240	72,8	240	73,3
260	77,1	260	77,6	260	78,2	250	75,8	250	76,4
270	80,1	270	80,6	270	81,2	260	78,8	260	79,4
1	0,3	1	0,3	1	0,3	1	0,3	1	0,3
2	0,6	2	0,6	2	0,6	2	0,6	2	0,6
3	0,9	3	0,9	3	0,9	3	0,9	3	0,9
4	1,2	4	1,2	4	1,2	4	1,2	4	1,2
5	1,5	5	1,5	5	1,5	5	1,5	5	1,5
6	1,8	6	1,8	6	1,8	6	1,8	6	1,8
7	2,1	7	2,1	7	2,1	7	2,1	7	2,1
8	2,4	8	2,4	8	2,4	8	2,4	8	2,4
9	2,7	9	2,7	9	2,7	9	2,7	9	2,7

14,5 Saccharo-meter-Anzeige der Würze bei 14° R		14,6 Saccharo-meter-Anzeige der Würze bei 14° R		14,7 Saccharo-meter-Anzeige der Würze bei 14° R		14,8 Saccharo-meter-Anzeige der Würze bei 14° R		14,9 Saccharo-meter-Anzeige der Würze bei 14° R	
Kalte Würze im Gär-bottiche Liter	Ausbeute aus dem Malze Prozent	Kalte Würze im Gär-bottiche Liter	Ausbeute aus dem Malze Prozent	Kalte Würze im Gär-bottiche Liter	Ausbeute aus dem Malze Prozent	Kalte Würze im Gär-bottiche Liter	Ausbeute aus dem Malze Prozent	Kalte Würze im Gär-bottiche Liter	Ausbeute aus dem Malze Prozent
180	55,4	180	55,8	180	56,2	180	56,6	180	57,0
190	58,5	190	58,9	190	59,3	190	59,7	190	60,2
200	61,5	200	62,0	200	62,4	200	62,9	200	63,3
210	64,6	210	65,1	210	65,5	210	66,0	210	66,5
220	67,7	220	68,2	220	68,7	220	69,2	220	69,7
230	70,8	230	71,3	230	71,8	230	72,3	230	72,8
240	73,9	240	74,4	240	74,9	240	75,5	240	76,0
250	77,0	250	77,5	250	78,1	250	78,6	250	79,2
260	80,1	260	80,6	260	81,2	260	81,8	260	82,4
1	0,3	1	0,3	1	0,3	1	0,3	1	0,3
2	0,6	2	0,6	2	0,6	2	0,6	2	0,6
3	0,9	3	0,9	3	0,9	3	0,9	3	1,0
4	1,2	4	1,2	4	1,2	4	1,3	4	1,3
5	1,5	5	1,5	5	1,6	5	1,6	5	1,6
6	1,8	6	1,9	6	1,9	6	1,9	6	1,9
7	2,2	7	2,2	7	2,2	7	2,2	7	2,2
8	2,5	8	2,5	8	2,5	8	2,5	8	2,5
9	2,8	9	2,8	9	2,8	9	2,8	9	2,9

15,0 Saccharo-meter-Anzeige der Würze bei 14° R		15,1 Saccharo-meter-Anzeige der Würze bei 14° R		15,2 Saccharo-meter-Anzeige der Würze bei 14° R		15,3 Saccharo-meter-Anzeige der Würze bei 14° R		15,4 Saccharo-meter-Anzeige der Würze bei 14° R	
Kalte Würze im Gär-bottiche Liter	Ausbeute aus dem Malze Prozent	Kalte Würze im Gär-bottiche Liter	Ausbeute aus dem Malze Prozent	Kalte Würze im Gär-bottiche Liter	Ausbeute aus dem Malze Prozent	Kalte Würze im Gär-bottiche Liter	Ausbeute aus dem Malze Prozent	Kalte Würze im Gär-bottiche Liter	Ausbeute aus dem Malze Prozent
170	54,2	170	54,6	170	55,0	170	55,4	170	55,8
180	57,4	180	57,8	180	58,2	180	58,6	180	59,0
190	60,6	190	61,0	190	61,5	190	61,9	190	62,3
200	63,8	200	64,2	200	64,7	200	65,1	200	65,6
210	67,0	210	67,5	210	67,9	210	68,3	210	68,9
220	70,2	220	70,7	220	71,2	220	71,6	220	72,2
230	73,4	230	73,9	230	74,4	230	74,9	230	75,5
240	76,6	240	77,1	240	77,6	240	78,2	240	78,8
250	79,8	250	80,4	250	80,9	250	81,5	250	82,1
1	0,3	1	0,3	1	0,3	1	0,3	1	0,3
2	0,6	2	0,6	2	0,6	2	0,7	2	0,7
3	1,0	3	1,0	3	1,0	3	1,0	3	1,0
4	1,3	4	1,3	4	1,3	4	1,3	4	1,3
5	1,6	5	1,6	5	1,6	5	1,6	5	1,6
6	1,9	6	1,9	6	1,9	6	2,0	6	2,0
7	2,2	7	2,2	7	2,3	7	2,3	7	2,3
8	2,6	8	2,6	8	2,6	8	2,6	8	2,6
9	2,9	9	2,9	9	2,9	9	2,9	9	3,0

15,5 Saccharometer-Anzeige der Würze bei 14° R		15,6 Saccharometer-Anzeige der Würze bei 14° R		15,7 Saccharometer-Anzeige der Würze bei 14° R		15,8 Saccharometer-Anzeige der Würze bei 14° R		15,9 Saccharometer-Anzeige der Würze bei 14° R	
Kalte Würze im Gärbottiche Liter	Ausbeute aus dem Malze Prozent	Kalte Würze im Gärbottiche Liter	Ausbeute aus dem Malze Prozent	Kalte Würze im Gärbottiche Liter	Ausbeute aus dem Malze Prozent	Kalte Würze im Gärbottiche Liter	Ausbeute aus dem Malze Prozent	Kalte Würze im Gärbottiche Liter	Ausbeute aus dem Malze Prozent
170	56,1	170	56,5	170	56,9	170	57,3	170	57,7
180	59,4	180	59,9	180	60,3	180	60,7	180	61,1
190	62,7	190	63,2	190	63,6	190	64,0	190	64,5
200	66,1	200	66,5	200	67,0	200	67,4	200	67,8
210	69,4	210	69,8	210	70,3	210	70,7	210	71,2
220	72,7	220	73,1	220	73,6	220	74,1	220	74,6
230	76,1	230	76,5	230	77,0	230	77,5	230	78,0
240	79,4	240	79,8	240	80,3	240	80,8	240	81,3
1	0,3	1	0,3	1	0,3	1	0,3	1	0,3
2	0,7	2	0,7	2	0,7	2	0,7	2	0,7
3	1,0	3	1,0	3	1,0	3	1,0	3	1,0
4	1,3	4	1,3	4	1,3	4	1,3	4	1,4
5	1,7	5	1,7	5	1,7	5	1,7	5	1,7
6	2,0	6	2,0	6	2,0	6	2,0	6	2,0
7	2,3	7	2,3	7	2,3	7	2,4	7	2,4
8	2,6	8	2,7	8	2,7	8	2,7	8	2,7
9	3,0	9	3,0	9	3,0	9	3,0	9	3,1

16,0 Saccharo-meter-Anzeige der Würze bei 14° R		16,1 Saccharo-meter-Anzeige der Würze bei 14° R		16,2 Saccharo-meter-Anzeige der Würze bei 14° R		16,3 Saccharo-meter-Anzeige der Würze bei 14° R		16,4 Saccharo-meter-Anzeige der Würze bei 14° R	
Kalte Würze im Gär-bottiche Liter	Ausbeute aus dem Malze Prozent	Kalte Würze im Gär-bottiche Liter	Ausbeute aus dem Malze Prozent	Kalte Würze im Gär-bottiche Liter	Ausbeute aus dem Malze Prozent	Kalte Würze im Gär-bottiche Liter	Ausbeute aus dem Malze Prozent	Kalte Würze im Gär-bottiche Liter	Ausbeute aus dem Malze Prozent
160	54,7	160	55,0	160	55,4	160	55,7	160	56,1
170	58,1	170	58,5	170	58,9	170	59,2	170	59,6
180	61,5	180	61,9	180	62,3	180	62,7	180	63,1
190	64,9	190	65,3	190	65,8	190	66,2	190	66,6
200	68,3	200	68,8	200	69,2	200	69,7	200	70,1
210	71,6	210	72,2	210	72,7	210	73,1	210	73,6
220	75,0	220	75,6	220	76,1	220	76,6	220	77,1
230	78,4	230	79,0	230	79,5	230	80,1	230	80,6
1	0,3	1	0,3	1	0,3	1	0,3	1	0,4
2	0,7	2	0,7	2	0,7	2	0,7	2	0,7
3	1,0	3	1,0	3	1,0	3	1,0	3	1,1
4	1,4	4	1,4	4	1,4	4	1,4	4	1,4
5	1,7	5	1,7	5	1,7	5	1,7	5	1,8
6	2,0	6	2,1	6	2,1	6	2,1	6	2,1
7	2,4	7	2,4	7	2,4	7	2,4	7	2,5
8	2,7	8	2,8	8	2,8	8	2,8	8	2,8
9	3,1	9	3,1	9	3,1	9	3,1	9	3,2

16,5 Saccharo-meter-Anzeige der Würze bei 14° R		16,6 Saccharo-meter-Anzeige der Würze bei 14° R		16,7 Saccharo-meter-Anzeige der Würze bei 14° R		16,8 Saccharo-meter-Anzeige der Würze bei 14° R		16,9 Saccharo-meter-Anzeige der Würze bei 14° R	
Kalte Würze im Gär-bottiche Liter	Ausbeute aus dem Malze Prozent	Kalte Würze im Gär-bottiche Liter	Ausbeute aus dem Malze Prozent	Kalte Würze im Gär-bottiche Liter	Ausbeute aus dem Malze Prozent	Kalte Würze im Gär-bottiche Liter	Ausbeute aus dem Malze Prozent	Kalte Würze im Gär-bottiche Liter	Ausbeute aus dem Malze Prozent
160	56,5	160	56,8	160	57,2	150	54,0	150	54,3
170	60,0	170	60,4	170	60,8	160	57,6	160	57,9
180	63,5	180	63,9	180	64,4	170	61,2	170	61,6
190	67,1	190	67,5	190	67,9	180	64,8	180	65,2
200	70,6	200	71,1	200	71,5	190	68,4	190	68,8
210	74,1	210	74,6	210	75,1	200	72,0	200	72,5
220	77,7	220	78,2	220	78,7	210	75,6	210	76,1
230	81,2	230	81,7	230	82,2	220	79,2	220	79,7
1	0,4	1	0,4	1	0,4	1	0,4	1	0,4
2	0,7	2	0,7	2	0,7	2	0,7	2	0,7
3	1,1	3	1,1	3	1,1	3	1,1	3	1,1
4	1,4	4	1,4	4	1,4	4	1,4	4	1,4
5	1,8	5	1,8	5	1,8	5	1,8	5	1,8
6	2,1	6	2,1	6	2,1	6	2,2	6	2,2
7	2,5	7	2,5	7	2,5	7	2,5	7	2,5
8	2,8	8	2,8	8	2,9	8	2,9	8	2,9
9	3,2	9	3,2	9	3,2	9	3,2	9	3,2

17,0 Saccharo-meter-Anzeige der Würze bei 14° R		17,1 Saccharo-meter-Anzeige der Würze bei 14° R		17,2 Saccharo-meter-Anzeige der Würze bei 14° R		17,3 Saccharo-meter-Anzeige der Würze bei 14° R		17,4 Saccharo-meter-Anzeige der Würze bei 14° R	
Kalte Würze im Gär-bottiche Liter	Ausbeute aus dem Malze Prozent	Kalte Würze im Gär-bottiche Liter	Ausbeute aus dem Malze Prozent	Kalte Würze im Gär-bottiche Liter	Ausbeute aus dem Malze Prozent	Kalte Würze im Gär-bottiche Liter	Ausbeute aus dem Malze Prozent	Kalte Würze im Gär-bottiche Liter	Ausbeute aus dem Malze Prozent
150	54,7	150	55,0	150	55,3	150	55,7	150	56,0
160	58,3	160	58,7	160	59,0	160	59,4	160	59,8
170	61,9	170	62,3	170	62,7	170	63,1	170	63,5
180	65,6	180	66,0	180	66,4	180	66,8	180	67,2
190	69,2	190	69,7	190	70,1	190	70,5	190	71,0
200	72,9	200	73,4	200	73,8	200	74,2	200	74,7
210	76,5	210	77,0	210	77,4	210.	77,8	210	78,4
220	80,2	220	80,7	220	81,1	220	81,5	220	82,1
1	0,4	1	0,4	1	0,4	1	0,4	1	0,4
2	0,7	2	0,7	2	0,7	2	0,7	2	0,7
3	1,1	3	1,1	3	1,1	3	1,1	3	1,1
4	1,5	4	1,5	4	1,5	4	1,5	4	1,5
5	1,8	5	1,8	5	1,8	5	1,9	5	1,9
6	2,2	6	2,2	6	2,2	6	2,2	6	2,2
7	2,6	7	2,6	7	2,6	7	2,6	7	2,6
8	2,9	8	2,9	8	3,0	8	3,0	8	3,0
9	3,3	9	3,3	9	3,3	9	3,3	9	3,4

17,5 Saccharo-meter-Anzeige der Würze bei 14° R		17,6 Saccharo-meter-Anzeige der Würze bei 14° R		17,7 Saccharo-meter-Anzeige der Würze bei 14° R		17,8 Saccharo-meter-Anzeige der Würze bei 14° R		17,9 Saccharo-meter-Anzeige der Würze bei 14° R	
Kalte Würze im Gär-bottiche Liter	Ausbeute aus dem Malze Prozent	Kalte Würze im Gär-bottiche Liter	Ausbeute aus dem Malze Prozent	Kalte Würze im Gär-bottiche Liter	Ausbeute aus dem Malze Prozent	Kalte Würze im Gär-bottiche Liter	Ausbeute aus dem Malze Prozent	Kalte Würze im Gär-bottiche Liter	Ausbeute aus dem Malze Prozent
150	56,4	150	56,7	150	57,1	150	57,4	150	57,8
160	60,2	160	60,5	160	60,9	160	61,2	160	61,6
170	63,9	170	64,3	170	64,7	170	65,1	170	65,5
180	67,6	180	68,1	180	68,5	180	68,9	180	69,3
190	71,4	190	71,8	190	72,3	190	72,7	190	73,2
200	75,1	200	75,6	200	76,1	200	76,5	200	77,0
210	78,9	210	79,4	210	79,9	210	80,4	210	80,9
1	0,4	1	0,4	1	0,4	1	0,4	1	0,4
2	0,8	2	0,8	2	0,8	2	0,8	2	0,8
3	1,1	3	1,1	3	1,1	3	1,1	3	1,2
4	1,5	4	1,5	4	1,5	4	1,5	4	1,5
5	1,9	5	1,9	5	1,9	5	1,9	5	1,9
6	2,3	6	2,3	6	2,3	6	2,3	6	2,3
7	2,6	7	2,6	7	2,7	7	2,7	7	2,7
8	3,0	8	3,0	8	3,0	8	3,1	8	3,1
9	3,4	9	3,4	9	3,4	9	3,4	9	3,5

18,0 Saccharo-meter-Anzeige der Würze bei 14° R		18,1 Saccharo-meter-Anzeige der Würze bei 14° R		18,2 Saccharo-meter-Anzeige der Würze bei 14° R		18,3 Saccharo-meter-Anzeige der Würze bei 14° R		18,4 Saccharo-meter-Anzeige der Würze bei 14° R	
Kalte Würze im Gär-bottiche Liter	Ausbeute aus dem Malze Prozent	Kalte Würze im Gär-bottiche Liter	Ausbeute aus dem Malze Prozent	Kalte Würze im Gär-bottiche Liter	Ausbeute aus dem Malze Prozent	Kalte Würze im Gär-bottiche Liter	Ausbeute aus dem Malze Prozent	Kalte Würze im Gär-bottiche Liter	Ausbeute aus dem Malze Prozent
140	54,2	140	54,6	140	54,9	140	55,2	140	55,5
150	58,1	150	58,5	150	58,8	150	59,2	150	59,5
160	62,0	160	62,4	160	62,7	160	63,1	160	63,5
170	65,9	170	66,3	170	66,6	170	67,0	170	67,4
180	69,7	180	70,2	180	70,6	180	71,0	180	71,4
190	73,6	190	74,1	190	74,5	190	74,9	190	75,3
200	77,5	200	78,0	200	78,4	200	78,8	200	79,3
1	0,4	1	0,4	1	0,4	1	0,4	1	0,4
2	0,8	2	0,8	2	0,8	2	0,8	2	0,8
3	1,2	3	1,2	3	1,2	3	1,2	3	1,2
4	1,5	4	1,6	4	1,6	4	1,6	4	1,6
5	1,9	5	1,9	5	1,9	5	2,0	5	2,0
6	2,3	6	2,3	6	2,4	6	2,4	6	2,4
7	2,7	7	2,7	7	2,7	7	2,8	7	2,8
8	3,1	8	3,1	8	3,1	8	3,2	8	3,2
9	3,5	9	3,5	9	3,5	9	3,5	9	3,6

18,5 Saccharo-meter-Anzeige der Würze bei 14° R		18,6 Saccharo-meter-Anzeige der Würze bei 14° R		18,7 Saccharo-meter-Anzeige der Würze bei 14° R		18,8 Saccharo-meter-Anzeige der Würze bei 14° R		18,9 Saccharo-meter-Anzeige der Würze bei 14° R	
Kalte Würze im Gärbottiche Liter	Ausbeute aus dem Malze Prozent	Kalte Würze im Gärbottiche Liter	Ausbeute aus dem Malze Prozent	Kalte Würze im Gärbottiche Liter	Ausbeute aus dem Malze Prozent	Kalte Würze im Gärbottiche Liter	Ausbeute aus dem Malze Prozent	Kalte Würze im Gärbottiche Liter	Ausbeute aus dem Malze Prozent
140	55,9	140	56,2	140	56,5	140	56,8	140	57,2
150	59,9	150	60,2	150	60,5	150	60,9	150	61,2
160	63,8	160	64,2	160	64,6	160	65,0	160	65,3
170	67,8	170	68,2	170	68,6	170	69,0	170	69,4
180	71,8	180	72,2	180	72,6	180	73,1	180	73,5
190	75,8	190	76,2	190	76,7	190	77,2	190	77,6
200	79,8	200	80,2	200	80,7	200	81,2	200	81,6
1	0,4	1	0,4	1	0,4	1	0,4	1	0,4
2	0,8	2	0,8	2	0,8	2	0,8	2	0,8
3	1,2	3	1,2	3	1,2	3	1,2	3	1,2
4	1,6	4	1,6	4	1,6	4	1,6	4	1,6
5	2,0	5	2,0	5	2,0	5	2,0	5	2,0
6	2,4	6	2,4	6	2,4	6	2,4	6	2,4
7	2,8	7	2,8	7	2,8	7	2,8	7	2,9
8	3,2	8	3,2	8	3,2	8	3,2	8	3,3
9	3,6	9	3,6	9	3,6	9	3,7	9	3,7

5*

19,0		19,1		19,2		19,3		19,4	
Saccharo-meter-Anzeige der Würze bei 14° R		Saccharo-meter-Anzeige der Würze bei 14° R		Saccharo-meter-Anzeige der Würze bei 14° R		Saccharo-meter-Anzeige der Würze bei 14° R		Saccharo-meter-Anzeige der Würze bei 14° R	
Kalte Würze im Gär-bottiche	Ausbeute aus dem Malze	Kalte Würze im Gär-bottiche	Ausbeute aus dem Malze	Kalte Würze im Gär-bottiche	Ausbeute aus dem Malze	Kalte Würze im Gär-bottiche	Ausbeute aus dem Malze	Kalte Würze im Gär-bottiche	Ausbeute aus dem Malze
Liter	Prozent	Liter	Prozent	Liter	Prozent	Liter	Prozent	Liter	Prozent
140	57,5	140	57,8	140	58,1	130	54,3	130	54,6
150	61,6	150	61,9	150	62,2	140	58,5	140	58,8
160	65,7	160	66,1	160	66,4	150	62,6	150	63,0
170	69,8	170	70,2	170	70,6	160	66,8	160	67,2
180	73,9	180	74,3	180	74,7	170	71,0	170	71,4
190	78,0	190	78,4	190	78,8	180	75,2	180	75,6
200	82,1	200	82,5	200	82,9	190	79,3	190	79,8
1	0,4	1	0,4	1	0,4	1	0,4	1	0,4
2	0,8	2	0,8	2	0,8	2	0,8	2	0,8
3	1,2	3	1,2	3	1,2	3	1,3	3	1,3
4	1,6	4	1,7	4	1,7	4	1,7	4	1,7
5	2,1	5	2,1	5	2,1	5	2,1	5	2,1
6	2,5	6	2,5	6	2,5	6	2,5	6	2,5
7	2,9	7	2,9	7	2,9	7	2,9	7	2,9
8	3,3	8	3,3	8	3,3	8	3,3	8	3,4
9	3,7	9	3,7	9	3,7	9	3,8	9	3,8

19,5 Saccharometer-Anzeige der Würze bei 14º R		19,6 Saccharometer-Anzeige der Würze bei 14º R		19,7 Saccharometer-Anzeige der Würze bei 14º R		19,8 Saccharometer-Anzeige der Würze bei 14º R		19,9 Saccharometer-Anzeige der Würze bei 14º R	
Kalte Würze im Gärbottiche Liter	Ausbeute aus dem Malze Prozent	Kalte Würze im Gärbottiche Liter	Ausbeute aus dem Malze Prozent	Kalte Würze im Gärbottiche Liter	Ausbeute aus dem Malze Prozent	Kalte Würze im Gärbottiche Liter	Ausbeute aus dem Malze Prozent	Kalte Würze im Gärbottiche Liter	Ausbeute aus dem Malze Prozent
130	54,9	130	55,2	130	55,5	130	55,8	130	56,1
140	59,1	140	59,4	140	59,8	140	60,1	140	60,4
150	63,4	150	63,7	150	64,0	150	64,4	150	64,7
160	67,6	160	67,9	160	68,3	160	68,7	160	69,1
170	71,8	170	72,2	170	72,6	170	73,0	170	73,4
180	76,0	180	76,4	180	76,8	180	77,2	180	77,7
190	80,2	190	80,7	190	81,1	190	81,5	190	82,0
1	0,4	1	0,4	1	0,4	1	0,4	1	0,4
2	0,8	2	0,8	2	0,9	2	0,9	2	0,9
3	1,3	3	1,3	3	1,3	3	1,3	3	1,3
4	1,7	4	1,7	4	1,7	4	1,7	4	1,7
5	2,1	5	2,1	5	2,1	5	2,1	5	2,2
6	2,5	6	2,5	6	2,6	6	2,6	6	2,6
7	3,0	7	3,0	7	3,0	7	3,0	7	3,0
8	3,4	8	3,4	8	3,4	8	3,4	8	3,5
9	3,8	9	3,8	9	3,8	9	3,9	9	3,9

III.

Tabelle

zur

saccharometrischen Analyse des Bieres.

Von Dr. Holzner.

Die Horizontalreihe enthält die Extraktprozente, welche die angestellte Würze hatte. Zu jedem dieser Gehalte gehören fünf vertikale Reihen. In der ersten stehen die scheinbaren Extraktreste, welche das Bier zu irgendeiner Zeit während der Gärung hat. Diese Extraktreste werden von den Brauern beobachtet. Sie heifsen scheinbar, weil das Bier Alkohol enthält, der die Flüssigkeit spezifisch leichter macht und daher verursacht, dafs das Saccharometer tiefer einsinkt, als es einsinken würde, wenn kein Alkohol vorhanden wäre. Der scheinbare Extraktrest ist somit kleiner als der wirkliche.

Die zweite vertikale Reihe gibt die wirklichen Extraktgehalte des Bieres an. Dieselben werden erhalten, wenn man z. B. 608 Gramm Bier vorsichtig bis auf 200 Kubikzentimeter eindampft und dann den Rückstand mit destilliertem Wasser so verdünnt, dafs er wieder genau 608 Gramm wiegt. Da nun der Alkohol durch Destillation abgetrieben worden ist, so zeigt die Lösung, mit dem Saccharometer gewogen, die Menge Extrakt an, welche 100 Gewichtsteile Bier in Wirklichkeit enthalten. In den Bieranalysen, wie sie in den Laboratorien gemacht werden, werden immer die wirklichen Extraktprozente bestimmt.

In der dritten vertikalen Reihe sind die Alkoholgewichtsprozente enthalten. Diese geben an, wie viel Gewichtsteile absoluten Alkoholes in 100 Gewichtsteilen Bier enthalten sind.

Von grofser Wichtigkeit ist es für die Brauer, die Vergärungsgrade zu kennen. Was man unter scheinbarem Vergärungsgrade versteht, wird am leichtesten durch ein Beispiel erklärt. Es sei eine Würze, die 12° B. wog, angestellt worden. Nach der Hauptgärung zeige das Saccharometer noch 6° B. Es ist nun klar, dafs scheinbar die Hälfte Extrakt infolge der Gärung verschwunden ist. Wären scheinbar sämtliche 12° B. verschwunden, so wäre der Vergärungsgrad 100, da scheinbar aber nur die Hälfte nicht mehr vorhanden ist, so beträgt der scheinbare Vergärungsgrad 50. Würde nach längerer Nachgärung das Saccharo-meter nur noch 3° B. anzeigen, so wären scheinbar 9° B. oder drei Viertel des ursprünglichen Extraktgehaltes verschwunden. Der scheinbare Vergärungsgrad wäre somit 75. — Wenn bei einem anderen Biere die angestellte Würze 14,5° B. hatte, das Saccharometer nach der Hauptgärung aber nur mehr 6,7° B. anzeigt, so sind scheinbar 14,5° — 6,7° = 7,8° B. durch die Hefe in Alkohol und Kohlensäure etc. verwandelt worden. Den Vergärungsgrad (V) findet man somit durch die Proportion

$$14,5 : 100 = (14,5 - 6,7) : V \text{ oder}$$
$$14,5 : 100 = 7,8 : V$$
$$V = 53,8$$

d. h. von je 100 Gewichtsteilen Extrakt sind scheinbar 53,8 Gewichtsteile vergoren worden.

Die Analytiker sehen weniger auf den scheinbaren Vergärungsgrad, als auf den wirklichen. Aus diesem Grunde sind in der fünften Vertikalreihe die zu den scheinbaren Extraktresten gehörenden wirklichen Vergärungsgrade angegeben. Wollte ein Brauer den wirklichen Vergärungsgrad suchen, so müfste er, wie oben angegeben, ein bestimmtes Gewicht Bier durch Abdampfen auf ein Drittel des Volumens einengen, sodann, nachdem durch Zusatz von destilliertem Wasser wieder das ursprüngliche Gewicht hergestellt ist, mit dem Saccharometer wiegen. Wäre z. B. der Extraktgehalt der angestellten Würze 14,2° B. gewesen und der wahre Extraktrest würde noch 6,7° B. betragen, so wäre der wirkliche Vergärungsgrad $V_1 = 52,8$, denn

$$14,2 : 100 = (14,2 - 6,7) : V_1$$
$$14,2 : 100 = 7,5 : V_1$$
$$V_1 = 52,8.$$

Zwischen den angegebenen Größsen bestehen solche Beziehungen, dafs, sobald zwei derselben bekannt sind, die übrigen durch Rechnung gefunden werden können. Auf diese Weise wurde die nachfolgende Tabelle berechnet. Die Anwendung derselben ist sehr einfach. Die Würze habe z. B. beim Anstellen 14,5° B. gewogen. Bei einer Wägung während der Nachgärung enthalte das Bier (nach Entfernung der Kohlensäure) noch 5,3° B. Auf S. 134 sucht man zuerst oben 14,5, sodann in der ersten Vertikalreihe, die zu 14,5 gehört, die Zahl 5,3. Die neben dieser Zahl nach rechts stehenden Größsen lauten: Wirkliches Extrakt 7,08, Alkoholgewichtsprozente 3,88, scheinbarer Vergärungsgrad 63,4, wirklicher Vergärungsgrad 51,2, d. h. in 100 Gewichtsteilen Bier sind noch 7,08 Gewichtsteile Extrakt wirklich vorhanden und 3,88 Gewichtsteile Alkohol enthalten. Der scheinbare Vergärungsgrad ist $V = \dfrac{(14,5 - 5,3) \times 100}{14,5} = 63,4$ und der wirkliche

$$V_1 = \frac{(14,5 - 7,08) \times 100}{14,5} = 51,2.$$

2,0					2,1				
Extrakt der anstellbaren Würze 2,0%					Extrakt der anstellbaren Würze 2,1%				
Saccharo-meter-Anzeige des Bieres	Wirk-liches Extrakt Prozente	Alkohol Gewichts-Prozente	Schein-barer Ver-gärungs-grad	Wirk-licher Ver-gärungs-grad	Saccharo-meter-Anzeige des Bieres	Wirk-liches Extrakt Prozente	Alkohol Gewichts-Prozente	Schein-barer Ver-gärungs-grad	Wirk-licher Ver-gärungs-grad
1,4	1,52	0,24	30,0	24,0	1,4	1,54	0,28	33,3	26,7
1,3	1,44	0,28	35,0	28,0	1,3	1,46	0,32	38,1	30,5
1,2	1,36	0,32	40,0	32,0	1,2	1,37	0,36	42,8	34,8
1,1	1,28	0,36	45,0	36,0	1,1	1,29	0,40	47,6	38,6
1,0	1,19	0,40	50,0	40,5	1,0	1,21	0,44	52,4	42,4
0,9	1,11	0,44	55,0	44,5	0,9	1,13	0,48	57,1	46,2
0,8	1,03	0,48	60,0	48,5	0,8	1,05	0,52	61,9	50,0
0,7	0,95	0,52	65,0	52,5	0,7	0,97	0,56	66,7	53,8
0,6	0,86	0,56	70,0	57,0	0,6	0,89	0,60	71,4	57,6
0,5	0,78	0,60	75,0	61,0	0,5	0,80	0,64	76,2	61,9
0,4	0,70	0,64	80,0	65,0	0,4	0,72	0,68	81,0	65,7
0,3	0,62	0,68	85,0	69,0	0,3	0,64	0,72	85,7	69,5

	2,2					2,3			
	Extrakt der anstellbaren Würze 2,2%					Extrakt der anstellbaren Würze 2,3%			
Saccharo-meter-Anzeige des Bieres	Wirk-liches Extrakt Prozente	Alkohol Gewichts-Prozente	Schein-barer Ver-gärungs-grad	Wirk-licher Ver-gärungs-grad	Saccharo-meter-Anzeige des Bieres	Wirk-liches Extrakt Prozente	Alkohol Gewichts-Prozente	Schein-barer Ver-gärungs-grad	Wirk-licher Ver-gärungs-grad
1,6	1,72	0,24	27,2	21,8	1,6	1,73	0,24	30,4	24,8
1,5	1,64	0,28	31,8	25,4	1,5	1,65	0,32	34,8	28,3
1,4	1,56	0,32	36,4	29,1	1,4	1,57	0,36	39,1	31,7
1,3	1,48	0,36	40,9	32,7	1,3	1,49	0,40	43,5	35,2
1,2	1,39	0,40	45,5	36,8	1,2	1,41	0,44	47,8	38,7
1,1	1,31	0,44	50,0	40,4	1,1	1,33	0,48	52,2	42,2
1,0	1,23	0,48	54,5	44,1	1,0	1,24	0,52	56,5	46,1
0,9	1,15	0,52	59,1	47,7	0,9	1,16	0,56	60,9	49,6
0,8	1,07	0,56	63,6	51,4	0,8	1,08	0,60	65,2	53,0
0,7	0,99	0,60	68,2	55,0	0,7	1,00	0,64	69,6	56,5
0,6	0,91	0,64	72,7	58,6	0,6	0,92	0,68	73,9	60,0
0,5	0,82	0,68	77,3	62,7	0,5	0,84	0,72	78,3	63,5
0,4	0,74	0,72	81,8	66,4	0,4	0,76	0,76	82,6	67,0
0,3	0,66	0,76	86,4	70,0	0,3	0,68	0,80	37,0	70,4

2,4					2,5				
Extrakt der anstellbaren Würze 2,4%					Extrakt der anstellbaren Würze 2,5%				
Saccharo-meter-Anzeige des Bieres	Wirk-liches Extrakt Prozente	Alkohol Gewichts-Prozente	Schein-barer Ver-gärungs-grad	Wirk-licher Ver-gärungs-grad	Saccharo-meter-Anzeige des Bieres	Wirk-liches Extrakt Prozente	Alkohol Gewichts-Prozente	Schein-barer Ver-gärungs-grad	Wirk-licher Ver-gärungs-grad
1,7	1,84	0,28	29,1	23,3	1,7	1,85	0,32	32,0	26,0
1,6	1,75	0,32	33,3	27,1	1,6	1,77	0,36	36,0	29,2
1,5	1,67	0,36	37,5	30,4	1,5	1,69	0,40	40,0	32,4
1,4	1,59	0,40	41,7	33,7	1,4	1,61	0,44	44,0	35,6
1,3	1,51	0,44	45,8	37,1	1,3	1,53	0,48	48,0	38,8
1,2	1,43	0,48	50,0	40,4	1,2	1,45	0,52	52,0	42,0
1,1	1,35	0,52	54,2	43,7	1,1	1,37	0,56	56,0	45,2
1,0	1,27	0,56	58,3	47,1	1,0	1,28	0,60	60,0	48,8
0,9	1,18	0,60	62,5	50,8	0,9	1,20	0,64	64,0	52,0
0,8	1,10	0,64	66,7	54,2	0,8	1,12	0,68	68,0	55,2
0,7	1,02	0,68	70,8	57,5	0,7	1,04	0,72	72,0	58,4
0,6	0,94	0,72	75,0	60,8	0,6	0,96	0,76	76,0	61,6
0,5	0,86	0,76	79,2	64,2	0,5	0,88	0,80	80,0	64,8
0,4	0,78	0,80	83,3	67,5	0,4	0,80	0,84	84,0	68,0

2,6					2,7				
Extrakt der anstellbaren Würze 2,6%					Extrakt der anstellbaren Würze 2,7%				
Saccharo-meter-Anzeige des Bieres	Wirk-liches Extrakt Prozente	Alkohol Gewichts-Prozente	Schein-barer Ver-gärungs-grad	Wirk-licher Ver-gärungs-grad	Saccharo-meter-Anzeige des Bieres	Wirk-liches Extrakt Prozente	Alkohol Gewichts-Prozente	Schein-barer Ver-gärungs-grad	Wirk-licher Ver-gärungs-grad
1,8	1,95	0,32	30,8	25,0	1,8	1,98	0,36	33,3	26,7
1,7	1,87	0,36	34,6	28,1	1,7	1,89	0,40	37,0	30,0
1,6	1,79	0,40	38,5	31,2	1,6	1,81	0,44	40,7	33,0
1,5	1,71	0,44	42,3	34,2	1,5	1,73	0,48	44,4	35,9
1,4	1,63	0,48	46,2	37,3	1,4	1,65	0,52	48,1	38,9
1,3	1,55	0,52	50,0	40,3	1,3	1,57	0,56	51,9	41,9
1,2	1,47	0,56	53,8	43,4	1,2	1,48	0,60	55,6	45,2
1,1	1,39	0,60	57,7	46,5	1,1	1,40	0,64	59,3	48,2
1,0	1,30	0,64	61,6	50,0	1,0	1,32	0,68	63,0	51,1
0,9	1,22	0,68	65,4	53,1	0,9	1,24	0,72	66,7	54,1
0,8	1,14	0,72	69,2	56,1	0,8	1,16	0,76	70,4	57,0
0,7	1,06	0,76	73,1	59,2	0,7	1,08	0,81	74,1	60,0
0,6	0,98	0,80	76,9	62,3	0,6	0,99	0,85	77,8	63,3
0,5	0,90	0,84	80,8	65,4	0,5	0,91	0,89	81,5	66,3
0,4	0,81	0,89	84,6	68,8	0,4	0,83	0,93	85,2	69,3

	2,8					2,9			
	Extrakt der anstellbaren Würze 2,8%					Extrakt der anstellbaren Würze 2,9%			
Saccharometer Anzeige des Bieres	Wirkliches Extrakt Prozente	Alkohol Gewichts-Prozente	Scheinbarer Vergärungsgrad	Wirklicher Vergärungsgrad	Saccharometer Anzeige des Bieres	Wirkliches Extrakt Prozente	Alkohol Gewichts-Prozente	Scheinbarer Vergärungsgrad	Wirklicher Vergärungsgrad
2,0	2,15	0,32	28,5	23,2	2,0	2,18	0,36	31,0	24,8
1,9	2,07	0,36	32,1	26,1	1,9	2,10	0,40	34,5	27,6
1,8	1,99	0,40	35,7	28,9	1,8	2,01	0,44	37,9	30,7
1,7	1,91	0,44	39,3	31,8	1,7	1,93	0,48	41,4	33,5
1,6	1,83	0,48	42,9	34,6	1,6	1,85	0,52	44,8	36,2
1,5	1,75	0,52	46,4	37,5	1,5	1,77	0,56	48,3	39,0
1,4	1,66	0,56	50,0	40,7	1,4	1,69	0,60	51,7	41,8
1,3	1,58	0,60	53,6	43,6	1,3	1,61	0,64	55,2	44,5
1,2	1,50	0,64	57,1	46,4	1,2	1,52	0,68	58,6	47,6
1,1	1,42	0,68	60,7	49,3	1,1	1,44	0,72	62,1	50,3
1,0	1,34	0,72	64,3	52,1	1,0	1,36	0,76	65,5	53,1
0,9	1,26	0,76	67,9	55,0	0,9	1,28	0,80	69,0	55,9
0,8	1,18	0,80	71,4	57,9	0,8	1,20	0,84	72,4	58,6
0,7	1,10	0,84	75,0	60,7	0,7	1,12	0,88	75,9	61,4
0,6	1,01	0,89	78,6	63,9	0,6	1,03	0,93	79,3	64,5

3,0					3,1				
Extrakt der anstellbaren Würze 3,0%					Extrakt der anstellbaren Würze 3,1%				
Saccharo- meter- Anzeige des Bieres	Wirk- liches Extrakt Prozente	Alkohol Gewichts Prozente	Schein- barer Ver- gärungs- grad	Wirk- licher Ver- gärungs- grad	Saccharo- meter- Anzeige des Bieres	Wirk- liches Extrakt Prozente	Alkohol Gewichts- Prozente	Schein- barer Ver- gärungs- grad	Wirk- licher Ver- gärungs- grad
2,1	2,27	0,36	30,0	24,3	2,1	2,29	0,40	32,2	26,1
2,0	2,18	0,40	33,3	27,3	2,0	2,21	0,44	35,5	28,7
1,9	2,10	0,44	36,7	30,0	1,9	2,13	0,48	38,7	31,3
1,8	2,02	0,48	40,0	32,7	1,8	2,05	0,52	41,9	33,9
1,7	1,94	0,52	43,3	35,3	1,7	1,97	0,56	45,2	36,4
1,6	1,86	0,56	46,7	38,0	1,6	1,89	0,60	48,4	39,0
1,5	1,78	0,60	50,0	40,7	1,5	1,80	0,64	51,6	41,9
1,4	1,70	0,64	53,3	43,3	1,4	1,72	0,68	54,8	44,5
1,3	1,62	0,68	56,7	46,0	1,3	1,64	0,72	58,1	47,1
1,2	1,54	0,72	60,0	48,7	1,2	1,56	0,76	61,3	49,7
1,1	1,46	0,76	63,3	51,3	1,1	1,48	0,80	64,5	52,3
1,0	1,38	0,80	66,7	54,0	1,0	1,40	0,85	67,7	54,8
0,9	1,30	0,85	70,0	56,7	0,9	1,31	0,89	71,0	57,7
0,8	1,21	0,89	73,3	59,7	0,8	1,23	0,93	74,2	60,3
0,7	1,13	0,93	76,7	62,3	0,7	1,15	0,97	77,4	62,9

3,2					3,3				
Extrakt der anstellbaren Würze 3,2%					Extrakt der anstellbaren Würze 3,3%				
Saccharo-meter-Anzeige des Bieres	Wirk-liches Extrakt Prozente	Alkohol Gewichts-Prozente	Schein-barer Ver-gärungs-grad	Wirk-licher Ver-gärungs-grad	Saccharo-meter-Anzeige des Bieres	Wirk-liches Extrakt Prozente	Alkohol Gewichts-Prozente	Schein-barer Ver-gärungs-grad	Wirk-licher Ver-gärungs-grad
2,2	2,40	0,40	31,2	25,0	2,2	2,42	0,44	33,3	26,7
2,1	2,32	0,44	34,4	27,5	2,1	2,33	0,48	36,4	29,4
2,0	2,23	0,48	37,5	30,3	2,0	2,25	0,52	39,4	31,8
1,9	2,15	0,52	40,6	32,8	1,9	2,17	0,56	42,4	34,2
1,8	2,07	0,56	43,8	35,3	1,8	2,09	0,60	45,5	36,7
1,7	1,99	0,60	46,9	37,8	1,7	2,01	0,64	48,5	39,1
1,6	1,91	0,64	50,0	40,3	1,6	1,92	0,68	51,5	41,8
1,5	1,82	0,68	53,1	43,1	1,5	1,84	0,72	54,5	44,2
1,4	1,74	0,72	56,3	45,6	1,4	1,76	0,76	57,6	46,7
1,3	1,66	0,76	59,4	48,1	1,3	1,68	0,81	60,6	49,1
1,2	1,58	0,80	62,5	50,6	1,2	1,60	0,85	63,6	51,5
1,1	1,50	0,84	65,6	53,1	1,1	1,52	0,89	66,7	53,9
1,0	1,41	0,89	68,8	55,9	1,0	1,43	0,93	69,7	56,7
0,9	1,33	0,93	71,9	58,4	0,9	1,35	0,97	72,7	59,1
0,8	1,25	0,97	75,0	60,9	0,8	1,27	1,01	75,8	61,5
0,7	1,17	1,01	78,1	63,4	0,7	1,19	1,05	78,8	63,9

3,4					3,5				
Extrakt der anstellbaren Würze 3,4%					Extrakt der anstellbaren Würze 3,5%				
Saccharo-meter-Anzeige des Bieres	Wirk-liches Extrakt Prozente	Alkohol Gewichts-Prozente	Schein-barer Ver-gärungs-grad	Wirk-licher Ver-gärungs-grad	Saccharo-meter-Anzeige des Bieres	Wirk-liches Extrakt Prozente	Alkohol Gewichts-Prozente	Schein-barer Ver-gärungs-grad	Wirk-licher Ver-gärungs-grad
2,3	2,52	0,44	32,4	25,8	2,3	2,54	0,49	34,2	27,4
2,2	2,44	0,48	35,3	28,2	2,2	2,46	0,53	37,1	29,7
2,1	2,35	0,52	38,2	30,9	2,1	2,38	0,57	40,0	32,0
2,0	2,27	0,56	41,2	33,2	2,0	2,30	0,61	42,9	34,3
1,9	2,19	0,60	44,1	35,6	1,9	2,21	0,65	45,7	36,9
1,8	2,11	0,64	47,1	38,0	1,8	2,13	0,69	48,6	39,1
1,7	2,03	0,68	50,0	40,3	1,7	2,05	0,73	51,4	41,4
1,6	1,95	0,72	52,9	42,7	1,6	1,97	0,77	54,3	43,7
1,5	1,87	0,76	55,9	45,0	1,5	1,89	0,81	57,1	46,0
1,4	1,79	0,81	58,8	47,4	1,4	1,80	0,85	60,0	48,6
1,3	1,71	0,85	61,8	49,7	1,3	1,72	0,90	62,9	50,9
1,2	1,63	0,89	64,7	52,1	1,2	1,64	0,94	65,7	53,2
1,1	1,54	0,93	67,6	54,7	1,1	1,56	0,98	68,6	55,4
1,0	1,45	0,97	70,6	57,3	1,0	1,48	1,02	71,4	57,7
0,9	1,37	1,01	73,5	59,7	0,9	1,39	1,06	74,3	60,3
0,8	1,29	1,05	76,5	62,1	0,8	1,31	1,10	77,1	62,6

	3,6					3,7			
	Extrakt der anstellbaron Würze 3,6%					Extrakt der anstellbaren Würze 3,7%			
Saccharo-meter-Anzeige des Bieres	Wirk-liches Extrakt Prozente	Alkohol Gewichts-Prozente	Schein-barer Ver-gärungs-grad	Wirk-licher Ver-gärungs-grad	Saccharo-meter-Anzeige des Bieres	Wirk-liches Extrakt Prozente	Alkohol Gewichts-Prozente	Schein-barer Ver-gärungs-grad	Wirk-licher Ver-gärungs-grad
2,5	2,72	0,44	30,6	24,4	2,5	2,74	0,48	32,3	25,9
2,4	2,64	0,48	33,3	26,7	2,4	2,66	0,52	35,1	28,1
2,3	2,56	0,52	36,1	28,9	2,3	2,58	0,56	37,8	30,3
2,2	2,48	0,56	38,9	31,1	2,2	2,50	0,60	40,5	32,4
2,1	2,40	0,60	41,7	33,3	2,1	2,42	0,64	43,2	34,6
2,0	2,31	0,64	44,4	35,8	2,0	2,33	0,68	45,9	37,0
1,9	2,23	0,68	47,2	38,1	1,9	2,25	0,72	48,6	39,2
1,8	2,15	0,72	50,0	40,3	1,8	2,17	0,76	51,4	41,4
1,7	2,07	0,76	52,8	42,5	1,7	2,09	0,80	54,1	43,5
1,6	1,98	0,80	55,6	45,0	1,6	2,01	0,84	56,8	45,7
1,5	1,90	0,84	58,3	47,2	1,5	1,92	0,89	59,5	48,1
1,4	1,82	0,88	61,1	49,4	1,4	1,84	0,93	62,2	50,3
1,3	1,74	0,92	63,9	51,7	1,3	1,76	0,97	64,9	52,4
1,2	1,66	0,96	66,7	53,9	1,2	1,68	1,01	67,6	54,6
1,1	1,58	1,00	69,4	56,1	1,1	1,60	1,05	70,3	56,7
1,0	1,50	1,04	72,2	58,3	1,0	1,51	1,09	73,0	59,2
0,9	1,41	1,08	75,0	60,8	0,9	1,43	1,13	75,7	61,3

3,8					3,9				
Extrakt der anstellbaren Würze 3,8%					Extrakt der anstellbaren Würze 3,9%				
Saccharo- meter- Anzeige des Bieres	Wirk- liches Extrakt Prozente	Alkohol Gewichts- Prozente	Schein- barer Ver- gärungs- grad	Wirk- licher Ver- gärungs- grad	Saccharo- meter- Anzeige des Bieres	Wirk- liches Extrakt Prozente	Alkohol Gewichts- Prozente	Schein- barer Ver- gärungs- grad	Wirk- licher Ver- gärungs- grad
2,6	2,84	0,48	31,6	25,3	2,6	2,86	0,52	33,3	26,7
2,5	2,76	0,52	34,2	27,4	2,5	2,78	0,56	35,9	28,7
2,4	2,68	0,56	36,8	29,5	2,4	2,70	0,60	38,5	30,8
2,3	2,60	0,60	39,5	31,6	2,3	2,62	0,64	41,0	32,8
2,2	2,52	0,64	42,1	33,7	2,2	2,54	0,68	43,6	34,9
2,1	2,43	0,68	44,7	36,1	2,1	2,45	0,72	46,2	37,2
2,0	2,35	0,72	47,4	38,2	2,0	2,37	0,76	48,7	39,2
1,9	2,27	0,76	50,0	40,3	1,9	2,29	0,80	51,3	41,3
1,8	2,19	0,80	52,6	42,4	1,8	2,21	0,84	53,8	43,3
1,7	2,11	0,84	55,3	44,5	1,7	2,13	0,88	56,4	45,4
1,6	2,02	0,88	57,9	46,8	1,6	2,04	0,92	59,0	47,7
1,5	1,94	0,92	60,5	48,9	1,5	1,96	0,96	61,5	49,7
1,4	1,86	0,96	63,2	51,1	1,4	1,88	1,00	64,1	51,8
1,3	1,78	1,00	65,8	53,2	1,3	1,79	1,04	66,7	54,1
1,2	1,70	1,04	68,4	55,3	1,2	1,71	1,08	69,2	56,2
1,1	1,61	1,08	71,1	57,6	1,1	1,63	1,12	71,8	58,2
1,0	1,53	1,12	73,7	59,7	1,0	1,55	1,16	74,4	60,3

4,0					4,1				
Extrakt der anstellbaren Würze 4,0%					Extrakt der anstellbaren Würze 4,1%				
Saccharo-meter-Anzeige des Bieres	Wirk-liches Extrakt Prozente	Alkohol Gewichts-Prozente	Schein-barer Ver-gärungs-grad	Wirk-licher Ver-gärungs-grad	Saccharo-meter-Anzeige des Bieres	Wirk-liches Extrakt Prozente	Alkohol Gewichts-Prozente	Schein-barer Ver-gärungs-grad	Wirk-licher Ver-gärungs-grad
2,9	3,12	0,44	27,5	22,0	2,9	3,13	0,48	29,3	23,7
2,8	3,03	0,48	30,0	24,2	2,8	3,04	0,52	31,7	25,9
2,7	2,95	0,52	32,5	26,2	2,7	2,96	0,56	34,2	27,8
2,6	2,87	0,56	35,0	28,2	2,6	2,88	0,60	36,6	29,8
2,5	2,79	0,60	37,5	30,2	2,5	2,80	0,64	39,0	31,7
2,4	2,71	0,64	40,0	32,3	2,4	2,72	0,68	41,4	33,7
2,3	2,63	0,68	42,5	34,3	2,3	2,64	0,72	43,9	35,6
2,2	2,55	0,72	45,0	36,3	2,2	2,56	0,76	46,3	37,6
2,1	2,46	0,76	47,5	38,5	2,1	2,47	0,80	48,8	39,8
2,0	2,38	0,80	50,0	40,5	2,0	2,39	0,84	51,2	41,7
1,9	2,30	0,84	52,5	42,5	1,9	2,31	0,88	53,6	43,7
1,8	2,22	0,88	55,0	44,6	1,8	2,23	0,92	56,1	45,6
1,7	2,14	0,92	57,5	46,6	1,7	2,15	0,96	58,5	47,6
1,6	2,05	0,96	60,0	48,7	1,6	2,07	1,00	61,0	49,5
1,5	1,97	1,00	62,5	50,7	1,5	1,99	1,04	63,4	51,5
1,4	1,89	1,04	65,0	52,7	1,4	1,91	1,08	65,8	53,4
1,3	1,81	1,08	67,5	54,7	1,3	1,82	1,13	68,3	55,6
1,2	1,73	1,12	70,0	56,7	1,2	1,74	1,17	70,7	57,5
1,1	1,64	1,18	72,5	59,0	1,1	1,66	1,21	73,2	59,5
1,0	1,56	1,20	75,0	61,0	1,0	1,58	1,25	75,6	61,4
0,9	1,48	1,24	77,5	63,0	0,9	1,50	1,29	78,0	63,4
0,8	1,40	1,28	80,0	65,0	0,8	1,42	1,33	80,5	65,4
0,7	1,32	1,32	82,5	67,0	0,7	1,34	1,37	82,9	67,3
0,6	1,23	1,37	85,0	69,2	0,6	1,26	1,41	85,4	69,3
0,5	1,15	1,41	87,5	71,2	0,5	1,17	1,45	87,8	71,5

4,2					4,3				
Extrakt der anstellbaren Würze 4,2%					Extrakt der anstellbaren Würze 4,3%				
Saccharometer-Anzeige des Bieres	Wirkliches Extrakt Prozente	Alkohol Gewichts-Prozente	Scheinbarer Vergärungsgrad	Wirklicher Vergärungsgrad	Saccharometer-Anzeige des Bieres	Wirkliches Extrakt Prozente	Alkohol Gewichts-Prozente	Scheinbarer Vergärungsgrad	Wirklicher Vergärungsgrad
2,9	3,15	0,52	31,0	25,0	2,9	3,17	0,56	32,6	26,3
2,8	3,07	0,56	33,3	26,9	2,8	3,09	0,60	34,9	28,1
2,7	2,99	0,60	35,7	28,8	2,7	3,01	0,64	37,2	30,0
2,6	2,91	0,64	38,1	30,7	2,6	2,93	0,68	39,5	31,9
2,5	2,83	0,68	40,5	32,6	2,5	2,85	0,72	41,9	33,7
2,4	2,74	0,72	42,8	34,8	2,4	2,76	0,76	44,2	35,8
2,3	2,66	0,76	45,2	36,7	2,3	2,68	0,80	46,5	37,7
2,2	2,58	0,80	47,6	38,6	2,2	2,60	0,84	48,8	39,5
2,1	2,50	0,84	50,0	40,5	2,1	2,52	0,88	51,2	41,4
2,0	2,42	0,88	52,4	42,4	2,0	2,44	0,92	53,5	43,3
1,9	2,34	0,92	54,8	44,3	1,9	2,36	0,96	55,8	45,1
1,8	2,26	0,96	57,1	46,2	1,8	2,28	1,00	58,1	47,0
1,7	2,17	1,00	59,5	48,3	1,7	2,19	1,04	60,5	49,1
1,6	2,09	1,04	61,9	50,2	1,6	2,11	1,08	62,8	50,9
1,5	2,01	1,08	64,3	52,1	1,5	2,03	1,12	65,1	52,8
1,4	1,93	1,12	66,7	54,1	1,4	1,95	1,16	67,4	54,7
1,3	1,85	1,17	69,0	56,0	1,3	1,87	1,20	69,8	56,5
1,2	1,77	1,21	71,4	57,9	1,2	1,79	1,24	72,1	58,4
1,1	1,69	1,25	73,8	59,8	1,1	1,71	1,28	74,4	60,2
1,0	1,60	1,29	76,2	61,9	1,0	1,62	1,32	76,7	62,3
0,9	1,52	1,33	78,6	63,8	0,9	1,54	1,36	79,1	64,2
0,8	1,44	1,37	81,0	65,7	0,8	1,46	1,40	81,4	66,0
0,7	1,36	1,41	83,4	67,6	0,7	1,38	1,45	83,7	67,9
0,6	1,28	1,45	85,7	69,5	0,6	1,30	1,49	86,0	69,8
0,5	1,19	1,49	88,1	71,7	0,5	1,21	1,53	88,3	71,9

6*

4,4					4,5				
Extrakt der anstellbaren Würze 4,4%					Extrakt der anstellbaren Würze 4,5%				
Saccharo-meter-Anzeige des Bieres	Wirkliches Extrakt Prozente	Alkohol Gewichts-Prozente	Scheinbarer Vergärungsgrad	Wirklicher Vergärungsgrad	Saccharo-meter-Anzeige des Bieres	Wirkliches Extrakt Prozente	Alkohol Gewichts-Prozente	Scheinbarer Vergärungsgrad	Wirklicher Vergärungsgrad
2,9	3,19	0,60	34,1	27,5	3,0	3,28	0,60	33,3	27,1
2,8	3,11	0,64	36,4	29,3	2,9	3,20	0,64	35,6	28,9
2,7	3,03	0,68	38,6	31,2	2,8	3,12	0,69	37,8	30,7
2,6	2,95	0,72	40,9	33,0	2,7	3,04	0,73	40,0	32,4
2,5	2,87	0,76	43,2	34,8	2,6	2,96	0,77	42,2	34,2
2,4	2,78	0,80	45,5	36,8	2,5	2,88	0,81	44,4	36,0
2,3	2,70	0,84	47,7	38,6	2,4	2,79	0,85	46,7	38,0
2,2	2,62	0,88	50,0	40,5	2,3	2,71	0,89	48,9	39,8
2,1	2,54	0,92	52,3	42,3	2,2	2,63	0,93	51,1	41,5
2,0	2,46	0,96	54,5	44,1	2,1	2,55	0,97	53,3	43,3
1,9	2,38	1,00	56,8	45,9	2,0	2,47	1,01	55,6	45,1
1,8	2,30	1,04	59,1	47,7	1,9	2,39	1,05	57,8	46,9
1,7	2,21	1,08	61,4	49,8	1,8	2,31	1,09	60,0	48,7
1,6	2,13	1,12	63,6	51,6	1,7	2,23	1,13	62,2	50,4
1,5	2,05	1,16	65,9	53,4	1,6	2,15	1,17	64,4	52,2
1,4	1,97	1,20	68,2	55,2	1,5	2,07	1,21	66,7	54,0
1,3	1,89	1,24	70,5	57,0	1,4	1,99	1,25	68,9	55,8
1,2	1,81	1,28	72,7	58,9	1,3	1,91	1,29	71,1	57,6
1,1	1,73	1,32	75,0	60,7	1,2	1,82	1,33	73,3	59,6
1,0	1,64	1,36	77,3	62,7	1,1	1,74	1,37	75,6	61,3
0,9	1,56	1,41	79,5	64,5	1,0	1,66	1,41	77,8	63,1
0,8	1,48	1,45	81,8	66,4	0,9	1,58	1,45	80,0	64,9
0,7	1,40	1,49	84,1	68,2	0,8	1,50	1,50	82,2	66,7
0,6	1,32	1,53	86,4	70,0	0,7	1,42	1,54	84,4	68,4
0,5	1,24	1,57	88,6	71,8	0,6	1,34	1,58	86,7	70,2

	4,6					4,7			
	Extrakt der anstellbaren Würze 4,6%					Extrakt der anstellbaren Würze 4,7%			
Saccharo- meter- Anzeige des Bieres	Wirk- liches Extrakt Prozente	Alkohol Gewichts- Prozente	Schein- barer Ver- gärungs- grad	Wirk- licher Ver- gärungs- grad	Saccharo- meter- Anzeige des Bieres	Wirk- liches Extrakt- Prozente	Alkohol Gewichts- Prozente	Schein- barer Ver- gärungs- grad	Wirk- licher Ver- gärungs- grad
3,0	3,30	0,64	34,8	28,3	3,0	3,32	0,68	36,2	29,4
2,9	3,22	0,68	37,0	30,0	2,9	3,24	0,72	38,3	31,1
2,8	3,13	0,72	39,1	31,9	2,8	3,16	0,76	40,4	32,8
2,7	3,05	0,77	41,3	33,7	2,7	3,08	0,80	42,6	34,5
2,6	2,97	0,81	43,5	35,4	2,6	3,00	0,85	44,7	36,2
2,5	2,89	0,85	45,7	37,2	2,5	2,92	0,89	46,8	37,9
2,4	2,81	0,89	47,8	38,9	2,4	2,83	0,93	48,9	39,8
2,3	2,73	0,93	50,0	40,6	3,3	2,75	0,97	51,0	41,5
2,2	2,65	0,97	52,2	42,4	2,2	2,67	1,01	53,2	43,2
2,1	2,56	1,01	54,3	44,3	2,1	2,59	1,05	55,3	44,9
2,0	2,48	1,05	56,5	46,1	2,0	2,51	1,09	57,4	46,6
1,9	2,40	1,09	58,7	47,8	1,9	2,43	1,13	59,6	48,3
1,8	2,32	1,13	60,9	49,6	1,8	2,34	1,17	61,7	50,2
1,7	2,24	1,17	63,0	51,3	1,7	2,26	1,21	63,8	51,9
1,6	2,16	1,21	65,2	53,0	1,6	2,18	1,25	66,0	53,6
1,5	2,08	1,25	67,4	54,8	1,5	2,10	1,30	68,1	55,3
1,4	2,00	1,29	69,6	56,5	1,4	2,02	1,34	70,2	57,0
1,3	1,92	1,33	71,7	58,3	1,3	1,94	1,38	72,3	58,7
1,2	1,84	1,37	73,9	60,0	1,2	1,86	1,42	74,5	60,4
1,1	1,75	1,41	76,1	61,9	1,1	1,77	1,46	76,6	62,3
1,0	1,67	1,45	78,3	63,7	1,0	1,69	1,50	78,7	64,0
0,9	1,59	1,49	80,4	65,4	0,9	1,61	1,54	80,9	65,7
0,8	1,51	1,53	82,6	67,2	0,8	1,53	1,58	83,0	67,4
0,7	1,43	1,57	84,8	68,9	0,7	1,45	1,62	85,1	69,1
0,6	1,35	1,61	87,0	70,7	0,6	1,37	1,66	87,2	70,9

	4,8					4,9			
	Extrakt der anstellbaren Würze 4,8%					Extrakt der anstellbaren Würze 4,9%			
Saccharometer-Anzeige des Bieres	Wirkliches Extrakt Prozente	Alkohol Gewichts-Prozente	Scheinbarer Vergärungsgrad	Wirklicher Vergärungsgrad	Saccharometer-Anzeige des Bieres	Wirkliches Extrakt Prozente	Alkohol Gewichts-Prozente	Scheinbarer Vergärungsgrad	Wirklicher Vergärungsgrad
3,0	3,34	0,72	37,5	30,4	3,0	3,36	0,76	38,8	31,4
2,9	3,26	0,76	39,6	32,1	2,9	3,28	0,80	40,8	33,1
2,8	3,18	0,80	41,7	33,8	2,8	3,20	0,84	42,9	34,7
2,7	3,10	0,84	43,7	35,4	2,7	3,12	0,88	44,9	36,3
2,6	3,02	0,88	45,8	37,1	2,6	3,04	0,92	46,9	38,0
2,5	2,94	0,92	47,9	38,8	2,5	2,96	0,96	49,0	39,6
2,4	2,85	0,97	50,0	40,6	2,4	2,88	1,01	51,0	41,2
2,3	2,77	1,01	52,1	42,3	2,3	2,79	1,05	53,0	43,0
2,2	2,69	1,05	54,2	43,9	2,2	2,71	1,09	55,1	44,7
2,1	2,61	1,09	56,2	45,6	2,1	2,63	1,13	57,1	46,3
2,0	2,53	1,13	58,3	47,3	2,0	2,55	1,17	59,2	48,0
1,9	2,45	1,17	60,4	49,0	1,9	2,47	1,21	61,2	49,6
1,8	2,36	1,21	62,5	50,8	1,8	2,39	1,25	63,3	51,2
1,7	2,28	1,25	64,6	52,5	1,7	2,31	1,29	65,3	52,9
1,6	2,20	1,29	66,7	54,2	1,6	2,22	1,33	67,3	54,7
1,5	2,12	1,33	68,7	55,8	1,5	2,14	1,37	69,4	56,3
1,4	2,04	1,37	70,8	57,5	1,4	2,06	1,41	71,4	58,0
1,3	1,96	1,41	72,9	59,2	1,3	1,98	1,45	73,5	59,6
1,2	1,87	1,45	75,0	61,0	1,2	1,90	1,49	75,5	61,2
1,1	1,79	1,49	77,1	62,7	1,1	1,82	1,53	77,6	62,9
1,0	1,71	1,53	79,2	64,4	1,0	1,74	1,57	79,6	64,5
0,9	1,63	1,57	81,2	66,0	0,9	1,65	1,61	81,6	66,3
0,8	1,55	1,61	83,3	67,7	0,8	1,57	1,65	83,7	68,0
0,7	1,47	1,65	85,4	69,4	0,7	1,49	1,69	85,7	69,6
0,6	1,39	1,69	87,5	71,0	0,6	1,41	1,73	87,8	71,2

	5,0					5,1			
	Extrakt der anstellbaren Würze 5,0%					Extrakt der anstellbaren Würze 5,1%			
Saccharo-meter-Anzeige des Bieres	Wirk-liches Extrakt Prozente	Alkohol Gewichts-Prozente	Schein-barer Ver-gärungs-grad	Wirk-licher Ver-gärungs-grad	Saccharo-meter-Anzeige des Bieres	Wirk-liches Extrakt Prozente	Alkohol Gewichts-Prozente	Schein-barer Ver-gärungs-grad	Wirk-licher Ver-gärungs-grad
3,1	3,46	0,77	38,0	30,8	3,1	3,48	0,81	39,2	31,8
3,0	3,38	0,81	40,0	32,4	3,0	3,40	0,85	41,2	33,3
2,9	3,30	0,85	42,0	34,0	2,9	3,32	0,89	43,1	34,9
2,8	3,22	0,89	44,0	35,6	2,8	3,23	0,93	45,1	36,7
2,7	3,14	0,93	46,0	37,2	2,7	3,15	0,97	47,0	38,2
2,6	3,05	0,97	48,0	39,0	2,6	3,07	1,01	49,0	39,8
2,5	2,97	1,01	50,0	40,6	2,5	2,99	1,05	51,0	41,4
2,4	2,89	1,05	52,0	42,2	2,4	2,91	1,09	52,9	43,0
2,3	2,81	1,09	54,0	43,8	2,3	2,82	1,13	54,9	44,7
2,2	2,73	1,13	56,0	45,4	2,2	2,74	1,17	56,9	46,3
2,1	2,65	1,17	58,0	47,0	2,1	2,66	1,21	58,8	47,8
2,0	2,56	1,21	60,0	48,8	2,0	2,58	1,25	60,8	49,4
1,9	2,48	1,25	62,0	50,4	1,9	2,50	1,29	62,7	51,0
1,8	2,40	1,29	64,0	52,0	1,8	2,41	1,33	64,7	52,7
1,7	2,32	1,33	66,0	53,6	1,7	2,33	1,38	66,7	54,3
1,6	2,24	1,37	68,0	55,2	1,6	2,25	1,42	68,6	56,9
1,5	2,16	1,41	70,0	56,8	1,5	2,17	1,46	70,6	57,4
1,4	2,08	1,45	72,0	58,4	1,4	2,09	1,50	72,5	59,0
1,3	1,99	1,49	74,0	60,2	1,3	2,00	1,54	74,5	60,8
1,2	1,91	1,53	76,0	61,8	1,2	1,92	1,58	76,5	62,3
1,1	1,83	1,57	78,0	63,4	1,1	1,84	1,62	78,4	63,9
1,0	1,75	1,61	80,0	65,0	1,0	1,76	1,66	80,4	65,5
0,9	1,67	1,66	82,0	66,6	0,9	1,68	1,70	82,4	67,0
0,8	1,59	1,70	84,0	68,2	0,8	1,60	1,74	84,3	68,6
0,7	1,51	1,74	86,0	69,8	0,7	1,52	1,78	86,3	70,2

	5,2					5,3			
	Extrakt der anstellbaren Würze 5,2%					Extrakt der anstellbaren Würze 5,3%			
Saccharo-meter-Anzeige des Bieres	Wirk-liches Extrakt Prozente	Alkohol Gewichts-Prozente	Schein-barer Ver-gärungs-grad	Wirk-licher Ver-gärungs-grad	Saccharo-meter-Anzeige des Bieres	Wirk-liches Extrakt Prozente	Alkohol Gewichts-Prozente	Schein-barer Ver-gärungs-grad	Wirk-licher Ver-gärungs-grad
3,1	3,50	0,85	40,4	32,7	3,2	3,60	0,84	39,6	32,1
3,0	3,42	0,89	42,3	34,2	3,1	3,52	0,88	41,5	33,6
2,9	3,34	0,93	44,2	35,8	3,0	3,44	0,92	43,4	35,1
2,8	3,26	0,97	46,2	37,3	2,9	3,36	0,97	45,3	36,6
2,7	3,17	1,01	48,1	39,0	2,8	3,28	1,01	47,2	38,1
2,6	3,09	1,05	50,0	40,6	2,7	3,20	1,05	49,1	39,6
2,5	3,01	1,09	51,9	42,1	2,6	3,11	1,09	50,9	41,3
2,4	2,93	1,13	53,8	43,7	2,5	3,03	1,13	52,8	42,8
2,3	2,85	1,17	55,8	45,2	2,4	2,95	1,17	54,7	44,4
2,2	2,77	1,21	57,7	46,7	2,3	2,87	1,21	56,6	45,8
2,1	2,68	1,25	59,6	48,4	2,2	2,79	1,25	58,5	47,4
2,0	2,60	1,29	61,6	50,0	2,1	2,71	1,29	60,4	48,9
1,9	2,52	1,33	63,5	51,5	2,0	2,62	1,33	62,3	50,6
1,8	2,44	1,37	65,4	53,1	1,9	2,54	1,37	64,1	52,1
1,7	2,36	1,41	67,3	54,6	1,8	2,46	1,41	66,0	53,6
1,6	2,28	1,45	69,2	56,2	1,7	2,38	1,45	67,9	55,1
1,5	2,19	1,49	71,2	57,9	1,6	2,30	1,49	69,8	56,6
1,4	2,11	1,53	73,1	59,4	1,5	2,21	1,54	71,7	58,3
1,3	2,03	1,58	75,0	61,0	1,4	2,13	1,58	73,6	59,8
1,2	1,95	1,62	76,9	62,5	1,3	2,05	1,62	75,5	61,3
1,1	1,87	1,66	78,8	64,0	1,2	1,97	1,66	77,4	62,9
1,0	1,79	1,70	80,8	65,6	1,1	1,89	1,70	79,2	64,3
0,9	1,71	1,74	82,7	67,1	1,0	1,81	1,74	81,1	65,8
0,8	1,62	1,78	84,6	68,8	0,9	1,72	1,78	83,0	67,5
0,7	1,54	1,82	86,5	70,4	0,8	1,64	1,82	84,9	69,1

5,4					5,5				
Extrakt der anstellbaren Würze 5,4%					Extrakt der anstellbaren Würze 5,5%				
Saccharometer-Anzeige des Bieres	Wirkliches Extrakt Prozente	Alkohol Gewichts-Prozente	Scheinbarer Vergärungs-grad	Wirklicher Vergärungs-grad	Saccharometer-Anzeige des Bieres	Wirkliches Extrakt Prozente	Alkohol Gewichts-Prozente	Scheinbarer Vergärungs-grad	Wirklicher Vergärungs-grad
3,3	3,70	0,85	38,9	31,5	3.4	3,80	0,85	38,2	30,9
3,2	3,62	0,89	40,7	33,0	3,3	3,72	0,89	40,0	32,4
3,1	3,53	0,93	42,6	34,6	3,2	3,64	0,93	41,8	33,8
3,0	3,45	0,97	44,4	36,1	3,1	3,56	0,97	43,6	35,3
2,9	3,37	1,01	46,3	37,6	3,0	3,48	1,01	45,5	36,7
2,8	3,29	1,05	48,1	39,1	2,9	3,39	1,05	47,3	38,4
2,7	3,21	1,09	50,0	40,6	2,8	3,31	1,09	49,1	39,8
2,6	3,13	1,13	51,9	42,0	2,7	3,23	1,13	50,9	41,3
2,5	3,04	1,17	53,7	43,7	2,6	3,15	1,17	52,7	42,7
2,4	2,96	1,21	55,6	45,2	2,5	3,07	1,21	54,5	44,2
2,3	2,88	1,25	57,4	46,6	2,4	2,99	1,25	56,4	45,6
2,2	2,80	1,29	59,3	48,1	2,3	2,90	1,29	58,2	47,3
2,1	2,72	1,33	61,1	49,6	2,2	2,82	1,33	60,0	48,7
2,0	2,64	1,37	63,0	51,1	2,1	2,74	1,37	61,8	50,2
1,9	2,56	1,41	64,8	52,6	2,0	2,66	1,41	63,6	51,6
1,8	2,47	1,46	66,7	54,3	1,9	2,58	1,45	65,5	53,1
1,7	2,39	1,50	68,5	55,7	1,8	2,50	1,49	67,3	54,5
1,6	2,31	1,54	70,4	57,2	1,7	2,42	1,53	69,1	56,0
1,5	2,23	1,58	72,2	58,7	1,6	2,33	1,58	70,9	57,6
1,4	2,15	1,62	74,1	60,2	1,5	2,25	1,62	72,7	59,1
1,3	2,07	1,66	75,9	61,7	1,4	2,17	1,66	74,5	60,5
1,2	1,98	1,70	77,8	63,3	1,3	2,09	1,70	76,4	62,0
1,1	1,90	1,74	79,6	64,8	1,2	2,00	1,74	78,2	63,6
1,0	1,82	1,78	81,5	66,3	1,1	1,92	1,78	80,0	65,1
0,9	1,74	1,82	83,3	67,8	1,0	1,84	1,82	81,8	66,5

	5,6					5,7			
	Extrakt der anstellbaren Würze 5,6%					Extrakt der anstellbaren Würze 5,7%			
Saccharometer-Anzeige des Bieres	Wirkliches Extrakt Prozente	Alkohol Gewichts-Prozente	Scheinbarer Vergärungsgrad	Wirklicher Vergärungsgrad	Saccharometer-Anzeige des Bieres	Wirkliches Extrakt Prozente	Alkohol Gewichts-Prozente	Scheinbarer Vergärungsgrad	Wirklicher Vergärungsgrad
3,5	3,89	0,85	37,5	30,5	3,5	3,92	0,89	38,6	31,2
3,4	3,81	0,89	39,3	32,0	3,4	3,84	0,93	40,4	32,6
3,3	3,73	0,93	41,1	33,4	3,3	3,75	0,97	42,1	34,2
3,2	3,65	0,97	42,9	34,8	3,2	3,67	1,01	43,9	35,6
3,1	3,57	1,01	44,6	36,3	3,1	3,59	1,05	45,6	37,0
3,0	3,49	1,05	46,4	37,7	3,0	3,51	1,09	47,4	38,4
2,9	3,41	1,09	48,2	39,1	2,9	3,43	1,13	49,1	39,8
2,8	3,32	1,13	50,0	40,7	2,8	3,35	1,17	50,9	41,2
2,7	3,24	1,17	51,8	42,1	2,7	3,27	1,21	52,6	42,6
2,6	3,16	1,22	53,6	43,6	2,6	3,18	1,25	54,4	44,2
2,5	3,08	1,26	55,4	45,0	2,5	3,10	1,30	56,1	45,6
2,4	3,00	1,30	57,1	46,5	2,4	3,02	1,34	57,9	47,0
2,3	2,92	1,34	58,9	47,9	2,3	2,94	1,38	59,6	48,4
2,2	2,84	1,38	60,7	49,3	2,2	2,86	1,42	61,4	49,8
2,1	2,76	1,42	62,5	50,7	2,1	2,78	1,46	63,2	51,2
2,0	2,67	1,46	64,3	52,3	2,0	2,70	1,50	64,9	52,6
1,9	2,59	1,50	66,1	53,7	1,9	2,61	1,54	66,7	54,2
1,8	2,51	1,54	67,9	55,2	1,8	2,53	1,58	68,4	55,6
1,7	2,43	1,58	69,6	56,6	1,7	2,45	1,62	70,2	57,0
1,6	2,35	1,62	71,4	58,0	1,6	2,37	1,66	71,9	58,4
1,5	2,27	1,66	73,2	59,4	1,5	2,29	1,70	73,7	59,8
1,4	2,19	1,70	75,0	60,9	1,4	2,21	1,74	75,4	61,2
1,3	2,10	1,74	76,8	62,5	1,3	2,13	1,78	77,2	62,6
1,2	2,02	1,78	78,6	63,9	1,2	2,04	1,82	78,9	64,2
1,1	1,94	1,82	80,4	65,4	1,1	1,96	1,86	80,7	65,6

5,8					5,9				
Extrakt der anstellbaren Würze 5,8%					Extrakt der anstellbaren Würze 5,9%				
Saccharo- meter- Anzeige des Bieres	Wirk- liches Extrakt Prozente	Alkohol Gewichts- Prozente	Schein- barer Ver- gärungs- grad	Wirk- licher Ver- gärungs- grad	Saccharo- meter- Anzeige des Bieres	Wirk- liches Extrakt Prozente	Alkohol Gewichts- Prozente	Schein- barer Ver- gärungs- grad	Wirk- licher Ver- gärungs- grad
3,5	3,94	0,93	39,7	32,1	3,5	3,96	0,97	40,7	32,9
3,4	3,86	0,97	41,4	33,4	3,4	3,88	1,01	42,4	34,2
3,3	3,78	1,01	43,1	34,8	3,3	3,80	1,05	44,1	35,6
3,2	3,70	1,05	44,8	36,2	3,2	3,71	1,09	45,8	37,1
3,1	3,61	1,09	46,6	37,8	3,1	3,63	1,13	47,5	38,5
3,0	3,53	1,13	48,3	39,1	3,0	3,55	1,17	49,2	39,8
2,9	3,45	1,17	50,0	40,5	2,9	3,47	1,21	50,8	41,2
2,8	3,37	1,21	51,7	41,9	2,8	3,39	1,25	52,5	42,5
2,7	3,29	1,25	53,4	43,3	2,7	3,31	1,30	54,2	43,9
2,6	3,21	1,29	55,2	44,7	2,6	3,22	1,34	55,9	45,4
2,5	3,12	1,34	56,9	46,2	2,5	3,14	1,38	57,6	46,8
2,4	3,04	1,38	58,6	47,6	2,4	3,06	1,42	59,3	48,1
2,3	2,96	1,42	60,3	49,0	2,3	2,98	1,46	61,0	49,5
2,2	2,88	1,46	62,1	50,3	2,2	2,90	1,50	62,7	50,8
2,1	2,80	1,50	63,8	51,7	2,1	2,81	1,54	64,4	52,4
2,0	2,72	1,54	65,5	53,1	2,0	2,73	1,58	66,1	53,7
1,9	2,63	1,58	67,2	54,7	1,9	2,65	1,62	67,8	55,1
1,8	2,55	1,62	69,0	56,0	1,8	2,57	1,66	69,5	56,4
1,7	2,47	1,66	70,7	57,4	1,7	2,49	1,70	71,2	57,7
1,6	2,39	1,70	72,4	58,8	1,6	2,41	1,74	72,9	59,2
1,5	2,31	1,74	74,1	60,2	1,5	2,32	1,79	74,6	60,7
1,4	2,23	1,78	75,9	61,5	1,4	2,24	1,83	76,3	62,0
1,3	2,14	1,82	77,6	63,1	1,3	2,16	1,87	78,0	63,4
1,2	2,06	1,86	79,3	64,5	1,2	2,08	1,91	79,7	64,7
1,1	1,98	1,91	81,0	65,9	1,1	2,00	1,95	81,3	66,1

	6,0					6,1			
	Extrakt der anstellbaren Würze 6,0%					Extrakt der anstellbaren Würze 6,1%			
Saccharometer-Anzeige des Bieres	Wirkliches Extrakt Prozente	Alkohol Gewichts-Prozente	Scheinbarer Vergärungsgrad	Wirklicher Vergärungsgrad	Saccharometer-Anzeige des Bieres	Wirkliches Extrakt Prozente	Alkohol Gewichts-Prozente	Scheinbarer Vergärungsgrad	Wirklicher Vergärungsgrad
4,0	4,36	0,82	33,3	27,3	4,0	4,39	0,85	34,4	28,0
3,9	4,28	0,86	35,0	28,7	3,9	4,31	0,89	36,1	29,3
3,8	4,20	0,90	36,7	30,0	3,8	4,23	0,93	37,7	30,7
3,7	4,12	0,94	38,3	31,4	3,7	4,15	0,97	39,3	32,0
3,6	4,04	0,98	40,0	32,7	3,6	4,07	1,01	41,0	33,3
3,5	3,96	1,02	41,7	34,0	3,5	3,99	1,05	42,6	34,6
3,4	3,88	1,06	43,3	35,3	3,4	3,91	1,09	44,2	35,9
3,3	3,80	1,10	45,0	36,7	3,3	3,83	1,13	45,9	37,2
3,2	3,72	1,14	46,7	38,0	3,2	3,75	1,17	47,5	38,5
3,1	3,64	1,18	48,3	39,3	3,1	3,66	1,21	49,2	40,0
3,0	3,55	1,22	50,0	40,8	3,0	3,58	1,25	50,8	41,3
2,9	3,47	1,26	51,7	42,1	2,9	3,50	1,30	52,5	42,6
2,8	3,39	1,30	53,3	43,5	2,8	3,42	1,34	54,1	43,9
2,7	3,31	1,34	55,0	44,8	2,7	3,34	1,38	55,7	45,2
2,6	3,23	1,38	56,7	46,2	2,6	3,26	1,42	57,4	46,6
2,5	3,15	1,42	58,3	47,5	2,5	3,18	1,46	59,0	47,9
2,4	3,07	1,46	60,0	48,8	2,4	3,09	1,50	60,7	49,3
2,3	2,99	1,50	61,7	50,2	2,3	3,01	1,54	62,3	50,7
2,2	2,91	1,54	63,3	51,5	2,2	2,93	1,58	63,9	52,0
2,1	2,83	1,58	65,0	52,8	2,1	2,85	1,62	65,6	53,3
2,0	2,75	1,62	66,7	54,2	2,0	2,77	1,66	67,2	54,6
1,9	2,67	1,66	68,3	55,5	1,9	2,69	1,70	68,8	55,9
1,8	2,59	1,71	70,0	56,8	1,8	2,61	1,74	70,5	57,2
1,7	2,50	1,75	71,7	58,3	1,7	2,52	1,78	72,1	58,7
1,6	2,42	1,79	73,3	59,7	1,6	2,44	1,82	73,8	60,0
1,5	2,34	1,83	75,0	61,0	1,5	2,36	1,87	75,4	61,3
1,4	2,26	1,87	76,7	62,3	1,4	2,28	1,91	77,0	62,6
1,3	2,18	1,91	78,3	63,7	1,3	2,20	1,95	78,7	63,9
1,2	2,10	1,95	80,0	65,0	1,2	2,12	1,99	80,3	65,2
1,1	2,02	1,99	81,7	66,3	1,1	2,03	2,03	82,0	66,7

6,2					6,3				
Extrakt der anstellbaren Würze 6,2%					Extrakt der anstellbaren Würze 6,3%				
Saccharo-meter Anzeige des Bieres	Wirk-liches Extrakt Prozente	Alkohol Gewichts-Prozente	Schein-barer Ver-gärungs-grad	Wirk-licher Ver-gärungs-grad	Saccharo-meter Anzeige des Bieres	Wirk-liches Extrakt Prozente	Alkohol Gewichts-Prozente	Schein-barer Ver-gärungs-grad	Wirk-licher Ver-gärungs-grad
4,0	4,42	0,89	35,5	28,7	4,0	4,44	0,93	36,5	29,5
3,9	4,34	0,93	37,1	30,0	3,9	4,35	0,97	38,1	30,9
3,8	4,26	0,97	38,7	31,3	3,8	4,27	1,01	39,7	32,2
3,7	4,17	1,01	40,3	32,7	3,7	4,19	1,05	41,3	33,5
3,6	4,09	1,05	41,9	34,0	3,6	4,11	1,09	42,8	34,8
3,5	4,01	1,09	43,6	35,3	3,5	4,03	1,13	44,4	36,0
3,4	3,93	1,14	45,2	36,6	3,4	3,95	1,17	46,0	37,3
3,3	3,85	1,18	46,8	38,0	3,3	3,87	1,21	47,6	38,6
3,2	3,77	1,22	48,4	39,2	3,2	3,78	1,25	49,2	40,0
3,1	3,68	1,26	50,0	40,6	3,1	3,70	1,29	50,8	41,3
3,0	3,60	1,30	51,6	41,9	3,0	3,62	1,33	52,4	42,5
2,9	3,52	1,34	53,2	43,2	2,9	3,54	1,38	54,0	43,8
2,8	3,44	1,38	54,8	44,5	2,8	3,46	1,42	55,5	45,1
2,7	3,36	1,42	56,4	45,8	2,7	3,38	1,46	57,1	46,4
2,6	3,28	1,46	58,1	47,1	2,6	3,30	1,50	58,7	47,7
2,5	3,19	1,50	59,7	48,5	2,5	3,21	1,54	60,3	49,0
2,4	3,11	1,54	61,3	49,8	2,4	3,13	1,58	61,9	50,3
2,3	3,03	1,58	62,9	51,1	2,3	3,05	1,62	63,5	51,6
2,2	2,95	1,63	64,5	52,4	2,2	2,97	1,66	65,1	52,9
2,1	2,87	1,67	66,1	53,7	2,1	2,89	1,70	66,7	54,1
2,0	2,79	1,71	67,7	55,0	2,0	2,81	1,74	68,3	55,4
1,9	2,70	1,75	69,4	56,4	1,9	2,73	1,79	69,8	56,7
1,8	2,62	1,79	71,0	57,7	1,8	2,64	1,83	71,4	58,1
1,7	2,54	1,83	72,6	59,0	1,7	2,56	1,87	73,0	59,4
1,6	2,46	1,87	74,2	60,3	1,6	2,48	1,91	74,6	60,7
1,5	2,38	1,91	75,8	61,6	1,5	2,40	1,95	76,2	62,0
1,4	2,30	1,95	77,4	62,9	1,4	2,32	1,99	77,8	63,3
1,3	2,21	1,99	79,0	64,3	1,3	2,23	2,03	79,4	64,6
1,2	2,13	2,03	80,6	65,6	1,2	2,15	2,07	81,0	65,9
1,1	2,05	2,07	82,3	66,9	1,1	2,07	2,11	82,5	67,1

6,4					6,5				
Extrakt der anstellbaren Würze 6,4%					Extrakt der anstellbaren Würze 6,5%				
Saccharo-meter-Anzeige des Bieres	Wirk-liches Extrakt Prozente	Alkohol Gewichts-Prozente	Schein-barer Ver-gärungs-grad	Wirk-licher Ver-gärungs-grad	Saccharo-meter-Anzeige des Bieres	Wirk-liches Extrakt Prozente	Alkohol Gewichts-Prozente	Schein-barer Ver-gärungs-grad	Wirk-licher Ver-gärungs-grad
4,0	4,46	0,97	37,5	30,3	4,0	4,47	1,01	38,5	31,2
3,9	4,38	1,01	39,1	31,6	3,9	4,39	1,05	40,0	32,5
3,8	4,30	1,05	40,6	32,8	3,8	4,31	1,10	41,5	33,7
3,7	4,21	1,09	42,2	34,2	3,7	4,23	1,14	43,1	35,0
3,6	4,13	1,13	43,8	35,5	3,6	4,15	1,18	44,6	36,2
3,5	4,05	1,18	45,3	36,7	3,5	4,07	1,22	46,2	37,4
3,4	3,97	1,22	46,9	38,0	3,4	3,99	1,26	47,7	38,6
3,3	3,89	1,26	48,4	39,3	3,3	3,90	1,30	49,2	40,0
3,2	3,81	1,30	50,0	40,5	3,2	3,82	1,34	50,8	41,2
3,1	3,72	1,34	51,6	41,9	3,1	3,74	1,38	52,3	42,5
3,0	3,64	1,38	53,1	43,1	3,0	3,66	1,42	53,8	43,7
2,9	3,56	1,42	54,7	44,4	2,9	3,58	1,46	55,4	45,0
2,8	3,48	1,46	56,3	45,6	2,8	3,50	1,50	56,9	46,2
2,7	3,40	1,50	57,8	46,9	2,7	3,41	1,54	58,5	47,5
2,6	3,32	1,54	59,4	48,2	2,6	3,33	1,59	60,0	48,8
2,5	3,23	1,58	60,9	49,5	2,5	3,25	1,63	61,5	50,0
2,4	3,15	1,63	62,5	50,8	2,4	3,17	1,67	63,1	51,2
2,3	3,07	1,67	64,1	52,0	2,3	3,09	1,71	64,6	52,5
2,2	2,99	1,71	65,6	53,3	2,2	3,01	1,75	66,2	53,7
2,1	2,91	1,75	67,2	54,6	2,1	2,93	1,79	67,7	55,0
2,0	2,83	1,79	68,8	55,9	2,0	2,84	1,83	69,2	56,3
1,9	2,74	1,83	70,3	57,2	1,9	2,76	1,87	70,8	57,5
1,8	2,66	1,87	71,9	58,4	1,8	2,68	1,91	72,3	58,8
1,7	2,58	1,91	73,4	59,7	1,7	2,60	1,95	73,8	60,0
1,6	2,50	1,95	75,0	61,0	1,6	2,52	1,99	75,4	61,2
1,5	2,42	1,99	76,6	62,2	1,5	2,44	2,03	76,9	62,5
1,4	2,34	2,04	78,1	63,5	1,4	2,35	2,08	78,5	63,8
1,3	2,25	2,08	79,7	64,8	1,3	2,27	2,12	80,0	65,0
1,2	2,17	2,12	81,3	66,1	1,2	2,19	2,16	81,5	66,3
1,1	2,09	2,16	82,8	67,3	1,1	2,11	2,20	83,1	67,5

6,6					6,7				
Extrakt der anstellbaren Würze 6,6%					Extrakt der anstellbaren Würze 6,7%				
Saccharo-meter-Anzeige des Bieres	Wirk-liches Extrakt Prozente	Alkohol Gewichts-Prozente	Schein-barer Ver-gärungs-grad	Wirk-licher Ver-gärungs-grad	Saccharo-meter-Anzeige des Bieres	Wirk-liches Extrakt Prozente	Alkohol Gewichts-Prozente	Schein-barer Ver-gärungs-grad	Wirk-licher Ver-gärungs-grad
4,0	4,50	1,05	39,4	31,8	4,0	4,52	1,10	40,3	32,5
3,9	4,42	1,09	40,9	33,0	3,9	4,44	1,14	41,8	33,8
3,8	4,33	1,13	42,4	34,4	3,8	4,35	1,18	43,3	35,0
3,7	4,25	1,18	43,9	35,6	3,7	4,27	1,22	44,8	36,2
3,6	4,17	1,22	45,5	36,8	3,6	4,19	1,26	46,3	37,4
3,5	4,09	1,26	47,0	38,0	3,5	4,11	1,30	47,8	38,6
3,4	4,01	1,30	48,5	39,2	3,4	4,03	1,34	49,2	39,9
3,3	3,93	1,34	50,0	40,4	3,3	3,94	1,38	50,7	41,2
3,2	3,84	1,38	51,5	41,8	3,2	3,86	1,42	52,2	42,4
3,1	3,76	1,42	53,0	43,0	3,1	3,78	1,46	53,7	43,6
3,0	3,68	1,46	54,5	44,2	3,0	3,70	1,50	55,2	44,8
2,9	3,60	1,50	56,1	45,4	2,9	3,62	1,55	56,7	46,0
2,8	3,52	1,54	57,6	46,7	2,8	3,54	1,59	58,2	47,2
2,7	3,44	1,59	59,1	47,9	2,7	3,45	1,63	59,7	48,5
2,6	3,35	1,63	60,6	49,2	2,6	3,37	1,67	61,2	49,7
2,5	3,27	1,67	62,1	50,4	2,5	3,29	1,71	62,7	50,9
2,4	3,19	1,71	63,6	51,6	2,4	3,21	1,75	64,2	52,1
2,3	3,11	1,75	65,2	52,9	2,3	3,13	1,79	65,7	53,3
2,2	3,03	1,79	66,7	54,1	2,2	3,04	1,83	67,2	54,5
2,1	2,94	1,83	68,2	55,5	2,1	2,96	1,87	68,7	55,7
2,0	2,86	1,87	69,7	56,7	2,0	2,88	1,91	70,1	56,9
1,9	2,78	1,91	71,2	57,9	1,9	2,80	1,96	71,6	58,2
1,8	2,70	1,95	72,7	59,1	1,8	2,72	2,00	73,1	59,4
1,7	2,62	1,99	74,2	60,3	1,7	2,64	2,04	74,6	60,6
1,6	2,54	2,04	75,8	61,5	1,6	2,55	2,08	76,1	61,8
1,5	2,45	2,08	77,3	62,9	1,5	2,47	2,12	77,6	63,1
1,4	2,37	2,12	78,8	64,1	1,4	2,39	2,16	79,1	64,3
1,3	2,29	2,16	80,3	65,3	1,3	2,31	2,20	80,6	65,5
1,2	2,21	2,20	81,8	66,5	1,2	2,23	2,24	82,1	66,7
1,1	2,13	2,24	83,3	67,7	1,1	2,15	2,28	83,6	67,9

	6,8					6,9			
	Extrakt der anstellbaren Würze 6,8%					Extrakt der anstellbaren Würze 6,9%			
Saccharo-meter-Anzeige des Bieres	Wirk-liches Extrakt Prozente	Alkohol Gewichts-Prozente	Schein-barer Ver-gärungs-grad	Wirk-licher Ver-gärungs-grad	Saccharo-meter-Anzeige des Bieres	Wirk-liches Extrakt Prozente	Alkohol Gewichts-Prozente	Schein-barer Ver-gärungs-grad	Wirk-licher Ver-gärungs-grad
4,0	4,54	1,13	41,2	33,2	4,0	4,56	1,17	42,0	33,9
3,9	4,46	1,17	42,6	34,4	3,9	4,48	1,22	43,5	35,1
3,8	4,38	1,21	44,1	35,6	3,8	4,40	1,26	44,9	36,2
3,7	4,30	1,26	45,6	36,8	3,7	4,31	1,30	46,4	37,5
3,6	4,22	1,30	47,1	38,0	3,6	4,23	1,34	47,8	38,7
3,5	4,13	1,34	48,5	39,3	3,5	4,15	1,38	49,3	39,9
3,4	4,05	1,38	50,0	40,5	3,4	4,07	1,42	50,7	41,0
3,3	3,97	1,42	51,5	41,6	3,3	3,99	1,46	52,2	42,2
3,2	3,89	1,46	52,9	42,8	3,2	3,91	1,50	53,6	43,4
3,1	3,81	1,50	54,4	44,0	3,1	3,82	1,54	55,1	44,6
3,0	3,72	1,54	55,9	45,3	3,0	3,74	1,58	56,5	45,8
2,9	3,64	1,58	57,4	46,5	2,9	3,66	1,63	58,0	46,9
2,8	3,56	1,63	58,8	47,6	2,8	3,58	1,67	59,4	48,1
2,7	3,48	1,67	60,3	48,8	2,7	3,50	1,71	60,9	49,3
2,6	3,40	1,71	61,8	50,0	2,6	3,42	1,75	62,3	50,4
2,5	3,31	1,75	63,2	51,3	2,5	3,33	1,79	63,8	51,7
2,4	3,23	1,79	64,7	52,5	2,4	3,25	1,83	65,2	52,9
2,3	3,15	1,83	66,2	53,6	2,3	3,17	1,87	66,7	54,1
2,2	3,07	1,87	67,6	54,8	2,2	3,09	1,91	68,1	55,2
2,1	2,99	1,91	69,1	56,0	2,1	3,01	1,95	69,6	56,4
2,0	2,90	1,95	70,6	57,3	2,0	2,93	1,99	71,0	57,5
1,9	2,82	2,00	72,1	58,5	1,9	2,84	2,04	72,5	58,8
1,8	2,74	2,04	73,5	59,6	1,8	2,76	2,08	73,9	60,0
1,7	2,66	2,08	75,0	60,8	1,7	2,68	2,12	75,4	61,2
1,6	2,58	2,12	76,5	62,0	1,6	2,60	2,16	76,8	62,3
1,5	2,49	2,16	77,9	63,3	1,5	2,52	2,20	78,3	63,5
1,4	2,41	2,20	79,4	64,5	1,4	2,44	2,24	79,7	64,7
1,3	2,33	2,24	80,9	65,7	1,3	2,35	2,28	81,2	66,0
1,2	2,25	2,28	82,4	66,9	1,2	2,27	2,32	82,6	67,1
1,1	2,17	2,32	83,8	68,1	1,1	2,19	2,36	84,1	68,3

7,0					7,1				
Extrakt der anstellbaren Würze 7,0%					Extrakt der anstellbaren Würze 7,1%				
Saccharo-meter-Anzeige des Bieres	Wirk-liches Extrakt Prozente	Alkohol Gewichts-Prozente	Schein-barer Ver-gärungs-grad	Wirk-licher Ver-gärungs-grad	Saccharo-meter-Anzeige des Bieres	Wirk-liches Extrakt Prozente	Alkohol Gewichts-Prozente	Schein-barer Ver-gärungs-grad	Wirk-licher Ver-gärungs-grad
5,0	5,40	0,80	28,6	22,9	5,0	5,42	0,84	29,6	23,7
4,9	5,32	0,84	30,0	24,0	4,9	5,34	0,88	31,0	24,8
4,8	5,24	0,88	31,4	25,1	4,8	5,26	0,92	32,4	25,9
4,7	5,16	0,92	32,9	26,3	4,7	5,18	0,97	33,8	27,0
4,6	5,08	0,97	34,3	27,4	4,6	5,10	1,01	35,2	28,2
4,5	5,00	1,01	35,7	28,6	4,5	5,01	1,05	36,6	29,4
4,4	4,91	1,05	37,1	29,9	4,4	4,93	1,09	38,0	30,6
4,3	4,83	1,09	38,6	31,0	4,3	4,85	1,13	39,4	31,7
4,2	4,75	1,13	40,0	32,1	4,2	4,77	1,17	40,8	32,8
4,1	4,67	1,17	41,4	33,3	4,1	4,69	1,21	42,3	34,0
4,0	4,59	1,21	42,9	34,4	4,0	4,60	1,25	43,7	35,2
8,9	4,50	1,25	44,3	35,7	8,9	4,52	1,30	45,1	36,3
8,8	4,42	1,29	45,7	36,9	8,8	4,44	1,34	46,5	37,5
8,7	4,34	1,34	47,1	38,0	8,7	4,36	1,38	47,9	38,6
3,6	4,26	1,38	48,6	39,1	8,6	4,28	1,42	49,3	39,7
8,5	4,18	1,42	50,0	40,3	8,5	4,20	1,46	50,7	40,9
8,4	4,09	1,46	51,4	41,6	3,4	4,11	1,50	52,1	42,1
8,3	4,01	1,50	52,9	42,7	8,3	4,03	1,54	53,5	43,2
8,2	3,93	1,54	54,3	43,9	8,2	3,95	1,58	54,9	44,4
8,1	3,85	1,58	55,7	45,0	8,1	3,87	1,62	56,3	45,5
8,0	3,77	1,62	57,1	46,1	3,0	3,79	1,67	57,7	46,6
2,9	3,68	1,66	58,6	47,4	2,9	3,70	1,71	59,2	47,9
2,8	3,60	1,71	60,0	48,6	2,8	3,62	1,75	60,6	49,0
2,7	3,52	1,75	61,4	49,7	2,7	3,54	1,79	62,0	50,1
2,6	3,44	1,79	62,9	50,9	2,6	3,46	1,83	63,4	51,3
2,5	3,36	1,83	64,3	52,0	2,5	3,38	1,87	64,8	52,4
2,4	3,28	1,87	65,7	53,1	2,4	3,29	1,91	66,2	53,6
2,8	3,19	1,91	67,1	54,4	2,8	3,21	1,95	67,6	54,8
2,2	3,11	1,95	68,6	55,6	2,2	3,13	1,99	69,0	55,9
2,1	3,03	1,99	70,0	56,7	2,1	3,05	2,04	70,4	57,0
2,0	2,95	2,03	71,4	57,9	2,0	2,97	2,08	71,8	58,2
1,9	2,87	2,08	72,9	59,0	1,9	2,88	2,12	73,2	59,4
1,8	2,78	2,12	74,3	60,3	1,8	2,80	2,16	74,6	60,6
1,7	2,70	2,16	75,7	61,4	1,7	2,72	2,20	76,1	61,7
1,6	2,62	2,20	77,1	62,6	1,6	2,64	2,24	77,5	62,8

7,2					7,3				
Extrakt der anstellbaren Würze 7,2%					Extrakt der anstellbaren Würze 7,3%				
Saccharo-meter-Anzeige des Bieres	Wirk-liches Extrakt Prozente	Alkohol Gewichts-Prozente	Schein-barer Ver-gärungs-grad	Wirk-licher Ver-gärungs-grad	Saccharo-meter-Anzeige des Bieres	Wirk-liches Extrakt Prozente	Alkohol Gewichts-Prozente	Schein-barer Ver-gärungs-grad	Wirk-licher Ver-gärungs-grad
5,0	5,44	0,88	30,6	24,4	5,0	5,46	0,92	31,5	25,2
4,9	5,36	0,92	31,9	25,6	4,9	5,38	0,97	32,9	26,3
4,8	5,28	0,97	33,3	26,7	4,8	5,30	1,01	34,2	27,4
4,7	5,20	1,01	34,7	27,8	4,7	5,22	1,05	35,6	28,5
4,6	5,11	1,05	36,1	29,0	4,6	5,13	1,09	37,0	29,7
4,5	5,03	1,09	37,5	30,1	4,5	5,05	1,13	38,4	30,8
4,4	4,95	1,13	38,9	31,2	4,4	4,97	1,17	39,7	31,9
4,3	4,87	1,17	40,3	32,4	4,3	4,89	1,21	41,1	33,0
4,2	4,79	1,21	41,7	33,5	4,2	4,81	1,25	42,5	34,1
4,1	4,71	1,25	43,1	34,6	4,1	4,72	1,30	43,8	35,3
4,0	4,62	1,30	44,4	35,8	4,0	4,64	1,34	45,2	36,4
3,9	4,54	1,34	45,8	36,9	3,9	4,56	1,38	46,6	37,5
3,8	4,46	1,38	47,2	38,1	3,8	4,48	1,42	47,9	38,6
3,7	4,38	1,42	48,6	39,2	3,7	4,40	1,46	49,3	39,7
3,6	4,30	1,46	50,0	40,3	3,6	4,31	1,50	50,7	41,0
3,5	4,21	1,50	51,4	41,5	3,5	4,23	1,54	52,1	42,0
3,4	4,13	1,54	52,8	42,6	3,4	4,15	1,58	53,4	43,1
3,3	4,05	1,58	54,2	43,7	3,3	4,07	1,63	54,8	44,2
3,2	3,97	1,62	55,6	44,9	3,2	3,99	1,67	56,2	45,3
3,1	3,89	1,67	56,9	46,0	3,1	3,91	1,71	57,5	46,4
3,0	3,80	1,71	58,3	47,2	3,0	3,82	1,75	58,9	47,6
2,9	3,72	1,75	59,7	48,3	2,9	3,74	1,79	60,3	48,7
2,8	3,64	1,79	61,1	49,4	2,8	3,66	1,83	61,6	49,8
2,7	3,56	1,83	62,5	50,6	2,7	3,58	1,87	63,0	51,0
2,6	3,48	1,87	63,9	51,7	2,6	3,50	1,91	64,4	52,1
2,5	3,39	1,91	65,3	52,9	2,5	3,41	1,95	65,8	53,3
2,4	3,31	1,95	66,7	54,0	2,4	3,33	2,00	67,1	54,4
2,3	3,23	2,00	68,1	55,1	2,3	3,25	2,04	68,5	55,5
2,2	3,15	2,04	69,4	56,2	2,2	3,17	2,08	69,9	56,6
2,1	3,07	2,08	70,8	57,4	2,1	3,09	2,12	71,2	57,7
2,0	2,99	2,12	72,2	58,5	2,0	3,00	2,16	72,6	58,9
1,9	2,90	2,16	73,6	59,7	1,9	2,92	2,20	74,0	60,0
1,8	2,82	2,20	75,0	60,8	1,8	2,84	2,24	75,3	61,1
1,7	2,74	2,24	76,4	61,9	1,7	2,76	2,28	76,7	62,2
1,6	2,66	2,28	77,8	63,1	1,6	2,68	2,33	78,1	63,3

7,4					7,5				
Extrakt der anstellbaren Würze 7,4%					Extrakt der anstellbaren Würze 7,5%				
Saccharo-meter-Anzeige des Bieres	Wirk-liches Extrakt Prozente	Alkohol Gewichts-Prozente	Schein-barer Ver-gärungs-grad	Wirk-licher Ver-gärungs-grad	Saccharo-meter-Anzeige des Bieres	Wirk-liches Extrakt Prozente	Alkohol Gewichts-Prozente	Schein-barer Ver-gärungs-grad	Wirk-licher Ver-gärungs-grad
5,0	5,48	0,96	32,4	25,9	5,0	5,50	1,01	33,3	26,7
4,9	5,40	1,01	33,8	27,0	4,9	5,42	1,05	34,7	27,8
4,8	5,32	1,05	35,1	28,1	4,8	5,34	1,09	36,0	28,8
4,7	5,23	1,09	36,5	29,3	4,7	5,25	1,13	37,3	30,0
4,6	5,15	1,13	37,8	30,4	4,6	5,17	1,17	38,7	31,1
4,5	5,07	1,17	39,2	31,5	4,5	5,09	1,21	40,0	32,1
4,4	4,99	1,21	40,5	32,6	4,4	5,01	1,26	41,3	33,2
4,3	4,91	1,25	41,9	33,6	4,3	4,93	1,30	42,7	34,3
4,2	4,83	1,30	43,2	34,7	4,2	4,84	1,34	44,0	35,5
4,1	4,74	1,34	44,6	35,9	4,1	4,76	1,38	45,3	36,5
4,0	4,66	1,38	45,9	37,0	4,0	4,68	1,42	46,7	37,6
3,9	4,58	1,42	47,3	38,1	3,9	4,60	1,46	48,0	38,7
3,8	4,50	1,46	48,6	39,2	3,8	4,52	1,50	49,3	39,7
3,7	4,42	1,50	50,0	40,3	3,7	4,43	1,54	50,7	40,9
3,6	4,33	1,54	51,4	41,4	3,6	4,35	1,58	52,0	42,0
3,5	4,25	1,58	52,7	42,5	3,5	4,27	1,63	53,3	43,1
3,4	4,17	1,63	54,1	43,6	3,4	4,19	1,67	54,7	44,1
3,3	4,09	1,67	55,4	44,7	3,3	4,11	1,71	56,0	45,2
3,2	4,01	1,71	56,8	45,8	3,2	4,02	1,75	57,3	46,4
3,1	3,92	1,75	58,1	47,0	3,1	3,94	1,79	58,7	47,5
3,0	3,84	1,79	59,5	48,1	3,0	3,86	1,83	60,0	48,5
2,9	3,76	1,83	60,8	49,2	2,9	3,78	1,87	61,3	49,6
2,8	3,68	1,87	62,2	50,3	2,8	3,70	1,91	62,7	50,7
2,7	3,60	1,91	63,5	51,4	2,7	3,61	1,96	64,0	51,9
2,6	3,51	1,96	64,9	52,5	2,6	3,53	2,00	65,3	52,9
2,5	3,43	2,00	66,2	53,6	2,5	3,45	2,04	66,7	54,0
2,4	3,35	2,04	67,6	54,7	2,4	3,37	2,08	68,0	55,1
2,3	3,27	2,08	68,9	55,8	2,3	3,29	2,12	69,3	56,1
2,2	3,19	2,12	70,3	56,9	2,2	3,21	2,16	70,7	57,2
2,1	3,10	2,16	71,6	58,1	2,1	3,12	2,20	72,0	58,4
2,0	3,02	2,20	73,0	59,2	2,0	3,04	2,24	73,3	59,5
1,9	2,94	2,24	74,3	60,3	1,9	2,96	2,29	74,7	60,5
1,8	2,86	2,29	75,7	61,4	1,8	2,88	2,33	76,0	61,6
1,7	2,78	6,33	77,0	62,4	1,7	2,80	2,37	77,3	62,7
1,6	2,70	2,37	78,4	63,5	1,6	2,71	2,41	78,7	63,9

7,6					7,7				
Extrakt der anstellbaren Würze 7,6%					Extrakt der anstellbaren Würze 7,7%				
Saccharo-meter-Anzeige des Bieres	Wirk-liches Extrakt Prozente	Alkohol Gewichts-Prozente	Schein-barer Ver-gärungs-grad	Wirk-licher Ver-gärungs-grad	Saccharo-meter-Anzeige des Bieres	Wirk-liches Extrakt-Prozente	Alkohol Gewichts-Prozente	Schein-barer Ver-gärungs-grad	Wirk-licher Ver-gärungs-grad
5,0	5,52	1,05	34,2	27,4	5,0	5,54	1,09	35,1	28,1
4,9	5,44	1,09	35,5	28,4	4,9	5,46	1,13	36,4	29,1
4,8	5,35	1,13	36,8	29,5	4,8	5,37	1,17	37,7	30,2
4,7	5,27	1,17	38,2	30,6	4,7	5,29	1,21	39,0	31,3
4,6	5,19	1,21	39,5	31,7	4,6	5,21	1,26	40,3	32,3
4,5	5,11	1,26	40,8	32,8	4,5	5,13	1,30	41,6	33,4
4,4	5,03	1,30	42,1	33,8	4,4	5,05	1,34	42,9	34,4
4,3	4,94	1,34	43,4	35,0	4,3	4,96	1,38	44,2	35,6
4,2	4,86	1,38	44,7	36,0	4,2	4,88	1,42	45,5	36,6
4,1	4,78	1,42	46,1	37,1	4,1	4,80	1,46	46,8	37,7
4,0	4,70	1,46	47,4	38,2	4,0	4,72	1,50	48,1	38,7
3,9	4,62	1,50	48,7	39,3	3,9	4,64	1,54	49,4	39,7
3,8	4,54	1,54	50,0	40,3	3,8	4,55	1,59	50,6	40,9
3,7	4,45	1,59	51,3	41,4	3,7	4,47	1,63	51,9	41,9
3,6	4,37	1,63	52,6	42,5	3,6	4,39	1,67	53,2	43,0
3,5	4,29	1,67	53,9	43,6	3,5	4,31	1,71	54,5	44,0
3,4	4,21	1,71	55,3	44,6	3,4	4,23	1,75	55,8	45,1
3,3	4,13	1,75	56,6	45,7	3,3	4,14	1,79	57,1	46,2
3,2	4,04	1,79	57,9	46,8	3,2	4,06	1,83	58,4	47,3
3,1	3,96	1,83	59,2	47,9	3,1	3,98	1,87	59,7	48,3
3,0	3,88	1,87	60,5	49,0	3,0	3,90	1,92	61,0	49,4
2,9	3,80	1,92	61,8	50,0	2,9	3,82	1,96	62,3	50,4
2,8	3,72	1,96	63,2	51,1	2,8	3,73	2,00	63,6	51,6
2,7	3,63	2,00	64,5	52,2	2,7	3,65	2,04	64,9	52,6
2,6	3,55	2,04	65,8	53,3	2,6	3,57	2,08	66,2	53,6
2,5	3,47	2,08	67,1	54,3	2,5	3,49	2,12	67,5	54,7
2,4	3,39	2,12	68,4	55,4	2,4	3,41	2,16	68,8	55,7
2,3	3,31	2,16	69,7	56,4	2,3	3,32	2,21	70,1	56,9
2,2	3,22	2,20	71,1	57,6	2,2	3,24	2,25	71,4	57,9
2,1	3,14	2,25	72,4	58,7	2,1	3,16	2,29	72,7	59,0
2,0	3,06	2,29	73,7	59,7	2,0	3,08	2,33	74,0	60,0
1,9	2,98	2,33	75,0	60,8	1,9	3,00	2,37	75,3	61,0
1,8	2,90	2,37	76,3	61,8	1,8	2,92	2,41	76,6	62,1
1,7	2,81	2,41	77,6	63,0	1,7	2,83	2,45	77,9	63,2
1,6	2,73	2,45	78,9	64,1	1,6	2,75	2,49	79,2	64,3

	7,8					7,9			
	Extrakt der anstellbaren Würze 7,8%					Extrakt der anstellbaren Würze 7,9%			
Saccharo-meter-Anzeige des Bieres	Wirk-liches Extrakt Prozente	Alkohol Gewichts-Prozente	Schein-barer Ver-gärungs-grad	Wirk-licher Ver-gärungs-grad	Saccharo-meter-Anzeige des Bieres	Wirk-liches Extrakt Prozente	Alkohol Gewichts-Prozente	Schein-barer Ver-gärungs-grad	Wirk-licher Ver-gärunge-grad
5,0	5,56	1,13	35,9	28,7	5,0	5,58	1,17	36,7	29,4
4,9	5,47	1,17	37,2	29,9	4,9	5,49	1,21	38,0	30,5
4,8	5,39	1,21	38,5	30,9	4,8	5,41	1,26	39,2	31,5
4,7	5,31	1,26	39,7	31,9	4,7	5,33	1,30	40,5	32,5
4,6	5,23	1,30	41,0	32,9	4,6	5,25	1,34	41,8	33,5
4,5	5,15	1,34	42,3	34,0	4,5	5,17	1,38	43,0	34,5
4,4	5,07	1,38	43,6	35,0	4,4	5,08	1,42	44,3	35,7
4,3	4,98	1,42	44,9	36,2	4,3	5,00	1,46	45,6	36,7
4,2	4,90	1,46	46,2	37,2	4,2	4,92	1,50	46,8	37,7
4,1	4,82	1,50	47,4	38,2	4,1	4,84	1,54	48,1	38,7
4,0	4,74	1,54	48,7	39,2	4,0	4,76	1,59	49,4	39,7
3,9	4,66	1,59	50,0	40,3	3,9	4,67	1,63	50,6	40,9
3,8	4,57	1,63	51,3	41,4	3,8	4,59	1,67	51,9	41,9
3,7	4,49	1,67	52,6	42,4	3,7	4,51	1,71	53,2	42,9
3,6	4,41	1,71	53,8	43,5	3,6	4,43	1,75	54,4	43,9
3,5	4,33	1,75	55,1	44,5	3,5	4,35	1,79	55,7	44,9
3,4	4,25	1,79	56,4	45,6	3,4	4,26	1,83	57,0	46,1
3,3	4,16	1,83	57,7	46,7	3,3	4,18	1,88	58,2	47,1
3,2	4,08	1,88	59,0	47,7	3,2	4,10	1,92	59,5	48,1
3,1	4,00	1,92	60,3	48,7	3,1	4,02	1,96	60,8	49,1
3,0	3,92	1,96	61,5	49,7	3,0	3,94	2,00	62,0	50,1
2,9	3,84	2,00	62,8	50,8	2,9	3,85	2,04	63,3	51,3
2,8	3,75	2,04	64,1	51,9	2,8	3,77	2,08	64,6	52,3
2,7	3,67	2,08	65,4	52,9	2,7	3,69	2,12	65,8	53,3
2,6	3,59	2,12	66,7	54,0	2,6	3,61	2,17	67,1	54,3
2,5	3,51	2,16	67,9	55,0	2,5	3,53	2,21	68,4	55,3
2,4	3,42	2,21	69,2	56,1	2,4	3,44	2,25	69,6	56,5
2,3	3,34	2,25	70,5	57,2	2,3	3,36	2,29	70,9	57,5
2,2	3,26	2,29	71,8	58,2	2,2	3,28	2,33	72,2	58,5
2,1	3,18	2,33	73,1	59,2	2,1	3,20	2,37	73,4	59,5
2,0	3,10	2,37	74,4	60,3	2,0	3,12	2,41	74,7	60,5
1,9	3,02	2,41	75,6	61,3	1,9	3,03	2,45	75,9	61,7
1,8	2,93	2,45	76,9	62,4	1,8	2,95	2,50	77,2	62,7
1,7	2,85	2,50	78,2	63,5	1,7	2,87	2,54	78,5	63,7
1,6	2,77	2,54	79,5	64,5	1,6	2,79	2,58	79,7	64,7

	8,0					8,1			
	Extrakt der anstellbaren Würze 8,0%					Extrakt der anstellbaren Würze 8,1%			
Saccharo-meter-Anzeige des Bieres	Wirkliches Extrakt Prozente	Alkohol Gewichts-Prozente	Scheinbarer Vergärungs-grad	Wirklicher Vergärungs-grad	Saccharo-meter-Anzeige des Bieres	Wirkliches Extrakt Prozente	Alkohol Gewichts-Prozente	Scheinbarer Vergärungs-grad	Wirklicher Vergärungs-grad
5,5	6,00	1,01	31,3	25,0	5,5	6,01	1,05	32,1	25,8
5,4	5,92	1,05	32,5	26,0	5,4	5,93	1,09	33,3	26,8
5,3	5,84	1,09	33,8	27,0	5,3	5,85	1,14	34,6	27,8
5,2	5,76	1,13	35,0	28,0	5,2	5,77	1,18	35,8	28,8
5,1	5,68	1,17	36,3	29,0	5,1	5,69	1,22	37,0	29,8
5,0	5,59	1,21	37,5	30,1	5,0	5,61	1,26	38,3	30,8
4,9	5,51	1,26	38,8	31,1	4,9	5,52	1,30	39,5	31,8
4,8	5,43	1,30	40,0	32,1	4,8	5,44	1,34	40,7	32,8
4,7	5,35	1,34	41,3	33,1	4,7	5,36	1,38	42,0	33,8
4,6	5,27	1,38	42,5	34,1	4,6	5,28	1,42	43,2	34,8
4,5	5,19	1,42	43,8	35,1	4,5	5,20	1,47	44,4	35,8
4,4	5,10	1,46	45,0	36,3	4,4	5,12	1,51	45,7	36,8
4,3	5,02	1,50	46,3	37,3	4,3	5,03	1,55	46,9	37,9
4,2	4,94	1,55	47,5	38,3	4,2	4,95	1,59	48,1	38,9
4,1	4,86	1,59	48,8	39,3	4,1	4,87	1,63	49,4	39,9
4,0	4,78	1,63	50,0	40,3	4,0	4,79	1,67	50,6	40,9
3,9	4,69	1,67	51,3	41,4	3,9	4,71	1,71	51,9	41,9
3,8	4,61	1,71	52,5	42,4	3,8	4,63	1,75	53,1	42,9
3,7	4,53	1,75	53,8	43,4	3,7	4,54	1,80	54,3	43,9
3,6	4,45	1,79	55,0	44,4	3,6	4,46	1,84	55,6	44,9
3,5	4,37	1,83	56,3	45,4	3,5	4,38	1,88	56,8	45,9
3,4	4,28	1,88	57,5	46,5	3,4	4,30	1,92	58,0	46,9
3,3	4,20	1,92	58,8	47,5	3,3	4,22	1,96	59,3	47,9
3,2	4,12	1,96	60,0	48,5	3,2	4,13	2,00	60,5	49,0
3,1	4,04	2,00	61,3	49,5	3,1	4,05	2,04	61,7	50,0
3,0	3,96	2,04	62,5	50,5	3,0	3,97	2,08	63,0	51,0
2,9	3,87	2,08	63,8	51,6	2,9	3,89	2,13	64,2	52,0
2,8	3,79	2,12	65,0	52,6	2,8	3,81	2,17	65,4	53,0
2,7	3,71	2,17	66,3	53,6	2,7	3,73	2,21	66,7	54,0
2,6	3,63	2,21	67,5	54,6	2,6	3,64	2,25	67,9	55,0
2,5	3,55	2,25	68,8	55,6	2,5	3,56	2,29	69,1	56,0
2,4	3,46	2,29	70,0	56,8	2,4	3,48	2,33	70,4	57,0
2,3	3,38	2,33	71,3	57,8	2,3	3,40	2,37	71,6	58,0
2,2	3,30	2,37	72,5	58,8	2,2	3,32	2,41	72,8	59,0
2,1	3,22	2,41	73,8	59,8	2,1	3,24	2,46	74,1	60,0
2,0	3,14	2,46	75,0	60,8	2,0	3,15	2,50	75,3	61,1
1,9	3,05	2,50	76,3	61,9	1,9	3,07	2,54	76,5	62,1
1,8	2,97	2,54	77,5	62,9	1,8	2,99	2,58	77,8	63,1
1,7	2,89	2,58	78,8	63,9	1,7	2,91	2,62	79,0	64,1
1,6	2,81	2,62	80,0	64,9	1,6	2,83	2,66	80,2	65,1

8,2					8,3				
Extrakt der anstellbaren Würze 8,2%					Extrakt der anstellbaren Würze 8,8%				
Saccharo-meter-Anzeige des Bieres	Wirk-liches Extrakt Prozente	Alkohol Gewichts-Prozente	Schein-barer Ver-gärungs-grad	Wirk-licher Ver-gärungs-grad	Saccharo-meter-Anzeige des Bieres	Wirk-liches Extrakt Prozente	Alkohol Gewichts-Prozente	Schein-barer Ver-gärungs-grad	Wirk-lisher Ver-gärungs-grad
5,5	6,03	1,09	32,9	26,5	5,5	6,05	1,14	33,7	27,1
5,4	5,95	1,14	34,1	27,4	5,4	5,97	1,18	34,9	28,1
5,3	5,87	1,18	35,4	28,4	5,3	5,89	1,22	36,1	29,1
5,2	5,79	1,22	36,6	29,4	5,2	5,81	1,26	37,3	30,1
5,1	5,71	1,26	37,8	30,4	5,1	5,73	1,30	38,5	31,1
5,0	5,63	1,30	39,0	31,4	5,0	5,64	1,34	39,8	32,0
4,9	5,54	1,34	40,2	32,4	4,9	5,56	1,38	41,0	33,0
4,8	5,46	1,38	41,5	33,4	4,8	5,48	1,43	42,2	34,0
4,7	5,38	1,42	42,7	34,4	4,7	5,40	1.47	43,4	35,0
4,6	5,30	1,47	43,9	35,4	4,6	5,32	1,51	44,6	36,0
4,5	5,22	1,51	45,1	36,4	4,5	5,24	1,55	45,8	37,0
4,4	5,13	1,55	46,3	37,4	4,4	5,15	1,59	47,0	37,9
4,3	5,05	1,59	47,6	38,4	4,3	5,07	1,63	48,2	38,9
4,2	4,97	1,63	48,8	39,4	4,2	4,99	1,67	49,4	39,9
4,1	4,89	1,67	50,0	40,4	4,1	4,91	1,71	50,6	40,9
4,0	4,81	1,71	51,2	41,4	4,0	4,83	1,76	51,8	41,9
8,9	4,73	1,75	52,4	42,4	8,9	4,75	1,80	53,0	42,9
8,8	4,64	1,80	53,7	43,4	3,8	4,66	1,84	54,2	43,9
8,7	4,56	1,84	54,9	44,4	8,7	4,58	1,88	55,4	44,8
8,6	4,48	1,88	56,1	45,3	3,6	4,50	1,92	56,6	45,8
8,5	4,40	1,92	57,3	46,3	8,5	4,42	1,96	57,8	46,8
8,4	4,32	1,96	58,5	47,3	8,4	4,34	2,00	59,0	47,8
8,3	4,24	2,00	59,8	48,3	8,3	4,25	2,04	60,2	48,8
8,2	4,15	2,04	61,0	49,3	8,2	4,17	2,09	61,4	49,8
8,1	4,07	2,09	62,2	50,3	8,1	4,09	2,13	62,7	50,7
8,0	3,99	2,13	63,4	51,3	3,0	4,01	2,17	63,9	51,7
2,9	3,91	2,17	64,6	52,3	2,9	3,93	2,21	65,1	52,7
2,8	3,83	2,21	65,9	53,3	2,8	3,85	2,25	66,3	53,7
2,7	3,74	2,25	67,1	54,3	2,7	3,76	2,29	67,5	54,7
2,6	3,66	2,29	68,3	55,3	2,6	3,68	2,33	68,7	55,7
2,5	3,58	2,33	69,5	56,3	2,5	3,60	2,37	69,9	56,6
2,4	3,50	2,37	70,7	57,3	2,4	3,52	2,42	71,1	57,6
2,3	3,42	2,42	72,0	58,3	2,3	3,44	2,46	72,3	58,6
2,2	3,34	2,46	73,2	59,3	2,2	3,36	2,50	73,5	59,5
2,1	3,25	2,50	74,4	60,3	2,1	3,27	2,54	74,7	60,6
2,0	3,17	2,54	75,6	61,3	2,0	8,19	2,58	75,9	61,6
1,9	3,09	2,58	76,8	62,3	1,9	3,11	2,62	77,1	62,5
1,8	3,01	2,62	78,0	63,3	1,8	3,03	2,66	78,3	63,5
1,7	2,93	2,66	79,3	64,3	1,7	2,95	2,70	79.5	64,5
1,6	2,85	2,70	80,5	65,2	1,6	2,86	2,75	80,7	65,5

8,4					8,5				
Extrakt der anstellbaren Würze 8,4%					Extrakt der anstellbaren Würze 8,5%				
Saccharometer-Anzeige des Bieres	Wirkliches Extrakt Prozente	Alkohol Gewichts-Prozente	Scheinbarer Vergärungsgrad	Wirklicher Vergärungsgrad	Saccharometer-Anzeige des Bieres	Wirkliches Extrakt Prozente	Alkokol Gewichts-Prozente	Scheinbarer Vergärungsgrad	Wirklicher Vergärungsgrad
5,5	6,07	1,18	34,5	27,7	5,5	6.09	1,22	35,8	28,4
5,4	5,99	1,22	35,7	28,7	5,4	6,01	1,26	36,5	29,3
5,8	5,91	1,26	36,9	29,7	5,8	5,93	1,30	37,6	30,2
5,2	5,83	1,30	38,1	30,6	5,2	5,85	1,34	38,8	31,2
5,1	5,75	1,34	39,3	31,6	5,1	5,77	1,38	40,0	32,2
5,0	5,66	1,38	40,5	32,6	5,0	5,68	1,43	41,2	33,2
4,9	5,58	1,43	41,7	33,6	4,9	5,60	1,47	42,4	34,1
4,8	5,50	1,47	42,9	34,5	4,8	5,52	1,51	43,5	35,1
4,7	5,42	1,51	44,0	35,5	4,7	5,44	1,55	44,7	36,0
4,6	5,34	1,55	45,2	36,5	4,6	5,36	1,59	45,9	37,0
4,5	5,26	1,59	46,4	37,4	4,5	5,27	1,63	47,1	38,0
4,4	5,17	1,63	47,6	38,4	4,4	5,19	1,67	48,2	38,9
4,8	5,09	1,67	48,8	39,4	4,8	5,11	1,71	49,4	39,9
4,2	5,01	1,71	50,0	40,4	4,2	5,03	1,76	50,6	40,8
4,1	4,93	1,76	51,2	41,3	4,1	4,95	1,80	51,8	41,8
4,0	4,85	1,80	52,4	42,3	4,0	4,87	1,84	52,9	42,8
8,9	4,76	1,84	53,6	43,3	8,9	4,78	1,88	54,1	43,8
8,8	4,68	1,88	54,8	44,3	8,8	4,70	1,92	55,3	44,7
8,7	4,60	1,92	56,0	45,2	8,7	4,62	1,96	56,5	45,7
8,6	4,52	1,96	57,1	46,2	8,6	4,54	2,00	57,6	46,6
8,5	4,44	2,00	58,3	47,2	8,5	4,46	2,04	58,8	47,6
8,4	4,36	2,04	59,5	48,2	8,4	4,37	2,09	60,0	48,6
8,8	4,27	2,09	60,7	49,2	8,8	4,29	2,13	61,2	49,5
8,2	4,19	2,13	61,9	50,1	8,2	4,21	2,17	62,4	50,5
8,1	4,11	2,17	63,1	51,1	8,1	4,13	2,21	63,5	51,4
8,0	4,03	2,21	64,3	52,1	8,0	4,05	2,25	64,7	52,4
2,9	8,95	2,25	65,5	53,1	2,9	3,97	2,29	65,9	53,3
2,8	8,86	2,29	66,7	54,0	2,8	3,88	2,33	67,1	54,3
2,7	3,78	2,33	67,9	55,0	2,7	3,80	2,37	68,2	55,3
2,6	8,70	2,37	69,0	56,0	2,6	3,72	2,42	69,4	56,2
2,5	3,62	2,42	70,2	57,0	2,5	3,64	2,46	70,6	57,2
2,4	3,54	2,46	71,4	57,9	2,4	3,56	2,50	71,8	58,1
2,8	3,46	2,50	72,6	58,9	2,8	3,47	2,54	72,9	59,1
2,2	3,37	2,54	73,8	59,9	2,2	3,39	2,58	74,1	60,1
2,1	3,29	2,58	75,0	60,8	2,1	3,31	2,62	75,3	61,0
2,0	3,21	2,62	76,2	61,8	2,0	3,23	2,66	76,5	62,0
1,9	3,13	2,66	77,4	62,8	1,9	3,15	2,71	77,6	63,0
1,8	8,05	2,70	78,6	63,7	1,8	8,07	2,75	78,8	63,9
1,7	2,97	2,75	79,8	64,7	1,7	2,98	2,79	80,0	64,9
1,6	2,88	2,79	81,0	65,7	1,6	2,90	2,83	81,2	65,9

8,6					8,7				
Extrakt der anstellbaren Würze 8,6%					Extrakt der anstellbaren Würze 8,7%				
Saccharometer Anzeige des Bieres	Wirkliches Extrakt Prozente	Alkohol Gewichts-Prozente	Scheinbarer Ver-gärungs-grad	Wirklicher Ver-gärungs-grad	Saccharometer Anzeige des Bieres	Wirkliches Extrakt Prozente	Alkohol Gewichts-Prozente	Scheinbarer Ver-gärungs-grad	Wirklicher Ver-gärungs-grad
5,5	6,11	1,26	36,0	29,0	5,5	6,13	1,30	36,8	29,5
5,4	6,03	1,30	37,2	29,9	5,4	6,05	1,34	37,9	30,5
5,3	5,95	1,34	38,4	30,8	5,3	5,97	1,38	39,1	31,4
5,2	5,87	1,38	39,5	31,8	5,2	5,89	1,43	40,2	32,3
5,1	5,78	1,43	40,7	32,8	5,1	5,80	1,47	41,4	33,3
5,0	5,70	1,47	41,9	33,7	5,0	5,72	1,51	42,5	34,3
4,9	5,62	1,51	43,0	34,6	4,9	5,64	1,55	43,7	35,2
4,8	5,54	1,55	44,2	35,6	4,8	5,56	1,59	44,8	36,1
4,7	5,46	1,59	45,3	36,5	4,7	5,48	1,63	46,0	37,0
4,6	5,38	1,63	46,5	37,5	4,6	5,39	1,67	47,1	38,0
4,5	5,29	1,67	47,7	38,5	4,5	5,31	1,71	48,3	39,0
4,4	5,21	1,71	48,8	39,4	4,4	5,23	1,76	49,4	39,9
4,3	5,13	1,76	50,0	40,3	4,3	5,15	1,80	50,6	40,8
4,2	5,05	1,80	51,2	41,3	4,2	5,07	1,84	51,7	41,7
4,1	4,97	1,84	52,3	42,2	4,1	4,99	1,88	52,9	42,7
4,0	4,88	1,88	53,5	43,2	4,0	4,90	1,92	54,0	43,7
3,9	4,80	1,92	54,6	44,2	3,9	4,82	1,96	55,2	44,6
3,8	4,72	1,96	55,8	45,1	3,8	4,74	2,00	56,3	45,5
3,7	4,64	2,00	57,0	46,0	3,7	4,66	2,05	57,5	46,4
3,6	4,56	2,04	58,1	47,0	3,6	4,58	2,09	58,6	47,4
3,5	4,48	2,09	59,3	48,0	3,5	4,49	2,13	59,8	48,4
3,4	4,39	2,13	60,5	49,0	3,4	4,41	2,17	60,9	49,3
3,3	4,31	2,17	61,6	49,9	3,3	4,33	2,21	62,1	50,2
3,2	4,23	2,21	62,8	50,8	3,2	4,25	2,25	63,2	51,1
3,1	4,15	2,25	64,0	51,7	3,1	4,17	2,29	64,4	52,1
3,0	4,07	2,29	65,1	52,7	3,0	4,09	2,33	65,5	53,0
2,9	3,98	2,33	66,3	53,7	2,9	4,00	2,38	66,7	54,0
2,8	3,90	2,38	67,4	54,7	2,8	3,92	2,42	67,8	54,9
2,7	3,82	2,42	68,6	55,6	2,7	3,84	2,46	69,0	55,9
2,6	3,74	2,46	69,8	56,5	2,6	3,76	2,50	70,1	56,8
2,5	3,66	2,50	70,9	57,4	2,5	3,68	2,54	71,3	57,7
2,4	3,58	2,54	72,1	58,4	2,4	3,59	2,58	72,4	58,7
2,3	3,49	2,58	73,3	59,4	2,3	3,51	2,62	73,6	59,7
2,2	3,41	2,62	74,4	60,3	2,2	3,43	2,66	74,7	60,6
2,1	3,33	2,66	75,6	61,3	2,1	3,35	2,71	75,9	61,5
2,0	3,25	2,71	76,7	62,2	2,0	3,27	2,75	77,0	62,4
1,9	3,17	2,75	77,9	63,1	1,9	3,19	2,79	78,2	63,3
1,8	3,08	2,79	79,1	64,2	1,8	3,10	2,83	79,3	64,4
1,7	3,00	2,83	80,2	65,1	1,7	3,02	2,87	80,5	65,3
1,6	2,92	2,87	81,4	66,0	1,6	2,94	2,91	81,6	66,2

	8,8					8,9			
	Extrakt der anstellbaren Würze 8,8%					Extrakt der anstellbaren Würze 8,9%			
Saccharo-meter-Anzeige des Bieres	Wirk-liches Extrakt Prozente	Alkohol Gewichts-Prozente	Schein-barer Ver-gärungs-grad	Wirk-licher Ver-gärungs-grad	Saccharo-meter-Anzeige des Bieres	Wirk-liches Extrakt Prozente	Alkohol Gewichts-Prozente	Schein-barer Ver-gärungs-grad	Wirk-licher Ver-gärungs-grad
5,5	6,15	1,34	37,5	30,1	5,5	6,17	1,38	38,2	30,7
5,4	6,07	1,38	38,6	31,0	5,4	6,09	1,43	39,3	31,6
5,3	5,99	1,43	39,8	31,9	5,3	6,01	1,47	40,4	32,5
5,2	5,91	1,47	40,9	32,8	5,2	5,92	1,51	41,6	33,5
5,1	5,82	1,51	42,0	33,9	5,1	5,84	1,55	42,7	34,4
5,0	5,74	1,55	43,2	34,8	5,0	5,76	1,59	43,8	35,3
4,9	5,66	1,59	44,3	35,7	4,9	5,68	1,63	44,9	36,2
4,8	5,58	1,63	45,5	36,6	4,8	5,60	1,67	46,1	37,1
4,7	5,50	1,67	46,6	37,5	4,7	5,51	1,72	47,2	38,1
4,6	5,41	1,72	47,7	38,5	4,6	5,43	1,76	48,3	39,0
4,5	5,33	1,76	48,9	39,4	4,5	5,35	1,80	49,4	39,9
4,4	5,25	1,80	50,0	40,3	4,4	5,27	1,84	50,6	40,8
4,3	5,17	1,84	51,1	41,2	4,3	5,19	1,88	51,7	41,7
4,2	5,09	1,88	52,3	42,2	4,2	5,11	1,92	52,8	42,6
4,1	5,01	1,92	53,4	43,1	4,1	5,02	1,96	53,9	43,6
4,0	4,92	1,96	54,5	44,1	4,0	4,94	2,00	55,1	44,5
3,9	4,84	2,00	55,7	45,0	3,9	4,86	2,05	56,2	45,4
3,8	4,76	2,05	56,8	45,9	3,8	4,78	2,09	57,3	46,3
3,7	4,68	2,09	58,0	46,8	3,7	4,70	2,13	58,4	47,2
3,6	4,60	2,13	59,1	47,7	3,6	4,61	2,17	59,6	48,2
3,5	4,51	2,17	60,2	48,8	3,5	4,53	2,21	60,7	49,1
3,4	4,43	2,21	61,4	49,7	3,4	4,45	2,25	61,8	50,0
3,3	4,35	2,25	62,5	50,6	3,3	4,37	2,29	62,9	50,9
3,2	4,27	2,29	63,6	51,5	3,2	4,29	2,33	64,0	51,8
3,1	4,19	2,33	64,8	52,4	3,1	4,21	2,38	65,2	52,7
3,0	4,10	2,38	65,9	53,4	3,0	4,12	2,42	66,3	53,7
2,9	4,02	2,42	67,0	54,3	2,9	4,04	2,46	67,4	54,6
2,8	3,94	2,46	68,2	55,2	2,8	3,96	2,50	68,5	55,5
2,7	3,86	2,50	69,3	56,1	2,7	3,88	2,54	69,7	56,4
2,6	3,78	2,54	70,5	57,0	2,6	3,80	2,58	70,8	57,8
2,5	3,70	2,58	71,6	58,0	2,5	3,71	2,62	71,8	58,2
2,4	3,61	2,62	72,7	59,0	2,4	3,62	2,67	73,0	59,1
2,3	3,53	2,66	73,9	59,9	2,3	3,55	2,71	74,2	60,1
2,2	3,45	2,71	75,0	60,8	2,2	3,47	2,75	75,3	61,0
2,1	2,37	2,75	76,1	61,7	2,1	3,39	2,79	76,4	61,9
2,0	3,29	2,79	77,3	62,6	2,0	3,31	2,83	77,5	62,8
1,9	3,20	2,83	78,4	63,6	1,9	3,22	2,87	78,7	63,8
1,8	3,12	2,87	79,5	64,5	1,8	3,14	2,91	79,8	64,7
1,7	3,04	2,91	80,7	65,5	1,7	3,06	2,95	80,9	65,6
1,6	2,96	2,95	81,8	66,4	1,6	2,98	3,00	82,0	66,5

	9,0					9,1			
	Extrakt der anstellbaren Würze 9,0%					Extrakt der anstellbaren Würze 9,1%			
Saccharometer-Anzeige des Bieres	Wirkliches Extrakt Prozente	Alkohol Gewichts-Prozente	Scheinbarer Vergärungsgrad	Wirklicher Vergärungsgrad	Saccharometer-Anzeige des Bieres	Wirkliches Extrakt Prozente	Alkohol Gewichts-Prozente	Scheinbarer Vergärungsgrad	Wirklicher Vergärungsgrad
6,0	6,58	1,23	33,3	26,9	6,0	6,60	1,27	34,1	27,5
5,9	6,50	1,27	34,4	27,8	5,9	6,52	1,31	35,2	28,4
5,8	6,42	1,31	35,6	28,7	5,8	6,44	1,35	36,3	29,2
5,7	6,34	1,35	36,7	29,6	5,7	6,36	1,39	37,4	30,1
5,6	6,26	1,39	37,8	30,4	5,6	6,28	1,43	38,5	31,0
5,5	6,18	1,43	38,9	31,3	5,5	6,20	1,48	39,6	31,9
5,4	6,10	1,48	40,0	32,2	5,4	6,11	1,52	40,7	32,9
5,3	6,01	1,52	41,1	33,2	5,3	6,03	1,56	41,8	33,7
5,2	5,93	1,56	42,2	34,1	5,2	5,95	1,60	42,9	34,6
5,1	5,85	1,60	43,3	35,0	5,1	5,87	1,64	44,0	35,5
5,0	5,77	1,64	44,4	35,9	5,0	5,79	1,68	45,1	36,4
4,9	5,69	1,68	45,6	36,8	4,9	5,71	1,72	46,2	37,3
4,8	5,61	1,72	46,7	37,7	4,8	5,63	1,77	47,3	38,1
4,7	5,52	1,76	47,8	38,7	4,7	5,54	1,81	48,4	39,1
4,6	5,44	1,81	48,9	39,6	4,6	5,46	1,85	49,5	40,0
4,5	5,36	1,85	50,0	40,4	4,5	5,38	1,89	50,5	40,9
4,4	5,28	1,89	51,1	41,3	4,4	5,30	1,93	51,6	41,8
4,3	5,20	1,93	52,2	42,2	4,3	5,22	1,97	52,7	42,6
4,2	5,12	1,97	53,3	43,1	4,2	5,14	2,01	53,8	43,5
4,1	5,04	2,01	54,4	44,0	4,1	5,06	2,06	54,9	44,4
4,0	4,95	2,05	55,6	45,0	4,0	4,97	2,10	56,0	45,4
3,9	4,87	2,10	56,7	45,9	3,9	4,89	2,14	57,1	46,3
3,8	4,79	2,14	57,8	46,8	3,8	4,81	2,18	58,2	47,1
3,7	4,71	2,18	58,9	47,7	3,7	4,73	2,22	59,3	48,0
3,6	4,63	2,22	60,0	48,6	3,6	4,65	2,26	60,4	48,9
3,5	4,55	2.26	61,1	49,4	3,5	4,57	2,30	61,5	49,8
3,4	4,47	2,30	62,2	50,3	3,4	4,48	2,35	62,6	50,8
3,3	4,38	2,34	63,3	51,3	3,3	4,40	2,39	63,7	51,6
3,2	4,30	2,39	64,4	52,2	3,2	4,32	2,43	64,8	52,5
3,1	4,22	2,43	65,6	53,1	3,1	4,24	2,47	65,9	53,4
3,0	4,14	2,47	66,7	54,0	3,0	4,16	2,51	67,0	54,4
2,9	4,06	2,51	67,8	54,9	2,9	4,08	2,55	68,1	55,3
2,8	3,98	2,55	68,9	55,8	2,8	4,00	2,59	69,2	56,1
2,7	3,89	2,59	70,0	56,8	2,7	3,91	2,64	70,3	57,1
2,6	3,81	2,63	71,1	57,7	2,6	3,83	2,68	71,4	58,0
2,5	3,73	2,68	72,2	58,5	2,5	3,75	2,72	72,5	58,9
2,4	3,65	2,72	73,3	59,4	2,4	3,67	2,76	73,6	59,8
2,3	3,57	2,76	74,4	60,3	2,3	3,59	2,80	74,7	60,6
2,2	3,49	2,80	75,6	61,2	2,2	3,51	2,84	75,8	61,5
2,1	3,41	2,84	76,7	62,2	2,1	3,42	2,88	76,9	62,4

9,2					9,3				
Extrakt der anstellbaren Würze 9,2%					Extrakt der anstellbaren Würze 9,3%				
Saccharo-meter-Anzeige des Bieres	Wirk-liches Extrakt Prozente	Alkohol Gewichts-Prozente	Schein-barer Ver-gärungs-grad	Wirk-licher Ver-gärungs-grad	Saccharo-meter-Anzeige des Bieres	Wirk-liches Extrakt Prozente	Alkohol Gewichts-Prozente	Schein-barer Ver-gärungs-grad	Wirk-licher Ver-gärungs-grad
6,0	6,62	1,31	34,8	28,0	6,0	6,64	1,35	35,5	28,6
5,9	6,54	1,35	35,9	28,9	5,9	6,56	1,39	36,6	29,5
5,8	6,46	1,39	37,0	29,8	5,8	6,48	1,43	37,6	30,3
5,7	6,38	1,43	38,0	30,7	5,7	6,40	1,48	38,7	31,2
5,6	6,30	1,48	39,1	31,5	5,6	6,32	1,52	39,8	32,1
5,5	6,22	1,52	40,2	32,4	5,5	6,24	1,56	40,9	32,9
5,4	6,13	1,56	41,3	33,4	5,4	6,15	1,60	41,9	33,9
5,3	6,05	1,60	42,4	34,2	5,3	6,07	1,64	43,0	34,8
5,2	5,97	1,64	43,5	35,1	5,2	5,99	1,68	44,1	35,6
5,1	5,89	1,68	44,6	36,0	5,1	5,91	1,72	45,2	36,5
5,0	5,81	1,72	45,7	36,8	5,0	5,83	1,77	46,2	37,3
4,9	5,73	1,77	46,7	37,7	4,9	5,75	1,81	47,3	38,2
4,8	5,65	1,81	47,8	38,6	4,8	5,66	1,85	48,4	39,2
4,7	5,56	1,85	48,9	39,5	4,7	5,58	1,89	49,5	40,0
4,6	5,48	1,89	50,0	40,4	4,6	5,50	1,93	50,5	40,9
4,5	5,40	1,93	51,1	41,3	4,5	5,42	1,97	51,6	41,7
4,4	5,32	1,97	52,2	42,2	4,4	5,34	2,02	52,7	42,6
4,3	5,24	2,01	53,3	43,0	4,3	5,26	2,06	53,8	43,5
4,2	5,16	2,06	54,3	43,9	4,2	5,18	2,10	54,8	44,3
4,1	5,07	2,10	55,4	44,9	4,1	5,09	2,14	55,9	45,3
4,0	4,99	2,14	56,5	45,8	4,0	5,01	2,18	57,0	46,1
3,9	4,91	2,18	57,6	46,6	3,9	4,93	2,22	58,1	47,0
3,8	4,83	2,22	58,7	47,5	3,8	4,85	2,26	59,1	47,9
3,7	4,75	2,26	59,8	48,4	3,7	4,77	2,31	60,2	48,7
3,6	4,67	2,30	60,9	49,2	3,6	4,69	2,35	61,3	49,6
3,5	4,59	2,35	62,0	50,1	3,5	4,60	2,39	62,4	50,5
3,4	4,50	2,39	63,0	51,1	3,4	4,52	2,43	63,4	51,4
3,3	4,42	2,43	64,1	52,0	3,3	4,44	2,47	64,5	52,3
3,2	4,34	2,47	65,2	52,8	3,2	4,36	2,51	65,6	53,1
3,1	4,26	2,51	66,3	53,7	3,1	4,28	2,55	66,7	54,0
3,0	4,18	2,55	67,4	54,6	3,0	4,20	2,60	67,7	54,8
2,9	4,10	2,59	68,5	55,4	2,9	4,12	2,64	68,8	55,7
2,8	4,01	2,64	69,6	56,4	2,8	4,03	2,68	69,9	56,7
2,7	3,93	2,68	70,7	57,3	2,7	3,95	2,72	71,0	57,5
2,6	3,85	2,72	71,7	58,2	2,6	3,87	2,76	72,0	58,4
2,5	3,77	3,76	72,8	59,0	2,5	3,79	2,80	73,1	59,2
2,4	3,69	2,80	73,9	59,9	2,4	3,71	2,84	74,2	60,1
2,3	3,61	2,84	75,0	60,8	2,3	3,63	2,89	75,3	61,0
2,2	3,53	2,88	76,1	61,6	2,2	3,55	2,93	76,3	61,8
2,1	3,44	2,93	77,2	62,6	2,1	3,46	2,97	77,4	62,8

	9,4					9,5			
	Extrakt der anstellbaren Würze 9,4%					Extrakt der anstellbaren Würze 9,5%			
Saccharo-meter-Anzeige des Bieres	Wirk-liches Extrakt Prozente	Alkohol Gewichts-Prozente	Schein-barer Ver-gärungs-grad	Wirk-licher Ver-gärungs-grad	Saccharo-meter-Anzeige des Bieres	Wirk-liches Extrakt Prozente	Alkohol Gewichts-Prozente	Schein-barer Ver-gärungs-grad	Wirk-licher Ver-gärungs-grad
6,0	6,66	1,39	36,2	29,1	6,0	6,68	1,44	36,8	29,7
5,9	6,58	1,44	37,2	30,0	5,9	6,60	1,48	37,9	30,5
5,8	6,50	1,48	38,3	30,9	5,8	6,52	1,52	38,9	31,4
5,7	6,42	1,52	39,4	31,7	5,7	6,44	1,56	40,0	32,2
5,6	6,34	1,56	40,4	32,6	5,6	6,36	1,60	41,1	33,1
5,5	6,25	1,60	41,5	33,5	5,5	6,27	1,64	42,1	34,0
5,4	6,17	1,64	42,6	34,3	5,4	6,19	1,68	43,2	34,8
5,3	6,09	1,68	43,6	35,2	5,3	6,11	1,73	44,2	35,7
5,2	6,01	1,73	44,7	36,1	5,2	6,03	1,77	45,3	36,5
5,1	5,93	1,77	45,7	36,9	5,1	5,95	1,81	46,3	37,4
5,0	5,85	1,81	46,8	37,8	5,0	5,87	1,85	47,4	38,2
4,9	5,77	1,85	47,9	38,7	4,9	5,78	1,89	48,4	39,2
4,8	5,68	1,89	48,9	39,6	4,8	5,70	1,93	49,5	40,0
4,7	5,60	1,93	50,0	40,4	4,7	5,62	1,97	50,5	40,8
4,6	5,52	1,97	51,1	41,3	4,6	5,54	2,02	51,6	41,7
4,5	5,44	2,02	52,1	42,1	4,5	5,46	2,06	52,6	42,5
4,4	5,36	2,06	53,2	43,0	4,4	5,38	2,10	53,7	43,4
4,3	5,28	2,10	54,3	43,8	4,3	5,30	2,14	54,7	44,2
4,2	5,19	2,14	55,3	44,8	4,2	5,21	2,18	55,8	45,2
4,1	5,11	2,18	56,4	45,6	4,1	5,13	2,22	56,8	46,0
4,0	5,03	2,22	57,4	46,5	4,0	5,05	2,27	57,9	46,8
3,9	4,95	2,26	58,5	47,3	3,9	4,97	2,31	58,9	47,7
3,8	4,87	2,31	59,6	48,2	3,8	4,89	2,35	60,0	48,5
3,7	4,79	2,35	60,6	49,0	3,7	4,81	2,39	61,1	49,4
3,6	4,71	2,39	61,7	49,9	3,6	4,73	2,43	62,1	50,2
3,5	4,62	2,43	62,8	50,9	3,5	4,64	2,47	63,2	51,2
3,4	4,54	2,47	63,8	51,7	3,4	4,56	2,51	64,2	52,0
3,3	4,46	2,51	64,9	52,5	3,3	4,48	2,56	65,3	52,8
3,2	4,38	2,55	66,0	53,4	3,2	4,40	2,60	66,3	53,7
3,1	4,30	2,60	67,0	54,3	3,1	4,32	2,64	67,4	54,5
3,0	4,22	2,64	68,1	55,1	3,0	4,24	2,68	68,4	55,4
2,9	4,14	2,68	69,1	56,0	2,9	4,15	2,72	69,5	56,3
2,8	4,05	2,72	70,2	56,9	2,8	4,07	2,76	70,5	57,2
2,7	3,97	2,76	71,3	57,8	2,7	3,99	2,80	71,6	58,0
2,6	3,89	2,80	72,3	58,6	2,6	3,91	2,85	72,6	58,8
2,5	3,81	2,84	73,4	59,5	2,5	3,83	2,89	73,7	59,7
2,4	3,73	2,89	74,5	60,3	2,4	3,75	2,93	74,7	60,5
2,3	3,65	2,93	75,5	61,2	2,3	3,67	2,97	75,8	61,4
2,2	3,56	2,97	76,6	62,1	2,2	3,58	3,01	76,8	62,3
2,1	3,48	3,01	77,7	63,0	2,1	3,50	3,05	77,9	63,2

	9,6					9,7			
	Extrakt der anstellbaren Würze 9,6%					Extrakt der anstellbaren Würze 9,7%			
Saccharo-meter-Anzeige des Bieres	Wirk-liches Extrakt Prozente	Alkohol Gewichts-Prozente	Schein-barer Ver-gärungs-grad	Wirk-licher Ver-gärungs-grad	Saccharo-meter-Anzeige des Bieres	Wirk-liches Extrakt Prozente	Alkohol Gewichts-Prozente	Schein-barer Ver-gärungs-grad	Wirk-licher Ver-gärungs-grad
6,0	6,70	1,48	37,5	30,2	6,0	6,72	1,52	38,1	30,7
5,9	6,62	1,52	38,5	31,0	5,9	6,64	1,56	39,2	31,5
5,8	6,54	1,56	39,6	31,9	5,8	6,56	1,60	40,2	32,4
5,7	6,46	1,60	40,6	32,7	5,7	6,48	1,64	41,2	33,2
5,6	6,37	1,64	41,7	33,6	5,6	6,39	1,68	42,3	34,1
5,5	6,29	1,68	42,7	34,5	5,5	6,31	1,73	43,3	34,9
5,4	6,21	1,73	43,7	35,3	5,4	6,23	1,77	44,3	35,8
5,3	6,13	1,77	44,8	36,1	5,3	6,15	1,81	45,4	36,6
5,2	6,05	1,81	45,8	37,0	5,2	6,07	1,85	46,4	37,4
5,1	5,97	1,85	46,9	37,8	5,1	5,99	1,89	47,4	38,2
5,0	5,89	1,89	47,9	38,6	5,0	5,91	1,93	48,5	39,1
4,9	5,80	1,93	49,0	39,6	4,9	5,82	1,98	49,5	40,0
4,8	5,72	1,98	50,0	40,4	4,8	5,74	2,02	50,5	40,8
4,7	5,64	2,02	51,0	41,2	4,7	5,66	2,06	51,5	41,6
4,6	5,56	2,06	52,1	42,1	4,6	5,58	2,10	52,6	42,5
4,5	5,48	2,10	53,1	42,9	4,5	5,50	2,14	53,6	43,3
4,4	5,40	2,14	54,2	43,7	4,4	5,42	2,18	54,6	44,1
4,3	5,32	2,18	55,2	44,6	4,3	5,33	2,22	55,7	45,1
4,2	5,23	2,22	56,2	45,5	4,2	5,25	2,27	56,7	45,9
4,1	5,15	2,27	57,3	46,4	4,1	5,17	2,31	57,7	46,7
4,0	5,07	2,31	58,3	47,2	4,0	5,09	2,35	58,8	47,5
3,9	4,99	2,35	59,4	48,0	3,9	5,01	2,39	59,8	48,4
3,8	4,91	2,39	60,4	48,9	3,8	4,93	2,43	60,8	49,2
3,7	4,83	2,43	61,5	49,7	3,7	4,85	2,47	61,9	50,0
3,6	4,74	2,47	62,5	50,6	3,6	4,76	2,52	62,9	50,9
3,5	4,66	2,51	63,5	51,5	3,5	4,68	2,56	63,9	51,8
3,4	4,58	2,56	64,6	52,3	3,4	4,60	2,60	64,9	52,6
3,3	4,50	2,60	65,6	53,1	3,3	4,52	2,64	66,0	53,4
3,2	4,42	2,64	66,7	54,0	3,2	4,44	2,68	67,0	54,2
3,1	4,34	2,68	67,7	54,8	3,1	4,36	2,72	68,0	55,1
3,0	4,26	2,72	68,7	55,6	3,0	4,28	2,76	69,1	55,9
2,9	4,17	2,76	69,8	56,6	2,9	4,19	2,81	70,1	56,8
2,8	4,09	2,81	70,8	57,4	2,8	4,11	2,85	71,1	57,6
2,7	4,01	2,85	71,9	58,2	2,7	4,03	2,89	72,2	58,5
2,6	3,93	2,89	72,9	59,1	2,6	3,95	2,93	73,2	59,3
2,5	3,85	2,93	74,0	59,9	2,5	3,87	2,97	74,2	60,1
2,4	3,77	2,97	75,0	60,7	2,4	3,79	3,01	75,3	60,9
2,3	3,69	3,01	76,0	61,6	2,3	3,70	3,05	76,3	61,9
2,2	3,60	3,05	77,1	62,5	2,2	3,62	3,10	77,3	62,7
2,1	3,52	3,10	78,1	63,3	2,1	3,53	3,14	78,4	63,6

9,8					9,9				
Extrakt der anstellbaren Würze 9,8%					Extrakt der anstellbaren Würze 9,9%				
Saccharo-meter-Anzeige des Bieres	Wirkliches Extrakt Prozente	Alkohol Gewichts-Prozente	Scheinbarer Vergärungs-grad	Wirklicher Vergärungs-grad	Saccharo-meter-Anzeige des Bieres	Wirkliches Extrakt Prozente	Alkohol Gewichts-Prozente	Scheinbarer Vergärungs-grad	Wirklicher Vergärungs-grad
6,0	6,74	1,56	38,8	31,2	6,0	6,76	1,60	39,4	31,7
5,9	6,66	1,60	39,8	32,0	5,9	6,68	1,64	40,4	32,5
5,8	6,58	1,64	40,8	32,9	5,8	6,60	1,69	41,4	33,3
5,7	6,49	1,69	41,8	33,8	5,7	6,51	1,73	42,4	34,2
5,6	6,41	1,73	42,9	34,6	5,6	6,43	1,77	43,4	35,1
5,5	6,33	1,77	43,9	35,4	5,5	6,35	1,81	44,4	35,9
5,4	6,25	1,81	44,9	36,2	5,4	6,27	1,85	45,5	36,7
5,3	6,17	1,85	45,9	37,0	5,3	6,19	1,89	46,6	37,5
5,2	6,09	1,89	46,9	37,9	5,2	6,11	1,93	47,5	38,3
5,1	6,01	1,93	48,0	38,7	5,1	6,03	1,98	48,5	39,1
5,0	5,92	1,98	49,0	39,6	5,0	5,94	2,02	49,5	40,0
4,9	5,84	2,02	50,0	40,4	4,9	5,86	2,06	50,5	40,8
4,8	5,76	2,06	51,0	41,2	4,8	5,78	2,10	51,5	41,6
4,7	5,68	2,10	52,0	42,0	4,7	5,70	2,14	52,5	42,4
4,6	5,60	2,14	53,1	42,9	4,6	5,62	2,18	53,5	43,2
4,5	5,52	2,18	54,1	43,7	4,5	5,54	2,23	54,5	44,0
4,4	5,44	2,23	55,1	44,5	4,4	5,46	2,27	55,6	44,9
4,3	5,35	2,27	56,1	45,4	4,3	5,37	2,31	56,6	45,8
4,2	5,27	2,31	57,1	46,2	4,2	5,29	2.35	57,6	46,6
4,1	5,19	2,35	58,2	47,0	4,1	5,21	2,39	58,6	47,4
4,0	5,11	2,39	59,2	47,9	4,0	5,13	2,43	59,6	48,2
8,9	5,03	2,43	60,2	48,7	8,9	5,05	2,47	60,6	49,0
8,8	4,95	2,47	61,2	49,5	8,8	4,97	2,52	61,6	49,8
8,7	4,87	2,52	62,2	50,3	8,7	4,88	2,56	62,6	50,7
8,6	4,78	2,56	63,3	51,2	8,6	4,80	2,60	63,6	51,5
8,5	4,70	2,60	64,3	52,0	8,5	4,72	2,64	64,7	52,3
3,4	4,62	2,64	65,3	52,9	3,4	4,64	2,68	65,7	53,1
8,3	4,54	2,68	66,3	53,7	8,3	4,56	2,72	66,7	53,9
8,2	4,46	2,72	67,3	54,5	8,2	4,48	2,77	67,7	54,7
8,1	4,38	2,77	68,4	55,3	8,1	4,40	2,81	68,7	55,6
3,0	4,29	2,81	69,4	56,2	8,0	4,31	2,85	69,7	56,5
2,9	4,21	2,85	70,4	57,0	2,9	4,23	2,89	70,7	57,3
2,8	4,13	2,89	71,4	57,9	2,8	4,15	2,93	71,7	58,1
2,7	4,05	2,93	72,4	58,7	2,7	4,07	2,97	72,7	58,9
2,6	3,97	2,97	73,5	59,5	2,6	3,99	3,02	73,7	59,7
2,5	3,89	3,01	74,5	60,3	2,5	3,91	3,06	74,7	60,5
2,4	3,81	3,06	75,5	61,1	2,4	3,83	3,10	75,8	61,3
2,8	3,72	3,10	76,5	62,0	2,8	3,74	3,14	76,8	62,2
2,2	3,64	3,14	77,6	62,9	2,2	3,66	3,18	77,8	63,0
2,1	3,56	3,18	78,6	63,7	2,1	3,58	3,22	78,8	63,8

10,0					10,1				
	Extrakt der anstellbaren Würze 10,0%					Extrakt der anstellbaren Würze 10,1%			
Saccharo-meter-Anzeige des Bieres	Wirk-liches Extrakt Prozente	Alkohol Gewichts-Prozente	Schein-barer Ver-gärungs-grad	Wirk-licher Ver-gärungs-grad	Saccharo-meter-Anzeige des Bieres	Wirk-liches Extrakt Prozente	Alkohol Gewichts-Prozente	Schein-barer Ver-gärungs-grad	Wirk-licher Ver-gärungs-grad
6,9	7,51	1,27	31,0	24,9	6,9	7,53	1,31	31,7	25,4
6,7	7,35	1,35	33,0	26,5	6,7	7,37	1,40	33,7	27,0
6,5	7,19	1,44	35,0	28,1	6,5	7,21	1,48	35,6	28,6
6,3	7,02	1,52	37,0	29,8	6,3	7,04	1,56	37,6	30,3
6,1	6,86	1,60	39,0	31,4	6,1	6,88	1,65	39,6	31,9
5,9	6,70	1,69	41,0	33,0	5,9	6,72	1,73	41,6	33,5
5,7	6,53	1,77	43,0	34,7	5,7	6,55	1,81	43,5	35,1
5,5	6,37	1,85	45,0	36,3	5,5	6,39	1,89	45,5	36,7
5,3	6,21	1,93	47,0	37,9	5,3	6,23	1,98	47,5	38,3
5,1	6,04	2,02	49,0	39,6	5,1	6,06	2,06	49,5	40,0
5,0	5,96	2,06	50,0	40,4	5,0	5,98	2,10	50,5	40,8
4,9	5,88	2,10	51,0	41,2	4,9	5,90	2,14	51,5	41,6
4,8	5,80	2,14	52,0	42,0	4,8	5,82	2,19	52,5	42,4
4,7	5,72	2,18	53,0	42,8	4,7	5,74	2,23	53,5	43,2
4,6	5,64	2,23	54,0	43,6	4,6	5,66	2,27	54,5	44,0
4,5	5,56	2,27	55,0	44,4	4,5	5,58	2,31	55,4	44,8
4,4	5,47	2,31	56,0	45,3	4,4	5,49	2,35	56,4	45,6
4,3	5,39	2,35	57,0	46,1	4,3	5,41	2,39	57,4	46,4
4,2	5,31	2,39	58,0	46,9	4,2	5,33	2,44	58,4	47,2
4,1	5,23	2,43	59,0	47,7	4,1	5,25	2,48	59,4	48,0
4,0	5,15	2,48	60,0	48,5	4,0	5,17	2,52	60,4	48,8
3,9	5,07	2,52	61,0	49,3	3,9	5,09	2,56	61,4	49,6
3,8	4,99	2,56	62,0	50,1	3,8	5,01	2,60	62,4	50,4
3,7	4,90	2,60	63,0	51,0	3,7	4,92	2,64	63,4	51,3
3,6	4,82	2,64	64,0	51,8	3,6	4,84	2,68	64,4	52,1
3,5	4,74	2,68	65,0	52,6	3,5	4,76	2,73	65,3	52,9
3,4	4,66	2,72	66,0	53,4	3,4	4,68	2,77	66,3	53,7
3,3	4,58	2,77	67,0	54,2	3,3	4,60	2,81	67,3	54,5
3,2	4,50	2,81	68,0	55,0	3,2	4,52	2,85	68,3	55,3
3,1	4,42	2,85	69,0	55,8	3,1	4,43	2,89	69,3	56,1
3,0	4,33	2,89	70,0	56,7	3,0	4,35	2,93	70,3	56,9
2,9	4,25	2,93	71,0	57,5	2,9	4,27	2,98	71,3	57,7
2,8	4,17	2,97	72,0	58,3	2,8	4,19	3,02	72,3	58,5
2,7	4,09	3,02	73,0	59,1	2,7	4,11	3,06	73,3	59,3
2,6	4,01	3,06	74,0	59,9	2,6	4,03	3,10	74,3	60,1
2,5	3,93	3,10	75,0	60,7	2,5	3,95	3,14	75,2	60,9
2,4	3,85	3,14	76,0	61,5	2,4	3,86	3,18	76,2	61,7
2,3	3,76	3,18	77,0	62,4	2,3	3,78	3,23	77,2	62,5
2,2	3,68	3,22	78,0	63,2	2,2	3,70	3,27	78,2	63,3
2,1	3,60	3,27	79,0	64,0	2,1	3,62	3,31	79,2	64,2

	10,2					10,3			
	Extrakt der anstellbaren Würze 10,2%					Extrakt der anstellbaren Würze 10,3%			
Saccharo-meter-Anzeige des Bieres	Wirk-liches Extrakt Prozente	Alkohol Gewichts-Prozente	Schein-barer Ver-gärungs-grad	Wirk-licher Ver-gärungs-grad	Saccharo-meter-Anzeige des Bieres	Wirk-liches Extrakt Prozente	Alkohol Gewichts-Prozente	Schein-barer Ver-gärungs-grad	Wirk-licher Ver-gärungs-grad
6,9	7,55	1,35	32,4	26,0	6,9	7,57	1,40	33,0	26,5
6,7	7,39	1,44	34,3	27,6	6,7	7,41	1,48	35,0	28,1
6,5	7,22	1,52	36,3	29,2	6,5	7,24	1,56	36,9	29,7
6,3	7,06	1,60	38,2	30,8	6,3	7,08	1,65	38,8	31,2
6,1	6,90	1,69	40,2	32,4	6,1	6,92	1,73	40,8	32,8
5,9	6,74	1,77	42,2	34,0	5,9	6,76	1,81	42,7	34,4
5,7	6,57	1,85	44,1	35,6	5,7	6,59	1,90	44,7	36,0
5,5	6,41	1,94	46,1	37,2	5,5	6,43	1,98	46,6	37,6
5,3	6,25	2,02	48,0	38,8	5,3	6,27	2,06	48,5	39,2
5,1	6,08	2,10	50,0	40,4	5,1	6,10	2,15	50,5	40,7
5,0	6,00	2,15	51,0	41,2	5,0	6,02	2,19	51,5	41,5
4,9	5,92	2,19	52,0	42,0	4,9	5,94	2,23	52,4	42,3
4,8	5,84	2,23	52,9	42,8	4,8	5,86	2,27	53,4	43,1
4,7	5,76	2,27	53,9	43,5	4,7	5,78	2,31	54,4	43,9
4,6	5,68	2,31	54,9	44,3	4,6	5,70	2,35	55,3	44,7
4,5	5,60	2,35	55,9	45,1	4,5	5,61	2,40	56,3	45,5
4,4	5,51	2,39	56,9	45,9	4,4	5,53	2,44	57,3	46,3
4,3	5,43	2,44	57,8	46,7	4,3	5,45	2,48	58,3	47,1
4,2	5,35	2,48	58,8	47,5	4,2	5,37	2,52	59,2	47,9
4,1	5,27	2,52	59,8	48,3	4,1	5,29	2,56	60,2	48,7
4,0	5,19	2,56	60,8	49,1	4,0	5,21	2,60	61,2	49,4
3,9	5,11	2,60	61,8	49,9	3,9	5,13	2,65	62,1	50,2
3,8	5,02	2,64	62,7	50,7	3,8	5,04	2,69	63,1	51,0
3,7	4,94	2,69	63,7	51,5	3,7	4,96	2,73	64,1	51,8
3,6	4,86	2,73	64,7	52,3	3,6	4,88	2,77	65,0	52,6
3,5	4,78	2,77	65,7	53,1	3,5	4,80	2,81	66,0	53,4
3,4	4,70	2,81	66,7	53,9	3,4	4,72	2,85	67,0	54,2
3,3	4,62	2,85	67,6	54,7	3,3	4,64	2,90	68,0	55,0
3,2	4,54	2,89	68,6	55,5	3,2	4,55	2,94	68,9	55,8
3,1	4,45	2,94	69,6	56,3	3,1	4,47	2,98	69,9	56,6
3,0	4,37	2,98	70,6	57,1	3,0	4,39	3,02	70,9	57,4
2,9	4,29	3,02	71,6	57,9	2,9	4,31	3,06	71,8	58,1
2,8	4,21	3,06	72,5	58,7	2,8	4,23	3,10	72,8	58,9
2,7	4,13	3,10	73,5	59,5	2,7	4,15	3,15	73,8	59,7
2,6	4,05	3,14	74,5	60,3	2,6	4,07	3,19	74,8	60,5
2,5	3,96	3,19	75,5	61,1	2,5	3,98	3,23	75,7	61,3
2,4	3,88	3,23	76,5	61,9	2,4	3,90	3,27	76,7	62,1
2,3	3,80	3,27	77,5	62,7	2,3	3,82	3,31	77,7	62,9
2,2	3,72	3,31	78,4	63,5	2,2	3,74	3,35	78,6	63,7
2,1	3,64	3,35	79,4	64,3	2,1	3,66	3,40	79,6	64,5

10,4					10,5				
Extrakt der anstellbaren Würze 10,4%					Extrakt der anstellbaren Würze 10,5%				
SaccharometerAnzeige des Bieres	Wirkliches Extrakt Prozente	Alkohol GewichtsProzente	Scheinbarer Vergärungsgrad	Wirklicher Vergärungsgrad	SaccharometerAnzeige des Bieres	Wirkliches Extrakt Prozente	Alkohol GewichtsProzente	Scheinbarer Vergärungsgrad	Wirklicher Vergärungsgrad
6,9	7,59	1,44	33,7	27,0	6,9	7,61	1,48	34,3	27,5
6,7	7,43	1,52	35,6	28,6	6,7	7,45	1,56	36,2	29,l
6,5	7,26	1,60	37,5	30,2	6,5	7,28	1,65	38,1	30,6
6,3	7,10	1,69	39,4	31,7	6,3	7,12	1,73	40,0	32,2
6,1	6,94	1,77	41,3	33,3	6,1	6,96	1,81	41,9	33,7
5,9	6,78	1,85	43,3	34,8	5,9	6,79	1,90	43,8	35,3
5,7	6,61	1,94	45,2	36,4	5,7	6,63	1,98	45,7	36,8
5,5	6,45	2,02	47,1	38,0	5,5	6,47	2,06	47,6	38,4
5,3	6,29	2,10	49,0	39,6	5,3	6,31	2,14	49,5	39,9
5,1	6,12	2,19	51,0	41,1	5,1	6,14	2,23	51,4	41,5
5,0	6,04	2,23	51,9	41,9	5,0	6,06	2,27	52,4	42,3
4,9	5,96	2,27	52,9	42,7	4,9	5,98	2,31	53,3	43,1
4,8	5,88	2,31	53,8	43,5	4,8	5,90	2,36	54,3	43,8
4,7	5,80	2,35	54,8	44,3	4,7	5,82	2,40	55,2	44,6
4,6	5,72	2,40	55,8	45,0	4,6	5,73	2,44	56,2	45,4
4,5	5,63	2,44	56,7	45,8	4,5	5,65	2,48	57,1	46,2
4,4	5,55	2,48	57,7	46,6	4,4	5,57	2,52	58,1	46,9
4,3	5,47	2,52	58,7	47,4	4,3	5,49	2,56	59,0	47,7
4,2	5,39	2,56	59,6	48,2	4,2	5,41	2,61	60,0	48,5
4,1	5,31	2,60	60,6	49,0	4,1	5,33	2,65	61,0	49,3
4,0	5,23	2,65	61,5	49,7	4,0	5,25	2,69	61,9	50,0
3,9	5,14	2,69	62,5	50,5	3,9	5,16	2,73	62,9	50,8
3,8	5,06	2,73	63,5	51,3	3,8	5,08	2,77	63,8	51,6
3,7	4,98	2,77	64,4	52,1	3,7	5,00	2,81	64,8	52,4
3,6	4,90	2,81	65,4	52,9	3,6	4,92	2,86	65,7	53,1
3,5	4,82	2,85	66,3	53,7	3,5	4,84	2,90	66,7	53,9
3,4	4,74	2,90	67,3	54,5	3,4	4,76	2,94	67,6	54,7
3,3	4,66	2,94	68,3	55,2	3,3	4,67	2,98	68,6	55,5
3,2	4,57	2,98	69,2	56,0	3,2	4,59	3,02	69,5	56,3
3,1	4,49	3,02	70,2	56,8	3,1	4,51	3,06	70,5	57,0
3,0	4,41	3,06	71,2	57,6	3,0	4,43	3,11	71,4	57,8
2,9	4,33	3,10	72,1	58,4	2,9	4,35	3,15	72,4	58,6
2,8	4,25	3,15	73,1	59,2	2,8	4,27	3,19	73,3	59,3
2,7	4,17	3,19	74,0	59,9	2,7	4,19	3,23	74,3	60,1
2,6	4,08	3,23	75,0	60,7	2,6	4,10	3,27	75,2	60,9
2,5	4,00	3,27	76,0	61,5	2,5	4,02	3,31	76,2	61,7
2,4	3,92	3,31	76,9	62,3	2,4	3,94	3,36	77,1	62,5
2,3	3,84	3,35	77,9	63,1	2,3	3,86	3,40	78,1	63,2
2,2	3,76	3,40	78,8	63,9	2,2	3,78	3,44	79,0	64,0
2,1	3,68	3,44	79,8	64,6	2,1	3,70	3,48	80,0	64,8

	10,6					10,7			
	Extrakt der anstellbaren Würze 10,6%					Extrakt der anstellbaren Würze 10,7%			
Saccharometer-Anzeige des Bieres	Wirkliches Extrakt Prozente	Alkohol Gewichts-Prozente	Scheinbarer Vergärungsgrad	Wirklicher Vergärungsgrad	Saccharometer-Anzeige des Bieres	Wirkliches Extrakt Prozente	Alkohol Gewichts-Prozente	Scheinbarer Vergärungsgrad	Wirklicher Vergärungsgrad
6,9	7,63	1,52	34,9	28,0	6,9	7,65	1,56	35,5	28,5
6,7	7,47	1,60	36,8	29,5	6,7	7,49	1,65	37,4	30,0
6,5	7,30	1,69	38,7	31,1	6,5	7,32	1,73	39,3	31,6
6,3	7,14	1,77	40,6	32,6	6,3	7,16	1,81	41,1	33,1
6,1	6,98	1,85	42,5	34,1	6,1	7,00	1,90	43,0	34,6
5,9	6,81	1,94	44,3	35,7	5,9	6,83	1,98	44,9	36,1
5,7	6,65	2,02	46,2	37,2	5,7	6,67	2,06	46,7	37,7
5,5	6,49	2,11	48,1	38,8	5,5	6,51	2,15	48,6	39,2
5,3	6,32	2,19	50,0	40,4	5,3	6,34	2,23	50,5	40,7
5,1	6,16	2,27	51,9	41,9	5,1	6,18	2,31	52,3	42,2
5,0	6,08	2,31	52,8	42,6	5,0	6,10	2,36	53,2	43,0
4,9	6,00	2,36	53,8	43,4	4,9	6,02	2,40	54,2	43,8
4,8	5,92	2,40	54,7	44,2	4,8	5,94	2,44	55,1	44,5
4,7	5,84	2,44	55,7	44,9	4,7	5,86	2,48	56,1	45,3
4,6	5,75	2,48	56,6	45,7	4,6	5,77	2,52	57,0	46,1
4,5	5,67	2,52	57,5	46,5	4,5	5,69	2,57	58,0	46,8
4,4	5,59	2,56	58,5	47,3	4,4	5,61	2,61	58,9	47,6
4,3	5,51	2,61	59,4	48,0	4,3	5,53	2,65	59,8	48,3
4,2	5,43	2,65	60,4	48,8	4,2	5,45	2,69	60,8	49,1
4,1	5,35	2,69	61,3	49,6	4,1	5,37	2,73	61,7	49,8
4,0	5,27	2,73	62,3	50,3	4,0	5,28	2,77	62,6	50,6
3,9	5,18	2,77	63,2	51,1	3,9	5,20	2,82	63,6	51,4
3,8	5,10	2,82	64,2	51,9	3,8	5,12	2,86	64,5	52,1
3,7	5,02	2,86	65,1	52,6	3,7	5,04	2,90	65,4	52,9
3,6	4,94	2,90	66,0	53,4	3,6	4,96	2,94	66,4	53,7
3,5	4,86	2,94	67,0	54,2	3,5	4,88	2,98	67,3	54,4
3,4	4,78	2,98	67,9	54,9	3,4	4,80	3,02	68,2	55,1
3,3	4,69	3,02	68,9	55,7	3,3	4,71	3,07	69,2	55,9
3,2	4,61	3,07	69,8	56,5	3,2	4,63	3,11	70,1	56,7
3,1	4,53	3,11	70,8	57,3	3,1	4,55	3,15	71,0	57,5
3,0	4,45	3,15	71,7	58,0	3,0	4,47	3,19	72,0	58,2
2,9	4,37	3,19	72,6	58,8	2,9	4,39	3,23	72,9	59,0
2,8	4,29	3,23	73,6	59,6	2,8	4,31	3,28	73,8	59,7
2,7	4,20	3,27	74,5	60,3	2,7	4,22	3,32	74,8	60,5
2,6	4,12	3,32	75,5	61,1	2,6	4,14	3,36	75,7	61,3
2,5	4,04	3,36	76,4	61,9	2,5	4,06	3,40	76,6	62,0
2,4	3,96	3,40	77,4	62,6	2,4	3,98	3,44	77,6	62,8
2,3	3,88	3,44	78,3	63,4	2,3	3,90	3,48	78,5	63,6
2,2	3,80	3,48	79,2	64,2	2,2	3,82	3,53	79,4	64,3
2,1	3,72	3,52	80,2	64,9	2,1	3,73	3,57	80,4	65,1

8*

10,8					10,9				
Extrakt der anstellbaren Würze 10,8%					Extrakt der anstellbaren Würze 10,9%				
Saccharo-meter-Anzeige des Bieres	Wirk-liches Extrakt Prozente	Alkohol Gewichts-Prozente	Schein-barer Ver-gärungs-grad	Wirk-licher Ver-gärungs-grad	Saccharo-meter-Anzeige des Bieres	Wirk-liches Extrakt Prozente	Alkohol Gewichts-Prozente	Schein-barer Ver-gärungs-grad	Wirk-licher Ver-gärungs-grad
6,9	7,67	1,60	36,1	29,0	6,9	7,69	1,65	36,7	29,4
6,7	7,51	1,69	38,0	30,5	6,7	7,53	1,73	38,5	30,9
6,5	7,34	1,77	39,8	32,0	6,5	7,36	1,81	40,4	32,4
6,3	7,18	1,86	41,7	33,5	6,3	7,20	1,90	42,2	33,9
6,1	7,02	1,94	43,5	35,0	6,1	7,04	1,98	44,0	35,4
5,9	6,85	2,02	45,4	36,5	5,9	6,87	2,06	45,9	36,9
5,7	6,69	2,11	47,2	38,0	5,7	6,71	2,15	47,7	38,4
5,5	6,53	2,19	49,1	39,5	5,5	6,55	2,23	49,5	39,9
5,3	6,36	2,27	50,9	41,1	5,3	6,38	2,32	51,4	41,4
5,1	6,20	2,36	52,8	42,6	5,1	6,22	2,40	53,2	42,9
5,0	6,12	2,40	53,7	43,3	5,0	6,14	2,44	54,1	43,7
4,9	6,04	2,44	54,6	44,1	4,9	6,06	2,48	55,0	44,4
4,8	5,96	2,48	55,6	44,8	4,8	5,98	2,52	56,0	45,2
4,7	5,88	2,52	56,5	45,6	4,7	5,89	2,57	56,9	45,9
4,6	5,79	2,57	57,4	46,4	4,6	5,81	2,61	57,8	46,7
4,5	5,71	2,61	58,3	47,1	4,5	5,73	2,65	58,7	47,4
4,4	5,63	2,65	59,3	47,9	4,4	5,65	2,69	59,6	48,2
4,3	5,55	2,69	60,2	48,6	4,3	5,57	2,73	60,6	48,9
4,2	5,47	2,73	61,1	49,4	4,2	5,49	2,78	61,5	49,6
4,1	5,39	2,78	62,0	50,1	4,1	5,40	2,82	62,4	50,4
4,0	5,30	2,82	63,0	50,9	4,0	5,32	2,86	63,3	51,2
3,9	5,22	2,86	63,9	51,7	3,9	5,24	2,90	64,2	51,9
3,8	5,14	2,90	64,8	52,4	3,8	5,16	2,94	65,1	52,7
3,7	5,06	2,94	65,7	53,2	3,7	5,08	2,99	66,1	53,4
3,6	4,98	2,98	66,7	53,9	3,6	5,00	3,03	67,0	54,2
3,5	4,90	3,03	67,6	54,6	3,5	4,92	3,07	67,9	54,9
3,4	4,81	3,07	68,5	55,4	3,4	4,83	3,11	68,8	55,7
3,3	4,73	3,11	69,4	56,2	3,3	4,75	3,15	69,7	56,4
3,2	4,65	3,15	70,4	56,9	3,2	4,67	3,19	70,6	57,2
3,1	4,57	3,19	71,3	57,7	3,1	4,59	3,24	71,6	57,9
3,0	4,49	3,24	72,2	58,4	3,0	4,51	3,28	72,5	58,7
2,9	4,41	3,28	73,1	59,2	2,9	4,43	3,32	73,4	59,4
2,8	4,32	3,32	74,1	60,0	2,8	4,34	3,36	74,3	60,2
2,7	4,24	3,36	75,0	60,7	2,7	4,26	3,40	75,2	60,9
2,6	4,16	3,40	75,9	61,5	2,6	4,18	3,45	76,1	61,6
2,5	4,08	3,44	76,9	62,2	2,5	4,10	3,49	77,1	62,4
2,4	4,00	3,49	77,8	63,0	2,4	4,02	3,53	78,0	63,1
2,3	3,92	3,53	78,7	63,7	2,3	3,94	3,57	78,9	63,9
2,2	3,84	3,57	79,6	64,5	2,2	3,85	3,61	79,8	64,7
2,1	3,75	3,61	80,6	65,3	2,1	3,77	3,65	80,7	65,4

11,0					11,1				
Extrakt der anstellbaren Würze 11,0%					Extrakt der anstellbaren Würze 11,1%				
Saccharo-meter-Anzeige des Bieres	Wirk-liches Extrakt Prozente	Alkohol Gewichts-Prozente	Schein-barer Ver-gärungs-grad	Wirk-licher Ver-gärungs-grad	Saccharo-meter-Anzeige des Bieres	Wirk-liches Extrakt Prozente	Alkohol Gewichts-Prozente	Schein-barer Ver-gärungs-grad	Wirk-licher Ver-gärungs-grad
6,9	7,71	1,74	37,3	29,9	6,9	7,73	1,78	37,8	30,4
6,7	7,55	1,82	39,1	31,4	6,7	7,57	1,86	39,6	31,8
6,5	7,38	1,90	40,9	32,9	6,5	7,40	1,94	41,4	33,3
6,3	7,22	1,97	42,7	34,4	6,3	7,24	2,02	43,2	34,8
6,1	7,06	2,07	44,5	35,8	6,1	7,08	2,11	45,0	36,2
5,9	6,89	2,15	46,4	37,3	5,9	6,91	2,19	46,8	37,7
5,7	6,73	2,23	48,2	38,8	5,7	6,75	2,27	48,6	39,2
5,5	6,57	2,31	50,0	40,3	5,5	6,59	2,35	50,5	40,6
5,3	6,40	2,39	51,8	41,8	5,3	6,42	2,43	52,3	42,1
5,1	6,24	2,47	53,6	43,3	5,1	6,26	2,51	54,1	43,6
5,0	6,16	2,52	54,5	44,0	5,0	6,18	2,56	55,0	44,3
4,9	6,08	2,56	55,5	44,7	4,9	6,10	2,60	55,9	45,0
4,8	6,00	2,60	56,4	45,4	4,8	6,01	2,64	56,8	45,8
4,7	5,91	2,64	57,3	46,2	4,7	5,93	2,68	57,7	46,5
4,6	5,83	2,68	58,2	47,0	4,6	5,85	2,72	58,6	47,3
4,5	5,75	2,72	59,1	47,7	4,5	5,77	2,76	59,5	47,0
4,4	5,67	2,76	60,0	48,5	4,4	5,69	2,80	60,4	48,8
4,3	5,59	2,80	60,9	49,2	4,3	5,61	2,84	61,3	49,5
4,2	5,51	2,84	61,8	49,9	4,2	5,53	2,88	62,2	50,2
4,1	5,42	2,88	62,7	50,7	4,1	5,44	2,92	63,1	51,0
4,0	5,34	2,92	63,6	51,4	4,0	5,36	2,96	64,0	51,7
3,9	5,26	2,96	64,5	52,2	3,9	5,28	3,01	64,9	52,4
3,8	5,18	3,00	65,5	52,9	3,8	5,20	3,05	65,8	53,2
3,7	5,10	3,05	66,4	53,7	3,7	5,12	3,09	66,7	53,9
3,6	5,02	3,09	67,3	54,4	3,6	5,04	3,13	67,6	54,6
3,5	4,93	3,13	68,2	55,2	3,5	4,95	3,17	68,5	55,4
3,4	4,85	3,17	69,1	55,9	3,4	4,87	3,21	69,4	55,1
3,3	4,77	3,21	70,0	56,6	3,3	4,79	3,25	70,3	56,8
3,2	4,69	3,25	70,9	57,4	3,2	4,71	3,29	71,2	57,6
3,1	4,61	3,29	71,8	58,1	3,1	4,63	3,33	72,1	58,3
3,0	4,53	3,33	72,7	58,8	3,0	4,55	3,37	73,0	59,0
2,9	4,45	3,37	73,6	59,5	2,9	4,46	3,41	73,9	59,8
2,8	4,36	3,41	74,5	60,3	2,8	4,38	3,46	74,8	60,5
2,7	4,28	3,45	75,5	61,1	2,7	4,30	3,50	75,7	61,3
2,6	4,20	3,49	76,4	61,8	2,6	4,22	3,54	76,6	62,0
2,5	4,12	3,53	77,3	62,6	2,5	4,14	3,58	77,5	62,7
2,4	4,04	3,58	78,2	63,3	2,4	4,06	3,62	78,4	63,4
2,3	3,96	3,62	79,1	64,0	2,3	3,97	3,66	79,3	64,2
2,2	3,87	3,66	80,0	64,8	2,2	3,89	3,70	80,2	64,9
2,1	3,79	3,70	80,9	65,5	2,1	3,81	3,74	81,1	65,6

11,2					11,3				
Extrakt der anstellbaren Würze 11,2%					Extrakt der anstellbaren Würze 11,3%				
Saccharo-meter-Anzeige des Bieres	Wirk-liches Extrakt Prozente	Alkohol Gewichts-Prozente	Schein-barer Ver-gärungs-grad	Wirk-licher Ver-gärungs-grad	Saccharo-meter-Anzeige des Bieres	Wirk-liches Extrakt Prozente	Alkohol Gewichts-Prozente	Schein-barer Ver-gärungs-grad	Wirk-licher Ver-gärungs-grad
6,9	7,75	1,82	38,4	30,8	6,9	7,77	1,85	38,9	31,2
6,7	7,58	1,90	40,2	32,3	6,7	7,60	1,94	40,7	32,7
6,5	7,42	1,98	42,0	33,7	6,5	7,44	2,02	42,5	34,1
6,3	7,26	2,06	43,8	35,2	6,3	7,28	2,10	44,2	35,6
6,1	7,09	2,14	45,5	36,7	6,1	7,11	2,18	46,0	37,0
5,9	6,93	2,23	47,3	38,1	5,9	6,95	2,26	47,8	38,5
5,7	6,77	2,31	49,1	39,6	5,7	6,79	2,35	49,6	39,9
5,5	6,61	2,39	50,9	41,0	5,5	6,62	2,43	51,3	41,4
5,3	6,44	2,47	52,7	42,5	5,3	6,46	2,51	53,1	42,8
5,1	6,28	2,55	54,5	43,9	5,1	6,30	2,59	54,9	44,2
5,0	6,20	2,60	55,3	44,7	5,0	6,22	2,64	55,8	45,0
4,9	6,12	2,64	56,2	45,4	4,9	6,13	2,68	56,6	45,8
4,8	6,03	2,68	57,1	46,2	4,8	6,05	2,72	57,5	46,5
4,7	5,95	2,72	58,0	46,9	4,7	5,97	2,76	58,4	47,2
4,6	5,87	2,76	58,9	47,6	4,6	5,89	2,80	59,3	47,9
4,5	5,79	2,80	59,8	48,3	4,5	5,81	2,84	60,2	48,6
4,4	5,71	2,84	60,7	49,0	4,4	5,73	2,88	61,1	49,3
4,3	5,63	2,88	61,6	49,7	4,3	5,64	2,92	61,9	50,1
4,2	5,54	2,92	62,5	50,5	4,2	5,56	2,96	62,8	50,8
4,1	5,46	2,96	63,4	51,2	4,1	5,48	3,01	63,7	51,5
4,0	5,38	3,01	64,3	52,0	4,0	5,40	3,05	64,6	52,2
3,9	5,30	3,05	65,2	52,7	3,9	5,32	3,09	65,5	52,9
3,8	5,22	3,09	66,1	53,4	3,8	5,24	3,13	66,4	53,6
3,7	5,14	3,13	67,0	54,1	3,7	5,16	3,17	67,3	54,3
3,6	5,05	3,17	67,9	54,9	3,6	5,07	3,21	68,1	55,1
3,5	4,97	3,21	68,8	55,6	3,5	4,99	3,25	69,0	55,8
3,4	4,89	3,25	69,6	56,3	3,4	4,91	3,29	69,9	56,5
3,3	4,81	3,29	70,5	57,1	3,3	4,83	3,34	70,8	57,3
3,2	4,73	3,33	71,4	57,8	3,2	4,75	3,38	71,7	58,0
3,1	4,65	3,37	72,3	58,5	3,1	4,67	3,42	72,6	58,7
3,0	4,57	3,42	73,2	59,2	3,0	4,58	3,46	73,5	59,4
2,9	4,48	3,46	74,1	60,0	2,9	4,50	3,50	74,3	60,1
2,8	4,40	3,50	75,0	60,7	2,8	4,42	3,54	75,2	60,9
2,7	4,32	3,54	75,9	61,4	2,7	4,34	3,58	76,1	61,6
2,6	4,24	3,58	76,8	62,2	2,6	4,26	3,62	77,0	62,3
2,5	4,16	3,62	77,7	62,9	2,5	4,18	3,66	77,8	63,0
2,4	4,08	3,66	78,6	63,6	2,4	4,09	3,71	78,7	63,8
2,3	3,99	3,70	79,5	64,4	2,3	4,01	3,75	79,6	64,5
2,2	3,91	3,74	80,4	65,1	2,2	3,93	3,79	80,5	65,2
2,1	3,83	3,79	81,3	65,8	2,1	3,85	3,83	81,4	65,9

11,4					11,5				
Extrakt der anstellbaren Würze 11,4%					Extrakt der anstellbaren Würze 11,5%				
Saccharo-meter-Anzeige des Bieres	Wirk-liches Extrakt Prozente	Alkohol Gewichts-Prozente	Schein-barer Ver-gärungs-grad	Wirk-licher Ver-gärungs-grad	Saccharo-meter-Anzeige des Bieres	Wirk-liches Extrakt Prozente	Alkohol Gewichts-Prozente	Schein-barer Ver-gärungs-grad	Wirk-licher Ver-gärungs-grad
6,9	7,78	1,89	39,4	31,7	6,9	7,80	1,93	40,0	32,1
6,7	7,62	1,97	41,2	33,1	6,7	7,64	2,01	41,7	33,6
6,5	7,46	2,06	43,0	34,6	6,5	7,48	2,09	43,5	35,0
6,3	7,30	2,14	44,7	36,0	6,3	7,31	2,18	45,2	36,4
6,1	7,13	2,22	46,5	37,5	6,1	7,15	2,26	47,0	37,8
5,9	6,97	2,30	48,2	38,9	5,9	6,99	2,34	48,7	39,2
5,7	6,81	2,39	50,0	40,3	5,7	6,82	2,43	50,4	40,7
5,5	6,64	2,47	51,8	41,7	5,5	6,66	2,51	52,2	42,1
5,3	6,48	2,55	53,5	43,2	5,3	6,50	2,59	53,9	43,5
5,1	6,32	2,63	55,3	44,6	5,1	6,34	2,67	55,7	44,9
5,0	6,23	2,68	56,1	45,3	5,0	6,25	2,71	56,5	45,6
4,9	6,15	2,72	57,0	46,0	4,9	6,17	2,75	57,4	46,3
4,8	6,07	2,76	57,9	46,7	4,8	6,09	2,80	58,3	47,0
4,7	5,99	2,80	58,8	47,5	4,7	6,01	2,84	59,1	47,7
4,6	5,91	2,84	59,6	48,2	4,6	5,93	2,88	60,0	48,5
4,5	5,83	2,88	60,5	48,9	4,5	5,85	2,92	60,9	49,2
4,4	5,75	2,92	61,4	49,6	4,4	5,76	2,96	61,7	49,9
4,3	5,66	2,96	62,3	50,3	4,3	5,68	3,01	62,6	50,6
4,2	5,58	3,01	63,2	51,0	4,2	5,60	3,05	63,5	51,3
4,1	5,50	3,05	64,0	51,7	4,1	5,52	3,09	64,3	52,0
4,0	5,42	3,09	64,9	52,5	4,0	5,44	3,13	65,2	52,7
3,9	5,34	3,13	65,8	53,2	3,9	5,36	3,17	66,1	53,4
3,8	5,26	3,17	66,7	53,9	3,8	5,28	3,21	67,0	54,1
3,7	5,17	3,21	67,5	54,6	3,7	5,19	3,25	67,8	54,8
3,6	5,09	3,25	68,4	55,3	3,6	5,11	3,30	68,7	55,5
3,5	5,01	3,29	69,3	56,0	3,5	5,03	3,34	69,6	56,3
3,4	4,93	3,34	70,2	56,8	3,4	4,95	3,38	70,4	57,0
3,3	4,85	3,38	71,1	57,5	3,3	4,87	3,42	71,3	57,7
3,2	4,77	3,42	71,9	58,2	3,2	4,79	3,46	72,2	58,4
3,1	4,69	3,46	72,8	58,9	3,1	4,70	3,50	73,0	59,1
3,0	4,60	3,50	73,7	59,6	3,0	4,62	3,54	73,9	59,8
2,9	4,52	3,54	74,6	60,3	2,9	4,54	3,59	74,8	60,5
2,8	4,44	3,58	75,4	61,1	2,8	4,46	3,63	75,7	61,2
2,7	4,36	3,63	76,3	61,8	2,7	4,38	3,67	76,5	61,9
2,6	4,28	3,67	77,2	62,5	2,6	4,30	3,71	77,4	62,6
2,5	4,20	3,71	78,1	63,2	2,5	4,21	3,75	78,3	63,3
2,4	4,11	3,75	78,9	63,9	2,4	4,13	3,79	79,1	64,1
2,3	4,03	3,79	79,8	64,6	2,3	4,05	3,83	80,0	64,8
2,2	3,95	3,83	80,7	65,3	2,2	3,97	3,88	80,9	65,5
2,1	3,87	3,87	81,6	66,1	2,1	3,89	3,92	81,7	66,2

11,6					11,7				
Extrakt der anstellbaren Würze 11,6%					Extrakt der anstellbaren Würze 11,7%				
Saccharometer-Anzeige des Bieres	Wirkliches Extrakt Prozente	Alkohol Gewichts-Prozente	Scheinbarer Vergärungsgrad	Wirklicher Vergärungsgrad	Saccharometer-Anzeige des Bieres	Wirkliches Extrakt Prozente	Alkohol Gewichts-Prozente	Scheinbarer Vergärungsgrad	Wirklicher Vergärungsgrad
6,9	7,82	1,97	40,5	32,6	6,9	7,84	2,00	41,0	33,0
6,7	7,66	2,05	42,2	34,0	6,7	7,68	2,09	42,7	34,4
6,5	7,50	2,13	44,0	35,4	6,5	7,51	2,17	44,4	35,8
6,3	7,33	2,22	45,7	36,8	6,3	7,35	2,25	46,2	37,2
6,1	7,17	2,30	47,4	38,2	6,1	7,19	2,34	47,9	38,6
5,9	7,01	2,38	49,1	39,6	5,9	7,03	2,42	49,6	40,0
5,7	6,84	2,46	50,9	41,0	5,7	6,86	2,50	51,3	41,3
5,5	6,68	2,55	52,6	42,4	5,5	6,70	2,59	53,0	42,7
5,3	6,52	2,63	54,3	43,8	5,3	6,54	2,67	54,7	44,1
5,1	6,35	2,71	56,0	45,2	5,1	6,37	2,75	56,4	45,5
5,0	6,27	2,76	56,9	45,9	5,0	6,29	2,80	57,3	46,2
4,9	6,19	2,80	57,8	46,6	4,9	6,21	2,84	58,1	46,9
4,8	6,11	2,84	58,6	47,3	4,8	6,13	2,88	59,0	47,6
4,7	6,03	2,88	59,5	48,0	4,7	6,05	2,92	59,8	48,3
4,6	5,95	2,92	60,3	48,7	4,6	5,97	2,96	60,7	49,0
4,5	5,87	2,96	61,2	49,4	4,5	5,88	3,00	61,5	49,7
4,4	5,78	3,00	62,1	50,1	4,4	5,80	3,05	62,4	50,4
4,3	5,70	3,05	62,9	50,8	4,3	5,72	3,09	63,2	51,1
4,2	5,62	3,09	63,8	51,5	4,2	5,64	3,13	64,1	51,8
4,1	5,54	3,13	64,7	52,3	4,1	5,56	3,17	65,0	52,5
4,0	5,46	3,17	65,5	53,0	4,0	5,48	3,21	65,8	53,2
3,9	5,38	3,21	66,4	53,7	3,9	5,39	3,25	66,7	53,9
3,8	5,29	3,25	67,2	54,4	3,8	5,31	3,30	67,5	54,6
3,7	5,21	3,30	68,1	55,1	3,7	5,23	3,34	68,4	55,3
3,6	5,13	3,34	69,0	55,8	3,6	5.15	3,38	69,2	56,0
3,5	5,05	3,38	69,8	56,5	3,5	5,07	3,42	70,1	56,7
3,4	4,97	3,42	70,7	57,2	3,4	4,99	3,46	70,9	57,4
3,3	4,89	3,46	71,6	57,9	3,3	4,91	3,50	71,8	58,1
3,2	4,80	3,50	72,4	58,6	3,2	4,82	3,55	72,6	58,8
3,1	4,72	3,54	73,3	59,3	3,1	4,74	3,59	73,5	59,5
3,0	4,64	3,59	74,1	60,0	3,0	4,66	3,63	74,4	60,2
2,9	4,56	3,63	75,0	60,7	2,9	4,58	3,67	75,2	60,9
2,8	4,48	3,67	75,9	61,4	2,8	4,50	3,71	76,1	61,6
2,7	4,40	3,71	76,7	62,1	2,7	4,42	3,75	76,9	62,3
2,6	4,32	3,75	77,6	62,8	2,6	4,33	3,80	77,8	63,0
2,5	4,23	3,79	78,4	63,5	2,5	4,25	3,84	78,6	63,6
2,4	4,15	3,84	79,3	64,2	2,4	4,17	3,88	79,5	64,3
2,3	4,07	3,88	80,2	64,9	2,3	4,09	3,92	80,3	65,0
2,2	3,99	3,92	81,0	65,6	2,2	4,01	3,96	81,2	65,7
2,1	3,91	3,96	81,9	66,3	2,1	3,93	4,00	82,1	66,4

11,8					11,9				
Extrakt der anstellbaren Würze 11,8%					Extrakt der anstellbaren Würze 11,9%				
Saccharo-meter-Anzeige des Bieres	Wirkliches Extrakt Prozente	Alkohol Gewichts-Prozente	Scheinbarer Vergärungs-grad	Wirklicher Vergärungs-grad	Saccharo-meter-Anzeige des Bieres	Wirkliches Extrakt Prozente	Alkohol Gewichts-Prozente	Scheinbarer Vergärungs-grad	Wirklicher Vergärungs-grad
6,9	7,86	2,04	41,5	33,4	6,9	7,88	2,08	42,0	33,8
6,7	7,70	2,12	43,2	34,8	6,7	7,72	2,16	43,7	35,2
6,5	7,53	2,21	44,9	36,2	6,5	7,55	2,25	45,4	36,5
6,3	7,37	2,29	46,6	37,5	6,3	7,39	2,33	47,1	37,9
6,1	7,21	2,38	48,3	38,9	6,1	7,23	2,41	48,7	39,3
5,9	7,04	2,46	50,0	40,3	5,9	7,06	2,50	50,4	40,6
5,7	6,88	2,54	51,7	41,7	5,7	6,90	2,58	52,1	42,0
5,5	6,72	2,63	53,4	43,1	5,5	6,74	2,67	53,8	43,4
5,3	6,56	2,71	55,1	44,4	5,3	6,57	2,75	55,5	44,7
5,1	6,39	2,79	56,8	45,8	5,1	6,41	2,83	57,1	46,1
5,0	6,31	2,84	57,6	46,5	5,0	6,33	2,88	58,0	46,8
4,9	6,23	2,88	58,5	47,2	4,9	6,25	2,92	58,8	47,5
4,8	6,15	2,92	59,3	47,9	4,8	6,17	2,96	59,7	48,2
4,7	6,07	2,96	60,2	48,6	4,7	6,09	3,00	60,5	48,9
4,6	5,98	3,00	61,0	49,3	4,6	6,00	3,04	61,3	49,6
4,5	5,90	3,04	61,9	50,0	4,5	5,92	3,09	62,2	50,2
4,4	5,82	3,09	62,7	50,7	4,4	5,84	3,13	63,0	50,9
4,3	5,74	3,13	63,6	51,4	4,3	5,76	3,17	63,9	51,6
4,2	5,66	3,17	64,4	52,0	4,2	5,68	3,21	64,7	52,3
4,1	5,58	3,21	65,3	52,7	4,1	5,60	3,25	65,5	53,0
4,0	5,50	3,25	66,1	53,4	4,0	5,51	3,29	66,4	53,7
3,9	5,41	3,30	66,9	54,1	3,9	5,43	3,34	67,2	54,3
3,8	5,33	3,34	67,8	54,8	3,8	5,35	3,38	68,1	55,0
3,7	5,25	3,38	68,6	55,5	3,7	5,27	3,42	68,9	55,7
3,6	5,17	3,42	69,5	56,2	3,6	5,19	3,46	69,7	56,4
3,5	5,09	3,46	70,3	56,9	3,5	5,11	3,50	70,6	57,1
3,4	5,01	3,50	71,2	57,6	3,4	5,03	3,55	71,4	57,8
3,3	4,92	3,55	72,0	58,3	3,3	4,94	3,59	72,3	58,5
3,2	4,84	3,59	72,9	59,0	3,2	4,86	3,63	73,1	59,1
3,1	4,76	3,63	73,7	59,6	3,1	4,78	3,67	73,9	59,8
3,0	4,68	3,67	74,6	60,3	3,0	4,70	3,71	74,8	60,5
2,9	4,60	3,71	75,4	61,0	2,9	4,62	3,76	75,6	61,2
2,8	4,52	3,76	76,3	61,7	2,8	4,54	3,80	76,5	61,9
2,7	4,44	3,80	77,1	62,4	2,7	4,45	3,84	77,3	62,6
2,6	4,35	3,84	78,0	63,1	2,6	4,37	3,88	78,2	63,3
2,5	4,27	3,88	78,8	63,8	2,5	4,29	3,92	79,0	63,9
2,4	4,19	3,92	79,7	64,5	2,4	4,21	3,97	79,8	64,6
2,3	4,11	3,96	80,5	65,2	2,3	4,13	4,01	80,7	65,3
2,2	4,03	4,01	81,4	65,9	2,2	4,05	4,05	81,5	65,0
2,1	3,95	4,05	82,2	66,6	2,1	3,97	4,09	82,4	66,7

12,0					12,1				
Extrakt der anstellbaren Würze 12,0%					Extrakt der anstellbaren Würze 12,1%				
Saccharo-meter-Anzeige des Bieres	Wirk-liches Extrakt Prozente	Alkohol Gewichts-Prozente	Schein-barer Ver-gärungs-grad	Wirk-licher Ver-gärungs-grad	Saccharo-meter-Anzeige des Bieres	Wirk-liches Extrakt Prozente	Alkohol Gewichts-Prozente	Schein-barer Ver-gärungs-grad	Wirk-licher Ver-gärungs-grad
7,9	8,72	1,69	34,2	27,3	7,9	8,74	1,74	34,7	27,8
7,7	8,55	1,78	35,8	28,7	7,7	8,57	1,82	36,4	29,1
7,5	8,39	1,86	37,5	30,1	7,5	8,41	1,90	38,0	30,5
7,3	8,23	1,95	39,2	31,4	7,3	8,25	1,99	39,7	31,8
7,1	8,07	2,03	40,8	32,8	7,1	8,08	2,07	41,3	33,2
6,9	7,90	2,11	42,5	34,2	6,9	7,92	2,16	43,0	34,5
6,7	7,74	2,20	44,2	35,5	6,7	7,76	2,24	44,6	35,9
6,5	7,55	2,28	45,8	36,9	6,5	7,59	2,33	46,3	37,2
6,3	7,41	2,37	47,5	38,2	6,3	7.43	2,41	47,9	38,6
6,1	7,25	2,45	49,2	39,6	6·1	7,27	2,49	49,6	39,9
6,0	7,17	2,49	50,0	40,3	6,0	7,19	2,54	50,4	40,6
5,9	7,09	2,54	50,8	41,0	5,9	7,10	2,58	51,2	41,3
5,8	7,00	2,58	51,7	41,6	5,8	7,02	2,62	52,1	42,0
5,7	6,92	2,62	52,5	42,3	5,7	6,94	2,66	52,9	42,6
5,6	6,84	2,66	53,3	43,0	5,6	6,86	2,71	53,7	43,3
5,5	6,76	2,70	54,2	43,7	5,5	6,78	2,75	54,5	44,0
5,4	6,68	2,75	55,0	44,4	5,4	6,70	2,79	55,4	44,7
5,3	6,60	2,79	55,8	45,0	5,3	6,61	2,83	56,2	45,3
5,2	6,51	2,83	56,7	45,7	5,2	6,53	2,87	57,0	46,0
5,1	6,43	2,87	57,5	46,4	5,1	6,45	2,92	57,9	46,7
5,0	6,35	2,91	58,3	47,1	5,0	6,37	2,96	58,7	47,4
4,9	6,27	2,96	59,2	47,8	4,9	6,29	3,00	59,5	48,0
4,8	6,19	3,00	60,0	48,4	4,8	6,21	3,04	60,3	48,7
4,7	6,11	3,04	60,8	49,1	4,7	6,12	3,08	61,2	49,4
4,6	6,02	3,08	61,7	49,8	4,6	6,04	3,13	62,0	50,1
4,5	5,94	3,12	62,5	50,5	4,5	5,96	3,17	62,8	50,7
4,4	5,86	3,17	63,3	51,2	4,4	5,88	3,21	63,6	51,4
4,3	5,78	3,21	64,2	51,8	4,3	5,80	3,25	64,5	52,1
4,2	5,70	3,25	65,0	52,5	4,2	5,72	3,30	65,3	52,8
4,1	5,62	3,29	65,8	53,2	4,1	5,64	3,34	66,1	53,4
3,9	5,45	3,38	67,5	54,6	3,9	5,47	3,42	67,8	54,8
3,7	5,29	3,46	69,2	55,9	3,7	5,31	3,51	69,4	56,1
3,5	5,13	3,55	70,8	57,3	3,5	5,15	3,59	71,1	57,5
3,3	4,96	3,63	72,5	58,6	3,3	4,98	3,67	72,7	58,8
3,1	4,80	3,71	74,2	60,0	3,1	4,82	3,76	74,4	60,2
2,9	4,64	3,80	75,8	61,4	2,9	4,65	3,84	76,0	61,5
2,7	4,47	3,88	77,5	62,7	2,7	4,49	3,93	77,7	62,9
2,5	4,31	3,97	79,2	64,1	2,5	4,33	4,01	79,3	64,2
2,3	4,15	4,05	80,8	65,4	2,3	4,17	4,10	81,0	65,6
2,1	3,99	4,14	82,5	66,8	2,1	4,00	4,18	82,6	66,9

12,2					12,3				
Extrakt der anstellbaren Würze 12,2%					Extrakt der anstellbaren Würze 12,3%				
Saccharo-meter-Anzeige des Bieres	Wirk-liches Extrakt Prozente	Alkohol Gewichts-Prozente	Schein-barer Ver-gärungs-grad	Wirk-licher Ver-gärungs-grad	Saccharo-meter-Anzeige des Bieres	Wirk-liches Extrakt Prozente	Alkohol Gewichts-Prozente	Schein-barer Ver-gärungs-grad	Wirk-licher Ver-gärungs-grad
7,9	8,76	1,78	35,2	28,2	7,9	8,77	1,82	35,7	28,7
7,7	8,59	1,86	36,9	29,6	7,7	8,61	1,91	37,4	30,0
7,5	8,43	1,95	38,5	30,9	7,5	8,45	1,99	39,0	31,3
7,3	8,27	2,03	40,2	32,2	7,3	8,28	2,08	40,6	32,6
7,1	8,10	2,12	41,8	33,6	7,1	8,12	2,16	42,2	34,0
6,9	7,94	2,20	43,4	34,9	6,9	7,96	2,24	43,9	35,3
6,7	7,78	2,28	45,1	36,3	6,7	7,79	2,33	45,5	36,6
6,5	7,61	2,37	46,7	37,6	6,5	7,63	2,41	47,1	38,0
6,3	7,45	2,45	48,4	38,9	6,3	7,47	2,50	48,7	39,3
6,1	7,29	2,54	50,0	40,3	6,1	7,30	2,58	50.4	40,6
6,0	7,20	2,58	50,8	40,9	6,0	7,22	2,62	51,2	41,3
5,9	7,12	2,62	51,6	41,6	5,9	7,14	2,67	52,0	41,9
5,8	7,04	2,66	52,5	42,3	5,8	7,06	2,71	52,8	42,6
5,7	6,96	2,71	53,3	43,0	5,7	6,98	2,75	53,6	43,3
5,6	6,88	2,75	54,1	43,6	5,6	6,90	2,79	54,4	43,9
5,5	6,80	2,79	54,9	44,3	5,5	6,82	2,83	55,3	44,6
5,4	6,72	2,83	55,7	45,0	5,4	6,73	2,88	56,1	45,3
5,3	6,63	2,88	56,6	45,6	5,3	6,65	2,92	56,9	45,9
5,2	6,55	2,92	57,4	46,3	5,2	6,57	2,96	57,7	46,6
5,1	6,47	2,96	58,2	47,0	5,1	6,49	3,00	58,5	47,2
5,0	6,39	3,00	59,0	47,6	5,0	6,41	3,05	59,3	47,9
4,9	6,31	3,04	59,8	48,3	4,9	6,33	3,09	60,1	48,6
4,8	6,23	3,09	60,7	49,0	4,8	6,24	3,13	61,0	49,2
4,7	6,14	3,13	61,5	49,6	4,7	6,16	3,17	61,8	49,9
4,6	6,06	3,17	62,3	50,3	4,6	6,08	3,21	62,6	50,6
4,5	5,98	3,21	63,1	51,0	4,5	6,00	3,26	63,4	51,2
4,4	5,90	3,25	63,9	51,6	4,4	5,92	3,30	64,2	51,9
4,3	5,82	3,30	64,8	52,3	4,3	5,84	3,34	65,0	52,6
4,2	5,74	3,34	65,6	53,0	4,2	5,75	3,38	65,8	53,2
4,1	5,65	3,38	66,4	53,7	4,1	5,67	3,43	66,7	53,9
3,9	5,49	3,47	68,0	55,0	3,9	5,51	3,51	68,3	55,2
3,7	5,33	3,55	69,7	56,3	3,7	5,35	3,59	69,9	56,5
3,5	5,16	3,63	71,3	57,7	3,5	5,18	3,68	71,5	57,9
3,3	5,00	3,72	73,0	59,0	3,3	5,02	3,76	73,2	59,2
3,1	4,84	3,80	74,6	60,3	3,1	4,86	3,85	74,8	60,5
2,9	4,67	3,89	76,2	61,7	2,9	4,69	3,93	76,4	61,8
2,7	4,51	3,97	77,9	63,0	2,7	4,53	4,02	78,0	63,2
2,5	4,35	4,06	79,5	64,4	2,5	4,37	4,10	79,7	64,5
2,3	4,18	4,14	81,1	65,7	2,3	4,20	4,18	81,3	65,8
2,1	4,02	4,22	82,8	67,0	2,1	4,04	4,27	82,9	67,2

12,4					12,5				
Extrakt der anstellbaren Würze 12,4%					Extrakt der anstellbaren Würze 12,5%				
Saccharo- meter- Anzeige des Bieres	Wirk- liches Extrakt Prozente	Alkohol Gewichts- Prozente	Schein- barer Ver- gärungs- grad	Wirk- licher Ver- gärungs- grad	Saccharo- meter- Anzeige des Bieres	Wirk- liches Extrakt Prozente	Alkokol Gewichts- Prozente	Schein- barer Ver- gärungs- grad	Wirk- licher Ver- gärungs- grad
7,9	8,79	1,87	36,3	29,1	7,9	8,81	1,91	36,8	29,5
7,7	8,63	1,95	37,9	30,4	7,7	8,65	1,99	38,4	30,8
7,5	8,46	2,03	39,5	31,7	7,5	8,48	2,08	40,0	32,1
7,3	8,30	2,12	41,1	33,0	7,3	8,32	2,16	41,6	33,4
7,1	8,14	2,20	42,7	34,4	7,1	8,16	2,25	43,2	34,7
6,9	7,98	2,29	44,4	35,7	6,9	8,00	2,33	44,8	36,0
6,7	7,81	2,37	46,0	37,0	6,7	7,83	2,42	46,4	37,3
6,5	7,65	2,46	47,6	38,3	6,5	7,67	2,50	48,0	38,7
6,3	7,49	2,54	49,2	39,6	6,3	7,51	2,58	49,6	40,0
6,1	7,32	2,63	50,8	40,9	6,1	7,34	2,67	51,2	41,3
6,0	7,24	2,67	51,6	41,6	6,0	7,26	2,71	52,0	41,9
5,9	7,16	2,71	52,4	42,3	5,9	7,18	2,75	52,8	42,6
5,8	7,08	2,75	53,2	42,9	5,8	7,10	2,80	53,6	43,2
5,7	7,00	2,79	54,0	43,6	5,7	7,02	2,84	54,4	43,9
5,6	6,92	2,84	54,8	44,2	5,6	6,93	2,88	55,2	44,5
5,5	6,83	2,88	55,6	44,9	5,5	6,85	2,92	56,0	45,2
5,4	6,75	2,92	56,5	45,5	5,4	6,77	2,96	56,8	45,8
5,3	6,67	2,96	57,3	46,2	5,3	6,69	3,01	57,6	46,5
5,2	6,59	3,01	58,1	46,9	5,2	6,61	3,05	58,4	47,1
5,1	6,51	3,05	58,9	47,5	5,1	6,53	3,09	59,2	47,8
5,0	6,43	3,09	59,7	48,2	5,0	6,44	3,13	60,0	48,4
4,9	6,34	3,13	60,5	48,8	4,9	6,36	3,18	60,8	49,1
4,8	6,26	3,17	61,3	49,5	4,8	6,28	3,22	61,6	49,8
4,7	6,18	3,22	62,1	50,2	4,7	6,20	3,26	62,4	50,4
4,6	6,10	3,26	62,9	50,8	4,6	6,12	3,30	63,2	51,1
4,5	6,02	3,30	63,7	51,5	4,5	6,04	3,34	64,0	51,7
4,4	5,94	3,34	64,5	52,1	4,4	5,95	3,39	64,8	52,4
4,3	5,85	3,39	65,3	52,8	4,3	5,87	3,43	65,6	53,0
4,2	5,77	3,43	66,1	53,4	4,2	5,79	3,47	66,4	53,7
4,1	5,69	3,47	66,9	54,1	4,1	5,71	3,51	67,2	54,3
3,9	5,53	3,55	68,5	55,4	3,9	5,55	3,60	68,8	55,6
3,7	5,36	3,64	70,2	56,7	3,7	5,38	3,68	70,4	56,9
3,5	5,20	3,72	71,8	58,1	3,5	5,22	3,77	72,0	58,2
3,3	5,04	3,81	73,4	59,4	3,3	5,06	3,85	73,6	59,5
3,1	4,87	3,89	75,0	60,7	3,1	4,89	3,94	75,2	60,9
2,9	4,71	3,98	76,6	62,0	2,9	4,73	4,02	76,8	62,2
2,7	4,55	4,06	78,2	63,3	2,7	4,57	4,10	78,4	63,5
2,5	4,38	4,14	79,8	64,6	2,5	4,40	4,19	80,0	64,8
2,3	4,22	4,23	81,5	66,0	2,8	4,24	4,27	81,6	66,1
2,1	4,06	4,31	83,1	67,3	2,1	4,08	4,36	83,2	67,4

	12,6					12,7			
	Extrakt der anstellbaren Würze 12,6%					Extrakt der anstellbaren Würze 12,7%			
Saccharometer Anzeige des Bieres	Wirkliches Extrakt Prozente	Alkohol Gewichts-Prozente	Scheinbarer Vergärungsgrad	Wirklicher Vergärungsgrad	Saccharometer Anzeige des Bieres	Wirkliches Extrakt Prozente	Alkohol Gewichts-Prozente	Scheinbarer Vergärungsgrad	Wirklicher Vergärungsgrad
7,9	8,83	1,95	37,3	29,9	7,9	8,85	1,99	37,8	30,3
7,7	8,67	2,04	38,9	31,2	7,7	8,69	2,08	39,4	31,6
7,5	8,50	2,12	40,5	32,5	7,5	8,52	2,16	40,9	32,9
7,3	8,34	2,21	42,1	33,8	7,3	8,36	2,25	42,5	34,2
7,1	8,18	2,29	43,7	35,1	7,1	8,20	2,33	44,1	35,5
6,9	8,01	2,37	45,2	36,4	6,9	8,03	2,42	45,7	36,8
6,7	7,85	2,46	46,8	37,7	6,7	7,87	2,50	47,2	38,0
6,5	7,69	2,54	48,4	39,0	6,5	7,71	2,59	48,8	39,3
6,3	7,52	2,63	50,0	40,3	6,3	7,54	2,67	50,4	40,6
6,1	7,36	2,71	51,6	41,6	6,1	7,38	2,76	52,0	41,9
6,0	7,28	2,75	52,4	42,2	6,0	7,30	2,80	52,8	42,5
5,9	7,20	2,80	53,2	42,9	5,9	7,22	2,84	53,5	43,2
5,8	7,12	2,84	54,0	43,5	5,8	7,13	2,88	54,3	43,8
5,7	7,03	2,88	54,8	44,2	5,7	7,05	2,92	55,1	44,5
5,6	6,95	2,92	55,6	44,8	5,6	6,97	2,97	55,9	45,1
5,5	6,87	2,97	56,3	45,5	5,5	6,89	3,01	56,7	45,8
5,4	6,79	3,01	57,1	46,1	5,4	6,81	3,05	57,5	46,4
5,3	6,71	3,05	57,9	46,8	5,3	6,73	3,09	58,3	47,0
5,2	6,63	3,09	58,7	47,4	5,2	6,64	3,14	59,1	47,7
5,1	6,54	3,13	59,5	48,1	5,1	6,56	3,18	59,8	48,3
5,0	6,46	3,18	60,3	48,7	5,0	6,48	3,22	60,6	49,0
4,9	6,38	3,22	61,1	49,4	4,9	6,40	3,26	61,4	49,6
4,8	6,30	3,26	61,9	50,0	4,8	6,32	3,31	62,2	50,3
4,7	6,22	3,30	62,7	50,7	4,7	6,24	3,35	63,0	50,9
4,6	6,14	3,35	63,5	51,3	4,6	6,15	3,39	63,8	51,5
4,5	6,05	3,39	64,3	51,9	4,5	6,07	3,43	64,6	52,2
4,4	5,97	3,43	65,1	52,6	4,4	5,99	3,47	65,4	52,8
4,3	5,89	3,47	65,9	53,2	4,3	5,91	3,52	66,1	53,5
4,2	5,81	3,52	66,7	53,9	4,2	5,83	3,56	66,9	54,1
4,1	5,73	3,56	67,5	54,5	4,1	5,75	3,60	67,7	54,8
3,9	5,56	3,64	69,0	55,8	3,9	5,58	3,69	69,3	56,0
3,7	5,40	3,73	70,6	57,1	3,7	5,42	3,77	70,9	57,3
3,5	5,24	3,81	72,2	58,4	3,5	5,26	3,86	72,4	58,6
3,3	5,07	3,90	73,8	59,7	3,3	5,09	3,94	74,0	59,9
3,1	4,91	3,98	75,4	61,0	3,1	4,93	4,02	75,6	61,2
2,9	4,75	4,06	77,0	62,3	2,9	4,77	4,11	77,2	62,5
2,7	4,59	4,15	78,6	63,6	2,7	4,60	4,19	78,7	63,8
2,5	4,42	4,23	80,2	64,9	2,5	4,44	4,28	80,3	65,0
2,3	4,26	4,32	81,7	66,2	2,3	4,28	4,36	81,9	66,3
2,1	4,10	4,40	83,3	67,5	2,1	4,11	4,45	83,5	67,6

12,8					12,9				
Extrakt der anstellbaren Würze 12,8%					Extrakt der anstellbaren Würze 12,9%				
Saccharo-meter-Anzeige des Bieres	Wirk-liches Extrakt Prozente	Alkohol Gewichts-Prozente	Schein-barer Ver-gärungs-grad	Wirk-licher Ver-gärungs-grad	Saccharo-meter-Anzeige des Bieres	Wirk-liches Extrakt Prozente	Alkohol Gewichts-Prozente	Schein-barer Ver-gärungs-grad	Wirk-licher Ver-gärungs-grad
7,9	8,87	2,04	38,3	30,7	7,9	8,89	2,08	38,8	31,1
7,7	8,70	2,12	39,8	32,0	7,7	8,72	2,17	40,3	32,4
7,5	8,54	2,21	41,4	33,3	7,5	8,56	2,25	41,9	33,6
7,3	8,38	2,29	43,0	34,6	7,3	8,40	2,34	43,4	34,9
7,1	8,21	2,38	44,5	35,8	7,1	8,23	2,42	45,0	36,2
6,9	8,05	2,46	46,1	37,1	6,9	8,07	2,50	46,5	37,4
6,7	7,89	2,55	47,7	38,4	6,7	7,91	2,59	48,1	38,7
6,5	7,72	2,63	49,2	39,7	6,5	7,74	2,67	49,6	40,0
6,3	7,56	2,71	50,8	40,9	6,3	7,58	2,76	51,2	41,2
6,1	7,40	2,80	52,3	42,2	6,1	7,42	2,84	52,7	42,5
6,0	7,32	2,84	53,1	42,8	6,0	7,33	2,89	53,5	43,1
5,9	7,23	2,88	53,9	43,5	5,9	7,25	2,93	54,3	43,8
5,8	7,15	2,93	54,7	44,1	5,8	7,17	2,97	55,0	44,4
5,7	7,07	2,97	55,5	44,8	5,7	7,09	3,01	55,8	45,0
5,6	6,99	3,01	56,3	45,4	5,6	7,01	3,05	56,6	45,7
5,5	6,91	3,05	57,0	46,0	5,5	6,93	3,10	57,4	46,3
5,4	6,83	3,10	57,8	46,7	5,4	6,85	3,14	58,1	46,9
5,3	6,74	3,14	58,6	47,3	5,3	6,76	3,18	58,9	47,6
5,2	6,66	3,18	59,4	47,9	5,2	6,68	3,22	59,7	48,2
5,1	6,58	3,22	60,2	48,6	5,1	6,60	3,27	60,5	48,8
5,0	6,50	3,26	60,9	49,2	5,0	6,52	3,31	61,2	49,5
4,9	6,42	3,31	61,7	49,9	4,9	6,44	3,35	62,0	50,1
4,8	6,34	3,35	62,5	50,5	4,8	6,36	3,39	62,8	50,7
4,7	6,26	3,39	63,3	51,1	4,7	6,27	3,44	63,6	51,4
4,6	6,17	3,43	64,1	51,8	4,6	6,19	3,48	64,3	52,0
4,5	6,09	3,48	64,8	52,4	4,5	6,11	3,52	65,1	52,6
4,4	6,01	3,52	65,6	53,0	4,4	6,03	3,56	65,9	53,3
4,3	5,93	3,56	66,4	53,7	4,3	5,95	3,60	66,7	53,9
4,2	5,85	3,60	67,2	54,3	4,2	5,87	3,65	67,4	54,5
4,1	5,77	3,65	68,0	55,0	4,1	5,78	3,69	68,2	55,2
3,9	5,60	3,73	69,5	56,2	3,9	5,62	3,77	69,8	56,4
3,7	5,44	3,81	71,1	57,5	3,7	5,46	3,86	71,3	57,7
3,5	5,28	3,90	72,6	58,8	3,5	5,29	3,94	72,9	59,0
3,3	5,11	3,98	74,2	60,1	3,3	5,13	4,03	74,4	60,2
3,1	4,95	4,07	75,8	61,3	3,1	4,97	4,11	76,0	61,5
2,9	4,79	4,15	77,3	62,6	2,9	4,80	4,20	77,5	62,8
2,7	4,62	4,24	78,9	63,9	2,7	4,64	4,28	79,1	64,0
2,5	4,46	4,32	80,5	65,2	2,5	4,48	4,37	80,6	65,3
2,3	4,30	4,41	82,0	66,4	2,3	4,31	4,45	82,2	66,6
2,1	4,13	4,49	83,6	67,7	2,1	4,15	4,54	83,7	67,8

13,0					13,1				
Extrakt der anstellbaren Würze 13,0%					Extrakt der anstellbaren Würze 13,1%				
Saccharometer-Anzeige des Bieres	Wirkliches Extrakt Prozente	Alkohol Gewichts-Prozente	Scheinbarer Vergärungsgrad	Wirklicher Vergärungsgrad	Saccharometer-Anzeige des Bieres	Wirkliches Extrakt Prozente	Alkohol Gewichts-Prozente	Scheinbarer Vergärungsgrad	Wirklicher Vergärungsgrad
7,9	8,91	2,12	39,2	31,5	7,9	8,93	2,17	39,7	31,9
7,7	8,74	2,21	40,8	32,8	7,7	8,76	2,25	41,2	33,1
7,5	8,58	2,29	42,3	34,0	7,5	8,60	2,34	42,7	34,4
7,3	8.42	2,38	43,8	35,3	7,3	8,44	2,42	44,3	35,6
7,1	8,25	2,46	45,4	36,5	7,1	8,27	2,51	45,8	36,9
6,9	8,09	2,55	46,9	37,8	6,9	8,11	2,59	47,3	38,1
6,7	7,93	2,63	48,5	39,0	6,7	7,95	2,68	48,9	39,3
6,5	7,76	2,72	50,0	40,3	6,5	7,78	2,76	50,4	40,6
6,3	7,60	2,80	51,5	41,5	6,3	7,62	2,84	51,9	41,8
6,1	7,44	2,89	53,1	42,8	6,1	7.46	2,93	53,4	43,1
6,0	7,35	2,93	53,8	43,4	6,0	7,37	2,97	54,2	43,7
5,9	7,27	2,97	54,6	44,1	5,9	7,29	3,01	55,0	44,3
5,8	7,19	3,01	55,4	44,7	5,8	7,21	3,06	55,7	45,0
5,7	7,11	3,06	56,2	45,3	5,7	7,13	3,10	56,5	45,6
5,6	7,03	3,10	56,9	45,9	5,6	7,05	3,14	57,3	46,2
5,5	6,95	3,14	57,7	46,6	5,5	6,97	3,18	58,0	46,8
5,4	6,86	3,18	58,5	47,2	5,4	6,88	3,23	58,8	47,4
5,3	6,78	3,23	59,2	47,8	5,3	6,80	3,27	59,5	48,1
5,2	6,70	3,27	60,0	48,5	5,2	6,72	3,31	60,3	48,7
5,1	6,62	3,31	60,8	49,1	5,1	6,64	3,35	61,1	49,3
5,0	6,54	3,35	61,5	49,7	5,0	6,56	3,40	61,8	49,9
4,9	6,46	3,39	62,3	50,3	4,9	6,48	3,44	62,6	50,6
4,8	6,37	3,44	63,1	51,0	4,8	6,39	3,48	63,4	51,2
4,7	6,29	3,48	63,8	51,6	4,7	6,31	3,52	64,1	51,8
4,6	6,21	3,52	64,6	52,2	4,6	6,23	3,57	64,9	52,4
4,5	6,13	3,56	65,4	52,9	4,5	6,15	3,61	65,6	53,1
4,4	6,05	3,61	66,2	53,5	4,4	6,07	3,65	66,4	53,7
4,3	5,97	3,65	66,9	54,1	4,3	5,99	3,69	67,2	54,3
4,2	5,88	3,69	67,7	54,7	4,2	5,90	3,73	67,9	54,9
4,1	5,80	3,73	68,5	55,4	4,1	5,82	3,78	68,7	55,6
3,9	5,64	3,82	70,0	56,6	3,9	5,66	3,86	70,2	56,8
3,7	5,48	3,90	71,5	57,9	3,7	5,50	3,95	71,8	58,0
3,5	5,31	3,99	73,1	59,1	3,5	5,33	4,03	73,3	59,3
3,3	5,15	4,07	74,6	60,4	3,3	5,17	4,12	74,8	60,5
3,1	4,99	4,16	76,2	61,6	3,1	5,01	4,20	76,3	61,8
2,9	4,82	4,24	77,7	62,9	2,9	4,84	4,29	77,9	63,0
2,7	4,66	4,33	79,2	64,2	2,7	4,68	4,37	79,4	64,3
2,5	4,50	4,41	80,8	65,4	2,5	4,52	4,45	80,9	65,5
2,3	4,33	4,50	82,3	66,7	2,3	4,35	4,54	82,4	66,8
2,1	4,17	4,58	83,8	67,9	2,1	4,19	4,62	84,0	68,0

13,2					13,3				
Extrakt der anstellbaren Würze 13,2%					Extrakt der anstellbaren Würze 13,3%				
Saccharo-meter-Anzeige des Bieres	Wirk-liches Extrakt Prozente	Alkohol Gewichts-Prozente	Schein-barer Ver-gärungs-grad	Wirk-licher Ver-gärungs-grad	Saccharo-meter-Anzeige des Bieres	Wirk-liches Extrakt Prozente	Alkohol Gewichts-Prozente	Schein-barer Ver-gärungs-grad	Wirk-licher Ver-gärungs-grad
7,9	8,95	2,21	40,2	32,2	7,9	8,97	2,25	40,6	32,6
7,7	8,78	2,29	41,7	33,5	7,7	8,80	2,34	42,1	33,8
7,5	8,62	2,38	43,2	34,7	7,5	8,64	2,42	43,6	35,0
7,3	8,46	2,46	44,7	35,9	7,3	8,48	2,51	45,1	36,3
7,1	8,29	2,55	46,2	37,2	7,1	8,31	2,59	46,6	37,5
6,9	8,13	2,63	47,7	38,4	6,9	8,15	2,68	48,1	38,7
6,7	7,97	2,72	49,2	39,7	6,7	7,99	2,76	49,6	40,0
6,5	7,80	2,80	50,8	40,9	6,5	7,82	2,85	51,1	41,2
6,3	7,64	2,89	52,3	42,1	6,3	7,66	2,93	52,6	42 4
6,1	7,48	2,97	53,8	43,4	6,1	7,50	3,02	54,1	43,6
6,0	7,39	3,01	54,5	44,0	6,0	7,41	3,06	54,9	44,3
5,9	7,31	3,06	55,3	44,6	5,9	7,33	3,10	55,6	44,9
5,8	7,23	3,10	56,1	45,2	5,8	7,25	3,14	56,4	45,5
5,7	7,15	3,14	56,8	45,8	5,7	7,17	3,19	57,1	46,1
5,6	7,07	3,18	57,6	46,5	5,6	7,09	3,23	57,9	46,7
5,5	6,99	3,23	58,3	47,1	5,5	7,01	3,27	58,6	47,3
5,4	6,90	3,27	59,1	47,7	5,4	6,92	3,31	59,4	47,9
5,3	6,82	3,31	59,8	48,3	5,3	6,84	3,35	60,2	48,5
5,2	6,74	3,35	60,6	48,9	5,2	6,76	3,40	60,9	49,2
5,1	6,66	3,40	61,4	49,6	5,1	6,68	3,44	61,7	49,8
5,0	6,58	3,44	62,1	50,2	5,0	6,60	3,48	62,4	50,4
4,9	6,50	3,48	62,9	50,8	4,9	6,52	3,52	63,2	51,0
4,8	6,41	3,52	63,6	51,4	4,8	6,43	3,57	63,9	51,6
4,7	6,33	3,57	64,4	52,0	4,7	6,35	3,61	64,7	52,2
4,6	6,25	3,61	65,2	52,6	4,6	6,27	3,65	65,4	52,8
4,5	6,17	3,65	65,9	53,3	4,5	6,19	3,69	66,2	53,5
4,4	6,09	3,69	66,7	53,9	4,4	6,11	3,74	66,9	54,1
4,3	6,01	3,74	67,4	54,5	4,3	6,03	3,78	67,7	54,7
4,2	5,92	3,78	68,2	55,1	4,2	5,94	3,82	68,4	55,3
4,1	5,84	3,82	68,9	55,7	4,1	5,86	3,86	69,2	55,9
3,9	5,68	3,91	70,5	57,0	3,9	5,70	3,95	70,7	57,1
3,7	5,52	3,99	72,0	58,2	3,7	5,54	4,03	72,2	58,4
3,5	5,35	4,07	73,5	59,4	3,5	5,37	4,12	73,7	59,6
3,3	5,19	4,16	75,0	60,7	3,3	5,21	4,20	75,2	60,8
3,1	5,03	4,24	76,5	61,9	3,1	5,05	4,29	76,7	62,1
2,9	4,86	4,33	78,0	63,2	2,9	4,88	4,37	78,2	63,3
2,7	4,70	4,41	79,5	64,4	2,7	4,72	4,46	79,7	64,5
2,5	4,54	4,50	81,1	65,6	2,5	4,56	4,54	81,2	65,7
2,3	4,37	4,58	82,6	66,9	2,3	4,39	4,63	82,7	67,0
2,1	4,21	4,67	84,1	68,1	2,1	4,23	4,71	84,2	68,2

13,4					13,5				
Extrakt der anstellbaren Würze 13,4%					Extrakt der anstellbaren Würze 13,5%				
Saccharometer-Anzeige des Bieres	Wirkliches Extrakt Prozente	Alkohol Gewichts-Prozente	Scheinbarer Vergärungsgrad	Wirklicher Vergärungsgrad	Saccharometer-Anzeige des Bieres	Wirkliches Extrakt Prozente	Alkohol Gewichts-Prozente	Scheinbarer Vergärungsgrad	Wirklicher Vergärungsgrad
7,9	8,99	2,29	41,0	32,9	7,9	9,01	2,34	41,5	33,3
7,7	8,82	2,38	42,5	34,2	7,7	8,84	2,42	43,0	34,5
7,5	8,66	2,46	44,0	35,4	7,5	8,68	2,51	44,4	35,7
7,3	8,50	2,55	45,5	36,5	7,3	8,52	2,59	45,9	36,9
7,1	8,33	2,63	47,0	37,8	7,1	8,35	2,68	47,4	38,1
6,9	8,17	2,72	48,5	39,0	6,9	8,19	2,76	48,9	39,3
6,7	8,01	2,80	50,0	40,3	6,7	8,03	2,85	50,4	40,5
6,5	7,84	2,89	51,5	41,5	6,5	7,86	2,93	51,9	41,8
6,3	7,68	2,97	53,0	42,7	6,3	7,70	3,02	53,3	43,0
6,1	7,52	3,06	54,5	43,9	6,1	7,54	3,10	54,8	44,2
6,0	7,43	3,10	55,2	44,5	6,0	7,45	3,14	55,6	44,8
5,9	7,35	3,14	56,0	45,1	5,9	7,37	3,19	56,3	45,4
5,8	7,27	3,19	56,7	45,7	5,8	7,29	3,23	57,0	46,0
5,7	7,19	3,23	57,5	46,3	5,7	7,21	3,27	57,8	46,6
5,6	7,11	3,27	58,2	47,0	5,6	7,13	3,31	58,5	47,2
5,5	7,03	3,31	59,0	47,6	5,5	7,05	3,36	59,3	47,8
5,4	6,94	3,36	59,7	48,2	5,4	6,96	3,40	60,0	48,4
5,3	6,86	3,40	60,5	48,8	5,3	6,88	3,44	60,7	49,0
5,2	6,78	3,44	61,2	49,4	5,2	6,80	3,48	61,5	49,6
5,1	6,70	3,48	61,9	50,0	5,1	6,72	3,53	62,2	50,2
5,0	6,62	3,53	62,7	50,6	5,0	6,64	3,57	63,0	50,8
4,9	6,54	3,57	63,4	51,2	4,9	6,56	3,61	63,7	51,4
4,8	6,45	3,61	64,2	51,8	4,8	6,48	3,65	64,4	52,0
4,7	6,37	3,65	64,9	52,4	4,7	6,39	3,70	65,2	52,6
4,6	6,29	3,69	65,7	53,0	4,6	6,31	3,74	65,9	53,2
4,5	6,21	3,74	66,4	53,7	4,5	6,23	3,78	66,7	53,8
4,4	6,13	3,78	67,2	54,3	4,4	6,15	3,82	67,4	54,5
4,3	6,05	3,82	67,9	54,9	4,3	6,07	3,87	68,1	55,1
4,2	5,97	3,86	68,7	55,5	4,2	5,99	3,91	68,9	55,7
4,1	5,88	3,91	69,4	56,1	4,1	5,90	3,95	69,6	56,3
3,9	5,72	3,99	70,9	57,3	3,9	5,74	4,04	71,1	57,5
3,7	5,56	4,08	72,4	58,5	3,7	5,58	4,12	72,6	58,7
3,5	5,39	4,16	73,9	59,7	3,5	5,41	4,21	74,1	59,9
3,3	5,23	4,25	75,4	61,0	3,3	5,25	4,29	75,6	61,1
3,1	5,07	4,33	76,9	62,2	3,1	5,09	4,37	77,0	62,3
2,9	4,90	4,42	78,4	63,4	2,9	4,92	4,46	78,5	63,5
2,7	4,74	4,50	79,9	64,6	2,7	4,76	4,54	80,0	64,7
2,5	4,58	4,59	81,3	65,8	2,5	4,60	4,63	81,5	65,9
2,3	4,41	4,67	82,8	67,1	2,3	4,43	4,71	83,0	67,2
2,1	4,25	4,76	84,3	68,3	2,1	4,27	4,80	84,4	68,4

	13,6					13,7			
	Extrakt der anstellbaren Würze 13,6%					Extrakt der anstellbaren Würze 13,7%			
Saccharo-meter-Anzeige des Bieres	Wirk-liches Extrakt Prozente	Alkohol Gewichts-Prozente	Schein-barer Ver-gärungs-grad	Wirk-licher Ver-gärungs-grad	Saccharo-meter-Anzeige des Bieres	Wirk-liches Extrakt Prozente	Alkohol Gewichts-Prozente	Schein-barer Ver-gärungs-grad	Wirk-licher Ver-gärungs-grad
7,9	9,03	2,38	41,9	33,6	7,9	9,05	2,42	42,3	34,0
7,7	8,86	2,46	43,4	34,8	7,7	8,88	2,51	43,8	35,2
7,5	8,70	2,55	44,9	36,0	7,5	8,72	2,59	45,3	36,4
7,3	8,54	2,63	46,3	37,2	7,3	8,56	2,68	46,7	37,5
7,1	8,37	2,72	47,8	38,4	7,1	8,39	2,76	48,2	38,7
6,9	8,21	2,80	49,3	39,6	6,9	8,23	2,85	49,6	39,9
6,7	8,05	2,89	50,7	40,8	6,7	8,07	2,93	51,1	41,1
6,5	7,88	2,97	52,2	42,0	6,5	7,90	3,02	52,6	42,3
6,3	7,72	3,06	53,7	43,2	6,3	7,74	3,10	54,0	43,5
6,1	7,56	3,14	55,1	44,4	6,1	7,58	3,19	55,5	44,7
6,0	7,47	3,19	55,9	45,0	6,0	7,50	3,23	56,2	45,3
5,9	7,39	3,23	56,6	45,6	5,9	7,41	3,27	56,9	45,9
5,8	7,31	3,27	57,4	46,2	5,8	7,33	3,31	57,7	46,5
5,7	7,23	3,31	58,1	46,8	5,7	7,25	3,36	58,4	47,1
5,6	7,15	3,36	58,8	47,4	5,6	7,17	3,40	59,1	47,7
5,5	7,07	3,40	59,6	48,0	5,5	7,09	3,44	59,9	48,3
5,4	6,99	3,44	60,3	48,6	5,4	7,01	3,48	60,6	48,9
5,3	6,90	3,48	61,0	49,2	5,3	6,92	3,53	61,3	49,5
5,2	6,82	3,53	61,8	49,8	5,2	6,84	3,57	62,0	50,1
5,1	6,74	3,57	62,5	50,4	5,1	6,76	3,61	62,8	50,7
5,0	6,66	3,61	63,2	51,0	5,0	6,68	3,65	63,5	51,2
4,9	6,58	3,65	64,0	51,6	4,9	6,60	3,70	64,2	51,8
4,8	6,50	3,70	64,7	52,2	4,8	6,52	3,74	65,0	52,4
4,7	6,41	3,74	65,4	52,8	4,7	6,43	3,78	65,7	53,0
4,6	6,33	3,78	66,2	53,4	4,6	6,35	3,82	66,4	53,6
4,5	6,25	3,82	66,9	54,0	4,5	6,27	3,87	67,2	54,2
4,4	6,17	3,87	67,6	54,6	4,4	6,19	3,91	67,9	54,8
4,3	6,09	3,91	68,4	55,2	4,3	6,11	3,95	68,6	55,4
4,2	6,01	3,95	69,1	55,8	4,2	6,03	3,99	69,3	56,0
4,1	5,92	3,99	69,9	56,4	4,1	5,94	4,04	70,1	56,6
3,9	5,76	4,08	71,3	57,6	3,9	5,78	4,12	71,5	57,8
3,7	5,60	4,16	72,8	58,8	3,7	5,62	4,21	73,0	59,0
3,5	5,43	4,25	74,3	60,0	3,5	5,46	4,29	74,5	60,2
3,3	5,27	4,33	75,7	61,2	3,3	5,29	4,38	75,9	61,4
3,1	5,11	4,42	77,2	62,4	3,1	5,13	4,46	77,4	62,6
2,9	4,95	4,50	78,7	63,6	2,9	4,97	4,55	78,8	63,8
2,7	4,78	4,59	80,1	64,8	2,7	4,80	4,63	80,3	64,9
2,5	4,62	4,67	81,6	66,0	2,5	4,64	4,72	81,8	66,1
2,3	4,46	4,76	83,1	67,2	2,3	4,48	4,80	83,2	67,3
2,1	4,29	4,84	84,6	68,4	2,1	4,31	4,89	84,7	68,5

13,8					13,9				
Extrakt der anstellbaren Würze 13,8%					Extrakt der anstellbaren Würze 13,9%				
Saccharo-meter-Anzeige des Bieres	Wirk-liches Extrakt Prozente	Alkohol Gewichts-Prozente	Schein-barer Ver-gärungs-grad	Wirk-licher Ver-gärungs-grad	Saccharo-meter-Anzeige des Bieres	Wirk-liches Extrakt Prozente	Alkohol Gewichts-Prozente	Schein-barer Ver-gärungs-grad	Wirk-licher Ver-gärungs-grad
7,9	9,07	2,47	42,7	34,3	7,9	9,09	2,51	43,2	34,7
7,7	8,90	2,55	44,2	35,5	7,7	8,92	2,59	44,6	35,8
7,5	8,74	2,64	45,6	36,7	7,5	8,76	2,68	46,0	37,0
7,3	8,58	2,72	47,1	37.9	7,3	8,60	2,76	47,5	38,2
7,1	8,41	2,81	48,5	39,0	7,1	8,43	2,85	48,9	39,4
6,9	8,25	2,89	50,0	40,2	6,9	8,27	2,93	50,4	40,5
6,7	8,09	2,98	51,4	41,4	6,7	8,11	3,02	51,8	41,7
6,5	7,92	3,06	52,9	42,6	6,5	7,94	3,10	53,2	42,9
6,3	7,76	3,15	54,3	43,8	6,3	7,78	3,19	54,7	44,0
6,1	7,60	3,23	55,8	45,0	6,1	7,62	3,27	56,1	45,2
6,0	7,52	3,27	56,5	45,5	6,0	7,54	3,32	56,8	45,8
5,9	7,43	3,32	57,2	46,1	5,9	7,45	3,36	57,6	46,4
5,8	7,35	3,36	58,0	46,7	5,8	7,37	3,40	58,3	47,0
5,7	7,27	3,40	58,7	47,3	5,7	7,29	3,44	59,0	47,6
5,6	7,19	3,44	59,4	47,9	5,6	7,21	3,49	59,7	48,2
5,5	7,11	3,49	60,1	48,5	5,5	7,13	3,53	60,4	48,7
5,4	7,03	3,53	60,9	49,1	5,4	7,05	3,57	61,2	49,3
5,3	6,94	3,57	61,6	49,7	5,3	6,96	3,61	61,9	49,9
5,2	6,86	3,61	62,3	50,3	5,2	6,88	3,66	62,6	50,5
5,1	6,78	3,66	63,0	50,9	5,1	6,80	3,70	63,3	51,1
5,0	6,70	3,70	63,8	51,5	5,0	6,72	3,74	64,0	51,7
4,9	6,62	3,74	64,5	52,0	4,9	6,64	3,78	64,7	52,3
4,8	6,54	3,78	65,2	52,6	4,8	6,56	3,83	65,5	52,9
4,7	6,45	3,83	65,9	53,2	4,7	6,47	3,87	66,2	53,4
4,6	6,37	3,87	66,7	53,8	4,6	6,39	3,91	66,9	54,0
4,5	6,29	3,91	67,4	54,4	4,5	6,31	3,95	67,6	54,6
4,4	6,21	3,95	68,1	55,0	4,4	6,23	4,00	68,3	55,2
4,3	6,13	4,00	68,8	55,6	4,3	6,15	4,04	69,1	55,8
4,2	6,05	4,04	69,6	56,2	4,2	6,07	4,08	69,8	56,4
4,1	5,97	4,08	70,3	56,8	4,1	5,99	4,12	70,5	57,0
3,9	5,80	4,17	71,7	58,0	3,9	5,82	4,21	71,9	58,1
3,7	5,64	4,25	73,2	59,1	3,7	5,66	4,29	73,4	59,3
3,5	5,48	4,34	74,6	60,3	3,5	5,50	4,38	74,8	60,5
3,3	5,31	4,42	76,1	61,5	3,3	5,33	4,46	76,3	61,7
3,1	5,15	4,51	77,5	62,7	3,1	5,17	4,55	77,7	62,8
2,9	4,99	4,59	79,0	63,9	2,9	5,01	4,63	79,1	64,0
2,7	4,82	4,68	80,4	65,1	2,7	4,84	4,72	80,6	65,2
2,5	4,66	4,76	81,9	66,2	2,5	4,68	4,80	82,0	66,4
2,3	4,50	4,85	83,3	67,4	2,3	4,52	4,89	83,5	67,5
2,1	4,33	4,93	84,8	68,6	2,1	4,35	4,97	84,9	68,7

9*

14,0					14,1				
Extrakt der anstellbaren Würze 14,0%					Extrakt der anstellbaren Würze 14,1%				
Saccharometer-Anzeige des Bieres	Wirkliches Extrakt Prozente	Alkohol Gewichts-Prozente	Scheinbarer Vergärungs-grad	Wirklicher Vergärungs-grad	Saccharometer-Anzeige des Bieres	Wirkliches Extrakt Prozente	Alkohol Gewichts-Prozente	Scheinbarer Vergärungs-grad	Wirklicher Vergärungs-grad
8,9	9,92	2,13	36,4	29,1	8,9	9,94	2,17	36,9	29,5
8,7	9,76	2,21	37,9	30,3	8,7	9,78	2,26	38,3	30,6
8,5	9,60	2,30	39,3	31,5	8,5	9,62	2,34	39,7	31,8
8,3	9,43	2,38	40,7	32,6	8,3	9,45	2,43	41,1	33,0
8,1	9,27	2,47	42,1	33,8	8,1	9,29	2,51	42,6	34,1
7,9	9,11	2,55	43,6	35,0	7,9	9,13	2,60	44,0	35,3
7,7	8,94	2,64	45,0	36,1	7,7	8,96	2,68	45,4	36,4
7,5	8,78	2,72	46,4	37,3	7,5	8,80	2,77	46,8	37,6
7,3	8,62	2,81	47,9	38,5	7,3	8,64	2,85	48,2	38,7
7,1	8,45	2,89	49,3	39,6	7,1	8,47	2,94	49,6	39,9
7,0	8,37	2,94	50,0	40,2	7,0	8,39	2,98	50,4	40,5
6,9	8,29	2,98	50,7	40,8	6,9	8,31	3,02	51,1	41,1
6,8	8,21	3,02	51,4	41,4	6,8	8,23	3,06	51,8	41,6
6,7	8,13	3,06	52,1	41,9	6,7	8,15	3,11	52,5	42,2
6,6	8,05	3,11	52,9	42,5	6,6	8,07	3,15	53,2	42,8
6,5	7,96	3,15	53,6	43,1	6,5	7,98	3,19	53,9	43,4
6,4	7,88	8,19	54,3	43,7	6,4	7,90	3,23	54,6	44,0
6,3	7,80	3,23	55,0	44,3	6,3	7,82	3,28	55,3	44,5
6,2	7,72	3,28	55,7	44,9	6,2	7,74	3,32	56,0	45,1
6,1	7,64	3,32	56,4	45,4	6,1	7,66	3,36	56,7	45,7
6,0	7,56	8,36	57,1	46,0	6,0	7,58	3,41	57,4	46,3
5,9	7,47	3,40	57,9	46,6	5,9	7,49	3,45	58,2	46,8
5,8	7,39	3,45	58,6	47,2	5,8	7,41	3,49	58,9	47,4
5,7	7,31	3,49	59,3	47,8	5,7	7,33	3,53	59,6	48,0
5,6	7,23	3,53	60,0	48,4	5,6	7,25	3,58	60,3	48,6
5,5	7,15	3,57	60,7	48,9	5,5	7,17	3,62	61,0	49,2
5,4	7,07	3,62	61,4	49,5	5,4	7,09	3,66	61,7	49,7
5,3	6,99	3,66	62,1	50,1	5,3	7,00	3,70	62,4	50,3
5,2	6,90	3,70	62,9	50,7	5,2	6,92	3,75	63,1	50,9
5,1	6,82	3,74	63,6	51,3	5,1	6,84	3,79	63,8	51,5
4,9	6,66	3,83	65,0	52,4	4,9	6,68	3,87	65,2	52,6
4,7	6,50	3,91	66,4	53,6	4,7	6,52	3,96	66,7	53,8
4,5	6,33	4,00	67,9	54,8	4,5	6,35	4,04	68,1	55,0
4,3	6,17	4,08	69,3	55,9	4,3	6,19	4,13	69,5	56,1
4,1	6,01	4,17	70,7	57,1	4,1	6,03	4,21	70,9	57,3
3,9	5,84	4,25	72,1	58,3	3,9	5,86	4,30	72,3	58,4
3,7	5,68	4,34	73,6	59,4	3,7	5,70	4,38	73,8	59,6
3,5	5,52	4,42	75,0	60,6	3,5	5,54	4,47	75,2	60,7
3,3	5,35	4,51	76,4	61,8	3,3	5,37	4,55	76,6	61,9
3,1	5,19	4,59	77,9	62,9	3,1	5,21	4,64	78,0	63,1

14,2					14,3				
Extrakt der anstellbaren Würze 14,2%					Extrakt der anstellbaren Würze 14,3%				
Saccharometer-Anzeige des Bieres	Wirkliches Extrakt Prozente	Alkohol Gewichts-Prozente	Scheinbarer Ver-gärungs-grad	Wirklicher Ver-gärungs-grad	Saccharometer-Anzeige des Bieres	Wirkliches Extrakt Prozente	Alkohol Gewichts-Prozente	Scheinbarer Ver-gärungs-grad	Wirklicher Ver-gärungs-grad
8,9	9,96	2,21	37,3	29,8	8,9	9,98	2,26	37,8	30,2
8,7	9,80	2,30	38,7	31,0	8,7	9,82	2,34	39,2	31,3
8,5	9,64	2,38	40,1	32,1	8,5	9,65	2,43	40,6	32,5
8,3	9,47	2,47	41,5	33,3	8,3	9,49	2,51	42,0	33,6
8,1	9,31	2,55	43,0	34,4	8,1	9,33	2,60	43,4	34,8
7,9	9,15	2,64	44,4	35,6	7,9	9,16	2,68	44,8	35,9
7,7	8,98	2,72	45,8	36,7	7,7	9,00	2,77	46,2	37,1
7,5	8,82	2,81	47,2	37,9	7,5	8,84	2,85	47,6	38,2
7,3	8,66	2,90	48,6	39,0	7,3	8,68	2,94	49,0	39,3
7,1	8,49	2,98	50,0	40,2	7,1	8,51	3,02	50,3	40,5
7,0	8,41	3,02	50,7	40,8	7,0	8,43	3,07	51,0	41,0
6,9	8,33	3,07	51,4	41,3	6,9	8,35	3,11	51,7	41,6
6,8	8,25	3,11	52,1	41,9	6,8	8,27	3,15	52,4	42,2
6,7	8,17	3,15	52,8	42,5	6,7	8,19	3,20	53,1	42,8
6,6	8,08	3,19	53,5	43,1	6,6	8,10	3,24	53,8	43,3
6,5	8,00	3,24	54,2	43,6	6,5	8,02	3,28	54,5	43,9
6,4	7,92	3,28	54,9	44,2	6,4	7,94	3,32	55,2	44,5
6,3	7,84	3,32	55,6	44,8	6,3	7,86	3,37	55,9	45,0
6,2	7,76	3,36	56,3	45,4	6,2	7,78	3,41	56,6	45,6
6,1	7,68	3,41	57,0	45,9	6,1	7,70	3,45	57,3	46,2
6,0	7,60	3,45	57,7	46,5	6,0	7,61	3,49	58,0	46,8
5,9	7,51	3,49	58,5	47,1	5,9	7,53	3,54	58,7	47,3
5,8	7,43	3,53	59,2	47,7	5,8	7,45	3,58	59,4	47,9
5,7	7,35	3,58	59,9	48,2	5,7	7,37	3,62	60,1	48,5
5,6	7,27	3,62	60,6	48,8	5,6	7,29	3,66	60,8	49,0
5,5	7,19	3,66	61,3	49,4	5,5	7,21	3,71	61,5	49,6
5,4	7,11	3,71	62,0	50,0	5,4	7,12	3,75	62,2	50,2
5,3	7,02	3,75	62,7	50,5	5,3	7,04	3,79	62,9	50,7
5,2	6,94	3,79	63,4	51,1	5,2	6,96	3,83	63,6	51,3
5,1	6,86	3,83	64,1	51,7	5,1	6,88	3,88	64,3	51,9
4,9	6,70	3,92	65,5	52,8	4,9	6,72	3,96	65,7	53,0
4,7	6,53	4,00	66,9	54,0	4,7	6,55	4,05	67,1	54,2
4,5	6,37	4,09	68,3	55,1	4,5	6,39	4,13	68,5	55,3
4,3	6,21	4,17	69,7	56,3	4,3	6,23	4,22	69,9	56,5
4,1	6,04	4,26	71,1	57,4	4,1	6,06	4,30	71,3	57,6
3,9	5,88	4,34	72,5	58,6	3,9	5,90	4,39	72,7	58,7
3,7	5,72	4,43	73,9	59,7	3,7	5,74	4,47	74,1	59,9
3,5	5,56	4,51	75,4	60,9	3,5	5,57	4,56	75,5	61,0
3,3	5,39	4,60	76,8	62,0	3,3	5,41	4,64	76,9	62,2
3,1	5,23	4,69	78,2	63,2	3,1	5,25	4,73	78,3	63,3

	14,4					14,5			
Extrakt der anstellbaren Würze 14,4%					Extrakt der anstellbaren Würze 14,5%				
Saccharometer-Anzeige des Bieres	Wirkliches Extrakt Prozente	Alkohol Gewichts-Prozente	Scheinbarer Vergärungsgrad	Wirklicher Vergärungsgrad	Saccharometer-Anzeige des Bieres	Wirkliches Extrakt Prozente	Alkohol Gewichts-Prozente	Scheinbarer Vergärungsgrad	Wirklicher Vergärungsgrad
8,9	10,00	2,30	38,2	30,6	8,9	10,02	2,34	38,6	30,9
8,7	9,84	2,39	39,6	31,7	8,7	9,86	2,43	40,0	32,0
8,5	9,67	2,47	41,0	32,8	8,5	9,69	2,51	41,4	33,1
8,3	9,51	2,56	42,4	34,0	8,3	9,53	2,60	42,8	34,3
8,1	9,35	2,64	43,8	35,1	8,1	9,37	2,69	44,1	35,4
7,9	9,18	2,73	45,1	36,2	7,9	9,20	2,77	45,5	36,5
7,7	9,02	2,81	46,5	37,4	7,7	9,04	2,86	46,9	37,6
7,5	8,86	2,90	47,9	38,5	7,5	8,88	2,94	48,3	38,8
7,3	8,69	2,98	49,3	39,6	7,3	8,71	3,03	49,7	39,9
7,1	8,53	3,07	50,7	40,8	7,1	8,55	3,11	51,0	41,0
7,0	8,45	3,11	51,4	41,3	7,0	8,47	3,16	51,7	41,6
6,9	8,37	3,15	52,1	41,9	6,9	8,39	3,20	52,4	42,2
6,8	8,29	3,20	52,8	42,5	6,8	8,31	3,24	53,1	42,7
6,7	8,20	3,24	53,5	43,0	6,7	8,22	3,28	53,8	43,3
6,6	8,12	3,28	54,2	43,6	6,6	8,14	3,33	54,5	43,8
6,5	8,04	3,32	54,9	44,2	6,5	8,06	3,37	55,2	44,4
6,4	7,96	3,37	55,6	44,7	6,4	7,98	3,41	55,9	45,0
6,3	7,88	3,41	56,3	45,3	6,3	7,90	3,45	56,6	45,5
6,2	7,80	3,45	56,9	45,9	6,2	7,82	3,50	57,2	46,1
6,1	7,72	3,50	57,6	46,4	6,1	7,73	3,54	57,9	46,7
6,0	7,63	3,54	58,3	47,0	6,0	7,65	3,58	58,6	47,2
5,9	7,55	3,58	59,0	47,6	5,9	7,57	3,62	59,3	47,8
5,8	7,47	3,62	59,7	48,1	5,8	7,49	3,67	60,0	48,3
5,7	7,39	3,67	60,4	48,7	5,7	7,41	3,71	60,7	48,9
5,6	7,31	3,71	61,1	49,3	5,6	7,33	3,75	61,4	49,5
5,5	7,23	3,75	61,8	49,8	5,5	7,24	3,80	62,1	50,0
5,4	7,14	3,79	62,5	50,4	5,4	7,16	3,84	62,8	50,6
5,3	7,06	3,84	63,2	51,0	5,3	7,08	3,88	63,4	51,2
5,2	6,98	3,88	63,9	51,5	5,2	7,00	3,92	64,1	51,7
5,1	6,90	3,92	64,6	52,1	5,1	6,92	3,97	64,8	52,3
4,9	6,74	4,01	66,0	53,2	4,9	6,75	4,05	66,2	53,4
4,7	6,57	4,09	67,4	54,4	4,7	6,59	4,14	67,6	54,5
4,5	6,41	4,18	68,8	55,5	4,5	6,43	4,22	69,0	55,7
4,3	6,25	4,26	70,1	56,6	4,3	6,26	4,31	70,3	56,8
4,1	6,08	4,35	71,5	57,8	4,1	6,10	4,39	71,7	57,9
3,9	5,92	4,43	72,9	58,9	3,9	5,94	4,48	73,1	59,0
3,7	5,76	4,52	74,3	60,0	3,7	5,78	4,56	74,5	60,2
3,5	5,59	4,60	75,7	61,2	3,5	5,61	4,65	75,9	61,3
3,3	5,43	4,69	77,1	62,3	3,3	5,45	4,74	77,2	62,4
3,1	5,27	4,78	78,5	63,4	3,1	5,29	4,82	78,6	63,6

14,6					14,7				
Extrakt der anstellbaren Würze 14,6%					Extrakt der anstellbaren Würze 14,7%				
Saccharometer-Anzeige des Bieres	Wirkliches Extrakt Prozente	Alkohol Gewichts-Prozente	Scheinbarer Vergärungsgrad	Wirklicher Vergärungsgrad	Saccharometer-Anzeige des Bieres	Wirkliches Extrakt Prozente	Alkohol Gewichts-Prozente	Scheinbarer Vergärungsgrad	Wirklicher Vergärungsgrad
8,9	10,04	2,39	39,0	31,2	8,9	10,06	2,43	39,5	31,6
8,7	9,88	2,47	40,4	32,4	8,7	9,90	2,52	40,8	32,7
8,5	9,71	2,56	41,8	33,5	8,5	9,73	2,60	42,2	33,8
8,3	9,55	2,64	43,2	34,6	8,3	9,57	2,69	43,5	34,9
8,1	9,39	2,73	44,5	35,7	8,1	9,41	2,77	44,9	36,0
7,9	9,22	2,81	45,9	36,8	7,9	9,24	2,86	46,3	37,1
7,7	9,06	2,90	47,3	37,9	7,7	9,08	2,94	47,6	38,2
7,5	8,90	2,99	48,6	39,1	7,5	8,92	3,03	49,0	39,3
7,3	8,73	3,07	50,0	40,2	7,3	8,75	3,11	50,3	40,5
7,1	8,57	3,16	51,4	41,3	7,1	8,59	3,20	51,7	41,6
7,0	8,49	3,20	52,1	41,9	7,0	8,51	3,24	52,4	42,1
6,9	8,41	3,24	52,7	42,4	6,9	8,43	3,29	53,1	42,6
6,8	8,33	3,28	53,4	43,0	6,8	8,34	3,33	53,7	43,2
6,7	8,24	3,33	54,1	43,5	6,7	8,26	3,37	54,4	43,8
6,6	8,16	3,37	54,8	44,1	6,6	8,18	3,41	55,1	44,3
6,5	8,08	3,41	55,5	44,7	6,5	8,10	3,46	55,8	44,9
6,4	8,00	3,46	56,2	45,2	6,4	8,02	3,50	56,5	45,5
6,3	7,92	3,50	56,8	45,8	6,3	7,94	3,54	57,1	46,0
6,2	7,84	3,54	57,5	46,3	6,2	7,85	3,58	57,8	46,6
6,1	7,76	3,58	58,2	46,9	6,1	7,77	3,63	58,5	47,1
6,0	7,67	3,63	58,9	47,5	6,0	7,69	3,67	59,2	47,7
5,9	7,59	3,67	59,6	48,0	5,9	7,61	3,71	59,9	48,2
5,8	7,51	3,71	60,3	48,6	5,8	7,53	3,76	60,5	48,8
5,7	7,43	3,75	61,0	49,1	5,7	7,45	3,80	61,2	49,3
5,6	7,35	3,80	61,6	49,7	5,6	7,36	3,84	61,9	49,9
5,5	7,26	3,84	62,3	50,2	5,5	7,28	3,88	62,6	50,5
5,4	7,18	3,88	63,0	50,8	5,4	7,20	3,93	63,3	51,0
5,3	7,10	3,93	63,7	51,4	5,3	7,12	3,97	63,9	51,6
5,2	7,02	3,97	64,4	51,9	5,2	7,04	4,01	64,6	52,1
5,1	6,94	4,01	65,1	52,5	5,1	6,96	4,06	65,3	52,7
4,9	6,77	4,10	66,4	53,6	4,9	6,79	4,14	66,7	53,8
4,7	6,61	4,18	67,8	54,7	4,7	6,63	4,23	68,0	54,9
4,5	6,45	4,27	69,2	55,8	4,5	6,47	4,31	69,4	56,0
4,3	6,28	4,35	70,5	57,0	4,3	6,30	4,40	70,7	57,1
4,1	6,12	4,44	71,9	58,1	4,1	6,14	4,48	72,1	58,2
3,9	5,96	4,52	73,3	59,2	3,9	5,98	4,57	73,5	59,3
3,7	5,79	4,61	74,7	60,3	3,7	5,81	4,65	74,8	60,5
3,5	5,63	4,69	76,0	61,4	3,5	5,65	4,74	76,2	61,6
3,3	5,47	4,78	77,4	62,6	3,3	5,49	4,83	77,6	62,7
3,1	5,30	4,87	78,8	63,7	3,1	5,32	4,91	78,9	63,8

14,8					14,9				
Extrakt der anstellbaren Würze 14,8%					Extrakt der anstellbaren Würze 14,9%				
Saccharo-meter-Anzeige des Bieres	Wirk-liches Extrakt Prozente	Alkohol Gewichts-Prozente	Schein-barer Ver-gärungs-grad	Wirk-licher Ver-gärungs-grad	Saccharo-meter-Anzeige des Bieres	Wirk-liches Extrakt Prozente	Alkohol Gewichts-Prozente	Schein-barer Ver-gärungs-grad	Wirk-licher Ver-gärungs-grad
8,9	10,08	2,47	39,9	31,9	8,9	10,10	2,52	40,3	32,2
8,7	9,92	2,56	41,2	33,0	8,7	9,94	2,60	41,6	33,3
8,5	9,75	2,64	42,6	34,1	8,5	9,77	2,69	43,0	34,4
8,3	9,59	2,73	43,9	35,2	8,3	9,61	2,77	44,3	35,5
8,1	9,43	2,82	45,3	36,3	8,1	9,45	2,86	45,6	36,6
7,9	9,26	2,90	46,6	37,4	7,9	9,28	2,95	47,0	37,7
7,7	9,10	2,99	48,0	38,5	7,7	9,12	3,03	48,3	38,8
7,5	8,94	3,07	49,3	39,6	7,5	8,96	3,12	49,7	39,9
7,3	8,77	3,16	50,7	40,7	7,3	8,79	3,20	51,0	41,0
7,1	8,61	3,24	52,0	41,8	7,1	8,63	3,29	52,3	42,1
7,0	8,53	3,29	52,7	42,4	7,0	8,55	3,33	53,0	42,6
6,9	8,45	3,33	53,4	43,0	6,9	8,47	3,37	53,7	43,2
6,8	8,36	3,37	54,1	43,5	6,8	8,38	3,42	54,4	43,7
6,7	8,28	3,42	54,7	44,0	6,7	8,30	3,46	55,0	44,3
6,6	8,20	3,46	55,4	44,6	6,6	8,22	3,50	55,7	44,8
6,5	8,12	3,50	56,1	45,1	6,5	8,14	3,54	56,4	45,4
6,4	8,04	3,54	56,8	45,7	6,4	8,06	3,59	57,0	45,9
6,3	7,96	3,59	57,4	46,2	6,3	7,98	3,63	57,7	46,5
6,2	7,87	3,63	58,1	46,8	6,2	7,89	3,67	58,4	47,0
6,1	7,79	3,67	58,8	47,3	6,1	7,81	3,72	59,1	47,6
6,0	7,71	3,71	59,5	47,9	6,0	7,73	3,76	59,7	48,1
5,9	7,63	3,76	60,1	48,5	5,9	7,65	3,80	60,4	48,7
5,8	7,55	3,80	60,8	49,0	5,8	7,57	3,84	61,1	49,2
5,7	7,47	3,84	61,5	49,6	5,7	7,48	3,89	61,7	49,8
5,6	7,38	3,89	62,2	50,1	5,6	7,40	3,93	62,4	50.3
5,5	7,30	3,93	62,8	50,7	5,5	7,32	3,97	63,1	50,9
5,4	7,22	3,97	63,5	51,2	5,4	7,24	4,02	63,8	51,4
5,3	7,14	4,01	64,2	51,8	5,3	7,16	4,06	64,4	52,0
5,2	7,06	4,06	64,9	52,3	5,2	7,08	4,10	65,1	52,5
5,1	6,98	4,10	65,5	52,9	5,1	6,99	4,14	65,8	53,1
4,9	6,81	4,19	66,9	54,0	4,9	6,83	4,23	67,1	54,2
4,7	6,65	4,27	68,2	55,1	4,7	6,67	4,32	68,5	55,3
4,5	6,49	4,36	69,6	56,2	4,5	6,50	4,40	69,8	56,3
4,3	6,32	4,44	70,9	57,3	4,3	6,34	4,49	71,1	57,4
4,1	6,16	4,53	72,3	58,4	4,1	6,18	4,57	72,5	58,5
3,9	6,00	4,61	73,6	59,5	3,9	6,01	4,66	73,8	59,6
3,7	5,83	4,70	75,0	60,6	3,7	5,85	4,74	75,2	60,7
3,5	5,67	4,78	76,4	61,7	3,5	5,69	4,83	76,5	61,8
3,3	5,51	4,87	77,7	62,8	3,3	5,52	4,92	77,9	62,9
3,1	5,34	4,96	79,1	63,9	3,1	5,36	5,00	79,2	64,0

15,0					15,1				
Extrakt der anstellbaren Würze 15,0%					Extrakt der anstellbaren Würze 15,1%				
Saccharo-meter-Anzeige des Bieres	Wirk-liches Extrakt Prozente	Alkohol Gewichts-Prozente	Schein-barer Ver-gärungs-grad	Wirk-licher Ver-gärungs-grad	Saccharo-meter-Anzeige des Bieres	Wirk-liches Extrakt Prozente	Alkohol Gewichts-Prozente	Schein-barer Ver-gärungs-grad	Wirk-licher Ver-gärungs-grad
8,9	10,12	2,56	40,7	32,5	8,9	10,14	2,60	41,1	32,9
8,7	9,96	2,65	42,0	33,6	8,7	9,98	2,69	42,4	33,9
8,5	9,79	2,73	43,3	34,7	8,5	9,81	2,78	43,7	35,0
8,3	9,63	2,82	44,7	35,8	8,3	9,65	2,86	45,0	36,1
8,1	9,47	2,90	46,0	36,9	8,1	9,49	2,95	46,4	37,2
7,9	9,30	2,99	47,3	38,0	7,9	9,32	3,03	47,7	38,3
7,7	9,14	3,07	48,7	39,1	7,7	9,16	3,12	49,0	39,3
7,5	8,97	3,16	50,0	40,2	7,5	8,99	3,20	50,3	40,4
7,3	8,81	3,25	51,3	41,3	7,3	8,83	3,29	51,7	41,5
7,1	8,65	3,33	52,7	42,3	7,1	8,67	3,38	53,0	42,6
7,0	8,57	3,37	53,3	42,9	7,0	8,59	3,42	53,6	43,1
6,9	8,48	3,42	54,0	43,4	6,9	8,50	3,46	54,3	43,7
6,8	8,40	3,46	54,7	44,0	6,8	8,42	3,50	55,0	44,2
6,7	8,32	3,50	55,3	44,5	6,7	8,34	3,55	55,6	44,8
6,6	8,24	3,55	56,0	45,1	6,6	8,26	3,59	56,3	45,3
6,5	8,16	3,59	56,7	45,6	6,5	8,18	3,63	57,0	45,8
6,4	8,08	3,63	57,3	46,2	6,4	8,10	3,68	57,6	46,4
6,3	7,99	3,67	58,0	46,7	6,3	8,01	3,72	58,3	46,9
6,2	7,91	3,72	58,7	47,2	6,2	7,93	3,76	58,9	47,5
6,1	7,83	3,76	59,3	47,8	6,1	7,85	3,80	59,6	48,0
6,0	7,75	3,80	60,0	48,3	6,0	7,77	3,85	60,3	48,6
5,9	7,67	3,85	60,7	48,9	5,9	7,69	3,89	60,9	49,1
5,8	7,59	3,89	61,3	49,4	5,8	7,61	3,93	61,6	49,6
5,7	7,50	3,93	62,0	50,0	5,7	7,52	3,98	62,3	50,2
5,6	7,42	3,97	62,7	50,5	5,6	7,44	4,02	62,9	50,7
5,5	7,34	4,02	63,3	51,1	5,5	7,36	4,06	63,6	51,3
5,4	7,26	4,06	64,0	51,6	5,4	7,28	4,10	64,2	51,8
5,3	7,18	4,10	64,7	52,2	5,3	7,20	4,15	64,9	52,3
5,2	7,10	4,15	65,3	52,7	5,2	7,12	4,19	65,6	52,9
5,1	7,01	4,19	66,0	53,2	5,1	7,03	4,23	66,2	53,4
4,9	6,85	4,27	67,3	54,3	4,9	6,87	4,32	67,5	54,5
4,7	6,69	4,36	68,7	55,4	4,7	6,71	4,41	68,9	55,6
4,5	6,52	4,45	70,0	56,5	4,5	6,54	4,49	70,2	56,7
4,3	6,36	4,53	71,3	57,6	4,3	6,38	4,58	71,5	57,8
4,1	6,20	4,62	72,7	58,7	4,1	6,22	4,66	72,8	58,8
3,9	6,03	4,70	74,0	59,8	3,9	6,05	4,75	74,2	59,9
3,7	5,87	4,79	75,3	60,9	3,7	5,89	4,83	75,5	61,0
3,5	5,71	4,87	76,7	62,0	3,5	5,73	4,92	76,8	62,1
3,3	5,54	4,96	78,0	63,0	3,3	5,56	5,01	78,1	63,2
3,1	5,38	5,05	79,3	64,1	3,1	5,40	5,09	79,5	64,2

15,2					15,3				
Extrakt der anstellbaren Würze 15,2%					Extrakt der anstellbaren Würze 15,3%				
Saccharo-meter-Anzeige des Bieres	Wirk-liches Extrakt Prozente	Alkohol Gewichts-Prozente	Schein-barer Ver-gärungs-grad	Wirk-licher Ver-gärungs-grad	Saccharo-meter-Anzeige des Bieres	Wirk-liches Extrakt Prozente	Alkohol Gewichts-Prozente	Schein-barer Ver-gärungs-grad	Wirk-licher Ver-gärungs-grad
8,9	10,16	2,65	41,4	33,2	8,9	10,18	2,69	41,8	33,5
8,7	10,00	2,73	42,8	34,2	8,7	10,02	2,78	43,1	34,5
8,5	9,83	2,82	44,1	35,3	8,5	9,85	2,86	44,4	35,6
8,3	9,67	2,90	45,4	36,4	8,3	9,69	2,95	45,8	36,7
8,1	9,51	2,99	46,7	37,5	8,1	9,53	3,04	47,1	37,7
7,9	9,34	3,08	48,0	38,5	7,9	9,36	3,12	48,4	38,8
7,7	9,18	3,16	49,3	39,6	7,7	9,20	3,21	49,7	39,9
7,5	9,01	3,25	50,7	40,7	7,5	9,03	3,29	51,0	41,0
7,3	8,85	3,33	52,0	41,8	7,3	8,87	3,38	52,3	42,0
7,1	8,69	3,42	53,3	42,8	7,1	8,71	3,46	53,6	43,1
7,0	8,61	3,46	53,9	43,4	7,0	8,63	3,51	54,2	43,6
6,9	8,52	3,51	54,6	43,9	6,9	8,54	3,55	54,9	44,2
6,8	8,44	3,55	55,3	44,5	6,8	8,46	3,59	55,6	44,7
6,7	8,36	3,59	55,9	45,0	6,7	8,38	3,64	56,2	45,2
6,6	8,28	3,63	56,6	45,5	6,6	8,30	3,68	56,9	45,8
6,5	8,20	3,68	57,2	46,1	6,5	8,22	3,72	57,5	46,3
6,4	8,12	3,72	57,9	46,6	6,4	8,14	3,77	58,2	46,8
6,3	8,03	3,76	58,6	47,1	6,3	8,05	3,81	58,8	47,4
6,2	7,95	3,81	59,2	47,7	6,2	7,97	3,85	59,5	47,9
6,1	7,87	3,85	59,9	48,2	6,1	7,89	3,89	60,1	48,4
6,0	7,79	3,89	60,5	48,8	6,0	7,81	3,94	60,8	49,0
5,9	7,71	3,93	61,2	49,3	5,9	7,73	3,98	61,4	49,5
5,8	7,63	3,98	61,8	49,8	5,8	7,65	4,02	62,1	50,0
5,7	7,54	4,02	62,5	50,4	5,7	7,56	4,07	62,7	50,6
5,6	7,46	4,06	63,2	50,9	5,6	7,48	4,11	63,4	51,1
5,5	7,38	4,11	63,8	51,4	5,5	7,40	4,15	64,1	51,6
5,4	7,30	4,15	64,5	52,0	5,4	7,32	4,19	64,7	52,2
5,3	7,22	4,19	65,1	52,5	5,3	7,24	4,24	65,4	52,7
5,2	7,13	4,24	65,8	53,1	5,2	7,15	4,28	66,0	53,2
5,1	7,05	4,28	66,4	53,6	5,1	7,07	4,32	66,7	53,8
4,9	6,89	4,36	67,8	54,7	4,9	6,91	4,41	68,0	54,8
4,7	6,73	4,45	69,1	55,7	4,7	6,75	4,50	69,3	55,9
4,5	6,56	4,54	70,4	56,8	4,5	6,58	4,58	70,6	57,0
4,3	6,40	4,62	71,7	57,9	4,3	6,42	4,67	71,9	58,0
4,1	6,24	4,71	73,0	59,0	4,1	6,26	4,75	73,2	59,1
3,9	6,07	4,79	74,3	60,1	3,9	6,09	4,84	74,5	60,2
3,7	5,91	4,88	75,7	61,1	3,7	5,93	4,92	75,8	61,3
3,5	5,75	4,96	77,0	62,2	3,5	5,76	5,01	77,1	62,3
3,3	5,58	5,05	78,3	63,3	3,3	5,60	5,10	78,4	63,4
3,1	5,42	5,14	79,6	64,4	3,1	5,44	5,18	79,7	64,5

		15,4					15,5		
		Extrakt der anstellbaren Würze 15,4%					Extrakt der anstellbaren Würze 15,5%		
Saccharometer-Anzeige des Bieres	Wirkliches Extrakt Prozente	Alkohol Gewichts-Prozente	Scheinbarer Vergärungsgrad	Wirklicher Vergärungsgrad	Saccharometer-Anzeige des Bieres	Wirkliches Extrakt Prozente	Alkohol Gewichts-Prozente	Scheinbarer Vergärungsgrad	Wirklicher Vergärungsgrad
8,9	10,20	2,73	42,2	33,8	8,9	10,22	2,78	42,6	34,1
8,7	10,04	2,82	43,5	34,8	8,7	10,06	2,86	43,9	35,1
8,5	9,87	2,90	44,8	35,9	8,5	9,89	2,95	45,2	36,2
8,3	9,71	2,99	46,1	37,0	8,3	9,73	3,04	46,5	37,2
8,1	9,54	3,08	47,4	38,0	8,1	9,56	3,12	47,7	38,3
7,9	9,38	3,16	48,7	39,1	7,9	9,40	3,21	49,0	39,3
7,7	9,22	3,25	50,0	40,2	7,7	9,24	3,29	50,3	40,4
7,5	9,05	3,34	51,3	41,2	7,5	9,07	3,38	51,6	41,5
7,3	8,89	3,42	52,6	42,3	7,3	8,91	3,47	52,9	42,5
7,1	8,73	3,51	53,9	43,3	7,1	8,75	3,55	54,2	43,6
7,0	8,65	3,55	54,5	43,9	7,0	8,67	3,59	54,8	44,1
6,9	8,56	3,59	55,2	44,4	6,9	8,58	3,64	55,5	44,6
6,8	8,48	3,64	55,8	44,9	6,8	8,50	3,68	56,1	45,1
6,7	8,40	3,68	56,5	45,5	6,7	8,42	3,72	56,8	45,7
6,6	8,32	3,72	57,1	46,0	6,6	8,34	3,77	57,4	46,2
6,5	8,24	3,77	57,8	46,5	6,5	8,26	3,81	58,1	46,7
6,4	8,16	3,81	58,4	47,0	6,4	8,18	3,85	58,7	47,3
6,3	8,07	3,85	59,1	47,6	6,3	8,09	3,90	59,4	47,8
6,2	7,99	3,89	59,7	48,1	6,2	8,01	3,94	60,0	48,3
6,1	7,91	3,94	60,4	48,6	6,1	7,93	3,98	60,6	48,8
6,0	7,83	3,98	61,0	49,2	6,0	7,85	4,02	61,3	49,4
5,9	7,75	4,02	61,7	49,7	5,9	7,77	4,07	61,9	49,9
5,8	7,66	4,07	62,3	50,2	5,8	7,68	4,11	62,6	50,4
5,7	7,58	4,11	63,0	50,8	5,7	7,60	4,15	63,2	50,9
5,6	7,50	4,15	63,6	51,3	5,6	7,52	4,20	63,9	51,5
5,5	7,42	4,20	64,3	51,8	5,5	7,44	4,24	64,5	52,0
5,4	7,34	4,24	64,9	52,4	5,4	7,36	4,28	65,2	52,5
5,3	7,26	4,28	65,6	52,9	5,3	7,28	4,33	65,8	53,1
5,2	7,17	4,32	66,2	53,4	5,2	7,19	4,37	66,5	53,6
5,1	7,09	4,37	66,9	53,9	5,1	7,11	4,41	67,1	54,1
4,9	6,93	4,45	68,2	55,0	4,9	6,95	4,50	68,4	55,2
4,7	6,77	4,54	69,5	56,1	4,7	6,79	4,58	69,7	56,2
4,5	6,60	4,63	70,8	57,1	4,5	6,62	4,67	71,0	57,3
4,3	6,44	4,71	72,1	58,2	4,3	6,46	4,76	72,3	58,3
4,1	6,28	4,80	73,4	59,3	4,1	6,29	4,84	73,5	59,4
3,9	6,11	4,88	74,7	60,3	3,9	6,13	4,93	74,8	60,4
3,7	5,95	4,97	76,0	61,4	3,7	5,97	5,01	76,1	61,5
3,5	5,78	5,06	77,3	62,4	3,5	5,80	5,10	77,4	62,6
3,3	5,62	5,14	78,6	63,5	3,3	5,64	5,19	78,7	63,6
3,1	5,46	5,23	79,9	64,6	3,1	5,48	5,27	80,0	64,7

15,6					15,7				
Extrakt der anstellbaren Würze 15,6%					Extrakt der anstellbaren Würze 15,7%				
Saccharo-meter Anzeige des Bieres	Wirk-liches Extrakt Prozente	Alkohol Gewichts-Prozente	Schein-barer Ver-gärungs-grad	Wirk-licher Ver-gärungs-grad	Saccharo-meter Anzeige des Bieres	Wirk-liches Extrakt Prozente	Alkohol Gewichts-Prozente	Schein-barer Ver-gärungs-grad	Wirk-licher Ver-gärungs-grad
8,9	10,24	2,82	42,9	34,4	8,9	10,26	2,86	43,3	34,7
8,7	10,08	2,91	44,2	35,4	8,7	10,10	2,95	44,6	35,7
8,5	9,91	2,99	45,5	36,5	8,5	9,93	3,04	45,9	36,7
8,3	9,75	3,08	46,8	37,5	8,3	9,77	3,12	47,1	37,8
8,1	9,58	3,16	48,1	38,6	8,1	9,60	3,21	48,4	38,8
7,9	9,42	3,25	49,4	39,6	7,9	9,44	3,29	49,7	39,9
7,7	9,26	3,34	50,6	40,7	7,7	9,28	3,38	51,0	40,9
7,5	9,09	3,42	51,9	41,7	7,5	9,11	3,47	52,2	41,9
7,3	8,93	3,51	53,2	42,8	7,3	8,95	3,55	53,5	43,0
7,1	8,77	3,60	54,5	43,8	7,1	8,79	3,64	54,8	44,0
7,0	8,69	3,64	55,1	44,3	7,0	8,71	3,68	55,4	44,6
6,9	8,60	3,68	55,8	44,8	6,9	8,62	3,73	56,1	45,1
6,8	8,52	3,72	56,4	45,4	6,8	8,54	3,77	56,7	45,6
6,7	8,44	3,77	57,1	45,9	6,7	8,46	3,81	57,3	46,1
6,6	8,36	3,81	57,7	46,4	6,6	8,38	3,85	58,0	46,6
6,5	8,28	3,85	58,3	46,9	6,5	8,30	3,90	58,6	47,2
6,4	8,19	3,90	59,0	47,5	6,4	8,21	3,94	59,2	47,7
6,3	8,11	3,94	59,6	48,0	6,3	8,13	3,98	59,9	48,2
6,2	8,03	3,98	60,3	48,5	6,2	8,05	4,03	60,5	48,7
6,1	7,95	4,03	60,9	49,0	6,1	7,97	4,07	61,1	49,2
6,0	7,87	4,07	61,5	49,6	6,0	7,89	4,11	61,8	49,8
5,9	7,79	4,11	62,2	50,1	5,9	7,81	4,16	62,4	50,3
5,8	7,70	4,16	62,8	50,6	5,8	7,72	4,20	63,1	50,8
5,7	7,62	4,20	63,5	51,1	5,7	7,64	4,24	63,7	51,3
5,6	7,54	4,24	64,1	51,7	5,6	7,56	4,29	64,3	51,8
5,5	7,46	4,28	64,7	52,2	5,5	7,48	4,33	65,0	52,4
5,4	7,38	4,33	65,4	52,7	5,4	7,40	4,37	65,6	52,9
5,3	7,30	4,37	66,0	53,2	5,3	7,31	4,42	66,2	53,4
5,2	7,21	4,41	66,7	53,8	5,2	7,23	4,46	66,9	53,9
5,1	7,13	4,46	67,3	54,3	5,1	7,15	4,50	67,5	54,4
4,9	6,97	4,54	68,6	55,3	4,9	6,99	4,59	68,8	55,5
4,7	6,80	4,63	69,9	56,4	4,7	6,82	4,67	70,1	56,5
4,5	6,64	4,71	71,2	57,4	4,5	6,66	4,76	71,3	57,6
4,3	6,48	4,80	72,4	58,5	4,3	6,50	4,85	72,6	58,6
4,1	6,31	4,89	73,7	59,5	4,1	6,33	4,93	73,9	59,7
3,9	6,15	4,97	75,0	60,6	3,9	6,17	5,02	75,2	60,7
3,7	5,99	5,06	76,3	61,6	3,7	6,01	5,10	76,4	61,7
3,5	5,82	5,15	77,6	62,7	3,5	5,84	5,19	77,7	62,8
3,3	5,66	5,23	78,8	63,7	3,3	5,68	5,28	79,0	63,8
3,1	5,50	5,32	80,1	64,8	3,1	5,52	5,36	80,3	64,9

15,8					15,9				
Extrakt der anstellbaren Würze 15,8%					Extrakt der anstellbaren Würze 15,9%				
Saccharo-meter-Anzeige des Bieres	Wirk-liches Extrakt Prozente	Alkohol Gewichts-Prozente	Schein-barer Ver-gärungs-grad	Wirk-licher Ver-gärungs-grad	Saccharo-meter-Anzeige des Bieres	Wirk-liches Extrakt Prozente	Alkohol Gewichts-Prozente	Schein-barer Ver-gärungs-grad	Wirk-licher Ver-gärungs-grad
8,9	10,28	2,91	43,7	34,9	8,9	10,30	2,95	44,0	35,2
8,7	10,12	2,99	44,9	36,0	8,7	10,14	3,04	45,2	36,3
8,5	9,95	3,08	46,2	37,0	8,5	9,97	3,12	46,5	37,3
8,3	9,79	3,17	47,5	38,0	8,3	9,81	3,21	47,8	38,3
8,1	9,62	3,25	48,7	39,1	8,1	9,64	3,30	49,0	39,3
7,9	9,46	3,34	50,0	40,1	7,9	9,48	3,38	50,3	40,4
7,7	9,30	3,42	51,3	41,2	7,7	9,32	3,47	51,6	41,4
7,5	9,13	3,51	52,5	42,2	7,5	9,15	3,55	52,8	42,4
7,3	8,97	3,60	53,8	43,2	7,3	8,99	3,64	54,1	43,5
7,1	8,81	3,68	55,1	44,3	7,1	8,83	3,73	55,3	44,5
7,0	8,73	3,73	55,7	44,8	7,0	8,75	3,77	56,0	45,0
6,9	8,64	3,77	56,3	45,3	6,9	8,66	3,81	56,6	45,5
6,8	8,56	3,81	57,0	45,8	6,8	8,58	3,86	57,2	46,0
6,7	8,48	3,86	57,6	46,3	6,7	8,50	3,90	57,9	46,5
6,6	8,40	3,90	58,2	46,8	6,6	8,42	3,94	58,5	47,1
6,5	8,32	3,94	58,9	47,4	6,5	8,34	3,99	59,1	47,6
6,4	8,23	3,99	59,5	47,9	6,4	8,25	4,03	59,7	48,1
6,3	8,15	4,03	60,1	48,4	6,3	8,17	4,07	60,4	48,6
6,2	8,07	4,07	60,8	48,9	6,2	8,09	4,12	61,0	49,1
6,1	7,99	4,11	61,4	49,4	6,1	8,01	4,16	61,6	49,6
6,0	7,91	4,16	62,0	50,0	6,0	7,93	4,20	62,3	50,1
5,9	7,83	4,20	62,7	50,5	5,9	7,85	4,25	62,9	50,7
5,8	7,74	4,24	63,3	51,0	5,8	7,76	4,29	63,5	51,2
5,7	7,66	4,29	63,9	51,5	5,7	7,68	4,33	64,2	51,7
5,6	7,58	4,33	64,6	52,0	5,6	7,60	4,37	64,8	52,2
5,5	7,50	4,37	65,2	52,5	5,5	7,52	4,42	65,4	52,7
5,4	7,42	4,42	65,8	53,1	5,4	7,44	4,46	66,0	53,2
5,3	7,33	4,46	66,5	53,6	5,3	7,35	4,50	66,7	53,7
5,2	7,25	4,50	67,1	54,1	5,2	7,27	4,55	67,3	54,3
5,1	7,17	4,55	67,7	54,6	5,1	7,19	4,59	67,9	54,8
4,9	7,01	4,63	69,0	55,6	4,9	7,03	4,68	69,2	55,8
4,7	6,84	4,72	70,3	56,7	4,7	6,86	4,76	70,4	56,8
4,5	6,68	4,81	71,5	57,7	4,5	6,70	4,85	71,7	57,9
4,3	6,52	4,89	72,8	58,8	4,3	6,54	4,94	73,0	58,9
4,1	6,35	4,98	74,1	59,8	4,1	6,37	5,02	74,2	59,9
3,9	6,19	5,06	75,3	60,8	3,9	6,21	5,11	75,5	60,9
3,7	6,03	5,15	76,6	61,9	3,7	6,05	5,19	76,7	62,0
3,5	5,86	5,24	77,8	62,9	3,5	5,88	5,28	78,0	63,0
3,3	5,70	5,32	79,1	63,9	3,3	5,72	5,37	79,2	64,0
3,1	5,54	5,41	80,4	65,0	3,1	5,56	5,45	80,5	65,1

16,0					16,1				
Extrakt der anstellbaren Würze 16,0%					Extrakt der anstellbaren Würze 16,1%				
Saccharo-meter-Anzeige des Bieres	Wirk-liches Extrakt Prozente	Alkohol Gewichts-Prozente	Schein-barer Ver-gärungs-grad	Wirk-licher Ver-gärungs-grad	Saccharo-meter-Anzeige des Bieres	Wirk-liches Extrakt Prozente	Alkohol Gewichts-Prozente	Schein-barer Ver-gärungs-grad	Wirk-licher Ver-gärungs-grad
9,9	11,12	2,58	38,1	30,5	9,9	11,14	2,62	38,5	30,8
9,7	10,95	2,66	39,4	31,6	9,7	10,97	2,71	39,8	31,8
9,5	10,79	2,75	40,6	32,6	9,5	10,81	2,79	41,0	32,9
9,3	10,63	2,84	41,9	33,6	9,3	10,65	2,88	42,2	33,9
9,1	10,47	2,92	43,1	34,6	9,1	10,48	2,96	43,5	34,9
8,9	10,30	3,01	44,4	35,6	8,9	10,32	3,05	44,7	35,9
8,7	10,14	3,09	45,6	36,7	8,7	10,16	3,14	46,0	36,9
8,5	9,98	3,18	46,9	37,7	8,5	10,00	3,22	47,2	37,9
8,3	9,82	3,27	48,1	38,7	8,3	9,83	3,31	48,4	38,9
8,1	9,65	3,35	49,4	39,7	8,1	9,67	3,39	49,7	39,9
7,9	9,49	3,44	50,6	40,7	7,9	9,51	3,48	50,9	41,0
7,7	9,33	3,52	51,9	41,7	7,7	9,34	3,57	52,2	42,0
7,5	9,16	3,61	53,1	42,8	7,5	9,18	3,65	53,4	43,0
7,3	9,00	3,69	54,4	43,8	7,3	9,02	3,74	54,7	44,0
7,1	8,84	3,78	55,6	44,8	7,1	8,85	3,82	55,9	45,0
7,0	8,76	3,82	56,3	45,3	7,0	8,77	3,87	56,5	45,5
6,9	8,67	3,87	56,9	45,8	6,9	8,69	3,91	57,1	46,0
6,8	8,59	3,91	57,5	46,3	6,8	8,61	3,95	57,8	46,5
6,7	8,51	3,95	58,1	46,8	6,7	8,53	4,00	58,4	47,0
6,6	8,43	4,00	58,8	47,3	6,6	8,45	4,04	59,0	47,5
6,5	8,35	4,04	59,4	47,8	6,5	8,37	4,08	59,6	48,0
6,4	8,26	4,08	60,0	48,4	6,4	8,28	4,12	60,2	48,5
6,3	8,18	4,12	60,6	48,9	6,3	8,20	4,17	60,9	49,1
6,2	8,10	4,17	61,3	49,4	6,2	8,12	4,21	61,5	49,6
6,1	8,02	4,21	61,9	49,9	6,1	8,04	4,25	62,1	50,1
5,9	7,86	4,30	63,1	50,9	5,9	7,88	4,34	63,4	51,1
5,7	7,69	4,38	64,4	51,9	5,7	7,71	4,43	64,6	52,1
5,5	7,53	4,47	65,6	52,9	5,5	7,55	4,51	65,8	53,1
5,3	7,37	4,55	66,9	54,0	5,3	7,39	4,60	67,1	54,1
5,1	7,20	4,63	68,1	55,0	5,1	7,22	4,68	68,3	55,1
4,9	7,04	4,72	69,4	56,0	4,9	7,06	4,77	69,6	56,1
4,7	6,88	4,81	70,6	57,0	4,7	6,90	4,86	70,8	57,2
4,5	6,72	4,90	71,9	58,0	4,5	6,74	4,94	72,0	58,2
4,3	6,55	4,98	73,1	59,0	4,3	6,57	5,03	73,3	59,2
4,1	6,39	5,07	74,4	60,1	4,1	6,41	5,11	74,5	60,2
3,9	6,23	5,16	75,6	61,1	3,9	6,25	5,20	75,8	61,2
3,7	6,06	5,24	76,9	62,1	3,7	6,08	5,29	77,0	62,2
3,5	5,90	5,33	78,1	63,1	3,5	5,92	5,37	78,3	63,2
3,3	5,74	5,41	79,4	64,1	3,3	5,76	5,46	79,5	64,2
3,1	5,58	5,50	80,6	65,2	3,1	5,59	5,54	80,7	65,3

	16,2					16,3			
Extrakt der anstellbaren Würze 16,2%					Extrakt der anstellbaren Würze 16,3%				
Saccharo-meter-Anzeige des Bieres	Wirkliches Extrakt Prozente	Alkohol Gewichts-Prozente	Schein-barer Ver-gärungs-grad	Wirk-licher Ver-gärungs-grad	Saccharo-meter-Anzeige des Bieres	Wirkliches Extrakt Prozente	Alkohol Gewichts-Prozente	Schein-barer Ver-gärungs-grad	Wirk-licher Ver-gärungs-grad
9,9	11,16	2,66	38,9	31,1	9,9	11,18	2,70	39,3	31,4
9,7	11,00	2,75	40,1	32,1	9,7	11,02	2,79	40,5	32,4
9,5	10,83	2,83	41,4	33,1	9,5	10,86	2,88	41,7	33,4
9,3	10,67	2,92	42,6	34,1	9,3	10,69	2,96	42,9	34,4
9,1	10,51	3,01	43,8	35,1	9,1	10,53	3,05	44,2	35,4
8,9	10,34	3,09	45,1	36,1	8,9	10,37	3,13	45,4	36,4
8,7	10,18	3,18	46,3	37,1	8,7	10,20	3,22	46,6	37,4
8,5	10,02	3,26	47,5	38,2	8,5	10,04	3,31	47,9	38,4
8,3	9,86	3,35	48,8	39,2	8,3	9,88	3,39	49,1	39,4
8,1	9,69	3,44	50,0	40,2	8,1	9,72	3,48	50,3	40,4
7,9	9,53	3,52	51,2	41,2	7,9	9,55	3,57	51,5	41,4
7,7	9,37	3,61	52,5	42,2	7,7	9,39	3,65	52,8	42,4
7,5	9,20	3,69	53,7	43,2	7,5	9,23	3,74	54,0	43,4
7,3	9,04	3,78	54,9	44,2	7,3	9,06	3,82	55,2	44,4
7,1	8,88	3,87	56,2	45,2	7,1	8,90	3,91	56,4	45,4
7,0	8,80	3,91	56,8	45,7	7,0	8,82	3,95	57,1	45,9
6,9	8,71	3,95	57,4	46,2	6,9	8,74	4,00	57,7	46,4
6,8	8,63	4,00	58,0	46,7	6,8	8,65	4,04	58,3	46,9
6,7	8,55	4,04	58,6	47,2	6,7	8,57	4,08	58,9	47,4
6,6	8,47	4,08	59,3	47,7	6,6	8,49	4,13	59,5	47,9
6,5	8,39	4,13	59,9	48,2	6,5	8,41	4,17	60,1	48,4
6,4	8,31	4,17	60,5	48,7	6,4	8,33	4,21	60,7	48,9
6,3	8,22	4,21	61,1	49,2	6,3	8,25	4,26	61,3	49,4
6,2	8,14	4,25	61,7	49,7	6,2	8,16	4,30	62,0	49,9
6,1	8,06	4,30	62,3	50,2	6,1	8,08	4,34	62,6	50,4
5,9	7,90	4,38	63,6	51,2	5,9	7,92	4,43	63,8	51,4
5,7	7,73	4,47	64,8	52,3	5,7	7,76	4,51	65,0	52,4
5,5	7,57	4,56	66,0	53,3	5,5	7,59	4,60	66,3	53,4
5,3	7,41	4,64	67,3	54,3	5,3	7,43	4,69	67,5	54,4
5,1	7,25	4,73	68,5	55,3	5,1	7,27	4,77	68,7	55,4
4,9	7,08	4,81	69,8	56,3	4,9	7,10	4,86	69,9	56,4
4,7	6,92	4,90	71,0	57,3	4,7	6,94	4,95	71,2	57,4
4,5	6,76	4,99	72,2	58,3	4,5	6,78	5,03	72,4	58,4
4,3	6,59	5,07	73,5	59,3	4,3	6,61	5,12	73,6	59,4
4,1	6,43	5,16	74,7	60,3	4,1	6,45	5,21	74,8	60,4
3,9	6,27	5,25	75,9	61,3	3,9	6,29	5,29	76,1	61,4
3,7	6,10	5,33	77,2	62,3	3,7	6,12	5,38	77,3	62,4
3,5	5,94	5,42	78,4	63,3	3,5	5,96	5,46	78,5	63,4
3,3	5,78	5,50	79,6	64,3	3,3	5,80	5,55	79,8	64,4
3,1	5,61	5,59	80,9	65,3	3,1	5,63	5,64	81,0	65,4

16,4					16,5				
Extrakt der anstellbaren Würze 16,4%					Extrakt der anstellbaren Würze 16,5%				
Saccharometer-Anzeige des Bieres	Wirkliches Extrakt Prozente	Alkohol Gewichts-Prozente	Scheinbarer Vergärungs-grad	Wirklicher Vergärungs-grad	Saccharometer-Anzeige des Bieres	Wirkliches Extrakt-Prozente	Alkohol Gewichts-Prozente	Scheinbarer Vergärungs-grad	Wirklicher Vergärungs-grad
9,9	11,21	2,74	39,6	31,7	9,9	11,23	2,79	40,0	31,9
9,7	11,04	2,83	40,9	32,7	9,7	11,07	2,87	41,2	32,9
9,5	10,88	2,92	42,1	33,6	9,5	10,90	2,96	42,4	33,9
9,3	10,72	3,00	43,3	34,6	9,3	10,74	3,05	43,6	34,9
9,1	10,55	3,09	44,5	35,6	9,1	10,58	3,13	44,8	35,9
8,9	10,39	3,18	45,7	36,6	8,9	10,41	3,22	46,1	36,9
8,7	10,23	3,26	47,0	37,6	8,7	10,25	3,31	47,3	37,9
8,5	10,06	3,35	48,2	38,6	8,5	10,09	3,39	48,5	38,9
8,3	9,90	3,44	49,4	49,6	8,3	9,92	3,48	49,7	39,9
8,1	9,74	3,52	50,6	40,6	8,1	9,76	3,56	50,9	40,8
7,9	9,57	3,61	51,8	41,6	7,9	9,60	3,65	52,1	41,8
7,7	9,41	3,69	53,0	42,6	7,7	9,43	3,74	53,3	42,8
7,5	9,25	3,78	54,3	43,6	7,5	9,27	3,82	54,5	43,8
7,3	9,08	3,87	55,5	44,6	7,3	9,11	3,91	55,8	44,8
7,1	8,92	3,95	56,7	45,6	7,1	8,94	4,00	57,0	45,8
7,0	8,84	4,00	57,3	46,1	7,0	8,86	4,04	57,6	46,3
6,9	8,76	4,04	57,9	46,6	6,9	8,78	4,08	58,2	46,8
6,8	8,68	4,08	58,5	47,1	6,8	8,70	4,13	58,8	47,3
6,7	8,59	4,13	59,1	47,6	6,7	8,62	4,17	59,4	47,8
6,6	8,51	4,17	59,8	48,1	6,6	8,53	4,21	60,0	48,3
6,5	8,43	4,21	60,4	48,6	6,5	8,45	4,26	60,6	48,8
6,4	8,35	4,26	61,0	49,1	6,4	8,37	4,30	61,2	49,3
6,3	8,27	4,30	61,6	49,6	6,3	8,29	4,34	61,8	49,8
6,2	8,19	4,34	62,2	50,1	6,2	8,21	4,39	62,4	50,3
6,1	8,10	4,39	62,8	50,6	6,1	8,13	4,43	63,0	50,8
5,9	7,94	4,47	64,0	51,6	5,9	7,96	4,52	64,2	51,7
5,7	7,78	4,56	65,2	52,6	5,7	7,80	4,60	65,5	52,7
5,5	7,61	4,65	66,5	53,6	5,5	7,63	4,69	66,7	53,7
5,3	7,45	4,73	67,7	54,6	5,3	7,47	4,78	67,9	54,7
5,1	7,29	4,82	68,9	55,6	5,1	7,31	4,86	69,1	55,7
4,9	7,12	4,90	70,1	56,6	4,9	7,14	4,95	70,3	56,7
4,7	6,96	4,99	71,3	57,6	4,7	6,98	5,04	71,5	57,7
4,5	6,80	5,08	72,6	58,6	4,5	6,82	5,12	72,7	58,7
4,3	6,63	5,16	73,8	59,6	4,3	6,65	5,21	73,9	59,7
4,1	6,47	5,25	75,0	60,5	4,1	6,59	5,30	75,2	60,7
3,9	6,31	5,34	76,2	61,5	3,9	6,33	5,38	76,4	61,7
3,7	6,14	5,42	77,4	62,5	3,7	6,16	5,47	77,6	62,6
3,5	5,98	5,51	78,7	63,5	3,5	6,00	5,55	78,8	63,6
3,3	5,82	5,60	79,9	64,5	3,3	5,84	5,64	80,0	64,6
3,1	5,65	5,68	81,1	65,5	3,1	5,67	5,73	81,2	65,6

16,6					16,7				
Extrakt der anstellbaren Würze 16,6%					Extrakt der anstellbaren Würze 16,7%				
Saccharo-meter-Anzeige des Bieres	Wirk-liches Extrakt Prozente	Alkohol Gewichts-Prozente	Schein-barer Ver-gärungs-grad	Wirk-licher Ver-gärungs-grad	Saccharo-meter-Anzeige des Bieres	Wirk-liches Extrakt Prozente	Alkohol Gewichts-Prozente	Schein-barer Ver-gärungs-grad	Wirk-licher Ver-gärungs-grad
9,9	11,26	2,83	40,4	32,2	9,9	11,28	2,87	40,7	32,5
9,7	11,09	2,91	41,6	33,2	9,7	11,12	2,96	41,9	33,4
9,5	10,93	3,00	42,8	34,2	9,5	10,95	3,04	43,1	34,4
9,3	10,76	3,09	44,0	35,2	9,3	10,79	3,13	44,3	35,4
9,1	10,60	3,17	45,2	36,1	9,1	10,62	3,22	45,5	36,4
8,9	10,44	3,26	46,4	37,1	8,9	10,46	3,30	46,7	37,4
8,7	10,27	3,35	47,6	38,1	8,7	10,30	3,39	47,9	38,3
8,5	10,11	3,43	48,8	39,1	8,5	10,13	3,48	49,1	39,3
8,3	9,95	3,52	50,0	40,1	8,3	9,97	3,56	50,3	40,3
8,1	9,78	3,61	51,2	41,1	8,1	9,81	3,65	51,5	41,3
7,9	9,62	3,69	52,4	42,1	7,9	9,64	3,74	52,7	42,3
7,7	9,46	3,78	53,6	43,0	7,7	9,48	3,82	53,9	43,2
7,5	9,29	3,87	54,8	44,0	7,5	9,31	3,91	55,1	44,2
7,3	9,13	3,95	56,0	45,0	7,3	9,15	4,00	56,3	45,2
7,1	8,96	4,04	57,2	46,0	7,1	8,99	4,08	57,5	46,2
7,0	8,88	4,08	57,8	46,5	7,0	8,90	4,13	58,1	46,7
6,9	8,80	4,13	58,4	47,0	6,9	8,82	4,17	58,7	47,2
6,8	8,72	4,17	59,0	47,5	6,8	8,74	4,21	59,3	47,7
6,7	8,64	4,21	59,6	48,0	6,7	8,66	4,26	59,9	48,1
6,6	8,56	4,26	60,2	48,5	6,6	8,58	4,30	60,5	48,6
6,5	8,47	4,30	60,8	49,0	6,5	8,50	4,34	61,1	49,1
6,4	8,39	4,34	61,4	49,4	6,4	8,41	4,39	61,7	49,6
6,3	8,31	4,39	62,0	49,9	6,3	8,33	4,43	62,3	50,1
6,2	8,23	4,43	62,7	50,4	6,2	8,25	4,47	62,9	50,6
6,1	8,15	4,47	63,3	50,9	6,1	8,17	4,52	63,5	51,1
5,9	7,98	4,56	64,5	51,9	5,9	8,00	4,60	64,7	52,1
5,7	7,82	4,65	65,7	52,9	5,7	7,84	4,69	65,9	53,1
5,5	7,66	4,73	66,9	53,9	5,5	7,68	4,78	67,1	54,0
5,3	7,49	4,82	68,1	54,9	5,3	7,51	4,87	68,3	55,0
5,1	7,33	4,91	69,3	55,9	5,1	7,35	4,95	69,5	56,0
4,9	7,16	4,99	70,5	56,8	4,9	7,19	5,04	70,7	57,0
4,7	7,00	5,08	71,7	57,8	4,7	7,02	5,13	71,9	58,0
4,5	6,84	5,17	72,9	58,8	4,5	6,86	5,21	73,1	58,9
4,3	6,67	5,25	74,1	59,8	4,3	6,69	5,30	74,3	59,9
4,1	6,51	5,34	75,3	60,8	4,1	6,53	5,39	75,4	60,9
3,9	6,35	5,43	76,5	61,8	3,9	6,37	5,47	76,6	61,9
3,7	6,18	5,51	77,7	62,8	3,7	6,20	5,56	77,8	62,9
3,5	6,02	5,60	78,9	63,7	3,5	6,04	5,65	79,0	63,8
3,3	5,86	5,69	80,1	64,7	3,3	5,88	5,73	80,2	64,8
3,1	5,69	5,77	81,3	65,7	3,1	5,71	5,82	81,4	65,8

Holzner, Tabellen zur Bieranalyse.   10

16,8					16,9				
Extrakt der anstellbaren Würze 16,8%					Extrakt der anstellbaren Würze 16,9%				
Saccharo-meter-Anzeige des Bieres	Wirk-liches Extrakt Prozente	Alkohol Gewichts-Prozente	Schein-barer Ver-gärungs-grad	Wirk-licher Ver-gärungs-grad	Saccharo-meter-Anzeige des Bieres	Wirk-liches Extrakt Prozente	Alkohol Gewichts-Prozente	Schein-barer Ver-gärungs-grad	Wirk-licher Ver-gärungs-grad
9,9	11,30	2,91	41,1	32,7	9,9	11,32	2,95	41,4	33,0
9,7	11,14	3,00	42,3	33,7	9,7	11,16	3,04	42,6	33,9
9,5	10,98	3,08	43,5	34,7	9,5	11,00	3,13	43,8	34,9
9,3	10,81	3,17	44,6	35,6	9,3	10,83	3,21	45,0	35,9
9,1	10,65	3,26	45,8	36,6	9,1	10,67	3,30	46,2	36,9
8,9	10,48	3,35	47,0	37,6	8,9	10,51	3,39	47,3	37,8
8,7	10,32	3,43	48,2	38,6	8,7	10,34	3,47	48,5	38,8
8,5	10,16	3,52	49,4	39,5	8,5	10,18	3,56	49,7	39,8
8,3	9,99	3,61	50,6	40,5	8,3	10,02	3,65	50,9	40,7
8,1	9,83	3,69	51,8	41,5	8,1	9,85	3,74	52,1	41,7
7,9	9,66	3,78	53,0	42,5	7,9	9,68	3,82	53,3	42,7
7,7	9,50	3,87	54,2	43,4	7,7	9,52	3,91	54,4	43,7
7,5	9,34	3,95	55,4	44,4	7,5	9,36	4,00	55,6	44,6
7,3	9,17	4,04	56,5	45,4	7,3	9,19	4,08	56,8	45,6
7,1	9,01	4,13	57,7	46,4	7,1	9,03	4,17	58,0	46,6
7,0	8,93	4,17	58,3	46,9	7,0	8,95	4,21	58,6	47,0
6,9	8,84	4,21	58,9	47,4	6,9	8,87	4,26	59,2	47,5
6,8	8,76	4,26	59,5	47,8	6,8	8,78	4,30	59,8	48,0
6,7	8,68	4,30	60,1	48,3	6,7	8,70	4,34	60,4	48,5
6,6	8,60	4,34	60,7	48,8	6,6	8,62	4,39	60,9	49,0
6,5	8,52	4,39	61,3	49,3	6,5	8,54	4,43	61,5	49,5
6,4	8,44	4,43	61,9	49,8	6,4	8,46	4,48	62,1	50,0
6,3	8,35	4,48	62,5	50,3	6,3	8,37	4,52	62,7	50,4
6,2	8,27	4,52	63,1	50,8	6,2	8,29	4,56	63,3	50,9
6,1	8,19	4,56	63,7	51,3	6,1	8,21	4,61	63,9	51,4
5,9	8,03	4,65	64,9	52,2	5,9	8,05	4,69	65,1	52,4
5,7	7,86	4,74	66,1	53,2	5,7	7,88	4,78	66,3	53,4
5,5	7,70	4,82	67,3	54,2	5,5	7,72	4,87	67,5	54,3
5,3	7,53	4,91	68,5	55,2	5,3	7,55	4,95	68,6	55,3
5,1	7,37	5,00	69,6	56,1	5,1	7,39	5,04	69,8	56,3
4,9	7,21	5,08	70,8	57,1	4,9	7,23	5,13	71,0	57,2
4,7	7,04	5,17	72,0	58,1	4,7	7,06	5,22	72,2	58,2
4,5	6,88	5,26	73,2	59,1	4,5	6,90	5,30	73,4	59,2
4,3	6,71	5,34	74,4	60,0	4,3	6,73	5,39	74,6	60,2
4,1	6,55	5,43	75,6	61,0	4,1	6,57	5,48	75,7	61,1
3,9	6,39	5,52	76,8	62,0	3,9	6,41	5,56	76,9	62,1
3,7	6,22	5,60	78,0	63,0	3,7	6,24	5,65	78,1	63,1
3,5	6,06	5,69	79,2	63,9	3,5	6,08	5,74	79,3	64,0
3,3	5,89	5,78	80,4	64,9	3,3	5,91	5,82	80,5	65,0
3,1	5,73	5,87	81,5	65,9	3,1	5,75	5,91	81,6	66,0

17,0					17,1				
Extrakt der anstellbaren Würze 17,0%					Extrakt der anstellbaren Würze 17,1%				
Saccharo-meter-Anzeige des Bieres	Wirkliches Extrakt Prozente	Alkohol Gewichts-Prozente	Schein-barer Ver-gärungs-grad	Wirk-licher Ver-gärungs-grad	Saccharo-meter-Anzeige des Bieres	Wirkliches Extrakt Prozente	Alkohol Gewichts-Prozente	Schein-barer Ver-gärungs-grad	Wirk-licher Ver-gärungs-grad
10,9	12,14	2,58	35,9	28,6	10,9	12,16	2,62	36,3	28,9
10,7	11,98	2,66	37,1	29,5	10,7	11,99	2,71	37,4	29,9
10,5	11,82	2,75	38,2	30,5	10,5	11,83	2,80	38,6	30,8
10,3	11,65	2,84	39,4	31,5	10,3	11,67	2,88	39,8	31,8
10,1	11,49	2,92	40,6	32,4	10,1	11,50	2,97	40,9	32,7
9,9	11,33	3,01	41,8	33,4	9,9	11,34	3,06	42,1	33,7
9,7	11,16	3,10	42,9	34,4	9,7	11,18	3,14	43,3	34,7
9,5	11,00	3,18	44,1	35,3	9,5	11,01	3,23	44,4	35,6
9,3	10,84	3,27	45,3	36,3	9,3	10,85	3,32	45,6	36,6
9,1	10,67	3,36	46,5	37,2	9,1	10,69	3,40	46,8	37,5
8,9	10,51	3,44	47,6	38,2	8,9	10,52	3,49	48,0	38,5
8,7	10,35	3,53	48,8	39,2	8,7	10,36	3,58	49,1	39,4
8,5	10,18	3,62	50,0	40,1	8,5	10,20	3,66	50,3	40,4
8,3	10,02	3,70	51,2	41,1	8,3	10,03	3,75	51,5	41,3
8,1	9,86	3,79	52,4	42,0	8,1	9,87	3,84	52,6	42,3
7,9	9,69	3,88	53,5	43,0	7,9	9,71	3,92	53,8	43,2
7,7	9,53	3,96	54,7	44,0	7,7	9,54	4,01	55,0	44,2
7,5	9,37	4,05	55,9	44,9	7,5	9,38	4,10	56,1	45,2
7,3	9,20	4,14	57,1	45,9	7,3	9,22	4,18	57,3	46,1
7,1	9,04	4,22	58,2	46,8	7,1	9,05	4,27	58,5	47,1
6,9	8,88	4,31	59,4	47,8	6,9	8,89	4,36	59,6	48,0
6,7	8,71	4,40	60,6	48,8	6,7	8,73	4,44	60,8	49,0
6,5	8,55	4,48	61,8	49,7	6,5	8,56	4,53	62,0	49,9
6,3	8,38	4,57	62,9	50,7	6,3	8,40	4,62	63,2	50,9
6,1	8,22	4,66	64,1	51,6	6,1	8,24	4,70	64,3	51,8
5,9	8,06	4,74	65,3	52,6	5,9	8,07	4,79	65,5	52,8
5,7	7,89	4,83	66,5	53,6	5,7	7,91	4,88	66,7	53,7
5,5	7,73	4,92	67,6	54,5	5,5	7,75	4,96	67,8	54,7
5,3	7,57	5,00	68,8	55,5	5,3	7,58	5,05	69,0	55,6
5,1	7,40	5,09	70,0	56,5	5,1	7,42	5,14	70,2	56,6
4,9	7,24	5,18	71,2	57,4	4,9	7,26	5,22	71,3	57,6
4,7	7,08	5,26	72,4	58,4	4,7	7,09	5,31	72,5	58,5
4,5	6,91	5,35	73,5	59,3	4,5	6,93	5,40	73,7	59,5
4,3	6,75	5,44	74,7	60,3	4,3	6,77	5,48	74,9	60,4
4,1	6,59	5,52	75,9	61,3	4,1	6,60	5,57	76,0	61,4
3,9	6,42	5,61	77,1	62,2	3,9	6,44	5,66	77,2	62,3
3,7	6,26	5,70	78,2	63,2	3,7	6,28	5,74	78,4	63,3
3,5	6,10	5,78	79,4	64,1	3,5	6,11	5,83	79,5	64,2
3,3	5,93	5,87	80,6	65,1	3,3	5,95	5,92	80,7	65,2
3,1	5,77	5,96	81,8	66,1	3,1	5,79	6,00	81,9	66,1

17,2					17,3				
Extrakt der anstellbaren Würze 17,2%					Extrakt der anstellbaren Würze 17,3%				
Saccharo-meter-Anzeige des Bieres	Wirk-liches Extrakt Prozente	Alkohol Gewichts-Prozente	Schein-barer Ver-gärungs-grad	Wirk-licher Ver-gärungs-grad	Saccharo-meter-Anzeige des Bieres	Wirk-liches Extrakt Prozente	Alkohol Gewichts-Prozente	Schein-barer Ver-gärungs-grad	Wirk-licher Ver-gärungs-grad
10,9	12,17	2,67	36,6	29,2	10,9	12,18	2,72	37,0	29,6
10,7	12,00	2,76	37,8	30,2	10,7	12,02	2,81	38,2	30,5
10,5	11,84	2,84	39,0	31,1	10,5	11,85	2,89	39,3	31,5
10,3	11,68	2,93	40,1	32,1	10,3	11,69	2,98	40,5	32,4
10,1	11,51	3,02	41,3	33,0	10,1	11,53	3,07	41,6	33,4
9,9	11,35	3,10	42,4	34,0	9,9	11,36	3,15	42,8	34,3
9,7	11,19	3,19	43,6	34,9	9,7	11,20	3,24	43,9	35,3
9,5	11,02	3,28	44,8	35,9	9,5	11,04	3,33	45,1	36,2
9,3	10,86	3,36	45,9	36,8	9,3	10,88	3,41	46,2	37,1
9,1	10,70	3,45	47,1	37,8	9,1	10,71	3,50	47,4	38,1
8,9	10,53	3,54	48,3	38,7	8,9	10,55	3,59	48,6	39,0
8,7	10,37	3,62	49,4	39,7	8,7	10,39	3,67	49,7	40,0
8,5	10,21	3,71	50,6	40,6	8,5	10,22	3,76	50,9	40,9
8,3	10,04	3,80	51,7	41,6	8,3	10,06	3,85	52,0	41,8
8,1	9,88	3,88	52,9	42,5	8,1	9,90	3,93	53,2	42,8
7,9	9,72	3,97	54,1	43,5	7,9	9,74	4,02	54,3	43,7
7,7	9,55	4,06	55,2	44,4	7,7	9,57	4,10	55,5	44,7
7,5	9,39	4,14	56,4	45,4	7,5	9,41	4,19	56,6	45,6
7,3	9,23	4,23	57,6	46,3	7,3	9,25	4,28	57,8	46,5
7,1	9,06	4,32	58,7	47,3	7,1	9,08	4,36	59,0	47,5
6,9	8,90	4,40	59,9	48,2	6,9	8,92	4,45	60,1	48,4
6,7	8,74	4,49	61,0	49,2	6,7	8,76	4,54	61,3	49,4
6,5	8,58	4,58	62,2	50,1	6,5	8,60	4,62	62,4	50,3
6,3	8,41	4,66	63,4	51,1	6,3	8,43	4,71	63,6	51,3
6,1	8,25	4,75	64,5	52,0	6,1	8,27	4,80	64,7	52,2
5,9	8,09	4,84	65,7	53,0	5,9	8,11	4,88	65,9	53,1
5,7	7,93	4,92	66,9	53,9	5,7	7,94	4,97	67,1	54,1
5,5	7,76	5,01	68,0	54,8	5,5	7,78	5,06	68,2	55,0
5,3	7,60	5,10	69,2	55,8	5,3	7,62	5,14	69,4	56,0
5,1	7,44	5,18	70,3	56,7	5,1	7,46	5,23	70,5	56,9
4,9	7,27	5,27	71,5	57,7	4,9	7,29	5,32	71,7	57,8
4,7	7,11	5,36	72,7	58,6	4,7	7,13	5,40	72,8	58,8
4,5	6,95	5,44	73,8	59,6	4,5	6,97	5,49	74,0	59,7
4,3	6,79	5,53	75,0	60,5	4,3	6,80	5,58	75,1	60,7
4,1	6,62	5,62	76,2	61,5	4,1	6,64	5,66	76,3	61,6
3,9	6,46	5,70	77,3	62,4	3,9	6,48	5,75	77,5	62,5
3,7	6,30	5,79	78,5	63,4	3,7	6,32	5,84	78,6	63,5
3,5	6,13	5,88	79,7	64,3	3,5	6,15	5,92	79,8	64,4
3,3	5,97	5,96	80,8	65,3	3,3	5,99	6,01	80,9	65,4
3,1	5,81	6,05	82,0	66,2	3,1	5,83	6,09	82,1	66,3

17,4					17,5				
Extrakt der anstellbaren Würze 17,4%					Extrakt der anstellbaren Würze 17,5%				
Saccharometer-Anzeige des Bieres	Wirkliches Extrakt Prozente	Alkohol Gewichts-Prozente	Scheinbarer Vergärungs-grad	Wirklicher Vergärungs-grad	Saccharometer-Anzeige des Bieres	Wirkliches Extrakt Prozente	Alkohol Gewichts-Prozente	Scheinbarer Vergärungs-grad	Wirklicher Vergärungs-grad
10,9	12,20	2,77	37,4	29,9	10,9	12,22	2,81	37,7	30,2
10,7	12,04	2,85	38,5	30,8	10,7	12,06	2,90	38,9	31,1
10,5	11,87	2,94	39,7	31,8	10,5	11,99	2,98	40,0	32,0
10,3	11,71	3,03	40,8	32,7	10,3	11,73	3,07	41,1	33,0
10,1	11,55	3,11	42,0	33,6	10,1	11,57	3,16	42,3	33,9
9,9	11,38	3,20	43,1	34,6	9,9	11,40	3,24	43,4	34,8
9,7	11,22	3,29	44,3	35,5	9,7	11,24	3,33	44,6	35,8
9,5	11,06	3,37	45,4	36,4	9,5	11,08	3,42	45,7	36,7
9,3	10,90	3,46	46,6	37,4	9,3	10,92	3,50	46,9	37,6
9,1	10,73	3,55	47,7	38,3	9,1	10,75	3,59	48,0	38,6
8,9	10,57	3,63	48,9	39,3	8,9	10,59	3,68	49,1	39,5
8,7	10,41	3,72	50,0	40,2	8,7	10,43	3,76	50,3	40,4
8,5	10,24	3,81	51,1	41,1	8,5	10,26	3,85	51,4	41,4
8,3	10,08	3,89	52,3	42,1	8,3	10,10	3,94	52,6	42,3
8,1	9,92	3,98	53,4	43,0	8,1	9,94	4,02	53,7	43,2
7,9	9,76	4,06	54,6	43,9	7,9	9,77	4,11	54,9	44,1
7,7	9,59	4,15	55,7	44,9	7,7	9,61	4,20	56,0	45,1
7,5	9,43	4,24	56,9	45,8	7,5	9,45	4,28	57,2	46,0
7,3	9,27	4,32	58,0	46,7	7,3	9,29	4,37	58,3	46,9
7,1	9,10	4,41	59,2	47,7	7,1	9,12	4,46	59,4	47,9
6,9	8,94	4,50	60,3	48,6	6,9	8,96	4,54	60,6	48,8
6,7	8,78	4,58	61,5	49,6	6,7	8,80	4,63	61,7	49,7
6,5	8,62	4,67	62,6	50,5	6,5	8,63	4,72	62,9	50,7
6,3	8,45	4,76	63,8	51,4	6,3	8,47	4,80	64,0	51,6
6,1	8,29	4,84	64,9	52,4	6,1	8,31	4,89	65,1	52,5
5,9	8,13	4,93	66,1	53,3	5,9	8,15	4,98	66,3	53,5
5,7	7,96	4,02	67,2	54,2	5,7	7,98	5,06	67,4	54,4
5,5	7,80	5,10	68,4	55,2	5,5	7,82	5,15	68,6	55,3
5,3	7,64	5,19	69,5	56,1	5,3	7,66	5,24	69,7	56,2
5,1	7,48	5,28	70,7	57,0	5,1	7,49	5,32	70,9	57,2
4,9	7,31	5,36	71,8	58,0	4,9	7,33	5,41	72,0	58,1
4,7	7,15	5,45	73,0	58,9	4,7	7,17	5,50	73,1	59,0
4,5	6,99	5,54	74,1	59,8	4,5	7,01	5,58	74,3	60,0
4,3	6,82	5,62	75,3	60,8	4,3	6,84	5,67	75,4	60,9
4,1	6,66	5,71	76,4	61,7	4,1	6,68	5,76	76,6	61,8
3,9	6,50	5,80	77,6	62,7	3,9	6,52	5,84	77,7	62,8
3,7	6,34	5,88	78,7	63,6	3,7	6,35	5,93	78,9	63,7
3,5	6,17	5,97	79,9	64,5	3,5	6,19	6,02	80,0	64,6
3,3	6,01	6,06	81,0	65,5	3,3	6,03	6,10	81,1	65,5
3,1	5,85	6,14	82,2	66,4	3,1	5,87	6,19	82,3	66,5

	17,6					17,7			
	Extrakt der anstellbaren Würze 17,6%					Extrakt der anstellbaren Würze 17,7%			
Saccharometer-Anzeige des Bieres	Wirkliches Extrakt Prozente	Alkohol Gewichts-Prozente	Scheinbarer Vergärungsgrad	Wirklicher Vergärungsgrad	Saccharometer-Anzeige des Bieres	Wirkliches Extrakt Prozente	Alkohol Gewichts-Prozente	Scheinbarer Vergärungsgrad	Wirklicher Vergärungsgrad
10,9	12,24	2,85	38,1	30,5	10,9	12,26	2,90	38,4	30,7
10,7	12,07	2,94	39,2	31,4	10,7	12,09	2,99	39,5	31,7
10,5	11,91	3,03	40,3	32,3	10,5	11,93	3,07	40,7	32,6
10,3	11,75	3,11	41,5	33,2	10,3	11,77	3,16	41,8	33,5
10,1	11,59	3,20	42,6	34,2	10,1	11,61	3,25	42,9	34,4
9,9	11,42	3,29	43,7	35,1	9,9	11,44	3,33	44,1	35,3
9,7	11,26	3,37	44,9	36,0	9,7	11,28	3,42	45,2	36,3
9,5	11,10	3,46	46,0	36,9	9,5	11,12	3,51	46,3	37,2
9,3	10,93	3,55	47,2	37,9	9,3	10,95	3,59	47,5	38,1
9,1	10,77	3,63	48,3	38,8	9,1	10,79	3,68	48,6	39,0
8,9	10,61	3,72	49,4	39,7	8,9	10,63	3,77	49,7	40,0
8,7	10,45	3,81	50,6	40,6	8,7	10,47	3,85	50,8	40,9
8,5	10,28	3,90	51,7	41,6	8,5	10,30	3,94	52,0	41,8
8,3	10,12	3,98	52,8	42,5	8,3	10,14	4,03	53,1	42,7
8,1	9,96	4,07	54,0	43,4	8,1	9,98	4,11	54,2	43,6
7,9	9,79	4,16	55,1	44,3	7,9	9,81	4,20	55,4	44,6
7,7	9,63	4,24	56,2	45,3	7,7	9,65	4,29	56,5	45,5
7,5	9,47	4,33	57,4	46,2	7,5	9,49	4,37	57,6	46,4
7,3	9,31	4,42	58,5	47,1	7,3	9,33	4,46	58,8	47,3
7,1	9,14	4,50	59,7	48,1	7,1	9,16	4,55	59,9	48,2
6,9	8,98	4,59	60,8	49,0	6,9	9,00	4,63	61,0	49,2
6,7	8,82	4,68	61,9	49,9	6,7	8,84	4,72	62,1	50,1
6,5	8,65	4,76	63,1	50,8	6,5	8,67	4,81	63,3	51,0
6,3	8,49	4,85	64,2	51,8	6,3	8,51	4,89	64,4	51,9
6,1	8,33	4,94	65,3	52,7	6,1	8,35	4,98	65,5	52,8
5,9	8,17	5,02	66,5	53,6	5,9	8,19	5,07	66,7	53,8
5,7	8,00	5,11	67,6	54,5	5,7	8,02	5,15	67,8	54,7
5,5	7,84	5,20	68,7	55,5	5,5	7,86	5,24	68,9	55,6
5,3	7,68	5,28	69,9	56,4	5,3	7,70	5,33	70,1	56,5
5,1	7,51	5,37	71,0	57,3	5,1	7,53	5,41	71,2	57,4
4,9	7,35	5,46	72,2	58,2	4,9	7,37	5,50	72,3	58,4
4,7	7,19	5,54	73,3	59,2	4,7	7,21	5,59	73,4	59,3
4,5	7,03	5,63	74,4	60,1	4,5	7,04	5,68	74,6	60,2
4,3	6,86	5,72	75,6	61,0	4,3	6,88	5,76	75,7	61,1
4,1	6,70	5,80	76,7	61,9	4,1	6,72	5,85	76,8	62,0
3,9	6,54	5,89	77,8	62,9	3,9	6,56	5,94	78,0	62,9
3,7	6,37	5,98	79,0	63,8	3,7	6,39	6,02	79,1	63,9
3,5	6,21	6,06	80,1	64,7	3,5	6,23	6,11	80,2	64,8
3,3	6,05	6,15	81,3	65,6	3,3	6,07	6,20	81,4	65,7
3,1	5,89	6,24	82,4	66,6	8,1	5,90	6,28	82,5	66,6

17,8					17,9				
Extrakt der anstellbaren Würze 17,8%					Extrakt der anstellbaren Würze 17,9%				
Saccharo-meter-Anzeige des Bieres	Wirk-liches Extrakt Prozente	Alkohol Gewichts-Prozente	Schein-barer Ver-gärungs-grad	Wirk-licher Ver-gärungs-grad	Saccharo-meter-Anzeige des Bieres	Wirk-liches Extrakt Prozente	Alkohol Gewichts-Prozente	Schein-barer Ver-gärungs-grad	Wirk-licher Ver-gärungs-grad
10,9	12,28	2,94	38,8	31,0	10,9	12,30	2,99	39,1	31,3
10,7	12,11	3,03	39,9	31,9	10,7	12,13	3,07	40,2	32,2
10,5	11,95	3,12	41,0	32,9	10,5	11,97	3,16	41,3	33,1
10,3	11,79	3,20	42,1	33,8	10,3	11,81	3,25	42,5	34,0
10,1	11,63	3,29	43,3	34,7	10,1	11,65	3,33	43,6	34,9
9,9	11,46	3,38	44,4	35.6	9,9	11,48	3,42	44,7	35,9
9,7	11,30	3,46	45,5	36,5	9,7	11,32	3,51	45,8	36,8
9,5	11,14	3,55	46,6	37,4	9,5	11,16	3,60	46,9	37,7
9,3	10,97	3,64	47,8	38,3	9,3	10,99	3,68	48,0	38,6
9,1	10,81	3,72	48,9	39,3	9,1	10,83	3,77	49,2	39,5
8,9	10,65	3,81	50,0	40,2	8,9	10,67	3,86	50,3	40,4
8,7	10,49	3,90	51,1	41,1	8,7	10,50	3,94	51,4	41,3
8,5	10,32	3,98	52,2	42,0	8,5	10,34	4,03	52,5	42,2
8,3	10,16	4,07	53,4	42,9	8,3	10,18	4,12	53,6	43,1
8,1	10,00	4,16	54,5	43,8	8,1	10,02	4,20	54,7	44,0
7,9	9,83	4,25	55,6	44,8	7,9	9,85	4,29	55,9	45,0
7,7	9,67	4,33	56,7	45,7	7,7	9,69	4,38	57,0	45,9
7,5	9,51	4,42	57,9	46,6	7,5	9,53	4,46	58,1	46,8
7,3	9,34	4,51	59,0	47,5	7,3	9,36	4,55	59,2	47,7
7,1	9,18	4,59	60,1	48,4	7,1	9,20	4,64	60,3	48,6
6,9	9,02	4,68	61,2	49,3	6,9	9,04	4,72	61,5	49,5
6,7	8,86	4,77	62,4	50,2	6,7	8,88	4,81	62,6	50,4
6,5	8,69	4,85	63,5	51,2	6,5	8,71	4,90	63,7	51,3
6,3	8,53	4,94	64,6	52,1	6,3	8,55	4,99	64,8	52,2
6,1	8,37	5,03	65,7	53,0	6,1	8,39	5,07	65,9	53,1
5,9	8,20	5,11	66,9	53,9	5,9	8,22	5,16	67,0	54,1
5,7	8,04	5,20	68,0	54,8	5,7	8,06	5,25	68,2	55,0
5,5	7,88	5,29	69,1	55,7	5,5	7,90	5,33	69,3	55,9
5,3	7,72	5,37	70,2	56,7	5,3	7,74	5,42	70,4	56,8
5,1	7,55	5,46	71,3	57,6	5,1	7,57	5,51	71,5	57,7
4,9	7,39	5,55	72,5	58,5	4,9	7,41	5,59	72,6	58,6
4,7	7,23	5,63	73,6	59,4	4,7	7,25	5,68	73,7	59,5
4,5	7,06	5,72	74,7	60,3	4,5	7,08	5,77	74,9	60,4
4,3	6,90	5,81	75,8	61,2	4,3	6,92	5,85	76,0	61,3
4,1	6,74	5,89	77,0	62,1	4,1	6,76	5,94	77,1	62,2
3,9	6,58	5,98	78,1	63,1	3,9	6,59	6,03	78,2	63,2
3,7	6,41	6,07	79,2	64,0	3,7	6,43	6,11	79,3	64,1
3,5	6,25	6,16	80,3	64,9	3,5	6,27	6,20	80,4	65,0
3,3	6,09	6,24	81,5	65,8	3,3	6,11	6,29	81,6	65,9
3,1	5,92	6,33	82,6	66,7	3,1	5,94	6,38	82,7	66,8

Saccharo-meter-Anzeige des Bieres	Wirkliches Extrakt Prozente	Alkohol Gewichts-Prozente	Schein-barer Ver-gärungs-grad	Wirk-licher Ver-gärungs-grad	Saccharo-meter-Anzeige des Bieres	Wirkliches Extrakt Prozente	Alkohol Gewichts-Prozente	Schein-barer Ver-gärungs-grad	Wirk-licher Ver-gärungs-grad
		18,0					**18,1**		
	Extrakt der anstellbaren Würze 18,0%					Extrakt der anstellbaren Würze 18,1%			
10,9	12,31	3,04	39,4	31,6	10,9	12,33	3,08	39,8	31,9
10,7	12,15	3,12	40,6	32,5	10,7	12,17	3,17	40,9	32,8
10,5	11,99	3,21	41,7	33,4	10,5	12,01	3,25	42,0	33,7
10,3	11,82	3,30	42,8	34,3	10,3	11,84	3,34	43,1	34,6
10,1	11,66	3,38	43,9	35,2	10,1	11,68	3,43	44,2	35,5
9,9	11,50	3,47	45,0	36,1	9,9	11,52	3,51	45,3	36,4
9,7	11,33	3,56	46,1	37,0	9,7	11,35	3,60	46,4	37,3
9,5	11,17	3,64	47,2	37,9	9,5	11,19	3,69	47,5	38,2
9,3	11,01	3,73	48,3	38,8	9,3	11,03	3,77	48,6	39,1
9,1	10,85	3,82	49,4	39,7	9,1	10,87	3,86	49,7	40,0
8,9	10,68	3,90	50,6	40,6	8,9	10,70	3,95	50,8	40,9
8,7	10,52	3,99	51,7	41,6	8,7	10,54	4,03	51,9	41,8
8,5	10,36	4,08	52,8	42,5	8,5	10,38	4,12	53,0	42,7
8,3	10,19	4,16	53,9	43,4	8,3	10,22	4,21	54,1	43,6
8,1	10,03	4,25	55,0	44,3	8,1	10,05	4,30	55,2	44,5
7,9	9,87	4,34	56,1	45,2	7,9	9,89	4,38	56,4	45,4
7,7	9,71	4,42	57,2	46,1	7,7	9,73	4,47	57,5	46,3
7,5	9,54	4,51	58,3	47,0	7,5	9,56	4,56	58,6	47,2
7,3	9,38	4,60	59,4	47,9	7,3	9,40	4,64	59,7	48,1
7,1	9,22	4,69	60,6	48,8	7,1	9,24	4,73	60,8	49,0
6,9	9,06	4,77	61,7	49,7	6,9	9,08	4,82	61,9	49,9
6,7	8,89	4,86	62,8	50,6	6,7	8,91	4,90	63,0	50,8
6,5	8,73	4,95	63,9	51,5	6,5	8,75	4,99	64,1	51,7
6,3	8,57	5,03	65,0	52,4	6,3	8,59	5,08	65,2	52,6
1,1	8,40	5,12	66,1	53,3	6,1	8,42	5,16	66,3	53,5
5,9	8,24	5,21	67,2	54,2	5,9	8,26	5,25	67,4	54,4
5,7	8,08	5,29	68,3	55,1	5,7	8,10	5,34	68,5	55,3
5,5	7,92	5,38	69,4	56,0	5,5	7,94	5,43	69,6	56,2
5,3	7,75	5,47	70,6	56,9	5,3	7,77	5,51	70,7	57,1
5,1	7,59	5,55	71,7	57,8	5,1	7,61	5,60	71,8	58,0
4,9	7,43	5,64	72,8	58,7	4,9	7,45	5,69	72,9	58,9
4,7	7,26	5,73	73,9	59,6	4,7	7,28	5,77	74,0	59,8
4,5	7,10	5,81	75,0	60,5	4,5	7,12	5,86	75,1	60,7
4,3	6,94	5,90	76,1	61,5	4,3	6,96	5,95	76,2	61,6
4,1	6,78	5,99	77,2	62,4	4,1	6,80	6,03	77,3	62,5
3,9	6,61	6,07	78,3	63,3	3,9	6,63	6,12	78,5	63,4
3,7	6,45	6,16	79,4	64,2	3,7	6,47	6,21	79,6	64,3
3,5	6,29	6,25	80,6	65,1	3,5	6,31	6,29	80,7	65,2
3,3	6,12	6,34	81,7	66,0	3,3	6,14	6,38	81,8	66,1
3,1	5,96	6,42	82,8	66,9	3,1	5,98	6,47	82,9	67,0

18,2					18,3				
Extrakt der anstellbaren Würze 18,2%					Extrakt der anstellbaren Würze 18,3%				
Saccharo-meter Anzeige des Bieres	Wirk-liches Extrakt Prozente	Alkohol Gewichts-Prozente	Schein-barer Ver-gärungs-grad	Wirk-licher Ver-gärungs-grad	Saccharo-meter Anzeige des Bieres	Wirk-liches Extrakt Prozente	Alkohol Gewichts-Prozente	Schein-barer Ver-gärungs-grad	Wirk-licher Ver-gärungs-grad
10,9	12,35	3,12	40,1	32,1	10,9	12,37	3,17	40,4	32,4
10,7	12,19	3,21	41,2	33,0	10,7	12,21	3,25	41,5	33,3
10,5	12,03	3,30	42,3	33,9	10,5	12,05	3,34	42,6	34,2
10,3	11,86	3,38	43,4	34,8	10,3	11,88	3,43	43,7	35,1
10,1	11,70	3,47	44,5	35,7	10,1	11,72	3,51	44,8	35,9
9,9	11,54	3,56	45,6	36,6	9,9	11,56	3,60	45,9	36,8
9,7	11,38	3,64	46,7	37,5	9,7	11,40	3,69	47,0	37,7
9,5	11,21	3,73	47,8	38,4	9,5	11,23	3,77	48,1	38,6
9,3	11,05	3,82	48,9	39,3	9,3	11,07	3,86	49,2	39,5
9,1	10,89	3,90	50,0	40,2	9,1	10,91	3,95	50,3	40,4
8,9	10,72	3,99	51,1	41,1	8,9	10,74	4,04	51,4	41,3
8,7	10,56	4,08	52,2	42,0	8,7	10,58	4,12	52,5	42,2
8,5	10,40	4,17	53,3	42,9	8,5	10,42	4,21	53,6	43,1
8,3	10,24	4,25	54,4	43,8	8,3	10,26	4,30	54,6	44,0
8,1	10,07	4,34	55,5	44,7	8,1	10,09	4,38	55,7	44,8
7,9	9,91	4,43	56,6	45,6	7,9	9,93	4,47	56,8	45,7
7,7	9,75	4,51	57,7	46,4	7,7	9,77	4,56	57,9	46,6
7,5	9,58	4,60	58,8	47,3	7,5	9,60	4,65	59,0	47,5
7,3	9,42	4,69	59,9	48,2	7,3	9,44	4,73	60,1	48,4
7,1	9,26	4,78	61,0	49,1	7,1	9,28	4,82	61,2	49,3
6,9	9,10	4,86	62,1	50,0	6,9	9,12	4,91	62,3	50,2
6,7	8,93	4,95	63,2	50,9	6,7	8,95	4,99	63,4	51,1
6,5	8,77	5,04	64,3	51,8	6,5	8,79	5,08	64,5	52,0
6,3	8,61	5,12	65,4	52,7	6,3	8,63	5,17	65,6	52,9
6,1	8,44	5,21	66,5	53,6	6,1	8,46	5,26	66,7	53,8
5,9	8,28	5,30	67,6	54,5	5,9	8,30	5,34	67,8	54,6
5,7	8,12	5,38	68,7	55,4	5,7	8,14	5,43	68,9	55,5
5,5	7,96	5,47	69,8	56,3	5,5	7,98	5,52	69,9	56,4
5,3	7,79	5,56	70,9	57,2	5,3	7,81	5,60	71,0	57,3
5,1	7,63	5,65	72,0	58,1	5,1	7,65	5,69	72,1	58,2
4,9	7,47	5,73	73,1	59,0	4,9	7,49	5,78	73,2	59,1
4,7	7,30	5,82	74,2	59,9	4,7	7,32	5,87	74,3	60,0
4,5	7,14	5,91	75,3	60,8	4,5	7,16	5,95	75,4	60,9
4,3	6,98	5,99	76,4	61,7	4,3	7,00	6,04	76,5	61,6
4,1	6,82	6,08	77,5	62,6	4,1	6,83	6,13	77,6	62,7
3,9	6,65	6,17	78,6	63,4	3,9	6,67	6,21	78,7	63,5
3,7	6,49	6,25	79,7	64,3	3,7	6,51	6,30	79,8	64,4
3,5	6,33	6,34	80,8	65,2	3,5	6,35	6,39	80,9	65,3
3,3	6,16	6,43	81,9	66,1	3,3	6,18	6,47	82,0	66,2
3,1	6,00	6,52	83,0	67,0	3,1	6,02	6,56	83,1	67,1

18,4					18,5				
Extrakt der anstellbaren Würze 18,4%					Extrakt der anstellbaren Würze 18,5%				
Saccharo-meter-Anzeige des Bieres	Wirk-liches Extrakt Prozente	Alkohol Gewichts-Prozente	Schein-barer Ver-gärungs-grad	Wirk-licher Ver-gärungs-grad	Saccharo-meter-Anzeige des Bieres	Wirk-liches Extrakt-Prozente	Alkohol Gewichts-Prozente	Schein-barer Ver-gärungs-grad	Wirk-licher Ver-gärungs-grad
10,9	12,39	3,21	40,8	32,6	10,9	12,42	3,25	41,1	32,9
10,7	12,23	3,30	41,8	33,5	10,7	12,25	3,34	42,2	33,8
10,5	12,07	3,38	42,9	34,4	10,5	12,09	3,43	43,2	34,7
10,3	11,91	3,47	44,0	35,3	10,3	11,93	3,51	44,3	35,5
10,1	11,74	3,56	45,1	36,2	10,1	11,76	3,60	45,4	36,4
9,9	11,58	3,65	46,2	37,1	9,9	11,60	3,69	46,5	37,3
9,7	11,42	3,73	47,3	38,0	9,7	11,44	3,78	47,6	38,2
9,5	11,25	3,82	48,4	38,8	9,5	11,27	3,86	48,6	39,1
9,3	11,09	3,91	49,5	39,7	9,3	11,11	3,95	49,7	39,9
9,1	10,93	3,99	50,5	40,6	9,1	10,95	4,04	50,8	40,8
8,9	10,76	4,08	51,6	41,5	8,9	10,79	4,12	51,9	41,7
8,7	10,60	4,17	52,7	42,4	8,7	10,62	4,21	53,0	42,6
8,5	10,44	4,25	53,8	43,3	8,5	10,46	4,30	54,1	43,5
8,3	10,28	4,34	54,9	44,2	8,3	10,30	4,39	55,1	44,3
8,1	10,11	4,43	56,0	45,0	8,1	10,13	4,47	56,2	45,2
7,9	9,95	4,52	57,1	45,9	7,9	9,97	4,56	57,3	46,1
7,7	9,79	4,60	58,2	46,8	7,7	9,81	4,65	58,4	47,0
7,5	9,62	4,69	59,2	47,7	7,5	9,64	4,74	59,5	47,9
7,3	9,46	4,78	60,3	48,6	7,3	9,48	4,82	60,5	48,7
7,1	9,30	4,87	61,4	49,5	7,1	9,32	4,91	61,6	49,6
6,9	9,14	4,95	62,5	50,4	6,9	9,16	5,00	62,7	50,5
6,7	8,97	5,04	63,6	51,2	6,7	8,99	5,08	63,8	51,4
6,5	8,81	5,13	64,7	52,1	6,5	8,83	5,17	64,9	52,3
6,3	8,65	5,21	65,8	53,0	6,3	8,67	5,26	65,9	53,2
6,1	8,48	5,30	66,8	53,9	6,1	8,50	5,35	67,0	54,0
5,9	8,32	5,39	67,9	54,8	5,9	8,34	5,43	68,1	54,9
5,7	8,16	5,48	69,0	55,7	5,7	8,18	5,52	69,2	55,8
5,5	7,99	5,56	70,1	56,5	5,5	8,01	5,61	70,3	56,7
5,3	7,83	5,65	71,2	57,4	5,3	7,85	5,70	71,4	57,6
5,1	7,67	5,74	72,3	58,3	5,1	7,69	5,78	72,4	58,4
4,9	7,51	5,82	73,4	59,2	4,9	7,53	5,87	73,5	59,3
4,7	7,34	5,91	74,5	60,1	4,7	7,36	5,96	74,6	60,2
4,5	7,18	6,00	75,5	61,0	4,5	7,20	6,04	75,7	61,1
4,3	7,02	6,09	76,6	61,9	4,3	7,04	6,13	76,8	62,0
4,1	6,85	6,17	77,7	62,7	4,1	6,87	6,22	77,8	62,8
3,9	6,69	6,26	78,8	63,6	3,9	6,71	6,31	78,9	63,7
3,7	6,53	6,35	79,9	64,5	3,7	6,55	6,39	80,0	64,6
3,5	6,37	6,43	81,0	65,4	3,5	6,38	6,48	81,1	65,5
3,3	6,20	6,52	82,1	66,3	3,3	6,22	6,57	82,2	66,4
3,1	6,04	6,61	83,2	67,2	3,1	6,06	6,66	83,2	67,2

18,6					18,7				
Extrakt der anstellbaren Würze 18,6%					Extrakt der anstellbaren Würze 18,7%				
Saccharo-meter Anzeige des Bieres	Wirk-liches Extrakt Prozente	Alkohol Gewichts-Prozente	Schein-barer Ver-gärungs-grad	Wirk-licher Ver-gärungs-grad	Saccharo-meter Anzeige des Bieres	Wirk-liches Extrakt Prozente	Alkohol Gewichts-Prozente	Schein-barer Ver-gärungs-grad	Wirk-licher Ver-gärungs-grad
10,9	12,44	3,30	41,4	33,1	10,9	12,46	3,34	41,7	33,4
10,7	12,27	3,38	42,5	34,0	10,7	12,29	3,43	42,8	34,3
10,5	12,11	3,47	43,5	34,9	10,5	12,13	3,51	43,9	35,1
10,3	11,95	3,56	44,6	35,8	10,3	11,97	3,60	44,9	36,0
10,1	11,78	3,65	45,7	36,6	10,1	11,80	3,69	46,0	36,9
9,9	11,62	3,73	46,8	37,5	9,9	11,64	3,78	47,1	37,7
9,7	11,46	3,82	47,8	38,4	9,7	11,48	3,86	48,1	38,6
9,5	11,29	3,91	48,9	39,3	9,5	11,32	3,95	49,2	39,5
9,3	11,13	3,99	50,0	40,2	9,3	11,15	4,04	50,3	40,4
9,1	10,97	4,08	51,1	41,0	9,1	10,99	4,13	51,3	41,2
8,9	10,81	4,17	52,2	41,9	8,9	10,83	4,21	52,4	42,1
8,7	10,64	4,26	53,2	42,8	8,7	10,66	4,30	53,5	43,0
8,5	10,48	4,34	54,3	43,7	8,5	10,50	4,39	54,5	43,9
8,3	10,32	4,43	55,4	44,5	8,3	10,34	4,48	55,6	44,7
8,1	10,15	4,52	56,5	45,4	8,1	10,17	4,56	56,7	45,6
7,9	9,99	4,61	57,5	46,3	7,9	10,01	4,65	57,8	46,5
7,7	9,83	4,69	58,6	47,2	7,7	9,85	4,74	58,8	47,3
7,5	9,66	4,78	59,7	48,0	7,5	9,68	4,83	59,9	48,2
7,3	9,50	4,87	60,8	48,9	7,3	9,52	4,91	61,0	49,1
7,1	9,34	4,96	61,8	49,8	7,1	9,36	5,00	62,0	49,9
6,9	9,18	5,04	62,9	50,7	6,9	9,20	5,09	63,1	50,8
6,7	9,01	5,13	64,0	51,5	6,7	9,03	5,17	64,2	51,7
6,5	8,85	5,22	65,1	52,4	6,5	8,87	5,26	65,2	52,6
6,3	8,69	5,30	66,1	53,3	6,3	8,71	5,35	66,3	53,4
6,1	8,52	5,39	67,2	54,2	6,1	8,54	5,44	67,4	54,3
5,9	8,36	5,48	68,3	55,1	5,9	8,38	5,52	68,4	55,2
5,7	8,20	5,57	69,4	55,9	5,7	8,22	5,61	69,5	56,1
5,5	8,03	5,65	70,4	56,8	5,5	8,05	5,70	70,6	56,9
5,3	7,87	5,74	71,5	57,7	5,3	7,89	5,79	71,7	57,8
5,1	7,71	5,83	72,6	58,6	5,1	7,73	5,87	72,7	58,7
4,9	7,55	5,92	73,7	59,4	4,9	7,57	5,96	73,8	59,5
4,7	7,38	6,00	74,7	60,3	4,7	7,40	6,05	74,9	60,4
4,5	7,22	6,09	75,8	61,2	4,5	7,24	6,14	75,9	61,3
4,3	7,06	6,18	76,9	62,1	4,3	7,08	6,22	77,0	62,2
4,1	6,89	6,27	78,0	62,9	4,1	6,91	6,31	78,1	63,0
3,9	6,73	6,35	79,0	63,8	3,9	6,75	6,40	79,1	63,9
3,7	6,57	6,44	80,1	64,7	3,7	6,59	6,49	80,2	64,8
3,5	6,40	6,53	82,2	65,6	3,5	6,42	6,57	81,3	65,6
3,3	6,24	6,61	82,3	66,4	3,3	6,26	6,66	82,4	66,5
3,1	6,08	6,70	83,3	67,3	3,1	6,10	6,75	83,4	67,4

18,8					18,9				
Extrakt der anstellbaren Würze 18,8%					Extrakt der anstellbaren Würze 18,9%				
Saccharo-meter-Anzeige des Bieres	Wirk-liches Extrakt Prozente	Alkohol Gewichts-Prozente	Schein-barer Ver-gärungs-grad	Wirk-licher Ver-gärungs-grad	Saccharo-meter-Anzeige des Bieres	Wirk-liches Extrakt Prozente	Alkohol Gewichts-Prozente	Schein-barer Ver-gärungs-grad	Wirk-licher Ver-gärungs-grad
10,9	12,48	3,38	42,0	33,6	10,9	12,50	3,43	42,3	33,9
10,7	12,31	3,47	43,1	34,5	10,7	12,34	3,51	43,4	34,7
10,5	12,15	3,56	44,1	35,4	10,5	12,17	3,60	44,4	35,6
10,3	11,99	3,65	45,2	36,2	10,3	12,01	3,69	45,5	36,5
10,1	11,83	3,73	46,3	37,1	10,1	11,85	3,78	46,6	37,3
9,9	11,66	3,82	47,3	38,0	9,9	11,68	3,86	47,6	38,2
9,7	11,50	3,91	48,4	38,8	9,7	11,52	3,95	48,7	39,1
9,5	11,34	4,00	49,5	39,7	9,5	11,36	4,04	49,7	39,9
9,3	11,17	4,09	50,5	40,6	9,3	11,19	4,13	50,8	40,8
9,1	11,01	4,17	51,6	41,4	9,1	11,03	4,21	51,9	41,6
8,9	10,85	4,26	52,7	42,3	8,9	10,87	4,30	52,9	42,5
8,7	10,68	4,35	53,7	43,2	8,7	10,70	4,39	54,0	43,4
8,5	10,52	4,43	54,8	44,0	8,5	10,54	4,48	55,0	44,2
8,3	10,36	4,52	55,9	44,9	8,3	10,38	4,56	56,1	45,1
8,1	10,19	4,61	56,9	45,8	8,1	10,21	4,65	57,1	46,0
7,9	10,03	4,70	58,0	46,6	7,9	10,05	4,74	58,2	46,8
7,7	9,87	4,78	59,0	47,5	7,7	9,89	4,83	59,3	47,7
7,5	9,71	4,87	60,1	48,4	7,5	9,73	4,91	60,3	48,5
7,3	9,54	4,96	61,2	49,2	7,3	9,56	5,00	61,4	49,4
7,1	9,38	5,05	62,2	50,1	7,1	9,40	5,09	62,4	50,3
6,9	9,22	5,13	63,3	51,0	6,9	9,24	5,18	63,5	51,1
6,7	9,05	5,22	64,4	51,8	6,7	9,07	5,27	64,6	52,0
6,5	8,89	5,31	65,4	52,7	6,5	8,91	5,35	65,6	52,9
6,3	8,73	5,40	66,5	53,6	6,3	8,75	5,44	66,7	53,7
6,1	8,56	5,48	67,6	54,4	6,1	8,58	5,53	67,7	54,6
5,9	8,40	5,57	68,6	55,3	5,9	8,42	5,62	68,8	55,4
5,7	8,24	5,66	69,7	56,2	5,7	8,26	5,70	69,8	56,3
5,5	8,07	5,75	70,7	57,1	5,5	8,09	5,79	70,9	57,2
5,3	7,91	5,83	71,8	57,9	5,3	7,93	5,88	72,0	58,0
5,1	7,75	5,92	72,9	58,8	5,1	7,77	5,97	73,0	58,9
4,9	7,58	6,01	73,9	59,7	4,9	7,60	6,05	74,1	59,8
4,7	7,42	6,10	75,0	60,5	4,7	7,44	6,14	75,1	60,6
4,5	7,26	6,18	76,1	61,4	4,5	7,28	6,23	76,2	61,5
4,3	7,10	6,27	77,1	62,3	4,3	7,12	6,32	77,2	62,4
4,1	6,93	6,36	78,2	63,1	4,1	6,95	6,40	78,3	63,2
3,9	6,77	6,44	79,3	64,0	3,9	6,79	6,49	79,4	64,1
3,7	6,61	6,53	80,3	64,9	3,7	6,63	6,58	80,4	64,9
3,5	6,44	6,62	81,4	65,7	3,5	6,46	6,67	81,5	65,8
3,3	6,28	6,71	82,4	66,6	3,3	6,30	6,75	82,5	66,7
3,1	6,12	6,79	83,5	67,5	3,1	6,14	6,84	83,6	67,5

19,0					19,1				
Extrakt der anstellbaren Würze 19,0%					Extrakt der anstellbaren Würze 19,1%				
Saccharo-meter-Anzeige des Bieres	Wirk-liches Extrakt Prozente	Alkohol Gewichts-Prozente	Schein-barer Ver-gärungs-grad	Wirk-licher Ver-gärungs-grad	Saccharo-meter-Anzeige des Bieres	Wirk-liches Extrakt Prozente	Alkohol Gewichts-Prozente	Schein-barer Ver-gärungs-grad	Wirk-licher Ver-gärungs-grad
11,9	13,34	3,04	37,4	29,8	11,9	13,36	3,08	37,7	30,0
11,7	13,18	3,12	38,4	30,6	11,7	13,20	3,17	38,7	30,9
11,5	13,02	3,21	39,5	31,5	11,5	13,04	3,26	39,8	31,8
11,3	12,85	3,30	40,5	32,4	11,3	12,87	3,34	40,8	32,6
11,1	12,69	3,39	41,6	33,2	11,1	12,71	3,43	41,9	33,5
10,9	12,52	3,47	42,6	34,1	10,9	12,54	3,52	42,9	34,3
10,7	12,36	3,56	43,7	34,9	10,7	12,38	3,61	44,0	35,2
10,5	12,20	3,65	44,7	35,8	10,5	12,22	3,70	45,0	36,0
10,3	12,03	3,74	45,8	36,7	10,3	12,05	3,78	46,1	36,9
10,1	11,87	3,83	46,8	37,5	10,1	11,89	3,87	47,1	37,8
9,9	11,71	3,91	47,9	38,4	9,9	11,73	3,96	48,2	38,6
9,7	11,54	4,00	48,9	39,3	9,7	11,56	4,05	49,2	39,5
9,5	11,38	4,09	50,0	40,1	9,5	11,40	4,14	50,3	40,3
9,3	11,21	4,18	51,1	41,0	9,3	11,23	4,22	51,3	41,2
9,1	11,05	4,27	52,1	41,8	9,1	11,07	4,31	52,4	42,0
8,9	10,89	4,35	53,2	42,7	8,9	10,91	4,40	53,4	42,9
8,7	10,72	4,44	54,2	43,6	8,7	10,74	4,49	54,5	43,8
8,5	10,56	4,53	55,3	44,4	8,5	10,58	4,57	55,5	44,6
8,3	10,40	4,62	56,3	45,3	8,3	10,41	4,66	56,5	45,5
8,1	10,23	4,70	57,4	46,2	8,1	10,25	4,75	57,6	46,3
7,9	10,07	4,79	58,4	47,0	7,9	10,09	4,84	58,6	47,2
7,7	9,90	4,88	59,5	47,9	7,7	9,92	4,93	59,7	48,0
7,5	9,74	4,97	60,5	48,7	7,5	9,76	5,01	60,7	48,9
7,3	9,58	5,06	61,6	49,6	7,3	9,60	5,10	61,8	49,8
7,1	9,41	5,14	62,6	50,5	7,1	9,43	5,19	62,8	50,6
6,9	9,25	5,23	63,7	51,3	6,9	9,27	5,28	63,9	51,5
6,7	9,08	5,32	64,7	52,2	6,7	9,10	5,37	64,9	52,3
6,5	8,92	5,41	65,8	53,0	6,5	8,94	5,45	66,0	53,2
6,3	8,76	5,50	66,8	53,9	6,3	8,78	5,54	67,0	54,0
6,1	8,59	5,58	67,9	54,8	6,1	8,61	5,63	68,1	54,9
5,9	8,43	5,67	68,9	55,6	5,9	8,45	5,72	69,1	55,8
5,7	8,27	5,76	70,0	56,5	5,7	8,29	5,81	70,2	56,6
5,5	8,10	5,85	71,1	57,4	5,5	8,12	5,89	71,2	57,5
5,3	7,94	5,93	72,1	58,2	5,3	7,96	5,98	72,3	58,3
5,1	7,78	6,02	73,2	59,1	5,1	7,79	6,07	73,3	59,2
4,9	7,61	6,11	74,2	59,9	4,9	7,63	6,16	74,3	60,0
4,7	7,45	6,20	75,3	60,8	4,7	7,47	6,25	75,4	60,9
4,5	7,28	6,29	76,3	61,7	4,5	7,30	6,33	76,4	61,8
4,3	7,12	6,37	77,4	62,5	4,3	7,14	6,42	77,5	62,6
4,1	6,96	6,46	78,4	63,4	4,1	6,98	6,51	78,5	63,5

	19,2					19,3			
	Extrakt der anstellbaren Würze 19,2%					Extrakt der anstellbaren Würze 19,3%			
Saccharo-meter-Anzeige des Bieres	Wirkliches Extrakt Prozente	Alkohol Gewichts-Prozente	Scheinbarer Ver-gärungs-grad	Wirklicher Ver-gärungs-grad	Saccharo-meter-Anzeige des Bieres	Wirkliches Extrakt Prozente	Alkohol Gewichts-Prozente	Scheinbarer Ver-gärungs-grad	Wirklicher Ver-gärungs-grad
11,9	13,38	3,13	38,0	30,3	11,9	13,40	3,17	38,3	30,6
11,7	13,22	3,21	39,1	31,2	11,7	13,24	3,26	39,4	31,4
11,5	13,06	3,30	40,1	32,0	11,5	13,08	3,35	40,4	32,3
11,3	12,89	3,39	41,1	32,9	11,3	12,91	3,43	41,5	33,1
11,1	12,73	3,48	42,2	33,7	11,1	12,75	3,52	42,5	33,9
10,9	12,56	3,57	43,2	34,6	10,9	12,58	3,61	43,5	34,8
10,7	12,40	3,65	44,3	35,4	10,7	12,42	3,70	44,6	35,6
10,5	12,24	3,74	45,3	36,3	10,5	12,26	3,79	45,6	36,5
10,3	12,07	3,83	46,4	37,1	10,3	12,09	3,87	46,6	37,3
10,1	11,91	3,92	47,4	38,0	10,1	11,93	3,96	47,7	38,2
9,9	11,75	4,00	48,4	38,8	9,9	11,76	4,05	48,7	39,0
9,7	11,58	4,09	49,5	39,7	9,7	11,60	4,14	49,7	39,9
9,5	11,42	4,18	50,5	40,5	9,5	11,44	4,23	50,8	40,7
9,3	11,25	4,27	51,6	41,4	9,3	11,27	4,31	51,8	41,6
9,1	11,09	4,36	52,6	42,2	9,1	11,11	4,40	52,8	42,4
8,9	10,93	4,44	53,6	43,1	8,9	10,95	4,49	53,9	43,3
8,7	10,76	4,53	54,7	43,9	8,7	10,78	4,58	54,9	44,1
8,5	10,60	4,62	55,7	44,8	8,5	10,62	4,67	56,0	45,0
8,3	10,43	4,71	56,8	45,7	8,3	10,45	4,75	57,0	45,8
8,1	10,27	4,80	57,8	46,5	8,1	10,29	4,84	58,0	46,7
7,9	10,11	4,88	58,9	47,4	7,9	10,13	4,93	59,1	47,5
7,7	9,94	4,97	59,9	48,2	7,7	9,96	5,02	60,1	48,4
7,5	9,78	5,06	60,9	49,1	7,5	9,80	5,11	61,1	49,2
7,3	9,62	5,15	62,0	49,9	7,3	9,64	5,19	62,2	50,1
7,1	9,45	5,24	63,0	50,8	7,1	9,47	5,28	63,2	50,9
6,9	9,29	5,32	64,1	51,6	6,9	9,31	5,37	64,2	51,8
6,7	9,12	5,41	65,1	52,5	6,7	9,14	5,46	65,3	52,6
6,5	8,96	5,50	66,1	53,3	6,5	8,98	5,55	66,3	53,5
6,3	8,80	5,59	67,2	54,2	6,3	8,82	5,63	67,4	54,3
6,1	8,63	5,68	68,2	55,0	6,1	8,65	5,72	68,4	55,2
5,9	8,47	5,76	69,3	55,9	5,9	8,49	5,81	69,4	56,0
5,7	8,31	5,85	70,3	56,7	5,7	8,32	5,90	70,5	56,9
5,5	8,14	5,94	71,4	57,6	5,5	8,16	5,99	71,5	57,7
5,3	7,98	6,03	72,4	58,5	5,3	8,00	6,07	72,5	58,6
5,1	7,81	6,12	73,4	59,3	5,1	7,83	6,16	73,6	59,4
4,9	7,65	6,20	74,5	60,2	4,9	7,67	6,25	74,6	60,3
4,7	7,49	6,29	75,5	61,1	4,7	7,51	6,34	75,6	61,1
4,5	7,32	6,38	76,6	61,9	4,5	7,34	6,43	76,7	62,0
4,3	7,16	6,47	77,6	62,7	4,3	7,18	6,52	77,7	62,8
4,1	6,99	6,56	78,6	63,6	4,1	7,01	6,60	78,8	63,7

19,4					19,5				
Extrakt der anstellbaren Würze 19,4%					Extrakt der anstellbaren Würze 19,5%				
Saccharo-meter-Anzeige des Bieres	Wirk-liches Extrakt Prozente	Alkohol Gewichts-Prozente	Schein-barer Ver-gärungs-grad	Wirk-licher Ver-gärungs-grad	Saccharo-meter-Anzeige des Bieres	Wirk-liches Extrakt Prozente	Alkokol Gewichts-Prozente	Schein-barer Ver-gärungs-grad	Wirk-licher Ver-gärungs-grad
11,9	13,42	3,22	38,7	30,8	11,9	13,44	3,26	39,0	31,1
11,7	13,26	3,30	39,7	31,7	11,7	13,28	3,35	40,0	31,9
11,5	13,10	3,39	40,7	32,5	11,5	13,12	3,44	41,0	32,7
11,3	12,93	3,48	41,8	33,3	11,3	12,95	3,52	42,1	33,6
11,1	12,77	3,57	42,8	34,2	11,1	12,79	3,61	43,1	34,4
10,9	12,60	3,66	43,8	35,0	10,9	12,62	3,70	44,1	35,3
10,7	12,44	3,74	44,8	35,9	10,7	12,46	3,79	45,1	36,1
10,5	12,28	3,83	45,9	36,7	10,5	12,30	3,88	46,2	36,9
10,3	12,11	3,92	46,9	37,6	10,3	12,13	3,97	47,2	37,8
10,1	11,95	4,01	47,9	38,4	10,1	11,97	4,05	48,2	38,6
9,9	11,78	4,10	49,0	39,3	9,9	11,80	4,14	49,2	39,5
9,7	11,62	4,18	50,0	40,1	9,7	11,64	4,23	50,3	40,3
9,5	11,46	4,27	51,0	40,9	9,5	11,48	4,32	51,3	41,1
9,3	11,29	4,36	52,1	41,8	9,3	11,31	4,41	52,3	42,0
9,1	11,13	4,45	53,1	42,6	9,1	11,15	4,49	53,3	42,8
8,9	10,97	4,54	54,1	43,5	8,9	10,99	4,58	54,4	43,7
8,7	10,80	4,62	55,2	44,3	8,7	10,82	4,67	55,4	44,5
8,5	10,64	4,71	56,2	45,2	8,5	10,66	4,76	56,4	45,3
8,3	10,47	4,80	57,2	46,0	8,3	10,49	4,85	57,4	46,2
8,1	10,31	4,89	58,2	46,9	8,1	10,33	4,93	58,5	47,0
7,9	10,15	4,98	59,3	47,7	7,9	10,17	5,02	59,5	47,9
7,7	9,98	5,06	60,3	48,5	7,7	10,00	5,11	60,5	48,7
7,5	9,82	5,15	61,3	49,4	7,5	9,84	5,20	61,5	49,5
7,3	9,65	5,24	62,4	50,2	7,3	9,67	5,29	62,6	50,4
7,1	9,49	5,33	63,4	51,1	7,1	9,51	5,38	63,6	51,2
6,9	9,33	5,42	64,4	51,9	6,9	9,35	5,46	64,6	52,1
6,7	9,16	5,51	65,5	52,8	6,7	9,18	5,55	65,6	52,9
6,5	9,00	5,59	66,5	53,6	6,5	9,02	5,64	66,7	53,7
6,3	8,84	5,68	67,5	54,5	6,3	8,86	5,73	67,7	54,6
6,1	8,67	5,77	68,6	55,3	6,1	8,69	5,82	68,7	55,4
5,9	8,51	5,86	69,6	56,1	5,9	8,53	5,90	69,7	56,3
5,7	8,34	5,95	70,6	57,0	5,7	8,36	5,99	70,8	57,1
5,5	8,18	6,03	71,6	57,8	5,5	8,20	6,08	71,8	57,9
5,3	8,02	6,12	72,7	58,7	5,3	8,04	6,17	72,8	58,8
5,1	7,85	6,21	73,7	59,5	5,1	7,87	6,26	73,8	59,6
4,9	7,69	6,30	74,7	60,4	4,9	7,71	6,34	74,9	60,5
4,7	7,53	6,39	75,8	61,2	4,7	7,54	6,43	75,9	61,3
4,5	7,36	6,47	76,8	62,1	4,5	7,38	6,52	76,9	62,2
4,3	7,20	6,56	77,8	62,9	4,3	7,22	6,61	77,9	63,0
4,1	7,03	6,65	78,9	63,7	4,1	7,05	6,70	79,0	63,8

19,6					19,7				
Extrakt der anstellbaren Würze 19,6%					Extrakt der anstellbaren Würze 19,7%				
Saccharo-meter-Anzeige des Bieres	Wirk-liches Extrakt Prozente	Alkohol Gewichts-Prozente	Schein-barer Ver-gärungs-grad	Wirk-licher Ver-gärungs-grad	Saccharo-meter-Anzeige des Bieres	Wirk-liches Extrakt Prozente	Alkohol Gewichts-Prozente	Schein-barer Ver-gärungs-grad	Wirk-licher Ver-gärungs-grad
11,9	13,46	3,31	39,3	31,3	11,9	13,48	3,35	39,6	31,6
11,7	13,30	3,39	40,3	32,1	11,7	13,32	3,44	40,6	32,4
11,5	13,14	3,48	41,3	33,0	11,5	13,16	3,53	41,6	33,2
11,3	12,97	3,57	42,3	33,8	11,3	12,99	3,62	42,6	34,1
11,1	12,81	3,66	43,4	34,7	11,1	12,83	3,70	43,7	34,9
10,9	12,64	3,75	44,4	35,5	10,9	12,66	3,79	44,7	35,7
10,7	12,48	3,83	45,4	36,3	10,7	12,50	3,88	45,7	36,5
10,5	12,32	3,92	46,4	37,2	10,5	12,34	3,97	46,7	37,4
10,3	12,15	4,01	47,4	38,0	10,3	12,17	4,06	47,7	38,2
10,1	11,99	4,10	48,5	38,8	10,1	12,01	4,14	48,7	39,0
9,9	11,82	4,19	49,5	39,7	9,9	11,84	4,23	49,7	39,9
9,7	11,66	4,28	50,5	40,5	9,7	11,68	4,32	50,8	40,7
9,5	11,50	4,36	51,5	41,3	9,5	11,52	4,41	51,8	41,5
9,3	11,33	4,45	52,6	42,2	9,3	11,35	4,50	52,8	42,4
9,1	11,17	4,54	53,6	43,0	9,1	11,19	4,59	53,8	43,2
8,9	11,01	4,63	54,6	43,9	8,9	11,02	4,67	54,8	44,0
8,7	10,84	4,72	55,6	44,7	8,7	10,86	4,76	55,8	44,9
8,5	10,68	4,80	56,6	45,5	8,5	10,70	4,85	56,9	45,7
8,3	10,51	4,89	57,7	46,4	8,3	10,53	4,94	57,9	46,5
8,1	10,35	4,98	58,7	47,2	8,1	10,37	5,03	58,9	47,4
7,9	10,19	5,07	59,7	48,0	7,9	10,21	5,12	59,9	48,2
7,7	10,02	5,16	60,7	48,9	7,7	10,04	5,20	60,9	49,0
7,5	9,86	5,25	61,7	49,7	7,5	9,88	5,29	61,9	49,9
7,3	9,69	5,33	62,8	50,5	7,3	9,71	5,38	62,9	50,7
7,1	9,53	5,42	63,8	51,4	7,1	9,55	5,47	64,0	51,5
6,9	9,37	5,51	64,8	52,2	6,9	9,39	5,56	65,0	52,4
6,7	9,20	5,60	65,8	53,0	6,7	9,22	5,64	66,0	53,2
6,5	9,04	5,69	66,8	53,9	6,5	9,06	5,73	67,0	54,0
6,3	8,87	5,77	67,9	54,7	6,3	8,89	5,82	68,0	54,9
6,1	8,71	5,86	68,9	55,6	6,1	8,73	5,91	69,0	55,7
5,9	8,55	5,95	69,9	56,4	5,9	8,57	6,00	70,1	56,5
5,7	8,38	6,04	70,9	57,2	5,7	8,40	6,09	71,1	57,8
5,5	8,22	6,13	71,9	58,1	5,5	8,24	6,17	72,1	58,2
5,3	8,06	6,22	73,0	58,9	5,3	8,08	6,26	73,1	59,0
5,1	7,89	6,30	74,0	59,7	5,1	7,91	6,35	74,1	59,8
4,9	7,73	6,39	75,0	60,6	4,9	7,75	6,44	75,1	60,7
4,7	7,56	6,48	76,0	61,4	4,7	7,58	6,53	76,1	61,5
4,5	7,40	6,57	77,0	62,2	4,5	7,42	6,62	77,2	62,3
4,3	7,24	6,66	78,1	63,1	4,3	7,26	6,70	78,2	63,2
4,1	7,07	6,74	79,1	63,9	4,1	7,09	6,79	79,2	64,0

19,8					19,9				
Extrakt der anstellbaren Würze 19,8%					Extrakt der anstellbaren Würze 19,9%				
Saccharo- meter- Anzeige des Bieres	Wirk- liches Extrakt Prozente	Alkohol Gewichts- Prozente	Schein- barer Ver- gärungs- grad	Wirk- licher Ver- gärungs- grad	Saccharo- meter- Anzeige des Bieres	Wirk- liches Extrakt Prozente	Alkohol Gewichts- Prozente	Schein- barer Ver- gärungs- grad	Wirk- licher Ver- gärungs- grad
11,9	13,50	3,40	39,9	31,8	11,9	13,52	3,44	40,2	32,0
11,7	13,34	3,48	40,9	32,6	11,7	13,36	3,53	41,2	32,9
11,5	13,18	3,57	41,9	33,5	11,5	13,20	3,62	42,2	33,7
11,3	13,01	3,66	42,9	34,3	11,3	13,03	3,71	43,2	34,5
11,1	12,85	3,75	43,9	35,1	11,1	12,87	3,79	44,2	35,3
10,9	12,68	3,84	45,0	35,9	10,9	12,70	3,88	45,2	36,2
10,7	12,52	3,93	46,0	36,8	10,7	12,54	3,97	46,2	37,0
10,5	12,36	4,01	47,0	37,6	10,5	12,38	4,06	47,2	37,8
10,3	12,19	4,10	48,0	38,4	10,3	12,21	4,15	48,2	38,6
10,1	12,03	4,19	49,0	39,3	10,1	12,05	4,24	49,2	39,5
9,9	11,86	4,28	50,0	40,1	9,9	11,88	4,32	50,3	40,3
9,7	11,70	4,37	51,0	40,9	9,7	11,72	4,41	51,3	41,1
9,5	11,54	4,45	52,0	41,7	9,5	11,56	4,50	52,3	41,9
9,3	11,37	4,54	53,0	42,6	9,3	11,39	4,59	53,3	42,8
9,1	11,21	4,63	54,0	43,4	9,1	11,23	4,68	54,3	43,6
8,9	11,04	4,72	55,1	44,2	8,9	11,06	4,77	55,3	44,4
8,7	10,88	4,81	56,1	45,0	8,7	10,90	4,85	56,3	45,2
8,5	10,72	4,90	57,1	45,9	8,5	10,74	4,94	57,3	46,0
8,3	10,55	4,98	58,1	46,7	8,3	10,57	5,03	58,3	46,9
8,1	10,39	5,07	59,1	47,5	8,1	10,41	5,12	59,3	47,7
7,9	10,23	5,16	60,1	48,4	7,9	10,24	5,21	60,3	48,5
7,7	10,06	5,25	61,1	49,2	7,7	10,08	5,30	61,3	49,3
7,5	9,90	5,34	62,1	50,0	7,5	9,92	5,38	62,3	50,2
7,3	9,73	5,43	63,1	50,8	7,3	9,75	5,47	63,3	51,0
7,1	9,57	5,51	64,1	51,7	7,1	9,59	5,56	64,3	51,8
6,9	9,41	5,60	65,2	52,5	6,9	9,43	5,65	65,3	52,6
6,7	9,24	5,69	66,2	53,3	6,7	9,26	5,74	66,3	53,5
6,5	9,08	5,78	67,2	54,2	6,5	9,10	5,83	67,3	54,3
6,3	8,91	5,87	68,2	55,0	6,3	8,93	5,91	68,3	55,1
6,1	8,75	5,96	69,2	55,8	6,1	8,77	6,00	69,3	55,9
5,9	8,59	6,04	70,2	56,6	5,9	8,61	6,09	70,4	56,8
5,7	8,42	6,13	71,2	57,5	5,7	8,44	6,18	71,4	57,6
5,5	8,26	6,22	72,2	58,3	5,5	8,28	6,27	72,4	58,4
5,3	8,09	6,31	73,2	59,1	5,3	8,11	6,36	73,4	59,2
5,1	7,93	6,40	74,2	59,9	5,1	7,95	6,44	74,4	60,0
4,9	7,77	6,49	75,3	60,8	4,9	7,78	6,53	75,4	60,9
4,7	7,60	6,57	76,3	61,6	4,7	7,62	6,62	76,4	61,7
4,5	7,44	6,66	77,3	62,4	4,5	7,46	6,71	77,4	62,5
4,3	7,28	6,75	78,3	63,3	4,3	7,29	6,80	78,4	63,3
4,1	7,11	6,84	79,3	64,1	4,1	7,13	6,89	79,4	63,2

Holzner, Tabellen zur Bieranalyse.   11

IV.

Tabelle

zur

Berechnung der Extraktausbeute in lufttrockenem Malze und in Malztrockensubstanz nach den Vereinbarungen vom September 1903 (Bestimmung des spez. Gewichts der Würze bei 17,5 ° C mit Zugrundelegung der Extrakttabelle von Balling).

Von J. Jais.

Die Tabelle gestattet, aus den gefundenen Resultaten der Analyse, dem spezifischen Gewichte der Würze und dem Wassergehalte des Malzes in Prozenten, direkt, ohne jede Berechnung, durch einfache Ablesung, den Extraktgehalt im lufttrockenen Malze sowie in der Malztrockensubstanz festzustellen.

Aufserdem gibt auch die Tabelle die den spez. Gewichten der Würze entsprechenden Extraktgehalte nach Balling an.

Die spez. Gewichte sind in der ersten Vertikalreihe von oben nach unten in fortlaufender Reihe aufgeführt; in der zweiten Vertikalreihe steht der dazugehörige Extraktgehalt nach Balling. Die übrigen Vertikalreihen geben die Extraktausbeuten aus lufttrockenem Malze und aus Malztrockensubstanz zu dem in der oberen Horizontalreihe stehenden Wassergehalte des Malzes an.

Demnach wird das gefundene spez. Gewicht der Würze in der ersten Vertikalreihe aufgesucht und sodann der gefundene Wassergehalt in der oberen Horizontalreihe. In den dem Wassergehalte des Malzes entsprechenden Vertikalreihen werden alsdann in der dem spez. Gewicht entsprechenden Horizontalreihe die betreffenden Extraktzahlen gefunden. Beispiel: Gefunden wurde ein spez. Gewicht der Würze von 1,0340 und ein Wassergehalt des Malzes von 4,0%.

Das spez. Gewicht 1,0340 findet sich in der ersten Vertikalreihe S. 170 der Tabelle, der Wassergehalt von 4% in der oberen Vertikalreihe S. 170. In den entsprechenden Horizontalreihen für das spez. Gewicht 1,0340 liest man S. 170 den Extraktgehalt für lufttrockenes Malz mit 74,09% und für Malztrockensubstanz mit 77,18% ab.

Spez. Ge-wicht der Würze	Extrakt in 100 g Würze	Wassergehalt des Malzes							
		1,5%		1,6%		1,7%		1,8%	
		Extrakt des Malzes							
		luft-trocken	Trocken-substanz	luft-trocken	Trocken-substanz	luft-trocken	Trocken-substanz	luft-trocken	Trocken-substanz
1,0305	7,584	65,77	66,77	65,78	66,85	65,79	66,93	65,80	67,01
1,0306	7,609	66,01	67,01	66,02	67,09	66,03	67,17	66,04	67,25
1,0307	7,633	66,23	67,24	66,24	67,32	66,25	67,39	66,26	67,47
1,0308	7,657	66,46	67,47	66,47	67,55	66,48	67,63	66,49	67,71
1,0309	7,681	66,68	67,70	66,69	67,78	66,70	67,86	66,71	67,93
1,0310	7,706	66,92	67,94	66,93	68,02	66,94	68,10	66,95	68,18
1,0311	7,731	67,16	68,18	67,17	68,26	67,17	68,34	67,18	68,41
1,0312	7,756	67,39	68,42	67,40	68,50	67,41	68,57	67,42	68,65
1,0313	7,780	67,62	68,65	67,63	68,72	67,63	68,80	67,64	68,88
1,0314	7,804	67,85	68,88	67,86	68,96	67,87	69,04	67,88	69,12
1,0315	7,828	68,07	69,11	68,08	69,19	68,09	69,26	68,10	69,34
1,0316	7,853	68,31	69,35	68,32	69,43	68,32	69,51	68,33	69,59
1,0317	7,877	68,53	69,58	68,54	69,66	68,55	69,74	68,56	69,82
1,0318	7,901	68,76	69,80	68,77	69,89	68,78	69,97	68,79	70,05
1,0319	7,925	68,99	70,04	69,00	70,12	69,00	70,20	69,01	70,28
1,0320	7,950	69,22	70,28	69,23	70,36	69,24	70,44	69,25	70,52
1,0321	7,975	69,46	70,52	69,47	70,60	69,48	70,68	69,49	70,76
1,0322	8,000	69,70	70,76	69,70	70,84	69,71	70,92	69,72	71,00
1,0323	8,024	69,92	70,99	69,93	71,07	69,94	71,15	69,95	71,23
1,0324	8,048	70,15	71,22	70,16	71,30	70,17	71,38	70,18	71,47
1,0325	8,073	70,39	71,46	70,40	71,54	70,40	71,62	70,41	71,70
1,0326	8,097	70,61	71,69	70,62	71,77	70,63	71,85	70,64	71,94
1,0327	8,122	70,85	71,93	70,86	72,01	70,87	72,10	70,88	72,18
1,0328	8,146	71,08	72,16	71,09	72,24	71,10	72,33	71,11	72,41
1,0329	8,170	71,31	72,39	71,32	72,48	71,33	72,56	71,34	72,64
1,0330	8,195	71,55	72,63	71,56	72,72	71,56	72,80	71,57	72,89
1,0331	8,219	71,77	72,87	71,78	72,95	71,79	73,03	71,80	73,12
1,0332	8,244	72,01	73,11	72,02	73,19	72,03	73,28	72,04	73,36
1,0333	8,268	72,24	73,34	72,25	73,43	72,26	73,51	72,27	73,59
1,0334	8,292	72,47	73,57	72,48	73,66	72,49	73,74	72,50	73,83
1,0335	8,316	72,70	73,80	72,71	73,89	72,72	73,97	72,73	74,06
1,0336	8,341	72,94	74,05	72,95	74,13	72,96	74,22	72,97	74,30
1,0337	8,365	73,17	74,28	73,18	74,36	73,18	74,45	73,19	74,54
1,0338	8,389	73,39	74,51	73,40	74,60	73,41	74,68	73,42	74,77
1,0339	8,413	73,62	74,74	73,63	74,83	73,64	74,92	73,65	75,00
1,0340	8,438	73,86	74,99	73,87	75,07	73,88	75,16	73,89	75,25
1,0341	8,463	74,10	75,23	74,11	75,32	74,12	75,40	74,13	75,49
1,0342	8,488	74,34	75,47	74,35	75,56	74,36	75,65	74,37	75,73
1,0343	8,512	74,57	75,71	74,58	75,79	74,59	75,88	74,60	75,97
1,0344	8,536	74,80	75,94	74,81	76,03	74,82	76,11	74,83	76,20
1,0345	8,560	75,03	76,17	75,04	76,26	75,05	76,35	75,06	76,44
1,0346	8,584	75,26	76,41	75,27	76,50	75,28	76,58	75,29	76,67
1,0347	8,609	75,50	76,65	75,51	76,74	75,52	76,83	75,53	76,91
1,0348	8,633	75,73	76,88	75,74	76,97	75,75	77,06	75,76	77,15
1,0349	8,657	75,96	77,12	75,97	77,21	75,98	77,30	75,99	77,39
1,0350	8,681	76,19	77,35	76,20	77,44	76,21	77,53	76,22	77,62
Wassergehalt des Malzes		1,5%		1,6%		1,7%		1,8%	

Spez. Gewicht der Würze	Extrakt in 100 g Würze	Wassergehalt des Malzes							
		1,9%		2,0%		2,1%		2,2%	
		Extrakt des Malzes							
		luft-trocken	Trocken-substanz	luft-trocken	Trocken-substanz	luft-trocken	Trocken-substanz	luft-trocken	Trocken-substanz
1,0305	7,584	65,81	67,08	65,81	67,16	65,82	67,24	65,83	67,31
1,0306	7,609	66,04	67,32	66,05	67,40	66,06	67,48	66,07	67,55
1,0307	7,633	66,27	67,55	66,27	67,62	66,28	67,70	66,29	67,78
1,0308	7,657	66,49	67,78	66,50	67,86	66,51	67,94	66,52	68,02
1,0309	7,681	66,72	68,01	66,73	68,09	66,74	68,17	66,74	63,24
1,0310	7,706	66,95	68,25	66,96	68,33	66,97	68,41	66,98	68,49
1,0311	7,731	67,19	68,49	67,20	68,57	67,21	68,65	67,22	68,73
1,0312	7,756	67,43	68,73	67,43	68,81	67,44	68,89	67,45	68,97
1,0313	7,780	67,65	68,96	67,66	69,04	67,67	69,12	67,68	69,20
1,0314	7,804	67,88	69,20	67,89	69,28	67,90	69,36	67,91	69,44
1,0315	7,828	68,10	69,42	68,11	69,50	68,12	69,58	68,13	69,66
1,0316	7,853	68,34	69,66	68,35	69,74	68,36	69,82	68,37	69,90
1,0317	7,877	68,57	69,89	68,58	69,97	68,59	70,06	68,60	70,14
1,0318	7,901	68,79	70,13	68,80	70,20	68,81	70,29	68,82	70,37
1,0319	7,925	69,02	70,36	69,03	70,44	69,04	70,52	69,05	70,60
1,0320	7,950	69,26	70,60	69,27	70,68	69,28	70,76	69,28	70,84
1,0321	7,975	69,49	70,84	69,50	70,92	69,51	71,00	69,52	71,08
1,0322	8,000	69,73	71,08	69,74	71,16	69,75	71,25	69,76	71,33
1,0323	8,024	69,96	71,31	69,97	71,39	69,98	71,48	69,98	71,56
1,0324	8,048	70,19	71,55	70,19	71,63	70,20	71,71	70,21	71,79
1,0325	8,073	70,42	71,79	70,43	71,87	70,44	71,95	70,45	72,03
1,0326	8,097	70,65	72,02	70,66	72,10	70,67	72,18	70,67	72,26
1,0327	8,122	70,89	72,26	70,90	72,34	70,91	72,43	70,91	72,51
1,0328	8,146	71,12	72,49	71,12	72,57	71,13	72,66	71,14	72,74
1,0329	8,170	71,35	72,73	71,35	72,81	71,36	72,89	71,37	72,98
1,0330	8,195	71,58	72,97	71,59	73,05	71,60	73,14	71,61	73,22
1,0331	8,219	71,81	73,20	71,82	73,28	71,83	73,37	71,84	73,45
1,0332	8,244	72,05	73,44	72,06	73,53	72,07	73,61	72,08	73,70
1,0333	8,268	72,28	73,68	72,29	73,76	72,30	73,85	72,30	73,93
1,0334	8,292	72,51	73,91	72,51	73,99	72,52	74,08	72,53	74,16
1,0335	8,316	72,74	74,14	72,74	74,23	72,75	74,31	72,76	74,40
1,0336	8,341	72,97	74,39	72,98	74,47	72,99	74,56	73,00	74,64
1,0337	8 365	73,20	74,62	73,21	74,70	73,22	74,79	73,23	74,88
1,0338	8,389	73,43	74,85	73,44	74,94	73,45	75,03	73,46	75,11
1,0339	8,413	73,66	75,09	73,67	75,17	73,68	75,26	73,69	75,35
1,0340	8,438	73,90	75,33	73,91	75,42	73,92	75,50	73,93	75,59
1,0341	8,463	74,14	75,57	74,15	75,66	74,16	75,75	74,17	75,83
1,0342	8,483	74,38	75,82	74,39	75,91	74,40	75,99	74,41	76,08
1,0343	8,512	74,61	76,05	74,62	76,14	74,63	76,23	74,64	76,31
1,0344	8,536	74,84	76,29	74,85	76,37	74,86	76,46	74,87	76,55
1,0345	8,560	75,07	76,52	75,08	76,61	75,09	76,70	75,10	76,78
1,0346	8,584	75,30	76,76	75,31	76,84	75,32	76,93	75,33	77,02
1,0347	8,609	75,54	77,00	75,55	77,09	75,56	77,18	75,57	77,27
1,0348	8,633	75,77	77,24	75,78	77,32	75,79	77,41	75,80	77,50
1,0349	8,657	76,00	77,47	76,01	77,56	76,02	77,65	76,03	77,74
1,0350	8,681	76,23	77,71	76,24	77,79	76,25	77,89	76,26	77,97
Wassergehalt des Malzes		1,9%		2,0%		2,1%		2,2%	

Spez. Gewicht der Würze	Extrakt in 100 g Würze	Wassergehalt des Malzes							
		2,3%		2,4%		2,5%		2,6%	
		Extrakt des Malzes							
		luft-trocken	Trocken-substanz	luft-trocken	Trocken-substanz	luft-trocken	Trocken-substanz	luft-trocken	Trocken-substanz
1,0305	7,584	65,84	67,39	65,85	67,47	65,86	67,55	65,86	67,62
1,0306	7,609	66,08	67,63	66,08	67,71	66,09	67,79	66,10	67,87
1,0307	7,633	66,30	67,86	66,31	67,94	66,31	68,02	66,32	68,09
1,0308	7,657	66,53	68,10	66,54	68,17	66,55	68,25	66,55	68,33
1,0309	7,681	66,75	68,32	66,76	68,40	66,77	68,48	66,78	68,56
1,0310	7,706	66,99	68,57	67,00	68,64	67,01	68,72	67,01	68,80
1,0311	7,731	67,22	68,81	67,23	68,89	67,24	68,97	67,25	69,04
1,0312	7,756	67,46	69,05	67,47	69,13	67,48	69,21	67,48	69,29
1,0313	7,780	67,69	69,28	67,69	69,36	67,70	69,44	67,71	69,52
1,0314	7,804	67,92	69,52	67,93	69,60	67,93	69,68	67,94	69,76
1,0315	7,828	68,14	69,74	68,15	69,82	68,16	69,90	68,16	69,98
1,0316	7,853	68,37	69,99	68,38	70,06	68,39	70,15	68,40	70,23
1,0317	7,877	68,61	70,22	68,61	70,30	68,62	70,38	68,63	70,46
1,0318	7,901	68,83	70,45	68,84	70,53	68,85	70,61	68,85	70,69
1,0319	7,925	69,06	70,68	69,06	70,76	69,07	70,84	69,08	70,92
1,0320	7,950	69,29	70,93	69,30	71,02	69,31	71,09	69,32	71,17
1,0321	7,975	69,53	71,17	69,54	71,25	69,55	71,33	69,55	71,41
1,0322	8,000	69,77	71,41	69,77	71,49	69,78	71,57	69,79	71,65
1,0323	8,024	69,99	71,64	70,00	71,72	70,01	71,81	70,02	71,89
1,0324	8,048	70,22	71,88	70,23	71,96	70,24	72,04	70,25	72,12
1,0325	8,073	70,46	72,12	70,47	72,20	70,48	72,28	70,48	72,36
1,0326	8,097	70,68	72,35	70,69	72,43	70,70	72,52	70,71	72,60
1,0327	8,122	70,92	72,59	70,93	72,68	70,94	72,76	70,95	72,84
1,0328	8,146	71,15	72,83	71,16	72,91	71,17	73,00	71,18	73,08
1,0329	8,170	71,38	73,06	71,39	73,15	71,40	73,23	71,41	73,31
1,0330	8,195	71,62	73,31	71,63	73,39	71,64	73,47	71,64	73,56
1,0331	8,219	71,85	73,54	71,85	73,62	71,86	73,71	71,87	73,79
1,0332	8,244	72,09	73,78	72,09	73,87	72,10	73,95	72,11	74,04
1,0333	8,268	72,31	74,02	72,32	74,10	72,33	74,19	72,34	74,27
1,0334	8,292	72,54	74,25	72,55	74,34	72,56	74,42	72,57	74,51
1,0335	8,316	72,77	74,49	72,78	74,57	72,79	74,66	72,80	74,74
1,0336	8,341	73,01	74,73	73,02	74,81	73,03	74,90	73,04	74,99
1,0337	8,365	73,24	74,96	73,25	75,05	73,26	75,14	73,27	75,22
1,0338	8,389	73,47	75,20	73,48	75,28	73,49	75,37	73,50	75,46
1,0339	8,413	73,70	75,43	73,71	75,52	73,72	75,61	73,73	75,69
1,0340	8,438	73,94	75,68	73,95	75,76	73,96	75,85	73,96	75,94
1,0341	8,463	74,18	75,92	74,18	76,01	74,19	76,10	74,20	76,18
1,0342	8,488	74,42	76,17	74,43	76,26	74,44	76,35	74,44	76,43
1,0343	8,512	74,65	76,40	74,65	76,49	74,66	76,58	74,67	76,66
1,0344	8,536	74,88	76,64	74,88	76,73	74,89	76,82	74,90	76,90
1,0345	8,560	75,11	76,87	75,11	76,96	75,12	77,05	75,13	77,14
1,0346	8,584	75,34	77,11	75,35	77,20	75,36	77,29	75,37	77,38
1,0347	8,609	75,58	77,36	75,59	77,44	75,60	77,53	75,60	77,62
1,0348	8,633	75,81	77,59	75,82	77,68	75,83	77,77	75,84	77,86
1,0349	8,657	76,04	77,83	76,05	77,92	76,06	78,01	76,07	78,10
1,0350	8,681	76,27	78,07	76,28	75,15	76,29	78,25	76,30	78,33
Wassergehalt des Malzes		2,3%		2,4%		2,5%		2,6%	

Spez. Gewicht der Würze	Extrakt in 100 g Würze	Wassergehalt des Malzes							
		2,7%		2,8%		2,9%		3,0%	
		Extrakt des Malzes							
		luft-trocken	Trocken-substanz	luft-trocken	Trocken-substanz	luft-trocken	Trocken-substanz	luft-trocken	Trocken-substanz
1,0305	7,584	65,87	67,70	65,88	67,78	65,89	67,86	65,90	67,94
1,0306	7,609	66,11	67,94	66,12	68,02	66,13	68,10	66,13	68,18
1,0307	7,633	66,33	68,17	66,34	68,25	66,35	68,33	66,36	68,41
1,0308	7,657	66,56	68,41	66,57	68,49	66,58	68,57	66,59	68,65
1,0309	7,681	66,78	68,64	66,79	68,72	66,80	68,80	66,81	68,88
1,0310	7,706	67,02	68,88	67,03	68,96	67,04	69,04	67,05	69,12
1,0311	7,731	67,26	69,12	67,27	69,20	67,27	69,28	67,28	69,36
1,0312	7,756	67,49	69,37	67,50	69,44	67,51	69,53	67,52	69,61
1,0313	7,780	67,72	69,61	67,73	69,68	67,73	69,76	67,74	69,84
1,0314	7,804	67,95	69,84	67,96	69,92	67,97	70,00	67,98	70,08
1,0315	7,828	68,17	70,06	68,18	70,14	68,19	70,23	68,20	70,31
1,0316	7,853	68,41	70,31	68,42	70,39	68,43	70,47	68,43	70,55
1,0317	7,877	68,64	70,54	68,65	70,62	68,66	70,71	68,67	70,79
1,0318	7,901	68,86	70,77	68,87	70,85	68,88	70,94	68,89	71,02
1,0319	7,925	69,09	71,01	69,10	71,09	69,11	71,17	69,12	71,25
1,0320	7,950	69,33	71,25	69,34	71,33	69,34	71,42	69,35	71,50
1,0321	7,975	69,56	71,49	69,57	71,58	69,58	71,66	69,59	71,74
1,0322	8,000	69,80	71,74	69,81	71,82	69,82	71,90	69,83	71,99
1,0323	8,024	70,03	71,97	70,04	72,05	70,04	72,14	70,05	72,22
1,0324	8,048	70,26	72,21	70,27	72,29	70,27	72,37	70,28	72,46
1,0325	8,073	70,49	72,45	70,50	72,53	70,51	72,61	70,52	72,70
1,0326	8,097	70,72	72,68	70,73	72,77	70,74	72,85	70,75	72,93
1,0327	8,122	70,96	72,93	70,97	73,01	70,98	73,10	70,99	73,18
1,0328	8,146	71,19	73,16	71,20	73,25	71,20	73,33	71,21	73,42
1,0329	8,170	71,42	73,40	71,43	73,48	71,43	73,57	71,44	73,65
1,0330	8,195	71,65	73,64	71,66	73,73	71,67	73,81	71,68	73,90
1,0331	8,219	71,88	73,88	71,89	73,96	71,90	74,05	71,91	74,13
1,0332	8,244	72,12	74,12	72,13	74,21	72,14	74,29	72,15	74,38
1,0333	8,268	72,35	74,36	72,36	74,44	72,37	74,53	72,38	74,62
1,0334	8,292	72,58	74,59	72,59	74,68	72,60	74,76	72,61	74,85
1,0335	8,316	72,81	74,83	72,82	74,91	72,83	75,00	72,84	75,09
1,0336	8,341	73,05	75,07	73,06	75,16	73,06	75,25	73,07	75,33
1,0337	8,365	73,27	75,31	73,28	75,40	73,29	75,48	73,30	75,57
1,0338	8,389	73,50	75,55	73,51	75,63	73,52	75,72	73,53	75,81
1,0339	8,413	73,73	75,78	73,74	75,87	73,75	75,96	73,76	76,04
1,0340	8,438	73,97	76,03	73,98	76,11	73,99	76,20	74,00	76,29
1,0341	8,463	74,21	76,27	74,22	76,36	74,23	76,45	74,24	76,54
1,0342	8,488	74,45	76,52	74,46	76,61	74,47	76,70	74,48	76,79
1,0343	8,512	74,68	76,76	74,69	76,84	74,70	76,93	74,71	77,02
1,0344	8,536	74,91	76,99	74,92	77,08	74,93	77,17	74,94	77,26
1,0345	8,560	75,14	77,23	75,15	77,32	75,16	77,41	75,17	77,50
1,0346	8,584	75,37	77,47	75,38	77,56	75,39	77,64	75,40	77,74
1,0347	8,609	75,61	77,71	75,62	77,80	75,63	77,89	75,64	77,98
1,0348	8,633	75,84	77,95	75,85	78,04	75,86	78,13	75,87	78,22
1,0349	8,657	76,08	78,19	76,09	78,28	76,10	78,37	76,11	78,46
1,0350	8,681	76,31	78,42	76,32	78,51	76,32	78,60	76,34	78,70
Wassergehalt des Malzes		2,7%		2,8%		2,9%		3,0%	

Spez. Ge-wicht der Würze	Extrakt in 100 g Würze	Wassergehalt des Malzes							
		3,1%		3,2%		3,3%		3,4%	
		Extrakt des Malzes							
		luft-trocken	Trocken-substanz	luft-trocken	Trocken-substanz	luft-trocken	Trocken-substanz	luft-trocken	Trocken-substanz
1,0305	7,584	65,91	68,01	65,91	68,09	65,92	68,17	65,93	68,25
1,0306	7,609	66,14	68,26	66,15	68,34	66,16	68,42	66,17	68,49
1,0307	7,633	66,36	68,49	66,37	68,57	66,38	68,65	66,39	68,73
1,0308	7,657	66,59	68,73	66,60	68,80	66,61	68,88	66,62	68,96
1,0309	7,681	66,82	68,96	66,83	69,03	66,84	69,12	66,84	69,20
1,0310	7,706	67,06	69,20	67,06	69,28	67,07	69,36	67,08	69,44
1,0311	7,731	67,29	69,44	67,30	69,52	67,31	69,60	67,32	69,68
1,0312	7,756	67,53	69,69	67,53	69,77	67,54	69,85	67,55	69,93
1,0313	7,780	67,75	69,92	67,76	70,00	67,77	70,08	67,78	70,16
1,0314	7,804	67,98	70,16	67,99	70,24	68,00	70,32	68,01	70,40
1,0315	7,828	68,21	70,39	68,21	70,47	68,22	70,55	68,23	70,63
1,0316	7,853	68,44	70,63	68,45	70,71	68,46	70,80	68,47	70,88
1,0317	7,877	68,67	70,87	68,68	70,95	68,69	71,03	68,70	71,12
1,0318	7,901	68,90	71,10	68,90	71,18	68,91	71,26	68,92	71,35
1,0319	7,925	69,12	71,34	69,13	71,42	69,14	71,50	69,15	71,58
1,0320	7,950	69,36	71,58	69,37	71,66	69,38	71,75	69,39	71,83
1,0321	7,975	69,60	71,82	69,61	71,91	69,62	71,99	69,62	72,07
1,0322	8,000	69,84	72,07	69,84	72,15	69,85	72,24	69,86	72,32
1,0323	8,024	70,06	72,30	70,07	72,39	70,08	72,47	70,09	72,55
1,0324	8,048	70,29	72,54	70,30	72,62	70,31	72,71	70,32	72,79
1,0325	8,073	70,53	72,78	70,54	72,87	70,54	72,95	70,55	73,04
1,0326	8,097	70,75	73,02	70,76	73,10	70,77	73,19	70,78	73,27
1,0327	8,122	70,99	73,27	71,00	73,35	71,01	73,44	71,02	73,52
1,0328	8,146	71,22	73,50	71,23	73,58	71,24	73,67	71,25	73,76
1,0329	8,170	71,45	73,74	71,46	73,82	71,47	73,91	71,48	73,99
1,0330	8,195	71,69	73,98	71,70	74,07	71,71	74,15	71,72	74,24
1,0331	8,219	71,92	74,22	71,93	74,30	71,94	74,39	71,94	74,48
1,0332	8,244	72,16	74,47	72,16	74,55	72,17	74,64	72,18	74,72
1,0333	8,268	72,39	74,70	72,39	74,79	72,40	74,87	72,41	74,96
1,0334	8,292	72,61	74,94	72,62	75,02	72,63	75,11	72,64	75,20
1,0335	8,316	72,84	75,18	72,85	75,26	72,86	75,35	72,87	75,44
1,0336	8,341	73,08	75,42	73,09	75,51	73,10	75,60	73,11	75,68
1,0337	8,365	73,31	75,66	73,32	75,74	73,33	75,83	73,34	75,92
1,0338	8,389	73,54	75,90	73,55	75,98	73,56	76,07	73,57	76,16
1,0339	8,413	73,77	76,13	73,78	76,22	73,79	76,31	73,80	76,40
1,0340	8,438	74,01	76,38	74,02	76,47	74,03	76,55	74,04	76,64
1,0341	8,463	74,25	76,63	74,26	76,71	74,27	76,80	74,28	76,89
1,0342	8,488	74,49	76,87	74,50	76,96	74,51	77,05	74,52	77,14
1,0343	8,512	74,72	77,11	74,73	77,20	74,74	77,29	74,75	77,38
1,0344	8,536	74,95	77,35	74,96	77,44	74,97	77,52	74,97	77,61
1,0345	8,560	75,18	77,59	75,19	77,67	75,20	77,76	75,21	77,85
1,0346	8,584	75,41	77,83	75,42	77,91	75,43	78,01	75,44	78,09
1,0347	8,609	75,65	78,07	75,66	78,16	75,67	78,25	75,68	78,34
1,0348	8,633	75,88	78,31	75,89	78,40	75,90	78,49	75,91	78,58
1,0349	8,657	76,11	78,55	76,12	78,64	76,13	78,73	76,14	78,82
1,0350	8,681	76,34	78,79	76,35	78,88	76,36	78,97	76,37	79,06
Wassergehalt des Malzes		3,1%		3,2%		3,3%		3,4%	

Spez. Gewicht der Würze	Extrakt in 100 g Würze	Wassergehalt des Malzes							
		3,5 %		3,6 %		3,7 %		3,8 %	
		Extrakt des Malzes							
		lufttrocken	Trockensubstanz	lufttrocken	Trockensubstanz	lufttrocken	Trockensubstanz	lufttrocken	Trockensubstanz
1,0305	7,584	65,94	68,33	65,95	68,41	65,95	68,49	65,96	68,57
1,0306	7,609	66,18	68,58	66,18	68,65	66,19	68,73	66,20	68,81
1,0307	7,633	66,40	68,81	66,41	68,89	66,41	68,96	66,42	69,05
1,0308	7,657	66,63	69,04	66,64	69,12	66,64	69,20	66,65	69,28
1,0309	7,681	66,85	69,28	66,86	69,36	66,87	69,44	66,88	69,52
1,0310	7,706	67,09	69,52	67,10	69,60	67,10	69,68	67,11	69,76
1,0311	7,731	67,33	69,77	67,33	69,85	67,34	69,93	67,35	70,01
1,0312	7,756	67,56	70,01	67,57	70,09	67,58	70,17	67,59	70,25
1,0313	7,780	67,79	70,24	67,79	70,33	67,80	70,41	67,81	70,49
1,0314	7,804	68,02	70,49	68,03	70,57	68,04	70,65	68,04	70,73
1,0315	7,823	68,24	70,72	68,25	70,80	68,26	70,88	68,27	70,96
1,0316	7,853	68,48	70,96	68,49	71,04	68,49	71,12	68,50	71,21
1,0317	7,877	68,71	71,20	68,72	71,28	68,72	71,36	68,73	71,45
1,0318	7,901	68,93	71,43	68,94	71,51	68,95	71,60	68,96	71,68
1,0319	7,925	69,16	71,67	69,17	71,75	69,17	71,83	69,18	71,92
1,0320	7,950	69,40	71,91	69,41	72,00	69,41	72,08	69,42	72,16
1,0321	7,975	69,63	72,16	69,64	72,24	69,65	72,32	69,66	72,41
1,0322	8,000	69,87	72,40	69,88	72,49	69,89	72,57	69,90	72,66
1,0323	8,024	70,10	72,64	70,11	72,72	70,11	72,81	70,12	72,89
1,0324	8,048	70,33	72,88	70,34	72,96	70,34	73,05	70,35	73,13
1,0325	8,073	70,56	73,12	70,57	73,21	70,58	73,29	70,59	73,38
1,0326	8,097	70,79	73,36	70,80	73,44	70,81	73,53	70,82	73,61
1,0327	8,122	71,03	73,61	71,04	73,69	71,05	73,78	71,06	73,86
1,0328	8,146	71,26	73,84	71,27	73,93	71,27	74,01	71,28	74,10
1,0329	8,170	71,49	74,08	71,50	74,17	71,50	74,25	71,51	74,34
1,0330	8,195	71,73	74,33	71,73	74,41	71,74	74,50	71,75	74,59
1,0331	8,219	71,95	74,56	71,96	74,65	71,97	74,74	71,98	74,82
1,0332	8,244	72,19	74,81	72,20	74,90	72,21	74,98	72,22	75,07
1,0333	8,268	72,42	75,05	72,43	75,14	72,44	75,22	72,45	75,31
1,0334	8,292	72,65	75,29	72,66	75,37	72,67	75,46	72,68	75,55
1,0335	8,316	72,88	75,52	72,89	75,61	72,90	75,70	72,91	75,79
1,0336	8,341	73,12	75,77	23,13	75,86	73,14	75,95	73,15	76,04
1,0337	8,365	73,35	76,01	73,36	76,10	73,37	76,18	73,38	76,27
1,0338	8,389	73,58	76,25	73,59	76,34	73,60	76,42	73,61	76,51
1,0339	8,413	73,81	76,49	73,82	76,57	73,83	76,66	73,84	76,75
1,0340	8,438	74,05	76,73	74,06	76,82	74,07	76,91	74,08	77,00
1,0341	8,463	74,29	76,98	74,30	77,07	74,30	77,16	74,31	77,25
1,0342	8,488	74,53	77,23	74,54	77,32	74,55	77,41	74,56	77,50
1,0343	8,512	74,76	77,47	74,77	77,56	74,77	77,65	74,79	77,74
1,0344	8,536	74,98	77,70	74,99	77,79	75,00	77,88	75,01	77,97
1,0345	8,560	75,22	77,95	75,23	78,04	75,24	78,13	75,25	78,22
1,0346	8,584	75,45	78,19	75,46	78,28	75,47	78,37	75,48	78,46
1,0347	8,609	75,69	78,43	75,70	78,52	75,71	78,62	75,72	78,71
1,0348	8,633	75,92	78,67	75,93	78,76	75,94	78,86	75,95	78,95
1,0349	8,657	76,15	78,91	76,16	79,01	76,17	79,10	76,18	79,19
1,0350	8,681	76,38	79,15	76,39	79,24	76,40	79,34	76,41	79,43
Wassergehalt des Malzes		3,5 %		3,6 %		3,7 %		3,8 %	

Spez. Ge-wicht der Würze	Extrakt in 100 g Würze	Wassergehalt des Malzes							
		3,9 %		4,0 %		4,1 %		4,2 %	
		Extrakt des Malzes							
		luft-trocken	Trocken-substanz	luft-trocken	Trocken-substanz	luft-trocken	Trocken-substanz	luft-trocken	Trocken-substanz
1,0305	7,584	65,97	68,65	65,98	68,73	65,99	68,81	66,00	68,89
1,0306	7,609	66,21	68,89	66,22	68,98	66,22	69,06	66,23	69,13
1,0307	7,633	66,43	69,13	66,44	69,21	66,45	69,29	66,46	69,37
1,0308	7,657	66,66	69,37	66,67	69,45	66,68	69,53	66,68	69,61
1,0309	7,681	66,88	69,60	66,89	69,68	66,90	69,76	66,91	69,84
1,0310	7,706	67,12	69,85	67,13	69,93	67,14	70,01	67,15	70,09
1,0311	7,731	67,36	70,09	67,37	70,17	67,37	70,25	67,38	70,33
1,0312	7,756	67,59	70,34	67,60	70,42	67,61	70,50	67,62	70,58
1,0313	7,780	67,82	70,57	67,83	70,65	67,84	70,74	67,84	70,82
1,0314	7,804	68,05	70,81	68,06	70,89	68,07	70,98	68,08	71,06
1,0315	7,828	68,27	71,05	68,28	71,13	68,29	71,21	68,30	71,29
1,0316	7,853	68,51	71,29	68,52	71,37	68,53	71,46	68,54	71,54
1,0317	7,877	68,74	71,53	68,75	71,62	68,76	71,70	68,77	71,78
1,0318	7,901	68,96	71,76	68,97	71,85	68,98	71,93	68,99	72,01
1,0319	7,925	69,19	72,00	69,20	72,09	69,21	72,17	69,22	72,25
1,0320	7,950	69,43	72,25	69,44	72,33	69,45	72,42	69,46	72,50
1,0321	7,975	69,67	72,49	69,68	72,58	69,68	72,66	69,69	72,75
1,0322	8,000	69,90	72,74	69,91	72,83	69,92	72,91	69,93	73,00
1,0323	8,024	70,13	72,98	70,14	73,06	70,15	73,15	70,16	73,23
1,0324	8,048	70,36	73,22	70,37	73,30	70,38	73,39	70,39	73,47
1,0325	8,073	70,60	73,46	70,61	73,55	70,61	73,63	70,62	73,72
1,0326	8,097	70,82	73,70	70,83	73,79	70,84	73,87	70,85	73,96
1,0327	8,122	71,06	73,95	71,07	74,04	71,08	74,12	71,09	74,21
1,0328	8,146	71,29	74,19	71,30	74,27	71,31	74,36	71,32	74,44
1,0329	8,170	71,52	74,43	71,53	74,51	71,54	74,60	71,55	74,69
1,0330	8,195	71,76	74,67	71,77	74,76	71,78	74,85	71,79	74,93
1,0331	8,219	71,99	74,91	72,00	75,00	72,01	75,09	72,02	75,17
1,0332	8,244	72,23	75,16	72,24	75,25	72,25	75,33	72,25	75,42
1,0333	8,268	72,46	75,40	72,47	75,49	72,48	75,57	72,48	75,66
1,0334	8,292	72,69	75,64	72,70	75,73	72,71	75,81	72,71	75,90
1,0335	8,316	72,92	75,88	72,93	75,97	72,93	76,05	72,94	76,14
1,0336	8,341	73,16	76,12	73,17	76,21	73,17	76,30	73,18	76,39
1,0337	8,365	73,38	76,36	73,39	76,45	73,40	76,54	73,41	76,63
1,0338	8,389	73,61	76,60	73,63	76,69	73,63	76,78	73,64	76,87
1,0339	8,413	73,84	76,84	73,85	76,93	73,86	77,02	73,87	77,11
1,0340	8,438	74,08	77,09	74,09	77,18	74,10	77,27	74,11	77,36
1,0341	8,463	74,32	77,34	74,33	77,43	74,34	77,52	74,35	77,61
1,0342	8,488	74,56	77,59	74,57	77,68	74,58	77,77	74,59	77,86
1,0343	8,512	74,79	77,83	74,80	77,92	74,81	78,01	74,82	78,10
1,0344	8,536	75,02	78,07	75,03	78,16	75,04	78,25	75,05	78,34
1,0345	8,560	75,25	78,31	75,27	78,40	75,27	78,49	75,28	78,58
1,0346	8,584	75,49	78,55	75,50	78,64	75,51	78,73	75,52	78,82
1,0347	8,609	75,73	78,80	75,74	78,89	75,75	78,98	75,75	79,07
1,0348	8,633	75,96	79,04	75,97	79,13	75,98	79,23	75,99	79,32
1,0349	8,657	76,19	79,28	76,20	79,38	76,21	79,47	76,22	76,56
1,0350	8,681	76,42	79,52	76,43	79,62	76,44	79,71	76,45	79,80
Wassergehalt des Malzes		3,9 %		4,0 %		4,1 %		4,2 %	

Spez. Gewicht der Würze	Extrakt in 100 g Würze	Wassergehalt des Malzes							
		4,3 %		4,4 %		4,5 %		4,6 %	
		Extrakt des Malzes							
		lufttrocken	Trockensubstanz	lufttrocken	Trockensubstanz	lufttrocken	Trockensubstanz	lufttrocken	Trockensubstanz
1,0305	7,584	66,00	68,97	66,01	69,05	66,02	69,13	66,03	69,21
1,0306	7,609	66,24	69,22	66,25	69,30	66,26	69,38	66,27	69,46
1,0307	7,633	66,46	69,45	66,47	69,53	66,48	69,61	66,49	69,69
1,0308	7,657	66,69	69,69	66,70	69,77	66,71	69,85	66,72	69,94
1,0309	7,681	66,92	69,93	66,93	70,01	66,94	70,09	66,94	70,17
1,0310	7,706	67,16	70,17	67,16	70,25	67,17	70,34	67,18	70,42
1,0311	7,731	67,39	70,42	67,40	70,50	67,41	70,59	67,42	70,67
1,0312	7,756	67,63	70,67	67,64	70,75	67,64	70,83	67,65	70,91
1,0313	7,780	67,85	70,90	67,86	70,98	67,87	71,07	67,88	71,15
1,0314	7,804	68,09	71,15	68,09	71,23	68,10	71,31	68,11	71,40
1,0315	7,828	68,31	71,38	68,32	71,46	68,33	71,55	68,33	71,63
1,0316	7,853	68,55	71,63	68,55	71,71	68,56	71,79	68,57	71,88
1,0317	7,877	68,78	71,87	68,78	71,95	68,79	72,04	68,80	72,10
1,0318	7,901	69,00	72,10	69,01	72,18	69,02	72,27	69,03	72,35
1,0319	7,925	69,23	72,34	69,24	72,42	69,24	72,51	69,25	72,59
1,0320	7,950	69,47	72,59	69,47	72,67	69,48	72,76	69,49	72,84
1,0321	7,975	69,70	72,83	69,71	72,92	69,72	73,01	69,73	73,09
1,0322	8,000	69,94	73,08	69,95	73,17	69,96	73,25	69,97	73,34
1,0323	8,024	70,17	73,32	70,18	73,40	70,19	73,49	70,19	73,58
1,0324	8,048	70,40	73,56	70,41	73,65	70,41	73,73	70,42	73,82
1,0325	8,073	70,63	73,81	70,64	73,89	70,65	73,98	70,66	74,07
1,0326	8,097	70,86	74,04	70,87	74,13	70,88	74,22	70,89	74,30
1,0327	8,122	71,10	74,30	71,11	74,38	71,12	74,47	71,13	74,56
1,0328	8,146	71,33	74,53	71,34	74,62	71,35	74,71	71,36	74,80
1,0329	8,170	71,56	74,77	71,57	74,86	71,58	74,95	71,59	75,04
1,0330	8,195	71,80	75,02	71,81	75,11	71,82	75,20	71,82	75,29
1,0331	8,219	72,03	75,26	72,03	75,35	72,04	75,44	72,05	75,53
1,0332	8,244	72,26	75,51	72,27	75,60	72,28	75,69	72,29	75,78
1,0333	8,268	72,49	75,75	72,50	75,84	72,51	75,93	72,52	76,02
1,0334	8,292	72,72	75,99	72,73	76,08	72,74	76,17	72,75	76,26
1,0335	8,316	72,95	76,23	72,96	76,32	72,97	76,41	72,98	76,50
1,0336	8,341	73,19	76,48	73,20	76,57	73,21	76,66	73,22	76,75
1,0337	8,365	73,42	76,72	73,43	76,81	73,44	76,90	73,45	76,99
1,0338	8,389	73,65	76,96	73,66	77,05	73,67	77,14	73,68	77,23
1,0339	8,413	73,88	77,20	73,89	77,29	73,90	77,38	73,91	77,47
1,0340	8,438	74,12	77,45	74,13	77,54	74,14	77,63	74,15	77,72
1,0341	8,463	74,36	77,70	74,37	77,79	74,38	77,89	74,39	77,98
1,0342	8,488	74,60	77,95	74,61	78,04	74,62	78,14	74,63	78,23
1,0343	8,512	74,83	78,19	74,84	78,28	74,85	78,38	74,86	78,47
1,0344	8,536	75,06	78,43	75,07	78,52	75,08	78,62	75,09	78,71
1,0345	8,560	75,29	78,68	75,30	78,77	75,31	78,86	75,32	78,95
1,0346	8,584	75,53	78,92	75,53	79,01	75,54	79,10	75,55	79,20
1,0347	8,609	75,76	79,17	75,77	79,26	75,78	79,36	75,79	79,45
1,0348	8,633	76,00	79,41	76,01	79,50	76,02	79,60	76,02	79,69
1,0349	8,657	76,23	79,65	76,24	79,75	76,25	79,84	76,26	79,93
1,0350	8,681	76,46	79,89	76,47	79,99	76,48	80,08	76,49	80,17
Wassergehalt des Malzes		4,3 %		4,4 %		4,5 %		4,6 %	

Spez. Ge-wicht der Würze	Extrakt in 100 g Würze	Wassergehalt des Malzes							
		4,7%		4,8%		4,9%		5,0%	
		Extrakt des Malzes							
		luft-trocken	Trocken-substanz	luft-trocken	Trocken-substanz	luft-trocken	Trocken-substanz	luft-trocken	Trocken-substanz
1,0305	7,584	66,04	69,29	66,05	69,38	66,05	69,46	66,06	69,54
1,0306	7,609	66,27	69,54	66,28	69,62	66,29	69,71	66,30	69,79
1,0307	7,633	66,50	69,78	66,51	69,86	66,51	69,94	66,52	70,02
1,0308	7,657	66,73	70,02	66,74	70,10	66,74	70,18	66,75	70,27
1,0309	7,681	66,95	70,25	66,96	70,34	66,97	70,42	66,98	70,50
1,0310	7,706	67,19	70,50	67,20	70,59	67,21	70,67	67,21	70,75
1,0311	7,731	67,42	70,75	67,43	70,83	67,44	70,92	67,45	71,00
1,0312	7,756	67,66	71,00	67,67	71,08	67,68	71,16	67,69	71,25
1,0313	7,780	67,89	71,24	67,90	71,32	67,90	71,40	67,91	71,49
1,0314	7,804	68,12	71,48	68,13	71,56	68,14	71,65	68,15	71,73
1,0315	7,828	68,34	71,71	68,35	71,80	68,36	71,88	68,37	71,97
1,0316	7,853	68,58	71,96	68,59	72,05	68,60	72,13	68,61	72,22
1,0317	7,877	68,81	72,20	68,82	72,29	68,83	72,37	68,84	72,46
1,0318	7,901	69,03	72,44	69,04	72,52	69,05	72,61	69,06	72,70
1,0319	7,925	69,26	72,68	69,27	72,76	69,28	72,85	69,29	72,93
1,0320	7,950	69,50	72,93	69,51	73,01	69,52	73,10	69,53	73,19
1,0321	7,975	69,74	73,18	69,75	73,26	69,75	73,35	69,76	73,44
1,0322	8,000	69,97	73,43	69,98	73,51	69,99	73,60	70,00	73,69
1,0323	8,024	70,20	73,66	70,21	73,75	70,22	73,84	70,23	73,93
1,0324	8,048	70,43	73,91	70,44	73,99	70,45	74,08	70,46	74,17
1,0325	8,073	70,67	74,15	70,68	74,24	70,68	74,33	70,69	74,42
1,0326	8,097	70,90	74,39	70,90	74,48	70,91	74,57	70,92	74,66
1,0327	8,122	71,14	74,64	71,15	74,73	71,15	74,82	71,16	74,91
1,0328	8,146	71,36	74,88	71,37	74,97	71,38	75,06	71,39	75,15
1,0329	8,170	71,59	75,12	71,60	75,21	71,61	75,30	71,62	75,39
1,0330	8,195	71,83	75,37	71,84	75,46	71,85	75,55	71,86	75,64
1,0331	8,219	72,06	75,61	72,07	75,70	72,08	75,79	72,09	75,88
1,0332	8,244	72,30	75,87	72,31	75,96	72,32	76,04	72,33	76,14
1,0333	8,268	72,53	76,11	72,54	76,20	72,55	76,29	72,56	76,38
1,0334	8,292	72,76	76,35	72,77	76,44	72,78	76,53	72,79	76,62
1,0335	8,316	72,99	76,59	73,00	76,68	73,01	76,77	73,02	76,86
1,0336	8,341	73,23	76,84	73,24	76,93	73,25	77,02	73,26	77,11
1,0337	8,365	73,46	77,08	73,47	77,17	73,48	77,26	73,49	77,35
1,0338	8,389	73,69	77,32	73,70	77,41	73,71	77,50	73,72	77,60
1,0339	8,413	73,92	77,56	73,93	77,65	73,94	77,75	73,95	77,84
1,0340	8,438	74,16	77,81	74,17	77,91	74,18	78,00	74,19	78,09
1,0341	8,463	74,40	78,07	74,41	78,16	74,42	78,25	74,43	78,34
1,0342	8,488	74,64	78,32	74,65	78,41	74,66	78,50	74,67	78,60
1,0343	8,512	74,87	78,56	74,88	78,65	74,89	78,75	74,90	78,84
1,0344	8,536	75,10	78,80	75,11	78,89	75,11	78,98	75,12	79,08
1,0345	8,560	75,33	79,04	75,34	79,14	75,35	79,23	75,36	79,33
1,0346	8,584	75,56	79,29	75,57	79,38	75,58	79,48	75,59	79,57
1,0347	8,609	75,80	79,54	75,81	79,63	75,82	79,73	75,83	79,82
1,0348	8,633	76,03	79,78	76,04	79,88	76,05	79,97	76,06	80,07
1,0349	8,657	76,27	80,03	76,28	80,12	76,28	80,22	76,30	80,31
1,0350	8,681	76,50	80,27	76,51	80,36	76,52	80,46	76,53	80,55

Wassergehalt des Malzes	4,7%	4,8%	4,9%	5,0%

Spez. Gewicht der Würze	Extrakt in 100 g Würze	Wassergehalt des Malzes							
		5,1%		5,2%		5,3%		5,4%	
		Extrakt des Malzes							
		luft-trocken	Trocken-substanz	luft-trocken	Trocken-substanz	luft-trocken	Trocken-substanz	luft-trocken	Trocken-substanz
1,0305	7,584	66,07	69,62	66,08	69,70	66,09	69,79	66,09	69,87
1,0306	7,609	66,31	69,87	66,31	69,95	66,32	70,04	66,33	70,12
1,0307	7,633	66,53	70,10	66,54	70,19	66,55	70,27	66,55	70,35
1,0308	7,657	66,76	70,35	66,77	70,43	66,78	70,51	66,78	70,60
1,0309	7,681	66,98	70,58	66,99	70,67	67,00	70,75	67,01	70,83
1,0310	7,706	67,22	70,83	67,23	70,92	67,24	71,00	67,25	71,09
1,0311	7,731	67,46	71,08	67,47	71,17	67,48	71,25	67,48	71,34
1,0312	7,756	67,69	71,33	67,70	71,42	67,71	71,50	67,72	71,59
1,0313	7,780	67,92	71,57	67,93	71,65	67,94	71,74	67,95	71,82
1,0314	7,804	68,15	71,82	68,16	71,90	68,17	71,99	68,18	72,07
1,0315	7,828	68,38	72,05	68,38	72,13	68,39	72,22	68,40	72,31
1,0316	7,853	68,61	72,30	68,62	72,38	68,63	72,47	68,64	72,56
1,0317	7,877	68,84	72,54	68,85	72,63	68,86	72,72	68,87	72,80
1,0318	7,901	69,07	72,78	69,08	72,86	69,09	72,95	69,09	73,04
1,0319	7,925	69,30	73,02	69,30	73,10	69,31	73,19	69,32	73,28
1,0320	7,950	69,54	73,27	69,54	73,36	69,55	73,45	69,56	73,53
1,0321	7,975	69,77	73,52	69,78	73,61	69,79	73,69	69,80	73,78
1,0322	8,000	70,01	73,77	70,02	73,86	70,03	73,95	70,03	74,03
1,0323	8,024	70,24	74,01	70,25	74,10	70,25	74,19	70,26	74,27
1,0324	8,048	70,47	74,25	70,47	74,34	70,48	74,43	70,49	74,52
1,0325	8,073	70,70	74,50	70,71	74,59	70,72	74,68	70,73	74,77
1,0326	8,097	70,93	74,74	70,94	74,83	70,95	74,92	70,96	75,01
1,0327	8,122	71,17	75,00	71,18	75,08	71,19	75,17	71,20	75,26
1,0328	8,146	71,40	75,24	71,41	75,32	71,42	75,41	71,43	75,50
1,0329	8,170	71,63	75,48	71,64	75,57	71,65	75,66	71,66	75,75
1,0330	8,195	71,87	75,73	71,88	75,82	71,89	75,91	71,89	76,00
1,0331	8,219	72,10	75,97	72,10	76,06	72,11	76,15	72,12	76,24
1,0332	8,244	72,34	76,22	72,34	76,31	72,35	76,40	72,36	76,49
1,0333	8,268	72,57	76,47	72,57	76,55	72,58	76,65	72,59	76,74
1,0334	8,292	72,80	76,71	72,80	76,80	72,81	76,89	72,82	76,98
1,0335	8,316	73,03	76,95	73,03	77,04	73,04	77,13	73,05	77,22
1,0336	8,341	73,26	77,20	73,27	77,29	73,28	77,39	73,29	77,48
1,0337	8,365	73,49	77,44	73,50	77,53	73,51	77,63	73,52	77,72
1,0338	8,389	73,73	77,69	73,73	77,78	73,74	77,87	73,75	77,96
1,0339	8,413	73,95	77,93	73,96	78,02	73,97	78,11	73,98	78,21
1,0340	8,438	74,19	78,18	74,20	78,27	74,21	78,37	74,22	78,46
1,0341	8,463	74,43	78,43	74,44	78,53	74,45	78,62	74,46	78,71
1,0342	8,488	74,68	78,69	74,69	78,78	74,70	78,88	74,70	78,97
1,0343	8,512	74,91	78,93	74,91	79,02	74,92	79,12	74,93	79,21
1,0344	8,536	75,13	79,17	75,14	79,26	75,15	79,36	75,16	79,45
1,0345	8,560	75,37	79,42	75,38	79,51	75,39	79,61	75,40	79,70
1,0346	8,584	75,60	79,66	75,61	79,76	75,62	79,85	75,63	79,95
1,0347	8,609	75,84	79,91	75,85	80,01	75,86	80,10	75,87	80,20
1,0348	8,633	76,07	80,16	76,08	80,25	76,09	80,35	76,10	80,44
1,0349	8,657	76,30	80,40	76,31	80,50	76,32	80,59	76,33	80,69
1,0350	8,681	76,53	80,65	76,54	80,74	76,55	80,84	76,56	80,93
Wassergehalt des Malzes		5,1%		5,2%		5,3%		5,4%	

Spez. Ge-wicht der Würze	Extrakt in 100 g Würze	Wassergehalt des Malzes							
		5,5 %		5,6 %		5,7 %		5,8 %	
		Extrakt des Malzes							
		luft-trocken	Trocken-substanz	luft-trocken	Trocken-substanz	luft-trocken	Trocken-substanz	luft-trocken	Trocken-substanz
1,0305	7,584	66,10	69,95	66,11	70,03	66,12	70,12	66,13	70,20
1,0306	7,609	66,34	70,20	66,35	70,28	66,36	70,37	66,36	70,45
1,0307	7,633	66,56	70,44	66,57	70,52	66,58	70,60	66,59	70,69
1,0308	7,657	66,79	70,68	66,80	70,76	66,81	70,85	66,82	70,93
1,0309	7,681	67,02	70,92	67,03	71,00	67,03	71,09	67,04	71,17
1,0310	7,706	67,26	71,17	67,26	71,25	67,27	71,34	67,28	71,42
1,0311	7,731	67,49	71,42	67,50	71,50	67,51	71,59	67,52	71,67
1,0312	7,756	67,73	71,67	67,74	71,76	67,74	71,84	67,75	71,93
1,0313	7,780	67,96	71,91	67,96	72,00	67,97	72,08	67,98	72,17
1,0314	7,804	68,19	72,16	68,20	72,24	68,20	72,33	68,21	72,41
1,0315	7,828	68,41	72,39	68,42	72,48	68,43	72,56	68,44	72,65
1,0316	7,853	68,65	72,64	68,66	72,73	68,66	72,81	68,67	72,90
1,0317	7,877	68,88	72,89	68,89	72,97	68,89	73,06	68,90	73,15
1,0318	7,901	69,10	73,12	69,11	73,21	69,12	73,30	69,13	73,38
1,0319	7,925	69,33	73,37	69,34	73,45	69,35	73,54	69,36	73,63
1,0320	7,950	69,57	73,62	69,58	73,71	69,59	73,79	69,60	73,88
1,0321	7,975	69,81	73,87	69,81	73,96	69,82	74,04	69,83	74,13
1,0322	8,000	70,04	74,12	70,05	74,21	70,06	74,30	70,07	74,38
1,0323	8,024	70,27	74,36	70,28	74,45	70,29	74,54	70,30	74,63
1,0324	8,048	70,50	74,61	70,51	74,69	70,52	74,78	70,53	74,87
1,0325	8,073	70,74	74,86	70,75	74,94	70,75	75,03	70,76	75,12
1,0326	8,097	70,97	75,10	70,98	75,19	70,98	75,27	70,99	75,36
1,0327	8,122	71,21	75,35	71,22	75,44	71,22	75,53	71,23	75,62
1,0328	8,146	71,44	75,59	71,44	75,68	71,45	75,77	71,46	75,86
1,0329	8,170	71,67	75,84	71,67	75,93	71,68	76,02	71,69	76,11
1,0330	8,195	71,90	76,09	71,91	76,18	71,92	76,27	71,93	76,36
1,0331	8,219	72,13	76,33	72,14	76,42	72,15	76,51	72,16	76,60
1,0332	8,244	72,37	76,59	72,38	76,68	72,39	76,77	72,40	76,86
1,0333	8,268	72,60	76,83	72,61	76,92	72,62	77,01	72,63	77,10
1,0334	8,292	72,83	77,07	72,84	77,16	72,85	77,25	72,86	77,35
1,0335	8,316	73,06	77,31	73,07	77,41	73,08	77,50	73,09	77,59
1,0336	8,341	73,30	77,57	73,31	77,66	73,32	77,75	73,33	77,84
1,0337	8,365	73,53	77,81	73,54	77,90	73,55	78,00	73,56	78,09
1,0338	8,389	73,76	78,06	73,77	78,15	73,78	78,24	73,79	78,33
1,0339	8,413	73,99	78,30	74,00	78,39	74,01	78,48	74,02	78,58
1,0340	8,438	74,23	78,55	74,24	78,65	74,25	78,74	74,26	78,83
1,0341	8,463	74,47	78,81	74,48	78,90	74,49	78,99	74,50	79,09
1,0342	8,488	74,71	79,06	74,72	79,16	74,73	79,25	74,74	79,34
1,0343	8,512	74,94	79,31	74,95	79,40	74,96	79,49	74,97	79,59
1,0344	8,536	75,17	79,55	75,18	79,64	75,19	79,73	75,20	79,83
1,0345	8,560	75,41	79,79	75,41	79,89	75,42	79,98	75,43	80,08
1,0346	8,584	75,64	80,04	75,65	80,13	75,66	80,23	75,67	80,33
1,0347	8,609	75,88	80,29	75,89	80,39	75,90	80,48	75,91	80,58
1,0348	8,633	76,11	80,54	76,12	80,63	76,13	80,73	76,14	80,83
1,0349	8,657	76,34	80,79	76,35	80,89	76,36	80,98	76,37	81,07
1,0350	8,681	76,57	81,03	76,58	81,13	76,59	81,22	76,60	81,32
Wassergehalt des Malzes		5,5 %		5,6 %		5,7 %		5,8 %	

Spez. Ge- wicht der Würze	Extrakt in 100 g Würze	Wassergehalt des Malzes							
		5,9 %		6,0 %		6,1 %		6,2 %	
		Extrakt des Malzes							
		luft- trocken	Trocken- substanz	luft- trocken	Trocken- substanz	luft- trocken	Trocken- substanz	luft- trocken	Trocken- substanz
1,0305	7,584	66,14	70,28	66,14	70,37	66,15	70,45	66,16	70,53
1,0306	7,609	66,37	70,53	66,38	70,62	66,39	70,70	66,40	70,79
1,0307	7,633	66,60	70,77	66,61	70,86	66,61	70,94	66,62	71,02
1,0308	7,657	66,83	71,02	66,84	71,10	66,84	71,18	66,85	71,27
1,0309	7,681	67,05	71,26	67,06	71,34	67,07	71,42	67,08	71,51
1,0310	7,706	67,29	71,51	67,30	71,59	67,31	71,68	67,31	71,76
1,0311	7,731	67,53	71,76	67,53	71,84	67,54	71,93	67,55	72,02
1,0412	7,756	67,76	72,01	67,77	72,10	67,78	72,18	67,79	72,27
1,0313	7,780	67,99	72,25	68,00	72,34	68,01	72,42	68,01	72,51
1,0314	7,804	68,22	72,50	68,23	72,59	68,24	72,67	68,25	72,76
1,0315	7,828	68,44	72,74	68,45	72,82	68,46	72,91	68,47	73,00
1,0316	7,853	68,68	72,99	68,69	73,07	68,70	73,16	68,71	73,25
1,0317	7,877	68,91	73,23	68,92	73,32	68,93	73,41	68,94	73,49
1,0318	7,901	69,14	73,47	69,15	73,56	69,15	73,65	69,16	73,73
1,0319	7,925	69,36	73,71	69,37	73,80	69,38	73,89	69,39	73,98
1,0320	7,950	69,60	73,97	69,61	74,06	69,62	74,14	69,63	74,23
1,0321	7,975	69,84	74,22	69,85	74,31	69,86	74,40	69,87	74,48
1,0322	8,000	70,08	74,47	70,09	74,56	70,10	74,65	70,10	74,74
1,0323	8,024	70,31	74,71	70,32	74,80	70,32	74,89	70,33	74,98
1,0324	8,048	70,54	74,96	70,55	75,05	70,55	75,14	70,56	75,23
1,0325	8,073	70,77	75,21	70,78	75,30	70,79	75,39	70,80	75,48
1,0326	8,097	71,00	75,45	71,01	75,54	71,02	75,63	71,03	75,72
1,0327	8,122	71,24	75,71	71,25	75,80	71,26	75,89	71,27	75,98
1,0328	8,146	71,47	75,95	71,48	76,04	71,49	76,13	71,50	76,22
1,0329	8,170	71,70	76,20	71,71	76,29	71,72	76,38	71,73	76,47
1,0330	8,195	71,94	76,45	71,95	76,54	71,96	76,63	71,97	76,72
1,0331	8,219	72,17	76,69	72,18	76,79	72,19	76,88	72,19	76,97
1,0332	8,244	72,41	76,95	72,42	77,04	72,43	77,13	72,43	77,22
1,0333	8,268	72,64	77,19	72,65	77,28	72,66	77,38	72,66	77,47
1,0334	8,292	72,87	77,44	72,88	77,53	72,89	77,62	72,89	77,71
1,0335	8,316	73,10	77,68	73,11	77,77	73,12	77,87	73,12	77,96
1,0336	8,341	73,34	77,94	73,35	78,03	73,36	78,12	73,36	78,21
1,0337	8,365	73,57	78,18	73,58	78,27	73,59	78,37	73,59	78,46
1,0338	8,389	73,80	78,43	73,81	78,52	73,82	78,61	73,83	78,71
1,0339	8,413	74,03	78,67	74,04	78,76	74,05	78,86	74,06	78,95
1,0340	8,438	74,27	78,92	74,28	79,02	74,29	79,11	74,30	79,21
1,0341	8,463	74,51	79,18	74,52	79,28	74,53	79,37	74,54	79,46
1,0342	8,488	74,75	79,44	74,76	79,53	74,77	79,63	74,78	79,72
1,0343	8,512	74,98	79,68	74,99	79,78	75,00	79,87	75,01	79,97
1,0344	8,536	75,21	79,92	75,22	80,02	75,23	80,11	75,24	80,21
1,0345	8,560	75,44	80,17	75,45	80,27	75,46	80,36	75,47	80,46
1,0346	8,584	75,68	80,42	75,69	80,52	75,69	80,61	75,70	80,71
1,0347	8,609	75,91	80,67	75,93	80,77	75,93	80,87	75,94	80,96
1,0348	8,633	76,15	80,92	76,16	81,03	76,17	81,11	76,18	81,21
1,0349	8,657	76,38	81,17	76,39	81,27	76,40	81,36	76,41	81,46
1,0350	8,681	76,61	81,41	76,62	81,51	76,63	81,61	76,64	81,70
Wassergehalt des Malzes		5,9 %		6,0 %		6,1 %		6,2 %	

Spez. Ge-wicht der Würze	Extrakt in 100 g Würze	Wassergehalt des Malzes							
		6,3%		6,4%		6,5%		6,6%	
		Extrakt des Malzes							
		luft-trocken	Trocken-substanz	luft-trocken	Trocken-substanz	luft-trocken	Trocken-substanz	luft-trocken	Trocken-substanz
1,0305	7,584	66,17	70,62	66,18	70,70	66,18	70,79	66,19	70,87
1,0306	7,609	66,41	70,87	66,41	70,95	66,42	71,04	66,43	71,12
1,0307	7,633	66,63	71,11	66,64	71,19	66,65	71,28	66,65	71,36
1,0308	7,657	66,86	71,36	66,87	71,44	66,88	71,52	66,88	71,61
1,0309	7,681	67,09	71,60	67,09	71,68	67,10	71,77	67,11	71,85
1,0310	7,706	67,32	71,85	67,33	71,93	67,34	72,02	67,35	72,11
1,0311	7,731	67,56	72,10	67,57	72,19	67,58	72,27	67,58	72,36
1,0312	7,756	67,80	72,35	67,80	72,44	67,81	72,53	67,82	72,61
1,0313	7,780	68,02	72,60	68,03	72,68	68,04	72,77	68,05	72,86
1,0314	7,804	68,26	72,85	68,26	72,93	68,27	73,02	68,28	73,11
1,0315	7,828	68,48	73,08	68,48	73,17	68,49	73,26	68,50	73,34
1,0316	7,853	68,72	73,34	68,72	73,42	68,73	73,51	68,74	73,60
1,0317	7,877	68,95	73,58	68,96	73,67	68,96	73,76	68,97	73,85
1,0318	7,901	69,17	73,82	69,18	73,91	69,19	74,00	69,20	74,09
1,0319	7,925	69,40	74,07	69,41	74,15	69,42	74,24	69,43	74,33
1,0320	7,950	69,64	74,32	69,65	74,41	69,66	74,50	69,66	74,59
1,0321	7,975	69,88	74,57	69,88	74,66	69,89	74,75	69,90	74,84
1,0322	8,000	70,11	74,83	70,12	74,92	70,13	75,01	70,14	75,10
1,0323	8,024	70,34	75,07	70,35	75,16	70,36	75,25	70,37	75,34
1,0324	8,048	70,57	75,32	70,58	75,41	70,59	75,50	70,60	75,59
1,0325	8,073	70,81	75,57	70,82	75,66	70,82	75,75	70,83	75,84
1,0326	8,097	71,04	75,81	71,05	75,90	71,05	75,99	71,06	76,08
1,0327	8,122	71,28	76,07	71,29	76,16	71,29	76,25	71,30	76,34
1,0328	8,146	71,51	76,31	71,51	76,40	71,52	76,50	71,53	76,59
1,0329	8,170	71,74	76,56	71,75	76,65	71,75	76,74	71,76	76,83
1,0330	8,195	71,98	76,82	71,98	76,91	71,99	77,00	72,00	77,09
1,0331	8,219	72,20	77,06	72,21	77,15	72,22	77,24	72,23	77,34
1,0332	8,244	72,44	77,32	72,45	77,41	72,46	77,50	72,47	77,59
1,0333	8,268	72,67	77,56	72,68	77,65	72,69	77,75	72,70	77,84
1,0334	8,292	72,90	77,81	72,91	77,90	72,92	77,99	72,93	78,08
1,0335	8,316	73,13	78,05	73,14	78,14	73,15	78,24	73,16	78,33
1,0336	8,341	73,37	78,31	73,38	78,40	73,39	78,49	73,40	78,59
1,0337	8,365	73,60	78,55	73,61	78,65	73,62	78,74	73,63	78,83
1,0338	8,389	73,84	78,80	73,84	78,89	73,85	78,99	73,86	79,08
1,0339	8,413	74,07	79,05	74,07	79,14	74,08	79,23	74,09	79,33
1,0340	8,438	74,31	79,30	74,31	79,39	74,32	79,49	74,33	79,59
1,0341	8,463	74,55	79,56	74,55	79,65	74,56	79,75	74,57	79,84
1,0342	8,488	74,79	79,82	74,80	79,91	74,81	80,00	74,82	80,10
1,0343	8,512	75,02	80,06	75,03	80,16	75,04	80,25	75,05	80,35
1,0344	8,536	75,25	80,30	75,25	80,40	75,26	80,50	75,27	80,59
1,0345	8,560	75,48	80,55	75,49	80,65	75,50	80,75	75,51	80,84
1,0346	8,584	75,71	80,80	75,72	80,90	75,73	81,00	75,74	81,09
1,0347	8,609	75,95	81,06	75,96	81,16	75,97	81,25	75,98	81,35
1,0348	8,633	76,19	81,31	76,19	81,40	76,20	81,50	76,21	81,60
1,0349	8,657	76,42	81,56	76,43	81,65	76,44	81,75	76,45	81,85
1,0350	8,681	76,65	81,80	76,66	81,90	76,67	82,00	76,68	82,10
Wassergehalt des Malzes		6,3%		6,4%		6,5%		6,6%	

Spez. Gewicht der Würze	Extrakt in 100 g Würze	Wassergehalt des Malzes							
		6,7 %		6,8 %		6,9 %		7,0 %	
		Extrakt des Malzes							
		luft-trocken	Trocken-substanz	luft-trocken	Trocken-substanz	luft-trocken	Trocken-substanz	luft-trocken	Trocken-substanz
1,0305	7,584	66,20	70,96	66,21	71,04	66,22	71,13	66,23	71,21
1,0306	7,609	66,44	71,21	66,45	71,29	66,46	71,38	66,46	71,47
1,0307	7,633	66,66	71,45	66,67	71,53	66,68	71,62	66,69	71,71
1,0308	7,657	66,89	71,70	66,90	71,78	66,91	71,87	66,92	71,95
1,0309	7,681	67,12	71,94	67,13	72,02	67,13	72,11	67,14	72,20
1,0310	7,706	67,36	72,19	67,36	72,28	67,37	72,37	67,38	72,45
1,0311	7,731	67,59	72,45	67,60	72,53	67,61	72,62	67,62	72,71
1,0312	7,756	67,83	72,70	67,84	72,79	67,85	72,87	67,85	72,96
1,0313	7,780	68,06	72,94	68,06	73,03	68,07	73,12	68,08	73,21
1,0314	7,804	68,29	73,19	68,30	73,28	68,31	73,37	68,31	73,46
1,0315	7,828	68,51	73,43	68,52	73,52	68,53	73,61	68,54	73,70
1,0316	7,853	68,75	73,69	68,76	73,77	68,77	73,86	68,77	73,95
1,0317	7,877	68,98	73,93	68,99	74,02	69,00	74,11	69,01	74,20
1,0318	7,901	69,20	74,17	69,21	74,26	69,22	74,35	69,23	74,44
1,0319	7,925	69,43	74,42	69,44	74,51	69,45	74,60	69,46	74,69
1,0320	7,950	69,67	74,68	69,68	74,77	69,69	74,86	69,70	74,95
1,0321	7,975	69,91	74,93	69,92	75,02	69,93	75,11	69,94	75,20
1,0322	8,000	70,15	75,19	70,16	75,28	70,17	75,37	70,17	75,46
1,0323	8,024	70,38	75,43	70,39	75,52	70,39	75,61	70,40	75,70
1,0324	8,048	70,61	75,68	70,62	75,77	70,62	75,86	70,63	75,95
1,0325	8,073	70,84	75,93	70,85	76,02	70,86	76,11	70,87	76,20
1,0326	8,097	71,07	76,18	71,08	76,27	71,09	76,36	71,10	76,45
1,0327	8,122	71,31	76,43	71,32	76,53	71,33	76,62	71,34	76,71
1,0328	8,146	71,54	76,68	71,55	76,77	71,56	76,86	71,57	76,95
1,0329	8,170	71,77	76,93	71,78	77,02	71,79	77,11	71,80	77,20
1,0330	8,195	72,01	77,18	72,02	77,27	72,03	77,37	72,04	77,46
1,0331	8,219	72,24	77,43	72,25	77,52	72,26	77,61	72,27	77,71
1,0332	8,244	72,48	77,68	72,49	77,78	72,50	77,87	72,51	77,96
1,0333	8,268	72,71	77,93	72,72	78,02	72,73	78,12	72,74	78,21
1,0334	8,292	72,94	78,18	72,95	78,27	72,96	78,37	72,97	78,46
1,0335	8,316	73,17	78,42	73,18	78,52	73,19	78,61	73,20	78,71
1,0336	8,341	73,41	78,68	73,42	78,78	73,43	78,87	73,44	78,97
1,0337	8,365	73,64	78,93	73,65	79,02	73,66	79,12	73,67	79,21
1,0338	8,389	73,87	79,18	73,88	79,27	73,89	79,37	73,90	79,46
1,0339	8,413	74,10	79,42	74,11	79,52	74,12	79,61	74,13	79,71
1,0340	8,438	74,34	79,68	74,35	79,78	74,36	79,87	74,37	79,97
1,0341	8,463	74,58	79,94	74,59	80,03	74,60	80,13	74,61	80,23
1,0342	8,488	74,82	80,20	74,83	80,29	74,84	80,39	74,85	80,49
1,0343	8,512	75,05	80,44	75,06	80,54	75,07	80,64	75,08	80,73
1,0344	8,536	75,28	80,69	75,29	80,79	75,30	80,88	75,31	80,98
1,0345	8,560	75,52	80,94	75,53	81,04	75,54	81,13	75,54	81,23
1,0346	8,584	75,75	81,19	75,76	81,29	75,77	81,38	75,78	81,48
1,0347	8,609	75,99	81,45	76,00	81,55	76,01	81,64	76,02	81,74
1,0348	8,633	76,22	81,70	76,23	81,79	76,24	81,89	76,25	81,99
1,0349	8,657	76,46	81,95	76,47	82,04	76,47	82,14	76,48	82,24
1,0350	8,681	76,69	82,19	76,70	82,29	76,71	82,39	76,71	82,49
Wassergehalt des Malzes		6,7 %		6,8 %		6,9 %		7,0 %	

Spez. Ge-wicht der Würze	Extrakt in 100 g Würze	7,1%		7,2%		7,3%		7,4%	
		luft-trocken	Trocken-substanz	luft-trocken	Trocken-substanz	luft-trocken	Trocken-substanz	luft-trocken	Trocken-substanz
1,0305	7,584	66,23	71,30	66,24	71,38	66,25	71,47	66,26	71,55
1,0306	7,609	66,47	71,55	66,48	71,64	66,49	71,72	66,50	71,81
1,0307	7,633	66,70	71,79	66,70	71,88	66,71	71,96	66,72	72,05
1,0308	7,657	66,93	72,04	66,93	72,13	66,94	72,21	66,95	72,30
1,0309	7,681	67,15	72,28	67,16	72,37	67,17	72,46	67,18	72,54
1,0310	7,706	67,39	72,54	67,40	72,63	67,41	72,71	67,41	72,80
1,0311	7,731	67,63	72,79	67,63	72,88	67,64	72,97	67,65	73,06
1,0312	7,756	67,86	73,05	67,87	73,14	67,88	73,22	67,89	73,31
1,0313	7,780	68,09	73,29	68,10	73,38	68,11	73,47	68,12	73,56
1,0314	7,804	68,32	73,55	68,33	73,63	68,34	73,72	68,35	73,81
1,0315	7,828	68,55	73,78	68,55	73,87	68,56	73,96	68,57	74,05
1,0316	7,853	68,78	74,04	68,79	74,13	68,80	74,22	68,81	74,31
1,0317	7,877	69,02	74,29	69,02	74,38	69,03	74,47	69,04	74,56
1,0318	7,901	69,24	74,53	69,25	74,62	69,26	74,71	69,27	74,80
1,0319	7,925	69,47	74,78	69,48	74,87	69,48	74,96	69,49	75,05
1,0320	7,950	69,71	75,04	69,72	75,12	69,72	75,21	69,73	75,31
1,0321	7,975	69,94	75,29	69,95	75,38	69,96	75,47	69,97	75,56
1,0322	8,000	70,18	75,55	70,19	75,64	70,20	75,73	70,21	75,82
1,0323	8,024	70,41	75,79	70,42	75,88	70,43	75,97	70,44	76,07
1,0324	8,048	70,64	76,04	70,65	76,13	70,66	76,22	70,67	76,32
1,0325	8,073	70,88	76,80	70,89	76,39	70,90	76,48	70,90	76,57
1,0326	8,097	71,11	76,54	71,12	76,63	71,12	76,72	71,13	76,82
1,0327	8,122	71,35	76,80	71,36	76,89	71,36	76,98	71,37	77,08
1,0328	8,146	71,58	77,05	71,59	77,14	71,59	77,23	71,60	77,33
1,0329	8,170	71,81	77,30	71,82	77,39	71,82	77,48	71,83	77,58
1,0330	8,195	72,05	77,55	72,06	77,65	72,06	77,74	72,07	77,83
1,0331	8,219	72,28	77,80	72,28	77,89	72,29	77,99	72,30	78,08
1,0332	8,244	72,52	78,06	72,52	78,15	72,53	78,25	72,54	78,34
1,0333	8,268	72,75	78,31	72,76	78,40	72,76	78,49	72,77	78,59
1,0334	8,292	72,98	78,55	72,99	78,65	72,99	78,74	73,00	78,84
1,0335	8,316	73,21	78,80	73,22	78,90	73,22	78,99	73,23	79,09
1,0336	8,341	73,45	79,06	73,46	79,15	73,46	79,25	73,47	79,35
1,0337	8,365	73,68	79,31	73,69	79,40	73,69	79,50	73,70	79,60
1,0338	8,389	73,91	79,56	73,92	79,65	73,93	79,75	73,94	79,85
1,0339	8,413	74,14	79,80	74,15	79,90	74,16	80,00	74,17	80,09
1,0340	8,438	74,38	80,06	74,39	80,16	74,40	80,25	74,41	80,35
1,0341	8,463	74,62	80,32	74,63	80,42	74,64	80,52	74,65	80,61
1,0342	8,488	74,86	80,58	74,87	80,68	74,88	80,78	74,89	80,87
1,0343	8,512	75,09	80,83	75,10	80,93	75,11	81,02	75,12	81,12
1,0344	8,536	75,32	81,08	75,33	81,17	75,34	81,27	75,35	81,37
1,0345	8,560	75,56	81,33	75,56	81,43	75,57	81,52	75,58	81,62
1,0346	8,584	75,79	81,58	75,80	81,68	75,81	81,78	75,82	81,88
1,0347	8,609	76,03	81,84	76,04	81,94	76,05	82,03	76,06	82,14
1,0348	8,633	76,26	82,09	76,27	82,19	76,28	82,29	76,29	82,39
1,0349	8,657	76,49	82,34	76,50	82,44	76,51	82,54	76,52	82,64
1,0350	8,681	76,72	82,59	76,73	82,69	76,74	82,79	76,75	82,89
Wassergehalt des Malzes		7,1%		7,2%		7,3%		7,4%	

Spez. Gewicht der Würze	Extrakt in 100 g Würze	Wassergehalt des Malzes							
		7,5%		7,6%		7,7%		7,8%	
		Extrakt des Malzes							
		luft-trocken	Trocken-substanz	luft-trocken	Trocken-substanz	luft-trocken	Trocken-substanz	luft-trocken	Trocken-substanz
1,0305	7,584	66,27	71,64	66,28	71,73	66,28	71,81	66,29	71,90
1,0306	7,609	66,50	71,90	66,51	71,98	66,52	72,07	66,53	72,16
1,0307	7,633	66,73	72,14	66,74	72,23	66,74	72,31	66,75	72,40
1,0308	7,657	66,96	72,39	66,97	72,48	66,98	72,56	66,98	72,65
1,0309	7,681	67,18	72,63	67,19	72,72	67,20	72,81	67,21	72,89
1,0310	7,706	67,42	72,89	67,43	72,98	67,44	73,07	67,45	73,15
1,0311	7,731	67,66	73,15	67,67	73,23	67,68	73,32	67,68	73,41
1,0312	7,756	67,90	73,40	67,91	73,49	67,91	73,58	67,92	73,67
1,0313	7,780	68,12	73,65	68,13	73,74	68,14	73,83	68,15	73,91
1,0314	7,804	68,36	73,90	68,37	73,99	68,37	74,08	68,38	74,17
1,0315	7,828	68,58	74,14	68,59	74,23	68,60	74,32	68,60	74,41
1,0316	7,853	68,82	74,40	68,83	74,49	68,83	74,58	68,84	74,67
1,0317	7,877	69,05	74,65	69,06	74,74	69,07	74,83	69,07	74,92
1,0318	7,901	69,27	74,89	69,28	74,98	69,29	75,07	69,30	75,16
1,0319	7,925	69,50	75,14	69,51	75,23	69,52	75,32	69,53	75,41
1,0320	7,950	69,74	75,40	69,75	75,49	69,76	75,58	69,77	75,67
1,0321	7,975	69,98	75,65	69,99	75,75	70,00	75,84	70,00	75,93
1,0322	8,000	70,22	75,91	70,23	76,00	70,24	76,09	70,24	76,19
1,0323	8,024	70,45	76,16	70,46	76,25	70,46	76,34	70,47	76,43
1,0324	8,048	70,68	76,41	70,69	76,50	70,69	76,59	70,70	76,68
1,0325	8,073	70,91	76,66	70,92	76,76	70,93	76,85	70,94	76,94
1,0326	8,097	71,14	76,91	71,15	77,00	71,16	77,10	71,17	77,19
1,0327	8,122	71,38	77,17	71,39	77,27	71,40	77,36	71,41	77,45
1,0328	8,146	71,61	77,42	71,62	77,51	71,63	77,61	71,64	77,70
1,0329	8,170	71,84	77,67	71,85	77,76	71,86	77,86	71,87	77,95
1,0330	8,195	72,08	77,93	72,09	78,02	72,10	78,12	72,11	78,21
1,0331	8,219	72,31	78,17	72,32	78,27	72,33	78,36	72,34	78,46
1,0332	8,244	72,55	78,43	72,56	78,53	72,57	78,62	72,58	78,72
1,0333	8,268	72,78	78,68	72,79	78,78	72,80	78,87	72,81	78,97
1,0334	8,292	73,01	78,93	73,02	79,03	73,03	79,12	73,04	79,22
1,0335	8,316	73,24	79,18	73,25	79,28	73,26	79,37	73,27	79,47
1,0336	8,341	73,48	79,44	73,49	79,54	73,50	79,63	73,51	79,73
1,0337	8,365	73,71	79,69	73,72	79,79	73,73	79,88	73,74	79,98
1,0338	8,389	73,94	79,94	73,95	80,04	73,96	80,13	73,97	80,23
1,0339	8,413	74,17	80,19	74,18	80,29	74,19	80,38	74,20	80,48
1,0340	8,438	74,42	80,45	74,43	80,55	74,43	80,64	74,44	80,74
1,0341	8,463	74,66	80,71	74,67	80,81	74,68	80,91	74,68	81,00
1,0342	8,488	74,90	80,97	74,91	81,07	74,92	81,17	74,93	81,26
1,0343	8,512	75,13	81,22	75,14	81,32	75,15	81,42	75,16	81,52
1,0344	8,536	75,36	81,47	75,37	81,57	75,38	81,66	75,38	81,76
1,0345	8,560	75,59	81,72	75,60	81,82	75,61	81,92	75,62	82,02
1,0346	8,584	75,83	81,97	75,84	82,07	75,84	82,17	75,85	82,27
1,0347	8,609	76,07	82,23	76,08	82,33	76,08	82,43	76,09	82,53
1,0348	8,633	76,30	82,48	76,31	82,59	76,32	82,68	76,33	82,78
1,0349	8,657	76,53	82,74	76,54	82,84	76,55	82,94	76,56	83,04
1,0350	8,681	76,76	82,99	76,77	83,09	76,78	83,19	76,79	83,29
Wassergehalt des Malzes		7,5%		7,6%		7,7%		7,8%	

12*

Spez. Ge-wicht der Würze	Extrakt in 100 g Würze	Wassergehalt des Malzes							
		7,9 %		8,0 %		8,1 %		8,2 %	
		Extrakt des Malzes							
		luft-trocken	Trocken-substanz	luft-trocken	Trocken-substanz	luft-trocken	Trocken-substanz	luft-trocken	Trocken-substanz
1,0305	7,584	66,30	71,99	66,31	72,07	66,32	72,16	66,32	72,25
1,0306	7,609	66,54	72,24	66,55	72,33	66,55	72,42	66,56	72,51
1,0307	7,633	66,76	72,49	66,77	72,57	66,78	72,66	66,79	72,75
1,0308	7,657	66,99	72,74	67,00	72,83	67,01	72,91	67,02	73,00
1,0309	7,681	67,22	72,98	67,23	73,07	67,24	73,16	67,24	73,25
1,0310	7,706	67,46	73,24	67,46	73,33	67,47	73,42	67,48	73,51
1,0311	7,731	67,69	73,50	67,70	73,59	67,71	73,68	67,72	73,77
1,0312	7,756	67,93	73,76	67,94	73,85	67,95	73,94	67,96	74,03
1,0313	7,780	68,16	74,00	68,17	74,09	68,17	74,18	68,18	74,27
1,0314	7,804	68,39	74,26	68,40	74,35	68,41	74,44	68,42	74,53
1,0315	7,828	68,61	74,50	68,62	74,59	68,63	74,68	68,64	74,77
1,0316	7,853	68,85	74,76	68,86	74,85	68,87	74,94	68,88	75,03
1,0317	7,877	69,08	75,01	69,09	75,10	69,10	75,19	69,11	75,28
1,0318	7,901	69,31	75,25	69,32	75,34	69,33	75,44	69,33	75,53
1,0319	7,925	69,54	75,50	69,55	75,59	69,55	75,68	69,56	75,78
1,0320	7,950	69,78	75,76	69,79	75,85	69,79	75,95	69,80	76,04
1,0321	7,975	70,01	76,02	70,02	76,11	70,03	76,20	70,04	76,30
1,0322	8,000	70,25	76,28	70,26	76,37	70,27	76,46	70,28	76,56
1,0323	8,024	70,48	76,53	70,49	76,62	70,50	76,71	70,51	76,81
1,0324	8,048	70,71	76,78	70,72	76,87	70,73	76,96	70,74	77,06
1,0325	8,073	70,95	77,03	70,96	77,13	70,97	77,22	70,98	77,32
1,0326	8,097	71,18	77,28	71,19	77,38	71,20	77,47	71,20	77,56
1,0327	8,122	71,42	77,54	71,43	77,64	71,44	77,73	71,45	77,83
1,0328	8,146	71,65	77,79	71,66	77,89	71,67	77,98	71,67	78,08
1,0329	8,170	71,88	78,04	71,89	78,14	71,90	78,23	71,91	78,33
1,0330	8,195	72,12	78,30	72,13	78,40	72,14	78,49	72,14	78,59
1,0331	8,219	72,35	78,55	72,36	78,65	72,37	78,74	72,37	78,84
1,0332	8,244	72,59	78,81	72,60	78,91	72,61	79,01	72,61	79,10
1,0333	8,268	72,82	79,06	72,83	79,16	72,84	79,26	72,85	79,35
1,0334	8,292	73,05	79,31	73,06	79,41	73,07	79,51	73,08	79,60
1,0335	8,316	73,28	79,57	73,29	79,66	73,30	79,76	73,31	79,86
1,0336	8,341	73,52	79,83	73,53	79,92	73,54	80,02	73,55	80,12
1,0337	8,365	73,75	80,08	73,76	80,17	73,77	80,27	73,78	80,37
1,0338	8,389	73,98	80,33	73,99	80,42	74,00	80,52	74,01	80,62
1,0339	8,413	74,21	80,58	74,22	80,67	74,23	80,77	74,24	80,87
1,0340	8,438	74,45	80,84	74,46	80,94	74,47	81,03	74,48	81,13
1,0341	8,463	74,69	81,10	74,70	81,20	74,71	81,30	74,72	81,40
1,0342	8,488	74,94	81,36	74,95	81,46	74,96	81,56	74,96	81,66
1,0343	8,512	75,17	81,61	75,18	81,71	75,19	81,81	75,19	81,91
1,0344	8,536	75,40	81,86	75,40	81,96	75,41	82,06	75,42	82,16
1,0345	8,560	75,63	82,12	75,64	82,22	75,65	82,32	75,66	82,42
1,0346	8,584	75,86	82,37	75,87	82,47	75,88	82,57	75,89	82,67
1,0347	8,609	76,10	82,63	76,11	82,73	76,12	82,83	76,13	82,93
1,0348	8,633	76,34	82,88	76,35	82,98	76,36	83,08	76,36	83,19
1,0349	8,657	76,57	83,14	76,58	83,24	76,59	83,34	76,60	83,44
1,0350	8,681	76,80	83,39	76,81	83,49	76,82	83,59	76,83	83,69
Wassergehalt des Malzes		7,9 %		8,0 %		8,1 %		8,2 %	

Spez. Ge-wicht der Würze	Extrakt in 100 g Würze	8,3%		8,4%		8,5%		8,6%	
		luft-trocken	Trocken-substanz	luft-trocken	Trocken-substanz	luft-trocken	Trocken-substanz	luft-trocken	Trocken-substanz
1,0305	7,584	66,33	72,34	66,34	72,42	66,35	72,51	66,36	72,60
1,0306	7,609	66,57	72,59	66,58	72,68	66,59	72,77	66,59	72,86
1,0307	7,633	66,79	72,84	66,80	72,93	66,81	73,02	66,82	73,10
1,0308	7,657	67,03	73,09	67,03	73,18	67,04	73,27	67,05	73,36
1,0309	7,681	67,25	73,34	67,26	73,43	67,27	73,52	67,28	73,60
1,0310	7,706	67,49	73,59	67,50	73,69	67,51	73,78	67,51	73,87
1,0311	7,731	67,73	73,86	67,74	73,95	67,74	74,04	67,75	74,13
1,0312	7,756	67,96	74,11	67,97	74,21	67,98	74,30	67,99	74,38
1,0313	7,780	68,19	74,36	68,20	74,45	68,21	74,54	68,22	74,63
1,0314	7,804	68,42	74,62	68,43	74,71	68,44	74,80	68,45	74,89
1,0315	7,828	68,65	74,86	68,66	74,95	68,66	75,04	68,67	75,13
1,0316	7,853	68,89	75,12	68,89	75,21	68,90	75,30	68,91	75,39
1,0317	7,877	69,12	75,37	69,13	75,47	69,13	75,56	69,14	75,65
1,0318	7,901	69,34	75,62	69,35	75,71	69,36	75,80	69,37	75,89
1,0319	7,925	69,57	75,87	69,58	75,96	69,59	76,05	69,60	76,14
1,0320	7,950	69,81	76,13	69,82	76,22	69,83	76,32	69,84	76,41
1,0321	7,975	70,05	76,39	70,06	76,48	70,07	76,57	70,07	76,67
1,0322	8,000	70,29	76,65	70,30	76,74	70,30	76,84	70,31	76,93
1,0323	8,024	70,52	76,90	70,53	76,99	70,53	77,09	70,54	77,18
1,0324	8,048	70,75	77,15	70,76	77,24	70,76	77,34	70,77	77,43
1,0325	8,073	70,98	77,41	70,99	77,50	71,00	77,60	71,01	77,69
1,0326	8,097	71,21	77,66	71,22	77,75	71,23	77,85	71,24	77,94
1,0327	8,122	71,45	77,92	71,46	78,02	71,47	78,11	71,48	78,20
1,0328	8,146	71,68	78,17	71,69	78,27	71,70	78,36	71,71	78,46
1,0329	8,170	71,91	78,42	71,92	78,52	71,93	78,61	71,94	78,71
1,0330	8,195	72,15	78,68	72,16	78,78	72,17	78,88	72,18	78,97
1,0331	8,219	72,38	78,93	72,39	79,03	72,40	79,13	72,41	79,22
1,0332	8,244	77,62	79,20	72,63	79,29	72,64	79,39	72,65	79,49
1,0333	8,268	72,85	79,45	72,86	79,55	72,87	79,64	72,88	79,74
1,0334	8,292	73,08	79,70	73,09	79,80	73,10	79,89	73,11	79,99
1,0335	8,316	73,32	79,95	73,33	80,05	73,33	80,15	73,34	80,24
1,0336	8,341	73,56	80,21	73,57	80,31	73,57	80,41	73,58	80,51
1,0337	8,365	73,79	80,47	73,80	80,57	73,81	80,67	73,82	80,76
1,0338	8,389	74,02	80,72	74,03	80,82	74,04	80,91	74,04	81,01
1,0339	8,413	74,25	80,97	74,26	81,07	74,27	81,17	74,28	81,26
1,0340	8,438	74,49	81,23	74,50	81,33	74,51	81,43	74,52	81,53
1,0341	8,463	74,73	81,49	74,74	81,59	74,75	81,69	74,76	81,79
1,0342	8,488	74,97	81,76	74,98	81,86	74,99	81,96	75,00	82,06
1,0343	8,512	75,20	82,01	75,21	82,11	75,22	82,21	75,23	82,31
1,0344	8,536	75,43	82,26	75,44	82,36	75,45	82,46	75,46	82,56
1,0345	8,560	75,67	82,51	75,68	82,62	75,69	82,72	75,69	82,82
1,0346	8,584	75,90	82,77	75,91	82,87	75,92	82,97	75,93	83,07
1,0347	8,609	76,14	83,03	76,15	83,13	76,16	83,24	76,17	83,34
1,0348	8,633	76,37	83,29	76,38	83,39	76,39	83,49	76,40	83,59
1,0349	8,657	76,61	83,54	76,62	83,64	76,63	83,75	76,63	83,85
1,0350	8,681	76,84	83,79	76,85	83,90	76,86	84,00	76,87	84,10
Wassergehalt des Malzes		8,3%		8,4%		8,5%		8,6%	

Spez. Ge-wicht der Würze	Extrakt in 100 g Würze	Wassergehalt des Malzes							
		8,7 %		**8,8 %**		**8,9 %**		**9,0 %**	
		Extrakt des Malzes							
		luft-trocken	Trocken-substanz	luft-trocken	Trocken-substanz	luft-trocken	Trocken-substanz	luft-trocken	Trocken-substanz
1,0305	7,584	66,37	72,69	66,37	72,78	66,38	72,87	66,39	72,96
1,0306	7,609	66,60	72,95	66,61	73,04	66,62	73,13	66,63	73,22
1,0307	7,633	66,83	73,20	66,84	73,29	66,84	73,37	66,85	73,46
1,0308	7,657	67,06	73,45	67,07	73,54	67,07	73,63	67,08	73,72
1,0309	7,681	67,28	73,70	67,29	73,79	67,30	73,87	67,31	73,97
1,0310	7,706	67,52	73,96	67,53	74,05	67,54	74,14	67,55	74,23
1,0311	7,731	67,76	74,22	67,77	74,31	67,78	74,40	67,79	74,49
1,0312	7,756	68,00	74,48	68,01	74,57	68,01	74,66	68,02	74,75
1,0313	7,780	68,22	74,73	68,23	74,82	68,24	74,91	68,25	75,00
1,0314	7,804	68,46	74,98	68,47	75,07	68,48	75,16	68,48	75,26
1,0315	7,828	68,68	75,23	68,69	75,32	68,70	75,41	68,71	75,50
1,0316	7,853	68,92	75,49	68,93	75,58	68,94	75,67	68,95	75,76
1,0317	7,877	69,15	75,74	69,16	75,83	69,17	75,93	69,18	76,02
1,0318	7,901	69,38	75,99	69,39	76,08	69,39	76,17	69,40	76,27
1,0319	7,925	69,61	76,24	69,61	76,33	69,62	76,42	69,63	76,52
1,0320	7,950	69,85	76,50	69,85	76,60	69,86	76,69	69,87	76,78
1,0321	7,975	70,08	76,76	70,09	76,86	70,10	76,95	70,11	77,04
1,0322	8,000	70,32	77,02	70,33	77,12	70,34	77,21	70,35	77,31
1,0323	8,024	70,55	77,27	70,56	77,37	70,57	77,46	70,58	77,56
1,0324	8,048	70,78	77,53	70,79	77,62	70,80	77,71	70,81	77,81
1,0325	8,073	71,02	77,79	71,03	77,88	71,04	77,98	71,05	78,07
1,0326	8,097	71,25	78,04	71,26	78,13	71,27	78,23	71,28	78,33
1,0327	8,122	71,49	78,30	71,50	78,40	71,51	78,49	71,52	78,59
1,0328	8,146	71,72	78,55	71,73	78,65	71,74	78,74	71,75	78,84
1,0329	8,170	71,95	78,81	71,96	78,90	71,97	79,00	71,98	79,10
1,0330	8,195	72,19	79,07	72,20	79,17	72,21	79,26	72,22	79,36
1,0331	8,219	72,42	79,32	72,43	79,42	72,44	79,51	72,45	79,61
1,0332	8,244	72,66	79,58	72,67	79,68	72,68	79,78	72,69	79,87
1,0333	8,268	72,89	79,84	72,90	79,93	72,91	80,03	72,92	80,13
1,0334	8,292	73,12	80,09	73,13	80,19	73,14	80,28	73,15	80,38
1,0335	8,316	73,35	80,34	73,36	80,44	73,37	80,54	73,38	80,64
1,0336	8,341	73,59	80,61	73,60	80,70	73,61	80,80	73,62	80,90
1,0337	8,365	73,83	80,86	73,84	80,96	73,84	81,06	73,85	81,16
1,0338	8,389	74,06	81,11	74,06	81,21	74,07	81,31	74,08	81,41
1,0339	8,413	74,29	81,36	74,29	81,46	74,30	81,56	74,31	81,66
1,0340	8,438	74,53	81,63	74,54	81,73	74,54	81,83	74,55	81,93
1,0341	8,463	74,77	81,89	74,78	81,99	74,79	82,09	74,80	82,19
1,0342	8,488	75,01	82,16	75,02	82,26	75,03	82,36	75,04	82,46
1,0343	8,512	75,24	82,41	75,25	82,51	75,26	82,61	75,27	82,71
1,0344	8,536	75,47	82,66	75,48	82,76	75,49	82,86	75,50	82,96
1,0345	8,560	75,70	82,92	75,71	83,02	75,72	83,12	75,73	83,22
1,0346	8,584	75,94	83,17	75,95	83,28	75,96	83,38	75,97	83,48
1,0347	8,609	76,18	83,44	76,19	83,54	76,20	83,64	76,21	83,75
1,0348	8,633	76,41	83,69	76,42	83,80	76,43	83,90	76,44	84,00
1,0349	8,657	76,65	83,95	76,65	84,05	76,66	84,15	76,67	84,26
1,0350	8,681	76,88	84,20	76,89	84,31	76,89	84,41	76,91	84,51
Wassergehalt des Malzes		**8,7 %**		**8,8 %**		**8,9 %**		**9,0 %**	

8pez. Gewicht der Würze	Extrakt in 100 g Würze	Wassergehalt des Malzes							
		9,1 %		9,2 %		9,3 %		9,4 %	
		Extrakt des Malzes							
		lufttrocken	Trockensubstanz	lufttrocken	Trockensubstanz	lufttrocken	Trockensubstanz	lufttrocken	Trockensubstanz
1,0305	7,584	66,40	73,05	66,41	73,13	66,41	73,22	66,42	73,31
1,0306	7,609	66,64	73,31	66,65	73,40	66,65	73,49	66,66	73,58
1,0307	7,633	66,86	73,55	66,87	73,64	66,88	73,73	66,88	73,82
1,0308	7,657	67,09	73,81	67,10	73,90	67,11	73,99	67,12	74,08
1,0309	7,681	67,32	74,06	67,33	74,15	67,33	74,24	67,34	74,33
1,0310	7,706	67,56	74,32	67,57	74,41	67,57	74,50	67,58	74,59
1,0311	7,731	67,79	74,58	67,80	74,67	67,81	74,76	67,82	74,85
1,0312	7,756	68,03	74,84	68,04	74,93	68,05	75,02	68,06	75,12
1,0313	7,780	68,26	75,09	68,27	75,18	68,28	75,28	68,28	75,37
1,0314	7,804	68,49	75,35	68,50	75,44	68,51	75,53	68,52	75,63
1,0315	7,828	68,72	75,60	68,72	75,69	68,73	75,78	68,74	75,87
1,0316	7,853	68,95	75,86	68,96	75,95	68,97	76,04	68,98	76,14
1,0317	7,877	69,19	76,11	69,20	76,21	69,20	76,30	69,21	76,39
1,0318	7,901	69,41	76,36	69,42	76,45	69,43	76,55	69,44	76,64
1,0319	7,925	69,64	76,61	69,65	76,71	69,66	76,80	69,67	76,89
1,0320	7,950	69,88	76,88	69,89	76,97	69,90	77,06	69,91	77,16
1,0321	7,975	70,12	77,14	70,13	77,23	70,14	77,33	70,14	77,42
1,0322	8,000	70,36	77,40	70,37	77,49	70,37	77,59	70,38	77,68
1,0323	8,024	70,59	77,65	70,60	77,75	70,60	77,84	70,61	77,94
1,0324	8,048	70,82	77,91	70,83	78,00	70,83	78,10	70,84	78,19
1,0325	8,073	71,05	78,17	71,06	78,26	71,07	78,36	71,08	78,45
1,0326	8,097	71,28	78,42	71,29	78,52	71,30	78,61	71,31	78,71
1,0327	8,122	71,52	78,69	71,53	78,78	71,54	78,88	71,55	78,97
1,0328	8,146	71,75	78,94	71,76	79,03	71,77	79,13	71,78	79,23
1,0329	8,170	71,99	79,19	72,00	79,29	72,00	79,39	72,01	79,48
1,0330	8,195	72,22	79,46	72,23	79,55	72,24	79,65	72,25	79,75
1,0331	8,219	72,45	79,71	72,46	79,81	72,47	79,90	72,48	80,00
1,0332	8,244	72,69	79,97	72,70	80,07	72,71	80,17	72,72	80,27
1,0333	8,268	72,93	80,23	72,94	80,33	72,94	80,42	72,95	80,52
1,0334	8,292	73,16	80,48	73,17	80,58	73,18	80,68	73,18	80,78
1,0335	8,316	73,39	80,74	73,40	80,83	73,41	80,93	73,41	81,03
1,0336	8,341	73,63	81,00	73,64	81,10	73,65	81,20	73,66	81,30
1,0337	8,365	73,86	81,26	73,87	81,36	73,88	81,46	73,89	81,56
1,0338	8,389	74,09	81,51	74,10	81,61	74,11	81,71	74,12	81,81
1,0339	8,413	74,32	81,76	74,33	81,86	74,34	81,96	74,35	82,06
1,0340	8,438	74,56	82,03	74,57	82,13	74,58	82,23	74,59	82,33
1,0341	8,463	74,80	82,29	74,81	82,39	74,82	82,50	74,83	82,60
1,0342	8,488	75,05	82,56	75,06	82,66	75,07	82,76	75,07	82,86
1,0343	8,512	75,28	82,81	75,29	82,92	75,30	83,02	75,31	83,12
1,0344	8,536	75,51	83,07	75,52	83,17	75,53	83,27	75,53	83,37
1,0345	8,560	75,74	83,32	75,75	83,43	75,76	83,53	75,77	83,63
1,0346	8,584	75,98	83,58	75,99	83,68	75,99	83,79	76,00	83,89
1,0347	8,609	76,22	83,85	76,23	83,95	76,24	84,05	76,24	84,15
1,0348	8,633	76,45	84,10	76,46	84,21	76,47	84,31	76,48	84,41
1,0349	8,657	76,68	84,36	76,69	84,46	76,70	84,57	76,71	84,67
1,0350	8,681	76,91	84,62	76,92	84,72	76,93	84,82	76,94	84,93
Wassergehalt des Malzes		9,1 %		9,2 %		9,3 %		9,4 %	

Spez. Ge- wicht der Würze	Extrakt in 100 g Würze	Wassergehalt des Malzes					
		9,5 %		9,6 %		9,7 %	
		Extrakt des Malzes					
		luft- trocken	Trocken- substanz	luft- trocken	Trocken- substanz	luft- trocken	Trocken- substanz
1,0305	7,584	66,43	73,40	66,44	73,49	66,45	73,58
1,0306	7,609	66,67	73,67	66,68	73,76	66,68	73,85
1,0307	7,633	66,89	73,92	66,90	74,01	66,91	74,10
1,0308	7,657	67,13	74,17	67,13	74,26	67,14	74,35
1,0309	7,681	67,35	74,42	67,36	74,51	67,37	74,60
1,0310	7,706	67,59	74,69	67,60	74,78	67,61	74,87
1,0311	7,731	67,83	74,95	67,84	75,04	67,84	75,13
1,0312	7,756	68,06	75,21	68,07	75,30	68,08	75,39
1,0313	7,780	68,29	75,46	68,30	75,55	68,31	75,65
1,0314	7,804	68,53	75,72	68,54	75,81	68,54	75,91
1,0315	7,828	68,75	75,97	68,76	76,06	68,77	76,15
1,0316	7,853	68,99	76,23	69,00	76,32	69,00	76,42
1,0317	7,877	69,22	76,49	69,23	76,58	69,24	76,67
1,0318	7,901	69,45	76,74	69,45	76,83	69,46	76,92
1,0319	7,925	69,67	76,99	69,68	77,08	69,69	77,18
1,0320	7,950	69,92	77,25	69,92	77,35	69,93	77,44
1,0321	7,975	70,15	77,52	70,16	77,61	70,17	77,71
1,0322	8,000	70,39	77,78	70,40	77,88	70,41	77,97
1,0323	8,024	70,62	78,03	70,63	78,13	70,64	78,23
1,0324	8,048	70,85	78,29	70,86	78,38	70,87	78,48
1,0325	8,073	71,09	78,55	71,10	78,65	71,11	78,74
1,0326	8,097	71,32	78,81	71,33	78,90	71,34	79,00
1,0327	8,122	71,56	79,07	71,57	79,17	71,58	79,27
1,0328	8,146	71,79	79,33	71,80	79,42	71,81	79,52
1,0329	8,170	72,02	79,58	72,03	79,68	72,04	79,78
1,0330	8,195	72,26	79,85	72,27	79,94	72,28	80,04
1,0331	8,219	72,49	80,10	72,50	80,20	72,51	80,30
1,0332	8,244	72,73	80,37	72,74	80,46	72,75	80,56
1,0333	8,268	72,96	80,62	72,97	80,72	72,98	80,82
1,0334	8,292	73,19	80,88	73,20	80,98	73,21	81,07
1,0335	8,316	73,43	81,13	73,43	81,23	73,44	81,33
1,0336	8,341	73,67	81,40	73,67	81,50	73,68	81,60
1,0337	8,365	73,90	81,66	73,91	81,76	73,92	81,86
1,0338	8,389	74,13	81,91	74,14	82,01	74,15	82,11
1,0339	8,413	74,36	82,17	74,37	82,27	74,38	82,37
1,0340	8,438	74,60	82,43	74,61	82,53	74,62	82,63
1,0341	8,463	74,84	82,70	74,85	82,80	74,86	82,90
1,0342	8,488	75,08	82,97	75,09	83,07	75,10	83,17
1,0343	8,512	75,32	83,22	75,32	83,32	75,33	83,43
1,0344	8,536	75,54	83,47	75,55	83,58	75,56	83,68
1,0345	8,560	75,78	83,73	75,79	83,84	75,80	83,94
1,0346	8,584	76,01	83,99	76,02	84,10	76,03	84,20
1,0347	8,609	76,25	84,26	76,26	84,36	76,27	84,47
1,0348	8,633	76,49	84,52	76,50	84,62	76,51	84,72
1,0349	8,657	76,72	84,78	76,73	84,88	76,74	84,98
1,0350	8,681	76,95	85,03	76,96	85,14	76,97	85,24
Wassergehalt des Malzes		9,5 %		9,6 %		9,7 %	

Spez. Gewicht der Würze	Extrakt in 100 g Würze	Wassergehalt des Malzes					
		9,8 %		9,9 %		10,0 %	
		Extrakt des Malzes					
		lufttrocken	Trockensubstanz	lufttrocken	Trockensubstanz	lufttrocken	Trockensubstanz
1,0305	7,584	66,46	73,68	66,46	73,77	66,47	73,86
1,0306	7,609	66,69	73,94	66,70	74,03	66,71	74,12
1,0307	7,633	66,92	74,19	66,93	74,28	66,94	74,37
1,0308	7,657	67,15	74,45	67,16	74,54	67,17	74,63
1,0309	7,681	67,38	74,70	67,38	74,79	67,39	74,88
1,0310	7,706	67,61	74,96	67,62	75,05	67,63	75,15
1,0311	7,731	67,85	75,22	67,86	75,32	67,87	75,41
1,0312	7,756	68,09	75,49	68,10	75,58	68,11	75,68
1,0313	7,780	68,32	75,74	68,33	75,83	68,34	75,93
1,0314	7,804	68,55	76,00	68,56	76,09	68,57	76,19
1,0315	7,828	68,78	76,25	68,78	76,34	68,79	76,44
1,0316	7,853	69,01	76,51	69,02	76,61	69,03	76,70
1,0317	7,877	69,25	76,77	69,25	76,86	69,26	76,96
1,0318	7,901	69,47	77,02	69,48	77,11	69,49	77,21
1,0319	7,925	69,70	77,27	69,71	77,37	69,72	77,47
1,0320	7,950	69,94	77,54	69,95	77,64	69,96	77,73
1,0321	7,975	70,18	77,80	70,19	77,90	70,20	78,00
1,0322	8,000	70,42	78,07	70,43	78,17	70,44	78,26
1,0323	8,024	70,65	78,32	70,66	78,42	70,67	78,52
1,0324	8,048	70,88	78,58	70,89	78,68	70,89	78,77
1,0325	8,073	71,12	78,84	71,12	78,94	71,13	79,04
1,0326	8,097	71,35	79,10	71,36	79,20	71,36	79,29
1,0327	8,122	71,59	79,36	71,60	79,46	71,61	79,56
1,0328	8,146	71,82	79,62	71,82	79,72	71,83	79,82
1,0329	8,170	72,05	79,88	72,06	79,97	72,07	80,07
1,0330	8,195	72,29	80,14	72,30	80,24	72,31	80,34
1,0331	8,219	72,52	80,40	72,53	80,50	72,54	80,60
1,0332	8,244	72,76	80,66	72,77	80,76	72,78	80,86
1,0333	8,268	72,99	80,92	73,00	81,02	73,01	81,12
1,0334	8,292	73,22	81,17	73,23	81,28	73,24	81,38
1,0335	8,316	73,45	81,43	73,46	81,53	73,47	81,63
1,0336	8,341	73,69	81,70	73,70	81,80	73,71	81,90
1,0337	8,365	73,93	81,96	73,94	82,06	73,95	82,16
1,0338	8,389	74,16	82,21	74,17	82,32	74,18	82,42
1,0339	8,413	74,39	82,47	74,40	82,57	74,41	82,67
1,0340	8,438	74,63	82,74	74,64	82,84	74,65	82,94
1,0341	8,463	74,87	83,00	74,88	83,11	74,89	83,21
1,0342	8,488	75,11	83,27	75,12	83,38	75,13	83,48
1,0343	8,512	75,34	83,53	75,35	83,63	75,36	83,74
1,0344	8,536	75,57	83,78	75,58	83,89	75,59	83,99
1,0345	8,560	75,81	84,04	75,82	84,15	75,83	84,25
1,0346	8,584	76,04	84,30	76,05	84,41	76,06	84,51
1,0347	8,609	76,28	84,57	76,29	84,68	76,30	84,78
1,0348	8,633	76,52	84,83	76,53	84,93	76,54	85,04
1,0349	8,657	76,75	85,09	76,76	85,19	76,77	85,30
1,0350	8,681	76,98	85,35	76,99	85,45	77,00	85,56
Wassergehalt des Malzes		9,8 %		9,9 %		10,0 %	

V.

Tabellen

zur

Bestimmung des ursprünglichen Extraktgehaltes der Würze und des Vergärungsgrades

von

Dr. Fr. Wiedmann und Dr. G. Kappeller.

Bei der Analyse der Biere spielt neben der Bestimmung des spezifischen Gewichtes, der Gesamtsäure und der Mineralbestandteile die Ermittelung des noch vorhandenen Extraktes und die Menge des bei der Gärung entstandenen Alkohols die Hauptrolle. Die für Alkohol und Extrakt ermittelten Werte lassen alsdann einen Schluß auf den ursprünglichen Extraktgehalt der Würze (Stammwürze, ursprüngliche Würzekonzentration) und auf den Vergärungsgrad, der in Zahlen ausgedrückt diejenige Menge angibt, die von 100 Gewichtsteilen des ursprünglichen Würzeextraktes durch Hefe vergoren ist, zu. Beide Faktoren, die Berechnung der Stammwürze und des Vergärungsgrades, sind zur Beurteilung des Bieres unumgänglich notwendig.

Aus den gefundenen Werten Alkohol $= A$ und Extrakt $= E$ berechnet sich nach der Formel[1] (annähernd durch Hinzuzählen des gefundenen Extraktes zum doppelten Alkoholgehalt, beide in Gewichtsprozenten)

$$\frac{100\ (E + 2{,}0665\ A)}{100 + 1{,}0665\ A}$$

der ursprüngliche Extraktgehalt der Würze. Die hierbei resultierende Zahl $= e$ dient nun zur Bestimmung des Vergärungsgrades nach der Formel:

$$100\ \left(1 - \frac{E}{e}\right).$$

Die folgende Tabelle läßt diese Werte: Ursprüngliche Würzekonzentration $=$ U. W. und Vergärungsgrad $=$ V. G. aus den gefundenen

---

[1] Über die Ableitung der Formeln etc. vgl. Prior, Vereinbarungen betr. die Untersuchung und Beurteilung des Bieres. München 1898.

Zahlen für Extrakt und Alkohol direkt ablesen. Die obere Horizontalreihe enthält die Extraktwerte, die Vertikalreihe die der gefundenen
Alkoholmengen, am Schnittpunkte derselben stehen nacheinander
die berechneten Zahlen für Würzekonzentration und Vergärungsgrad.

Bei Abfassung konnte auf die zweite Dezimale der Alkohol- und
Extraktreihe wegen der allzugrofsen Ausdehnung, welche die Tabelle in
diesem Falle hätte erfahren müssen, nicht vollständig eingegangen
werden; es sind vielmehr nur die Mittelwerte zur Berechnung heran-
gezogen, die übrigen Werte lassen sich, sofern man von einem Auf-
oder Abrunden in der zweiten Dezimale absehen zu müssen glaubt,
durch Interpolation feststellen.

Alkohol	Extrakt 3,00		Extrakt 3,05		Extrakt 3,10		Extrakt 3,15		Extrakt 3,20	
	U.W.	V.G.	U.W.	V.G.	U.W.	V.G.	U.W.	V.G.	U.W.	V.G.
1,50	6,00	50,0	6,05	49,5	6,10	49,1	6,15	48,7	6,20	48,3
1,55	6,10	50,8	6,15	50,4	6,20	50,0	6,24	49,5	6,29	49,1
1,60	6,20	51,6	6,24	51,1	6,29	50,7	6,34	50,3	6,39	49,9
1,65	6,29	52,3	6,34	51,8	6,39	51,4	6,44	51,0	6,49	50,6
1,70	6,39	53,0	6,44	52,6	6,49	52,2	6,54	51,8	6,59	51,4
1,75	6,49	53,7	6,54	53,3	6,59	52,9	6,64	52,5	6,69	52,1
1,80	6,59	54,4	6,64	54,0	6,69	53,6	6,74	53,2	6,78	52,8
1,85	6,69	55,1	6,74	54,7	6,78	54,2	6,83	53,8	6,88	53,4
1,90	6,78	55,7	6,83	55,3	6,88	54,9	6,93	54,5	6,98	54,1
1,95	6,88	56,4	6,93	55,9	6,98	55,5	7,03	55,1	7,08	54,8
2,00	6,98	57,0	7,03	56,6	7,08	56,2	7,13	55,8	7,17	55,3
2,05	7,08	57,6	7,13	57,2	7,17	56,7	7,22	56,3	7,27	55,9
2,10	7,17	58,1	7,22	57,7	7,27	57,3	7,32	56,9	7,37	56,5
2,15	7,27	58,7	7,32	58,3	7,37	57,9	7,42	57,5	7,47	57,1
2,20	7,37	59,2	7,42	58,9	7,47	58,5	7,51	58,0	7,56	57,6
2,25	7,47	59,8	7,51	59,3	7,56	59,0	7,61	58,6	7,66	58,2
2,30	7,56	60,3	7,61	59,9	7,66	59,5	7,71	59,1	7,76	58,7
2,35	7,66	60,8	7,71	60,4	7,76	60,0	7,81	59,6	7,85	59,2
2,40	7,76	61,3	7,81	60,9	7,85	60,5	7,90	60,1	7,95	59,7
2,45	7,86	61,8	7,90	61,4	7,95	61,0	8,00	60,6	8,05	60,2
2,50	7,95	62,2	8,00	61,8	8,05	61,4	8,09	61,0	8,14	60,6
2,55	8,05	62,7	8,09	62,3	8,14	61,9	8,19	61,5	8,24	61,1
2,60	8,14	63,1	8,19	62,7	8,24	62,3	8,29	62,0	8,34	61,6
2,65	8,24	63,5	8,29	63,2	8,34	62,8	8,38	62,4	8,43	62,0
2,70	8,33	63,9	8,38	63,6	8,43	63,2	8,48	62,8	8,53	62,4
2,75	8,43	64,4	8,48	64,0	8,53	63,6	8,58	63,2	8,62	62,8
2,80	8,53	64,8	8,57	64,4	8,62	64,0	8,67	63,6	8,72	63,3
2,85	8,62	65,2	8,67	64,8	8,72	64,4	8,77	64,0	8,82	63,7
2,90	8,72	65,6	8,77	65,2	8,82	64,8	8,86	64,4	8,91	64,0
2,95	8,81	65,9	8,86	65,5	8,91	65,2	8,96	64,8	9,01	64,4
3,00	8,91	66,3	8,96	65,9	9,01	65,5	9,06	65,2	9,10	64,8
3,05	9,00	66,6	9,05	66,3	9,10	65,9	9,15	65,5	9,20	65,2
3,10	9,10	67,0	9,15	66,6	9,20	66,3	9,25	65,9	9,29	65,5
3,15	9,20	67,3	9,24	66,9	9,29	66,6	9,34	66,2	9,39	65,9
3,20	9,29	67,7	9,34	67,3	9,39	66,9	9,44	66,6	9,48	66,2

Alkohol	Extrakt 3,00		Extrakt 3,05		Extrakt 3,10		Extrakt 3,15		Extrakt 3,20	
	U. W.	V. G.	U. W.	V. G.	U. W.	V. G.	U. W.	V. G.	U. W.	V. G.
3,25	9,39	68,0	9,43	67,6	9,48	67,3	9,53	66,9	9,58	66,5
3,30	9,48	68,3	9,53	68,0	9,58	67,6	9,63	67,2	9,67	66,9
3,35	9,58	68,6	9,62	68,3	9,67	67,9	9,72	67,5	9,77	67,2
3,40	9,67	68,9	9,72	68,6	9,77	68,2	9,81	67,8	9,86	67,5
3,45	9,76	69,2	9,81	68,9	9,86	68,5	9,91	68,1	9,96	67,8
3,50	9,86	69,5	9,91	69,2	9,96	68,8	10,00	68,5	10,05	68,1
3,55	9,95	69,8	10,00	69,5	10,05	69,1	10,10	68,8	10,15	68,4
3,60	10,05	70,1	10,10	69,8	10,14	69,4	10,19	69,0	10,24	68,7
3,65	10,14	70,4	10,19	70,0	10,24	69,7	10,29	69,3	10,34	69,0
3,70	10,24	70,7	10,28	70,3	10,33	69,9	10,38	69,6	10,43	69,3
3,75	10,33	70,9	10,38	70,6	10,43	70,2	10,47	69,9	10,52	69,5
3,80	10,43	71,2	10,47	70,8	10,52	70,5	10,57	70,2	10,62	69,8
3,85	10,52	71,4	10,57	71,1	10,61	70,7	10,66	70,4	10,71	70,1
3,90	10,61	71,7	10,66	71,3	10,71	71,0	10,76	70,7	10,80	70,3
3,95	10,71	71,9	10,75	71,6	10,80	71,2	10,85	70,9	10,90	70,6
4,00	10,80	72,2	10,85	71,8	10,90	71,5	10,94	71,2	10,99	70,8
4,05	10,89	72,4	10,94	72,1	10,99	71,7	11,04	71,4	11,08	71,1
4,10	10,99	72,7	11,03	72,3	11,08	72,0	11,13	71,7	11,18	71,3
4,15	11,08	72,9	11,13	72,6	11,18	72,2	11,22	71,9	11,27	71,6
4,20	11,17	73,1	11,22	72,8	11,27	72,4	11,32	72,1	11,36	71,8
4,25	11,27	73,3	11,31	73,0	11,36	72,7	11,41	72,4	11,46	72,0
4,30	11,36	73,5	11,41	73,2	11,46	72,9	11,50	72,6	11,55	72,3
4,35	11,45	73,8	11,50	73,4	11,55	73,1	11,60	72,8	11,64	72,5
4,40	11,54	74,0	11,59	73,6	11,64	73,3	11,69	73,0	11,74	72,7
4,45	11,64	74,2	11,69	73,9	11,73	73,5	11,78	73,2	11,83	72,9
4,50	11,73	74,4	11,78	74,1	11,83	73,8	11,87	73,4	11,92	73,1
4,55	11,82	74,6	11,87	74,3	11,92	73,9	11,97	73,6	12,01	73,3
4,60	11,92	74,8	11,96	74,5	12,01	74,1	12,06	73,8	12,11	73,5
4,65	12,01	75,0	12,06	74,7	12,10	74,3	12,15	74,0	12,20	73,7
4,70	12,10	75,2	12,15	74,9	12,20	74,5	12,24	74,2	12,29	73,9
4,75	12,19	75,3	12,24	75,0	12,29	74,7	12,33	74,4	12,38	74,1
4,80	12,28	75,5	12,33	75,2	12,38	74,9	12,43	74,6	12,48	74,3
4,85	12,38	75,7	12,42	75,4	12,47	75,1	12,52	74,8	12,57	74,5
4,90	12,47	75,9	12,52	75,6	12,56	75,3	12,61	75,0	12,66	74,7
4,95	12,56	76,1	12,61	75,8	12,66	75,5	12,70	75,2	12,75	74,9

Alkohol	Extrakt 3,25		Extrakt 3,30		Extrakt 3,35		Extrakt 3,40		Extrakt 3,45	
	U. W.	V. G.	U. W.	V. G.	U. W.	V. G.	U. W.	V. G.	U. W.	V. G.
1,50	6,25	48,0	6,29	47,5	6,34	47,1	6,39	46,7	6,44	46,4
1,55	6,34	48,7	6,39	48,3	6,44	47,9	6,49	47,6	6,54	47,2
1,60	6,44	49,5	6,49	49,1	6,54	48,7	6,59	48,4	6,64	48,0
1,65	6,54	50,3	6,59	49,9	6,64	49,5	6,69	49,1	6,74	48,7
1,70	6,64	51,0	6,69	50,6	6,74	50,2	6,78	49,8	6,83	49,4
1,75	6,74	51,7	6,78	51,3	6,83	50,9	6,88	50,5	6,93	50,2
1,80	6,83	52,4	6,88	52,0	6,93	51,6	6,98	51,2	7,03	50,9
1,85	6,93	53,1	6,98	52,7	7,03	52,3	7,08	51,9	7,13	51,5
1,90	7,03	53,7	7,08	53,3	7,13	53,0	7,18	52,6	7,22	52,2
1,95	7,13	54,4	7,18	54,0	7,22	53,6	7,27	53,2	7,32	52,8
2,00	7,22	54,9	7,27	54,6	7,32	54,2	7,37	53,8	7,42	53,5
2,05	7,32	55,6	7,37	55,2	7,42	54,8	7,47	54,4	7,52	54,1
2,10	7,42	56,2	7,47	55,8	7,52	55,4	7,57	55,0	7,61	54,6
2.15	7,52	56,7	7,56	56,3	7,61	55,9	7,66	55,6	7,71	55,2
2,20	7,61	57,2	7,66	56,9	7,71	56,5	7,76	56,1	7,81	55,8
2,25	7,71	57,8	7,76	57,4	7,81	57,1	7,86	56,7	7,90	56,3
2,30	7,81	58,3	7,86	58,0	7,90	57,6	7,95	57,2	8,00	56,8
2,35	7,90	58,8	7,95	58,5	8,00	58,1	8,05	57,7	8,10	57,4
2,40	8,00	59,3	8,05	59,0	8,10	58,6	8,15	58,2	8,20	57,9
2,45	8,10	59,8	8,15	59,5	8,19	59,1	8,24	58,7	8,29	58,3
2,50	8,19	60,3	8,24	59,9	8,29	59,5	8,34	59,2	8,39	58,8
2,55	8,29	60,8	8,34	60,4	8,39	60,0	8,43	59,6	8,48	59,3
2,60	8,39	61,2	8,43	60,8	8,48	60,5	8,53	60,1	8,58	59,7
2,65	8,48	61,6	8,53	61,3	8,58	60,9	8,63	60,6	8,68	60,2
2,70	8,58	62,1	8,63	61,7	8,67	61,3	8,72	61,0	8,77	60,6
2,75	8,67	62,5	8,72	62,1	8,77	61,8	8,82	61,4	8,87	61,1
2,80	8,77	62,9	8,82	62,5	8,87	62,2	8,91	61,8	8,96	61,5
2,85	8,86	63,3	8,91	62,9	8,96	62,6	9,01	62,2	9,06	61,9
2,90	8,96	63,7	9,01	63,3	9,06	63,0	9,11	62,6	9,15	62,3
2,95	9,06	64,1	9,10	63,7	9,15	63,3	9,20	63,0	9,25	62,7
3,00	9,15	64,4	9,20	64,1	9,25	63,7	9,30	63,4	9,35	63,1
3,05	9,25	64,8	9,30	64,5	9,34	64,1	9,39	63,7	9,44	63,4
3,10	9,34	65,2	9,39	64,8	9,44	64,5	9,49	64,1	9,54	63,8
3,15	9,44	65,5	9,49	65,2	9,53	64,8	9,58	64,5	9,63	64,1
3,20	9,53	65,8	9,58	65,5	9,63	65,2	9,68	64,8	9,73	64,5

Alkohol	Extrakt 3,25		Extrakt 3,30		Extrakt 3,35		Extrakt 3,40		Extrakt 3,45	
	U. W.	V. G.	U. W.	V. G.	U. W.	V. G.	U. W.	V. G.	U. W.	V. G.
3,25	9,63	66,2	9,68	65,9	9,72	65,5	9,77	65,2	9,82	64,8
3,30	9,72	66,5	9,77	66,2	9,82	65,8	9,87	65,5	9,91	65,1
3,35	9,82	66,9	9,87	66,5	9,91	66,2	9,96	65,8	10,01	65,5
3,40	9,91	67,2	9,96	66,8	10,01	66,5	10,06	66,2	10,10	65,8
3,45	10,01	67,5	10,05	67,1	10,10	66,8	10,15	66,5	10,20	66,1
3,50	10,10	67,8	10,15	67,4	10,20	67,1	10,25	66,8	10,29	66,4
3,55	10,19	68,1	10,24	67,7	10,29	67,4	10,34	67,1	10,39	66,7
3,60	10,29	68,4	10,34	68,0	10,39	67,7	10,43	67,4	10,48	67,0
3,65	10,38	68,6	10,43	68,3	10,48	68,0	10,53	67,7	10,58	67,3
3,70	10,48	68,9	10,53	68,6	10,57	68,3	10,62	67,9	10,67	67,6
3,75	10,57	69,2	10,62	68,9	10,67	68,6	10,72	68,2	10,76	67,9
3,80	10,67	69,5	10,71	69,1	10,76	68,8	10,81	68,5	10,86	68,2
3,85	10,76	69,7	10,81	69,4	10,86	69,1	10,90	68,8	10,95	68,5
3,90	10,85	70,0	10,90	69,7	10,95	69,4	11,00	69,0	11,04	68,7
3,95	10,95	70,3	10,99	69,9	11,04	69,6	11,09	69,3	11,14	69,0
4,00	11,04	70,5	11,09	70,2	11,14	69,9	11,18	69,5	11,23	69,2
4,05	11,13	70,8	11,18	70,4	11,23	70,1	11,28	69,8	11,32	69,5
4,10	11,23	71,0	11,27	70,7	11,32	70,4	11,37	70,1	11,42	69,7
4,15	11,32	71,2	11,37	70,9	11,42	70,6	11,46	70,3	11,51	70,0
4,20	11,41	71,5	11,46	71,2	11,51	70,9	11,56	70,5	11,60	70,2
4,25	11,51	71,7	11,55	71,4	11,60	71,1	11,65	70,8	11,70	70,5
4,30	11,60	71,9	11,65	71,6	11,69	71,3	11,74	71,0	11,79	70,7
4,35	11,69	72,2	11,74	71,8	11,79	71,5	11,83	71,2	11,88	70,9
4,40	11,78	72,4	11,83	72,1	11,88	71,8	11,93	71,5	11,97	71,1
4,45	11,88	72,6	11,92	72,3	11,97	72,0	12,02	71,7	12,07	71,4
4,50	11,97	72,8	12,02	72,5	12,06	72,2	12,11	71,9	12,16	71,6
4,55	12,06	73,0	12,11	72,7	12,16	72,4	12,20	72,1	12,25	71,8
4,60	12,15	73,2	12,20	72,9	12,25	72,6	12,30	72,3	12,35	72,0
4,65	12,25	73,4	12,29	73,1	12,34	72,8	12,39	72,5	12,44	72,2
4,70	12,34	73,6	12,39	73,3	12,43	73,0	12,48	72,7	12,53	72,4
4,75	12,43	73,8	12,48	73,5	12,52	73,2	12,57	72,9	12,62	72,6
4,80	12,52	74,0	12,57	73,7	12,62	73,4	12,67	73,1	12,71	72,8
4,85	12,61	74,2	12,66	73,9	12,71	73,6	12,76	73,3	12,80	73,0
4,90	12,71	74,4	12,76	74,1	12,80	73,8	12,85	73,5	12,90	73,2
4,95	12,80	74,6	12,85	74,3	12,89	74,0	12,94	73,7	12,99	73,4

Alkohol	Extrakt 3,50		Extrakt 3,55		Extrakt 3,60		Extrakt 3,65		Extrakt 3,70	
	U. W.	V. G.	U. W.	V. G.	U. W.	V. G.	U. W.	V. G.	U. W.	V. G.
1,50	6,49	46,0	6,54	45,7	6,59	45,3	6,64	45,0	6,69	44,7
1,55	6,59	46,8	6,64	46,5	6,69	46,1	6,74	45,8	6,79	45,5
1,60	6,68	47,6	6,74	47,3	6,79	46,9	6,83	46,5	6,88	46,2
1,65	6,78	48,3	6,83	48,0	6,88	47,6	6,93	47,3	6,98	47,0
1,70	6,88	49,1	6,93	48,7	6,98	48,4	7,03	48,0	7,08	47,7
1,75	6,98	49,8	7,03	49,5	7,08	49,1	7,13	48,8	7,18	48,4
1,80	7,08	50,5	7,13	50,2	7,18	49,8	7,23	49,5	7,28	49,1
1,85	7,18	51,2	7,23	50,8	7,27	50,4	7,32	50,1	7,37	49,8
1,90	7,27	51,8	7,32	51,5	7,37	51,1	7,42	50,8	7,47	50,4
1,95	7,37	52,5	7,42	52,1	7,47	51,8	7,52	51,4	7,57	51,1
2,00	7,47	53,1	7,52	52,7	7,57	52,4	7,62	52,1	7,66	51,7
2,05	7,57	53,7	7,61	53,3	7,66	53,0	7,71	52,6	7,76	52,3
2,10	7,66	54,3	7,71	53,9	7,76	53,6	7,81	53,2	7,86	52,9
2,15	7,76	54,8	7,81	54,5	7,86	54,2	7,91	53,8	7,96	53,5
2,20	7,86	55,4	7,91	55,1	7,95	54,7	8,00	54,3	8,05	54,0
2,25	7,95	55,9	8,00	55,6	8,05	55,2	8,10	54,9	8,15	54,6
2,30	8,05	56,5	8,10	56,1	8,15	55,8	8,20	55,4	8,25	55,1
2,35	8,15	57,0	8,20	56,7	8,24	56,3	8,29	55,9	8,34	55,6
2,40	8,24	57,5	8,29	57,1	8,34	56,8	8,39	56,5	8,44	56,1
2,45	8,34	58,0	8,39	57,6	8,44	57,3	8,49	57,0	8,53	56,6
2,50	8,44	58,5	8,48	58,1	8,53	57,8	8,58	57,4	8,63	57,1
2,55	8,53	58,9	8,58	58,6	8,63	58,2	8,68	57,9	8,73	57,6
2,60	8,63	59,4	8,68	59,1	8,73	58,7	8,77	58,3	8,82	58,0
2,65	8,72	59,8	8,77	59,5	8,82	59,1	8,87	58,8	8,92	58,5
2,70	8,82	60,3	8,87	59,9	8,92	59,6	8,97	59,3	9,01	58,9
2,75	8,92	60,7	8,96	60,3	9,01	60,0	9,06	59,7	9,11	59,3
2,80	9,01	61,1	9,06	60,8	9,11	60,4	9,16	60,1	9,21	59,8
2,85	9,11	61,5	9,16	61,2	9,20	60,8	9,25	60,5	9,30	60,2
2,90	9,20	61,9	9,25	61,6	9,30	61,2	9,35	60,9	9,40	60,6
2,95	9,30	62,3	9,35	62,0	9,40	61,7	9,44	61,3	9,49	61,0
3,00	9,39	62,7	9,44	62,4	9,49	62,0	9,54	61,7	9,59	61,4
3,05	9,49	63,1	9,54	62,8	9,59	62,4	9,63	62,1	9,68	61,7
3,10	9,58	63,4	9,63	63,1	9,68	62,8	9,73	62,4	9,78	62,1
3,15	9,68	63,8	9,73	63,5	9,78	63,1	9,82	62,8	9,87	62,5
3,20	9,77	64,1	9,82	63,8	9,87	63,5	9,92	63,2	9,97	62,8

Alkohol	Extrakt 3,50		Extrakt 3,55		Extrakt 3,60		Extrakt 3,65		Extrakt 3,70	
	U. W.	V. G.	U. W.	V. G.	U. W.	V. G.	U. W.	V. G.	U. W.	V. G.
3,25	9,87	64,5	9,92	64,2	9,97	63,8	10,01	63,5	10,06	63,2
3,30	9,96	64,8	10,01	64,5	10,06	64,2	10,11	63,9	10,16	63,5
3,35	10,06	65,2	10,11	64,8	10,15	64,5	10,20	64,2	10,25	63,8
3,40	10,15	65,5	10,20	65,2	10,25	64,8	10,30	64,5	10,35	64,2
3,45	10,25	65,8	10,30	65,5	10,34	65,1	10,39	64,8	10,44	64,5
3,50	10,34	66,1	10,39	65,8	10,44	65,5	10,49	65,2	10,53	64,8
3,55	10,44	66,4	10,48	66,1	10,53	65,8	10,58	65,5	10,63	65,1
3,60	10,53	66,7	10,58	66,4	10,63	66,1	10,67	65,8	10,72	65,4
3,65	10,62	67,0	10,67	66,7	10,72	66,4	10,77	66,1	10,82	65,8
3,70	10,72	67,3	10,77	67,0	10,81	66,7	10,86	66,4	10,91	66,0
3,75	10,81	67,6	10,86	67,3	10,91	67,0	10,96	66,7	11,00	66,3
3,80	10,91	67,9	10,95	67,5	11,00	67,2	11,05	66,9	11,10	66,6
3,85	11,00	68,1	11,05	67,8	11,10	67,5	11,14	67,2	11,19	66,9
3,90	11,09	68,4	11,14	68,1	11,19	67,8	11,24	67,5	11,28	67,2
3,95	11,19	68,7	11,23	68,3	11,28	68,0	11,33	67,7	11,38	67,4
4,00	11,28	68,9	11,33	68,6	11,38	68,3	11,42	68,0	11,47	67,7
4,05	11,37	69,2	11,42	68,9	11,47	68,6	11,52	68,3	11,56	67,9
4,10	11,47	69,4	11,51	69,1	11,56	68,8	11,61	68,5	11,66	68,2
4,15	11,56	69,7	11,61	69,4	11,65	69,1	11,70	68,8	11,75	68,5
4,20	11,65	69,9	11,70	69,6	11,75	69,3	11,80	69,0	11,84	68,7
4,25	11,74	70,1	11,79	69,8	11,84	69,5	11,89	69,3	11,94	69,0
4,30	11,84	70,4	11,89	70,1	11,93	69,8	11,98	69,5	12,03	69,2
4,35	11,93	70,6	11,98	70,3	12,03	70,0	12,07	69,7	12,12	69,4
4,40	12,02	70,8	12,07	70,5	12,12	70,3	12,17	70,0	12,21	69,7
4,45	12,12	71,1	12,16	70,8	12,21	70,5	12,26	70,2	12,31	69,9
4,50	12,21	71,3	12,26	71,0	12,30	70,7	12,35	70,4	12,40	70,1
4,55	12,30	71,5	12,35	71,2	12,40	70,9	12,44	70,6	12,49	70,3
4,60	12,39	71,7	12,44	71,4	12,49	71,1	12,54	70,8	12,58	70,5
4,65	12,48	71,9	12,53	71,6	12,58	71,3	12,63	71,1	12,68	70,8
4,70	12,58	72,1	12,62	71,8	12,67	71,5	12,72	71,3	12,77	71,0
4,75	12,67	72,3	12,71	72,0	12,76	71,7	12,81	71,5	12,86	71,2
4,80	12,76	72,5	12,81	72,2	12,86	72,0	12,90	71,7	12,95	71,4
4,85	12,85	72,7	12,90	72,4	12,95	72,2	12,99	71,9	13,04	71,6
4,90	12,94	72,9	12,99	72,6	13,04	72,4	13,09	72,1	13,13	71,8
4,95	13,04	73,1	13,08	72,8	13,13	72,5	13,18	72,3	13,23	72,0

Alkohol	Extrakt 3,75		Extrakt 3,80		Extrakt 3,85		Extrakt 3,90		Extrakt 3,95	
	U. W.	V. G.	U. W.	V. G.	U. W.	V. G.	U. W.	V. G.	U. W.	V. G.
1,50	6,74	44,3	6,79	44,0	6,84	43,7	6,88	43,3	6,93	43,0
1,55	6,83	45,1	6,88	44,7	6,93	44,4	6,98	44,1	7,03	43,8
1,60	6,93	45,8	6,98	45,5	7,03	45,2	7,08	44,9	7,13	44,6
1,65	7,03	46,6	7,08	46,3	7,13	46,0	7,18	45,6	7,23	45,3
1,70	7,13	47,4	7,18	47,0	7,23	46,7	7,28	46,4	7,32	46,0
1,75	7,23	48,1	7,28	47,8	7,32	47,4	7,37	47,0	7,42	46,7
1,80	7,32	48,7	7,37	48,4	7,42	48,1	7,47	47,8	7,52	47,4
1,85	7,42	49,4	7,47	49,1	7,52	48,8	7,57	48,4	7,62	48,1
1,90	7,52	50,1	7,57	49,8	7,62	49,4	7,67	49,1	7,71	48,7
1,95	7,62	50,7	7,67	50,4	7,71	50,0	7,76	49,7	7,81	49,4
2,00	7,71	51,3	7,76	51,0	7,81	50,7	7,86	50,4	7,91	50,0
2,05	7,81	51,9	7,86	51,6	7,91	51,3	7,96	51,0	8,01	50,6
2,10	7,91	52,5	7,96	52,2	8,01	51,9	8,05	51,5	8,10	51,2
2,15	8,00	53,1	8,05	52,8	8,10	52,4	8,15	52,1	8,20	51,8
2,20	8,10	53,7	8,15	53,3	8,20	53,0	8,25	52,7	8,30	52,4
2,25	8,20	54,2	8,25	53,9	8,29	53,5	8,34	53,2	8,39	52,9
2,30	8,29	54,7	8,34	54,4	8,39	54,1	8,44	53,8	8,49	53,4
2,35	8,39	55,3	8,44	54,9	8,49	54,6	8,54	54,3	8,59	54,0
2,40	8,49	55,8	8,54	55,4	8,59	55,1	8,63	54,8	8,68	54,5
2,45	8,58	56,3	8,63	55,9	8,68	55,6	8,73	55,3	8,78	55,0
2,50	8,68	56,8	8,73	56,4	8,78	56,1	8,83	55,8	8,87	55,4
2,55	8,78	57,2	8,82	56,9	8,87	56,6	8,92	56,2	8,97	55,9
2,60	8,87	57,7	8,92	57,4	8,97	57,0	9,02	56,7	9,07	56,4
2,65	8,97	58,2	9,02	57,8	9,06	57,5	9,11	57,1	9,16	56,8
2,70	9,06	58,6	9,11	58,2	9,16	57,9	9,21	57,6	9,26	57,3
2,75	9,16	59,0	9,21	58,7	9,26	58,4	9,30	58,0	9,35	57,7
2,80	9,25	59,4	9,30	59,1	9,35	58,8	9,40	58,5	9,45	58,2
2,85	9,35	59,8	9,40	59,5	9,45	59,2	9,50	58,9	9,54	58,6
2,90	9,45	60,3	9,49	59,9	9,54	59,6	9,59	59,3	9,64	59,0
2,95	9,54	60,6	9,59	60,3	9,64	60,0	9,69	59,7	9,73	59,4
3,00	9,64	61,0	9,68	60,7	9,73	60,4	9,78	60,1	9,83	59,8
3,05	9,78	61,4	9,78	61,1	9,82	60,8	9,88	60,5	9,93	60,2
3,10	9,83	61,8	9,87	61,5	9,92	61,1	9,97	60,8	10,02	60,5
3,15	9,92	62,2	9,97	61,8	10,02	61,5	10,07	61,2	10,12	60,9
3,20	10,02	62,5	10,06	62,2	10,11	61,9	10,16	61,6	10,21	61,3

Alkohol	Extrakt 3,75		Extrakt 3,80		Extrakt 3,85		Extrakt 3,90		Extrakt 3,95	
	U. W.	V. G.	U. W.	V. G.	U. W.	V. G.	U. W.	V. G.	U. W.	V. G.
3,25	10,11	62,9	10,16	62,6	10,21	62,3	10,26	61,9	10,30	61,6
3,30	10,20	63,2	10,25	62,9	10,30	62,6	10,35	62,3	10,40	62,0
3,35	10,30	63,5	10,35	63,2	10,40	62,9	10,44	62,6	10,49	62,3
3,40	10,39	63,9	10,44	63,6	10,49	63,3	10,54	63,0	10,59	62,7
3,45	10,49	64,2	10,54	63,9	10,58	63,6	10,63	63,3	10,68	63,0
3,50	10,58	64,5	10,63	64,2	10,68	63,9	10,73	63,6	10,78	63,3
3,55	10,68	64,8	10,72	64,5	10,77	64,2	10,82	63,9	10,87	63,6
3,60	10,77	65,1	10,82	64,8	10,87	64,5	10,92	64,2	10,96	63,9
3,65	10,86	65,4	10,91	65,1	10,96	64,8	11,01	64,5	11,06	64,2
3,70	10,96	65,7	11,01	65,4	11,05	65,1	11,10	64,8	11,15	64,5
3,75	11,05	66,0	11,10	65,7	11,15	65,4	11,20	65,1	11,24	64,8
3,80	11,15	66,3	11,19	66,0	11,24	65,7	11,29	65,4	11,34	65,1
3,85	11,24	66,6	11,29	66,3	11,34	66,0	11,38	65,7	11,43	65,4
3,90	11,33	66,9	11,38	66,6	11,43	66,3	11,48	66,0	11,52	65,7
3,95	11,43	67,1	11,47	66,8	11,52	66,5	11,57	66,2	11,62	66,0
4,00	11,52	67,4	11,57	67,1	11,62	66,8	11,66	66,5	11,71	66,2
4,05	11,61	67,7	11,66	67,4	11,71	67,1	11,76	66,8	11,80	66,5
4,10	11,70	67,9	11,75	67,6	11,80	67,3	11,85	67,0	11,90	66,8
4,15	11,80	68,2	11,85	67,9	11,89	67,6	11,94	67,3	11,99	67,0
4,20	11,89	68,4	11,94	68,1	11,99	67,8	12,03	67,5	12,08	67,3
4,25	11,98	68,7	12,03	68,3	12,08	68,1	12,13	67,8	12,17	67,5
4,30	12,08	68,9	12,12	68,6	12,17	68,3	12,22	68,0	12,27	67,8
4,35	12,17	69,1	12,22	68,9	12,26	68,6	12,31	68,3	12,36	68,0
4,40	12,26	69,4	12,31	69,1	12,36	68,8	12,40	68,5	12,45	68,2
4,45	12,35	69,6	12,40	69,3	12,45	69,1	12,50	68,8	12,55	68,5
4,50	12,45	69,8	12,49	69,5	12,54	69,3	12,59	69,0	12,64	68,7
4,55	12,54	70,1	12,59	69,8	12,63	69,5	12,68	69,2	12,73	68,9
4,60	12,63	70,3	12,68	70,0	12,73	69,7	12,77	69,4	12,82	69,1
4,65	12,72	70,5	12,77	70,2	12,82	69,9	12,87	69,7	12,91	69,4
4,70	12,81	70,7	12,86	70,4	12,91	70,1	12,96	69,9	13,00	69,6
4,75	12,90	70,9	12,95	70,6	13,00	70,3	13,05	70,1	13,09	69,8
4,80	13,00	71,1	13,05	70,8	13,09	70,5	13,14	70,3	13,19	70,0
4,85	13,09	71,3	13,14	71,0	13,18	70,7	13,23	70,5	13,28	70,2
4,90	13,18	71,5	13,23	71,2	13,28	71,0	13,32	70,7	13,37	70,4
4,95	13,27	71,7	13,32	71,4	13,37	71,2	13,42	70,9	13,46	70,6

13*

Alkohol	Extrakt 4,00		Extrakt 4,05		Extrakt 4,10		Extrakt 4,15		Extrakt 4,20	
	U. W.	V. G.	U. W.	V. G.	U. W.	V. G.	U. W.	V. G.	U. W.	V. G.
1,50	6,98	42,6	7,03	42.3	7,08	42,0	7,13	41,8	7,18	41,5
1,55	7,08	43,5	7,13	43,2	7,18	42,9	7,23	42,6	7,27	42,2
1,60	7,18	44,2	7,23	43,9	7,28	43,6	7,33	43,3	7,37	43,0
1,65	7,28	45,0	7,33	44,7	7,38	44,4	7,42	44,0	7,47	43,7
1,70	7,37	45,7	7,42	45,4	7,47	45,1	7,52	44,8	7,57	44,5
1,75	7,47	46,4	7,52	46,1	7,57	45,8	7,62	45,5	7,67	45,2
1,80	7,57	47,1	7,62	46,8	7,67	46,5	7,72	46,2	7,77	45,9
1,85	7,67	47,8	7,72	47,5	7,76	47,1	7,81	46,8	7,86	46,5
1,90	7,76	48,4	7,81	48,1	7,86	47,8	7,91	47,5	7,96	47,2
1,95	7,86	49,1	7,91	48,8	7,96	48,4	8,01	48,1	8,05	47,8
2,00	7,96	49,7	8,01	49,4	8,06	49,1	8,10	48,7	8,15	48,4
2,05	8,06	50,3	8,10	50,0	8,15	49,7	8,20	49,3	8,25	49,0
2,10	8,15	50,9	8,20	50,6	8,25	50,3	8,30	50,0	8,35	49,7
2,15	8,25	51,5	8,30	51,2	8,35	50,9	8,40	50,6	8,44	50,2
2,20	8,35	52,1	8,39	51,7	8,44	51,4	8,49	51,1	8,54	50,8
2,25	8,44	52,6	8,49	52,3	8,54	51,9	8,59	51,6	8,63	51,3
2,30	8,54	53,1	8,59	52,8	8,64	52,5	8,68	52,1	8,73	51,8
2,35	8,63	53,6	8,68	53,3	8,73	53,0	8,78	52,7	8,83	52,4
2,40	8,73	54,1	8,78	53,8	8,83	53,5	8,88	53,2	8,93	52,9
2,45	8,83	54,6	8,88	54,3	8,92	54,0	8,97	53,7	9,02	53,4
2,50	8,92	55,1	8,97	54,8	9,02	54,5	9,07	54,2	9,12	53,9
2,55	9,02	55,6	9,07	55,3	9,12	55,0	9,16	54,7	9,21	54,4
2,60	9,12	56,1	9,16	55,7	9,21	55,4	9,26	55,1	9,31	54,8
2,65	9,21	56,5	9,26	56,2	9,31	55,9	9,36	55,6	9,41	55,3
2,70	9,31	57,0	9,36	56,7	9,40	56,3	9,45	56,0	9,50	55,7
2,75	9,40	57,4	9,45	57,1	9,50	56,8	9,55	56,5	9,60	56,2
2,80	9,50	57,9	9,55	57,5	9,59	57,2	9,64	56,9	9,69	56,7
2,85	9,59	58,3	9,64	57,9	9,69	57,6	9,74	57,4	9,79	57,1
2,90	9,69	58,7	9,74	58,4	9,79	58,1	9,83	57,7	9,88	57,4
2,95	9,78	59,1	9,83	58,8	9,88	58,5	9,93	58,2	9,98	57,9
3,00	9,88	59,5	9,93	59,2	9,98	58,9	10,02	58,6	10,07	58,3
3,05	9,97	59,8	10,02	59,5	10,07	59,2	10,12	59,0	10,17	58,7
3,10	10,07	60,2	10,12	59,9	10,16	59,6	10,21	59,3	10,26	59,0
3,15	10,16	60,6	10,21	60,3	10,26	60,0	10,31	59,7	10,36	59,4
3,20	10,26	61,0	10,31	60,7	10,35	60,3	10,40	60,1	10,45	59,8

Alkohol	Extrakt 4,00		Extrakt 4,05		Extrakt 4,10		Extrakt 4,15		Extrakt 4,20	
	U. W.	V. G.	U. W.	V. G.	U. W.	V. G.	U. W.	V. G.	U. W.	V. G.
3,25	10,35	61,3	10,40	61,0	10,45	60,7	10,50	60,4	10,55	60,1
3,30	10,45	61,7	10,49	61,4	10,54	61,1	10,59	60,8	10,64	60,5
3,35	10,54	62,0	10,59	61,7	10,64	61,4	10,68	61,1	10,73	60,8
3,40	10,64	62,4	10,68	62,0	10,73	61,7	10,78	61,5	10,83	61,2
3,45	10,73	62,7	10,78	62,4	10,83	62,1	10,87	61,8	10,92	61,5
3,50	10,82	63,0	10,87	62,7	10,92	62,4	10,97	62,1	11,02	61,8
3,55	10,92	63,3	10,97	63,0	11,01	62,7	11,06	62,4	11,11	62,1
3,60	11,01	63,6	11,06	63,3	11,11	63,1	11,16	62,8	11,20	62,5
3,65	11,11	63,9	11,15	63,6	11,20	63,4	11,25	63,1	11,30	62,8
3,70	11,20	64,2	11,25	64,0	11,30	63,7	11,34	63,4	11,39	63,1
3,75	11,29	64,5	11,34	64,2	11,39	64,0	11,44	63,7	11,48	63,4
3,80	11,39	64,8	11,43	64,5	11,48	64,2	11,53	64,0	11,58	63,7
3,85	11,48	65,1	11,53	64,8	11,58	64,5	11,63	64,3	11,67	64,0
3,90	11,57	65,4	11,62	65,1	11,67	64,8	11,72	64,5	11,76	64,2
3,95	11,67	65,6	11,71	65,4	11,76	65,1	11,81	64,8	11,86	64,5
4,00	11,76	65,9	11,81	65,7	11,86	65,4	11,90	65,1	11,95	64,8
4,05	11,85	66,2	11,90	65,9	11,95	65,6	12,00	65,4	12,05	65,1
4,10	11,94	66,5	11,99	66,2	12,04	65,9	12,09	65,6	12,14	65,4
4,15	12,04	66,7	12,09	66,5	12,13	66,2	12,18	65,9	12,23	65,6
4,20	12,13	67,0	12,18	66,7	12,23	66,4	12,27	66,1	12,32	65,9
4,25	12,22	67,2	12,27	67,0	12,32	66,7	12,37	66,4	12,42	66,1
4,30	12,32	67,5	12,36	67,2	12,41	66,9	12,46	66,6	12,51	66,4
4,35	12,41	67,7	12,46	67,5	12,50	67,2	12,55	66,9	12,60	66,6
4,40	12,50	68,0	12,55	67,7	12,60	67,4	12,64	67,1	12,69	66,9
4,45	12,59	68,2	12,64	67,9	12,69	67,6	12,74	67,4	12,79	67,1
4,50	12,68	68,4	12,73	68,1	12,78	67,9	12,83	67,6	12,88	67,4
4,55	12,78	68,7	12,82	68,4	12,87	68,1	12,92	67,8	12,97	67,6
4,60	12,87	68,9	12,92	68,6	12,96	68,3	13,01	68,1	13,06	67,8
4,65	12,96	69,1	13,01	68,8	13,06	68,6	13,11	68,3	13,15	68,0
4,70	13,05	69,3	13,10	69,0	13,15	68,8	13,20	68,5	13,24	68,2
4,75	13,15	69,5	13,19	69,3	13,24	69,0	13,29	68,7	13,34	68,5
4,80	13,24	69,7	13,28	69,5	13,33	69,2	13,38	68,9	13,43	68,7
4,85	13,33	69,9	13,37	69,7	13,42	69,4	13,47	69,1	13,52	68,9
4,90	13,42	70,2	13,47	69,9	13,51	69,6	13,56	69,4	13,61	69,1
4,95	13,51	70,4	13,56	70,1	13,61	69,8	13,65	69,6	13,70	69,3

Alkohol	Extrakt 4,25		Extrakt 4,30		Extrakt 4,35		Extrakt 4,40		Extrakt 4,45	
	U. W.	V. G.	U. W.	V. G.	U. W.	V. G.	U. W.	V. G.	U. W.	V. G.
1,50	7,23	41,2	7,28	40,9	7,33	40,6	7,38	40,3	7,43	40,1
1,55	7,33	42,0	7,38	41,7	7,42	41,4	7,47	41,1	7,52	40,8
1,60	7,42	42,7	7,47	42,4	7,52	42,1	7,57	41,8	7,62	41,6
1,65	7,52	43,4	7,57	43,2	7,62	42,9	7,67	42,6	7,72	42,3
1,70	7,62	44,2	7,67	43,9	7,72	43,6	7,77	43,3	7,82	43,0
1,75	7,72	44,9	7,76	44,5	7,81	44,3	7,86	44,0	7,91	43,7
1,80	7,81	45,5	7,86	45,2	7,91	45,0	7,96	44,7	8,01	44,4
1,85	7,91	46,2	7,96	45,9	8,01	45,6	8,05	45,3	8,11	45,1
1,90	8,01	46,9	8,06	46,6	8,11	46,3	8,15	46,0	8,20	45,7
1,95	8,10	47,5	8,15	47,2	8,20	46,9	8,25	46,6	8,30	46,3
2,00	8,20	48,1	8,25	47,8	8,30	47,5	8,35	47,3	8,40	47,0
2,05	8,30	48,8	8,35	48,5	8,40	48,2	8,45	47,9	8,50	47,6
2,10	8,40	49,4	8,45	49,1	8,49	48,7	8,54	48,4	8,59	48,2
2,15	8,49	49,9	8,54	49,6	8,59	49,3	8,64	49,0	8,69	48,7
2,20	8,59	50,5	8,64	50,2	8,69	49,9	8,74	49,6	8,78	49,3
2,25	8,69	51,0	8,73	50,7	8,78	50,4	8,83	50,1	8,88	49,8
2,30	8,78	51,5	8,83	51,3	8,88	51,0	8,93	50,7	8,98	50,4
2,35	8,88	52,1	8,93	51,8	8,98	51,5	9,02	51,2	9,07	50,9
2,40	8,98	52,6	9,02	52,3	9,07	52,0	9,12	51,7	9,17	51,4
2,45	9,07	53,1	9,12	52,8	9,17	52,5	9,22	52,2	9,27	51,9
2,50	9,17	53,6	9,22	53,3	9,26	53,0	9,31	52,7	9,36	52,4
2,55	9,26	54,1	9,31	53,8	9,41	53,5	9,41	53,2	9,46	52,9
2,60	9,36	54,6	9,41	54,3	9,46	54,0	9,50	53,6	9,55	53,4
2,65	9,45	55,0	9,50	54,7	9,55	54,4	9,60	54,1	9,65	53,8
2,70	9,55	55,5	9,60	55,2	9,65	54,9	9,69	54,6	9,74	54,3
2,75	9,64	55,9	9,69	55,6	9,74	55,3	9,79	55,0	9,84	54,7
2,80	9,74	56,3	9,79	56,0	9,84	55,7	9,88	55,4	9,93	55,1
2,85	9,83	56,7	9,88	56,4	9,93	56,2	9,98	55,9	10,03	55,6
2,90	9,93	57,2	9,98	56,9	10,03	56,6	10,08	56,3	10,12	56,0
2,95	10,03	57,6	10,07	57,3	10,12	57,0	10,17	56,7	10,22	56,4
3,00	10,12	58,0	10,17	57,7	10,22	57,4	10,27	57,1	10,31	56,8
3,05	10,21	58,4	10,26	58,1	10,31	57,8	10,36	57,5	10,40	57,2
3,10	10,31	58,7	10,36	58,5	10,41	58,2	10,45	57,9	10,50	57,6
3,15	10,41	59,1	10,45	58,8	10,50	58,5	10,55	58,2	10,60	58,0
3,20	10,50	59,5	10,55	59,2	10,60	58,9	10,64	58,6	10,69	58,3

Alkohol	Extrakt 4,25		Extrakt 4,30		Extrakt 4,35		Extrakt 4,40		Extrakt 4,45	
	U. W.	V. G.	U. W.	V. G.	U. W.	V. G.	U. W.	V. G.	U. W.	V. G.
3,25	10,59	59,8	10,64	59,5	10,69	59,3	10,74	59,0	10,79	58,7
3,30	10,69	60,2	10,74	59,9	10,78	59,6	10,83	59,3	10,88	59,1
3,35	10,78	60,5	10,83	60,3	10,88	60,0	10,93	59,7	10,98	59,4
3,40	10,88	60,9	10,92	60,6	10,97	60,3	11,02	60,0	11,07	59,8
3,45	10,97	61,2	11,02	60,9	11,07	60,7	11,11	60,4	11,16	60,1
3,50	11,06	61,5	11,11	61,3	11,16	61,0	11,21	60,7	11,26	60,4
3,55	11,16	61,9	11,21	61,6	11,25	61,3	11,30	61,0	11,35	60,8
3,60	11,25	62,2	11,30	61,9	11,35	61,6	11,40	61,4	11,44	61,1
3,65	11,35	62,5	11,39	62,2	11,44	61,9	11,49	61,7	11,54	61,4
3,70	11,44	62,8	11,49	62,5	11,54	62,3	11,58	62,0	11,63	61,7
3,75	11,53	63,1	11,58	62,8	11,63	62,6	11,68	62,3	11,72	62,0
3,80	11,63	63,4	11,67	63,1	11,72	62,8	11,77	62,6	11,82	62,3
3,85	11,72	63,7	11,77	63,4	11,82	63,2	11,86	62,9	11,91	62,6
3,90	11,81	64,0	11,86	63,7	11,91	63,4	11,96	63,2	12,00	62,9
3,95	11,91	64,3	11,95	64,0	12,00	63,7	12,05	63,4	12,10	63,2
4,00	12,00	64,5	12,05	64,3	12,09	64,0	12,14	63,7	12,19	63,5
4,05	12,09	64,8	12,14	64,5	12,19	64,3	12,24	64,0	12,28	63,7
4,10	12,18	65,1	12,23	64,8	12,28	64,5	12,33	64,3	12,38	64,0
4,15	12,28	65,3	12,33	65,1	12,37	64,8	12,42	64,5	12,47	64,3
4,20	12,37	65,6	12,42	65,3	12,47	65,1	12,51	64,8	12,56	64,5
4,25	12,46	65,8	12,51	65,6	12,56	65,3	12,61	65,1	12,65	64,8
4,30	12,55	66,1	12,60	65,8	12,65	65,6	12,70	65,3	12,75	65,1
4,35	12,65	66,4	12,69	66,1	12,74	65,8	12,79	65,6	12,84	65,3
4,40	12,74	66,6	12,79	66,3	12,83	66,1	12,88	65,8	12,93	65,5
4,45	12,83	66,8	12,89	66,6	12,93	66,3	12,97	66,0	13,02	65,8
4,50	12,92	67,1	12,97	66,8	13,02	66,5	13,07	66,3	13,11	66,0
4,55	13,02	67,3	13,06	67,0	13,11	66,8	13,16	66,5	13,21	66,3
4,60	13,11	67,5	13,16	67,3	13,20	67,0	13,25	66,8	13,30	66,5
4,65	13,20	67,8	13,25	67,6	13,30	67,3	13,34	67,0	13,39	66,7
4,70	13,29	68,0	13,34	67,7	13,39	67,5	13,43	67,2	13,48	66,9
4,75	13,38	68,2	13,43	67,9	13,48	67,7	13,53	67,4	13,57	67,2
4,80	13,47	68,4	13,52	68,2	13,57	67,9	13,62	67,7	13,66	67,4
4,85	13,56	68,6	13,61	68,4	13,66	68,1	13,71	67,9	13,75	67,6
4,90	13,66	68,8	13,70	68,6	13,75	68,3	13,80	68,1	13,85	67,8
4,95	13,75	69,0	13,80	68,8	13,84	68,5	13,89	68,3	13,94	68,0

Alkohol	Extrakt 4,50		Extrakt 4,55		Extrakt 4,60		Extrakt 4,65		Extrakt 4,70	
	U.W.	V.G.	U.W.	V.G.	U.W.	V.G.	U.W.	V.G.	U.W.	V.G.
1,50	7,48	39,8	7,53	39,5	7,57	39,2	7,62	38,9	7,67	38,7
1,55	7,57	40,5	7,62	40,2	7,67	40,0	7,72	39,7	7,77	39,5
1,60	7,67	41,3	7,72	41,0	7,77	40,8	7,82	40,5	7,87	40,2
1,65	7,77	42,0	7,82	41,8	7,86	41,5	7,91	41,2	7,96	40,9
1,70	7,87	42,8	7,91	42,5	7,96	42,2	8,01	41,9	8,06	41,6
1,75	7,96	43,4	8,01	43,2	8,06	42,9	8,11	42,6	8,16	42,4
1,80	8,06	44,1	8,11	43,9	8,16	43,6	8,21	43,3	8,26	43,1
1,85	8,16	44,8	8,21	44,5	8,26	44,3	8,31	44,0	8,35	43,7
1,90	8,25	45,4	8,30	45,1	8,35	44,9	8,40	44,6	8,45	44,3
1,95	8,35	46,1	8,40	45,8	8,45	45,5	8,50	45,3	8,55	45,0
2,00	8,45	46,7	8,50	46,4	8,55	46,2	8,59	45,9	8,64	45,6
2,05	8,54	47,3	8,59	47,0	8,64	46,7	8,69	46,4	8,74	46,2
2,10	8,64	47,9	8,69	47,6	8,74	47,3	8,79	47,1	8,84	46,8
2,15	8,74	48,5	8,79	48,2	8,84	47,9	8,88	47,6	8,93	47,3
2,20	8,83	49,0	8,88	48,7	8,93	48,4	8,98	48,2	9,03	47,9
2,25	8,93	49,6	8,98	49,3	9,03	49,0	9,08	48,7	9,12	48,4
2,30	9,03	50,1	9,08	49,8	9,12	49,5	9,17	49,2	9,22	49,0
2,35	9,12	50,6	9,17	50,3	9,22	50,1	9,27	49,8	9,32	49,5
2,40	9,22	51,1	9,27	50,9	9,32	50,6	9,37	50,3	9,41	50,0
2,45	9,31	51,6	9,36	51,3	9,41	51,1	9,46	50,8	9,51	50,5
2,50	9,41	52,1	9,46	51,9	9,51	51,6	9,56	51,3	9,60	51,0
2,55	9,51	52,6	9,55	52,3	9,60	52,0	9,65	51,8	9,70	51,5
2,60	9,60	53,1	9,65	52,8	9,70	52,5	9,75	52,3	9,80	52,0
2,65	9,70	53,6	9,75	53,3	9,79	53,0	9,84	52,7	9,89	52,4
2,70	9,79	54,0	9,84	53,7	9,89	53,4	9,94	53,2	9,99	52,9
2,75	9,89	54,5	9,94	54,2	9,98	53,9	10,03	53,6	10,08	53,3
2,80	9,98	54,9	10,03	54,6	10,08	54,3	10,13	54,1	10,18	53,8
2,85	10,08	55,3	10,13	55,0	10,17	54,7	10,22	54,5	10,27	54,2
2,90	10,17	55,7	10,22	55,4	10,27	55,2	10,32	54,9	10,37	54,6
2,95	10,27	56,1	10,32	55,9	10,37	55,6	10,41	55,3	10,46	55,0
3,00	10,36	56,5	10,41	56,3	10,46	56,0	10,51	55,7	10,56	55,5
3,05	10,46	56,9	10,51	56,7	10,55	56,4	10,60	56,1	10,65	55,8
3,10	10,55	57,3	10,60	57,0	10,65	56,8	10,70	56,5	10,75	56,2
3,15	10,65	57,7	10,70	57,4	10,74	57,1	10,79	56,9	10,84	56,6
3,20	10,74	58,1	10,79	57,8	10,84	57,5	10,89	57,3	10,93	57,0

Alkohol	Extrakt 4,50		Extrakt 4,55		Extrakt 4,60		Extrakt 4,65		Extrakt 4,70	
	U. W.	V. G.	U. W.	V. G.	U. W.	V. G.	U. W.	V. G.	U. W.	V. G.
3,25	10,84	58,4	10,88	58,1	10,93	57,9	10,98	57,6	11,03	57,3
3,30	10,93	58,8	10,98	58,5	11,03	58,3	11,07	58,0	11,12	57,7
3,35	11,03	59,2	11,07	58,9	11,12	58,6	11,17	58,3	11,22	58,1
3,40	11,12	59,5	11,17	59,2	11,21	58,9	11,26	58,7	11,31	58,4
3,45	11,21	59,8	11,26	59,5	11,31	59,3	11,36	59,0	11,40	58,7
3,50	11,31	60,2	11,35	59,9	11,40	59,6	11,45	59,3	11,50	59,1
3,55	11,40	60,5	11,45	60,2	11,50	60,0	11,54	59,7	11,59	59,4
3,60	11,49	60,8	11,54	60,5	11,59	60,3	11,64	60,0	11,69	59,8
3,65	11,59	61,1	11,63	60,8	11,68	60,6	11,73	60,3	11,78	60,1
3,70	11,68	61,4	11,73	61,2	11,78	60,9	11,82	60,6	11,87	60,4
3,75	11,77	61,7	11,82	61,5	11,87	61,2	11,92	60,9	11,97	60,7
3,80	11,87	62,0	11,91	61,8	11,96	61,5	12,01	61,2	12,06	61,0
3,85	11,96	62,3	12,01	62,1	12,06	61,8	12,10	61,5	12,15	61,3
3,90	12,05	62,6	12,10	62,4	12,15	62,1	12,20	61,8	12,24	61,6
3,95	12,15	62,9	12,19	62,6	12,24	62,4	12,29	62,1	12,34	61,9
4,00	12,24	63,2	12,29	62,9	12,33	62,7	12,38	62,4	12,43	62,1
4,05	12,33	63,5	12,38	63,2	12,43	62,9	12,47	62,7	12,52	62,4
4,10	12,42	63,7	12,47	63,5	12,52	63,2	12,57	63,0	12,62	62,7
4,15	12,52	64,0	12,56	63,7	12,61	63,5	12,66	63,2	12,71	63,0
4,20	12,61	64,3	12,66	64,0	12,70	63,7	12,75	63,5	12,80	63,2
4,25	12,70	64,5	12,75	64,3	12,80	64,0	12,84	63,7	12,89	63,5
4,30	12,79	64,8	12,84	64,5	12,89	64,3	12,94	64,0	12,99	63,8
4,35	12,89	65,0	12,93	64,8	12,98	64,5	13,03	64,3	13,08	64,0
4,40	12,98	65,3	13,03	65,0	13,07	64,8	13,12	64,5	13,17	64,3
4,45	13,07	65,5	13,12	65,3	13,17	65,0	13,21	64,7	13,26	64,5
4,50	13,16	65,8	13,21	65,5	13,26	65,3	13,30	65,0	13,35	64,8
4,55	13,25	66,0	13,30	65,7	13,35	65,5	13,40	65,2	13,44	65,0
4,60	13,35	66,3	13,39	66,0	13,44	65,7	13,49	65,5	13,54	65,2
4,65	13,44	66,5	13,49	66,2	13,53	66,0	13,58	65,7	13,63	65,5
4,70	13,53	66,7	13,58	66,5	13,62	66,2	13,67	65,9	13,72	65,7
4,75	13,62	66,9	13,67	66,7	13,72	66,4	13,76	66,2	13,81	65,9
4,80	13,71	67,1	13,76	66,9	13,81	66,6	13,85	66,4	13,90	66,2
4,85	13,80	67,3	13,85	67,1	13,90	66,9	13,94	66,6	13,99	66,4
4,90	13,89	67,6	13,94	67,3	13,99	67,1	14,04	66,8	14,08	66,6
4,95	13,99	67,8	14,03	67,5	14,08	67,3	14,13	67,0	14,18	66,8

Alkohol	Extrakt 4,75		Extrakt 4,80		Extrakt 4,85		Extrakt 4,90		Extrakt 4,95	
	U.W.	V.G.	U.W.	V.G.	U.W.	V.G.	U.W.	V.G.	U.W.	V.G.
1,50	7,72	38,5	7,77	38,2	7,82	37,9	7,87	37,7	7,92	37,5
1,55	7,82	39,2	7,87	39,0	7,92	38,7	7,97	38,5	8,02	38,2
1,60	7,92	40,0	7,96	39,7	8,01	39,4	8,06	39,2	8,11	38,9
1,65	8,01	40,7	8,06	40,4	8,11	40,2	8,16	39,9	8,21	39,7
1,70	8,11	41,4	8,16	41,1	8,21	40,9	8,26	40,6	8,31	40,4
1,75	8,21	42,1	8,26	41,8	8,31	41,6	8,35	41,3	8,40	41,0
1,80	8,31	42,8	8,35	42,5	8,40	42,2	8,45	42,0	8,50	41,7
1,85	8,40	43,4	8,45	43,2	8,50	42,9	8,55	42,6	8,60	42,4
1,90	8,50	44,1	8,55	43,8	8,60	43,6	8,65	43,3	8,69	43,0
1,95	8,60	44,7	8,64	44,4	8,69	44,1	8,74	43,9	8,79	43,6
2,00	8,69	45,3	8,74	45,0	8,79	44,8	8,84	44,5	8,89	44,3
2,05	8,79	45,9	8,83	45,6	8,89	45,4	8,94	45,1	8,98	44,8
2,10	8,89	46,5	8,93	46,2	8,98	45,9	9,03	45,7	9,08	45,4
2,15	8,98	47,1	9,03	46,8	9,08	46,5	9,13	46,3	9,18	46,0
2,20	9,08	47,6	9,13	47,4	9,18	47,1	9,22	46,8	9,27	46,6
2,25	9,17	48,2	9,22	47,9	9,27	47,6	9,32	47,4	9,37	47,1
2,30	9,27	48,7	9,32	48,5	9,37	48,2	9,42	47,9	9,47	47,7
2,35	9,37	49,3	9,41	49,0	9,46	48,7	9,51	48,5	9,56	48,2
2,40	9,46	49,7	9,51	49,5	9,56	49,2	9,61	49,0	9,66	48,7
2,45	9,56	50,3	9,60	50,0	9,66	49,8	9,70	49,5	9,75	49,2
2,50	9,65	50,7	9,70	50,5	9,75	50,2	9,80	50,0	9,85	49,7
2,55	9,75	51,2	9,79	50,9	9,85	50,7	9,89	50,4	9,94	50,2
2,60	9,84	51,7	9,89	51,4	9,94	51,2	9,99	50,9	10,04	50,7
2,65	9,94	52,2	9,99	51,9	10,04	51,7	10,09	51,4	10,13	51,1
2,70	10,03	52,6	10,08	52,3	10,13	52,1	10,18	51,8	10,23	51,6
2,75	10,13	53,1	10,17	52,8	10,23	52,5	10,28	52,3	10,33	52,0
2,80	10,23	53,5	10,27	53,2	10,32	53,0	10,37	52,7	10,42	52,5
2,85	10,32	53,9	10,37	53,7	10,42	53,4	10,47	53,1	10,51	52,9
2,90	10,42	54,4	10,46	54,1	10,51	53,8	10,56	53,6	10,61	53,3
2,95	10,51	54,8	10,56	54,5	10,61	54,2	10,66	54,0	10,70	53,7
3,00	10,61	55,2	10,65	54,9	10,70	54,6	10,75	54,4	10,80	54,1
3,05	10,70	55,6	10,75	55,3	10,79	55,0	10,84	54,8	10,89	54,5
3,10	10,79	55,9	10,84	55,7	10,89	55,4	10,94	55,2	10,99	54,9
3,15	10,89	56,3	10,94	56,1	10,99	55,8	11,03	55,6	11,08	55,3
3,20	10,98	56,7	11,03	56,4	11,08	56,2	11,13	55,9	11,18	55,7

Alkohol	Extrakt 4,75		Extrakt 4,80		Extrakt 4,85		Extrakt 4,90		Extrakt 4,95	
	U.W.	V.G.	U.W.	V.G.	U.W.	V.G.	U.W.	V.G.	U.W.	V.G.
3,25	11,08	57,1	11,12	56,8	11,17	56,6	11,22	56,3	11,27	56,0
3,30	11,17	57,4	11,22	57,2	11,27	56,9	11,32	56,7	11,36	56,4
3,35	11,26	57,8	11,31	57,5	11,36	57,3	11,41	57,0	11,46	56,8
3,40	11,36	58,1	11,41	57,9	11,46	57,6	11,50	57,4	11,55	57,1
8,45	11,45	58,5	11,50	58,2	11,55	58,0	11,60	57,7	11,65	57,5
3,50	11,55	58,8	11,59	58,5	11,64	58,3	11,69	58,0	11,74	57,8
3,55	11,64	59,2	11,69	58,9	11,74	58,6	11,78	58,4	11,83	58,1
3,60	11,73	59,5	11,78	59,2	11,83	59,0	11,88	58,7	11,93	58,5
8,65	11,83	59,8	11,87	59,5	11,92	59,3	11,97	59,0	12,02	58,8
3,70	11,92	60,1	11,97	59,9	12,02	59,6	12,06	59,3	12,11	59,1
3,75	12,01	60,4	12,06	60,2	12,11	59,9	12,16	59,6	12,21	59,4
3,80	12,11	60,7	12,16	60,5	12,20	60,2	12,25	60,0	12,30	59,7
3,85	12,20	61,0	12,25	60,8	12,30	60,5	12,34	60,3	12,39	60,0
3,90	12,29	61,3	12,34	61,1	12,39	60,8	12,44	60,6	12,48	60,3
8,95	12,39	61,6	12,43	61,4	12,48	61,1	12,53	60,9	12,58	60,6
4,00	12,48	61,9	12,53	61,7	12,57	61,4	12,62	61,1	12,67	60,9
4,05	12,57	62,2	12,62	61,9	12,67	61,7	12,71	61,4	12,76	61,2
4,10	12,66	62,4	12,71	62,2	12,76	61,9	12,81	61,7	12,85	61,4
4,15	12,76	62,7	12,80	62,5	12,85	62,2	12,90	62,0	12,95	61,7
4,20	12,85	63,0	12,90	62,8	12,94	62,5	12,99	62,2	13,04	62,0
4,25	12,94	63,2	12,99	63,0	13,04	62,8	13,08	62,5	13,13	62,3
4,30	13,03	63,5	13,08	63,3	13,13	63,0	13,18	62,8	13,22	62,5
4,35	13,12	63,8	13,17	63,5	13,22	63,3	13,27	63,0	13,32	62,8
4,40	13,22	64,0	13,26	63,8	13,31	63,5	13,36	63,3	13,41	63,0
4,45	13,31	64,3	13,36	64,0	13,40	63,8	13,45	63,5	13,50	63,3
4,50	13,40	64,5	13,45	64,3	13,50	64,0	13,55	63,8	13,59	63,5
4,55	13,49	64,7	13,54	64,5	13,59	64,3	13,64	64,0	13,68	63,8
4,60	13,58	65,0	13,63	64,7	13,68	64,5	13,73	64,3	13,77	64,0
4,65	13,68	65,2	13,72	65,0	13,77	64,8	13,82	64,5	13,87	64,3
4,70	13,77	65,5	13,81	65,2	13,86	65,0	13,91	64,7	13,96	64,5
4,75	13,86	65,7	13,91	65,5	13,95	65,2	14,00	65,0	14,05	64,7
4,80	13,95	65,9	14,00	65,7	14,04	65,4	14,09	65,2	14,14	64,9
4,85	14,04	66,1	14,09	65,9	14,13	65,6	14,18	65,4	14,23	65,2
4,90	14,13	66,3	14,18	66,1	14,23	65,9	14,28	65,6	14,32	65,4
4,95	14,22	66,5	14,27	66,3	14,32	66,1	14,37	65,9	14,41	65,6

Alkohol	Extrakt 5,00		Extrakt 5,05		Extrakt 5,10		Extrakt 5,15		Extrakt 5,20	
	U. W.	V. G.	U. W.	V. G.	U. W.	V. G.	U. W.	V. G.	U. W.	V. G.
1,50	7,97	37,2	8,02	37,0	8,07	36,8	8,12	36,5	8,16	36,2
1,55	8,06	38,0	8,11	37,7	8,16	37,5	8,21	37,2	8,26	37,0
1,60	8,16	38,7	8,21	38,4	8,26	38,2	8,31	38,0	8,36	37,8
1,65	8,26	39,4	8,31	39,2	8,35	38,9	8,41	38,7	8,46	38,5
1,70	8,36	40,1	8,41	39,9	8,45	39,6	8,50	39,4	8,55	39,1
1,75	8,45	40,8	8,50	40,5	8,55	40,3	8,60	40,1	8,65	39,8
1,80	8,55	41,5	8,60	41,2	8,65	41,0	8,70	40,8	8,75	40,5
1,85	8,65	42,1	8,70	41,9	8,75	41,7	8,79	41,4	8,84	41,2
1,90	8,74	42,7	8,79	42,5	8,84	42,3	8,89	42,0	8,94	41,8
1,95	8,84	43,4	8,89	43,2	8,94	42,9	8,99	42,7	9,04	42,4
2,00	8,94	44,0	8,99	43,8	9,04	43,5	9,08	43,2	9,13	43,0
2,05	9,03	44,6	9,08	44,4	9,13	44,1	9,18	43,9	9,23	43,6
2,10	9,13	45,2	9,18	44,9	9,23	44,7	9,28	44,5	9,33	44,2
2,15	9,23	45,8	9,28	45,5	9,32	45,2	9,37	45,0	9,42	44,8
2,20	9,32	46,3	9,37	46,1	9,42	45,8	9,47	45,6	9,52	45,3
2,25	9,42	46,9	9,47	46,6	9,52	46,4	9,56	46,1	9,61	45,9
2,30	9,51	47,4	9,56	47,1	9,61	46,9	9,66	46,6	9,71	46,4
2,35	9,61	47,9	9,66	47,7	9,71	47,4	9,76	47,2	9,80	46,9
2,40	9,71	48,5	9,76	48,2	9,80	47,9	9,85	47,7	9,90	47,4
2,45	9,80	49,0	9,85	48,7	9,89	48,4	9,95	48,2	10,00	47,9
2,50	9,90	49,5	9,94	49,2	9,99	48,9	10,04	48,7	10,09	48,4
2,55	9,99	49,9	10,04	49,7	10,09	49,4	10,14	49,2	10,19	48,9
2,60	10,09	50,4	10,14	50,2	10,19	49,9	10,23	49,6	10,28	49,4
2,65	10,18	50,9	10,23	50,6	10,28	50,3	10,33	50,1	10,38	49,8
2,70	10,28	51,3	10,33	51,1	10,38	50,8	10,42	50,5	10,47	50,3
2,75	10,37	51,8	10,42	51,5	10,47	51,3	10,52	51,0	10,57	50,7
2,80	10,47	52,2	10,52	52,0	10,57	51,7	10,61	51,4	10,66	51,2
2,85	10,56	52,6	10,61	52,4	10,66	52,2	10,71	51,9	10,76	51,6
2,90	10,66	53,1	10,71	52,8	10,76	52,6	10,80	52,3	10,85	52,0
2,95	10,75	53,5	10,80	53,2	10,85	53,0	10,90	52,7	10,95	52,5
3,00	10,85	53,9	10,90	53,6	10,94	53,4	10,99	53,1	11,04	52,9
3,05	10,94	54,3	10,99	54,0	11,04	53,7	11,09	53,5	11,14	53,3
3,10	11,04	54,7	11,08	54,4	11,13	54,1	11,18	53,9	11,23	53,7
3,15	11,13	55,0	11,18	54,8	11,23	54,5	11,28	54,3	11,32	54,0
3,20	11,22	55,4	11,27	55,1	11,32	54,9	11,37	54,7	11,42	54,4

Alkohol	Extrakt 5,00		Extrakt 5,05		Extrakt 5,10		Extrakt 5,15		Extrakt 5,20	
	U. W.	V. G.	U. W.	V. G.	U. W.	V. G.	U. W.	V. G.	U. W.	V. G.
3,25	11,32	55,8	11,37	55,5	11,42	55,3	11,46	55,1	11,51	54,8
3,30	11,41	56,1	11,46	55,9	11,51	55,7	11,56	55,4	11,61	55,2
3,35	11,51	56,5	11,55	56,2	11,60	56,0	11,65	55,8	11,70	55,5
3,40	11,60	56,9	11,65	56,6	11,70	56,4	11,74	56,1	11,79	55,9
3,45	11,69	57,2	11,74	57,0	11,79	56,8	11,84	56,5	11,89	56,2
3,50	11,79	57,5	11,84	57,3	11,88	57,0	11,93	56,8	11,98	56,6
3,55	11,88	57,8	11,93	57,6	11,98	57,4	12,03	57,1	12,08	56,9
3,60	11,97	58,2	12,02	57,9	12,07	57,7	12,12	57,5	12,17	57,2
3,65	12,07	58,5	12,12	58,3	12,16	58,0	12,21	57,8	12,26	57,5
3,70	12,16	58,8	12,21	58,6	12,26	58,4	12,31	58,1	12,35	57,9
3,75	12,25	59,2	12,30	58,9	12,35	58,7	12,40	58,4	12,45	58,2
3,80	12,35	59,5	12,40	59,2	12,45	59,0	12,49	58,7	12,54	58,5
3,85	12,44	59,8	12,49	59,5	12,54	59,3	12,58	59,0	12,63	58,8
3,90	12,53	60,1	12,58	59,8	12,63	59,6	12,67	59,3	12,72	59,1
3,95	12,62	60,4	12,67	60,1	12,72	59,9	12,77	59,6	12,82	59,4
4,00	12,72	60,7	12,77	60,4	12,81	60,1	12,86	59,9	12,91	59,7
4,05	12,81	60,9	12,86	60,7	12,91	60,4	12,95	60,2	13,00	60,0
4,10	12,90	61,2	12,95	61,0	13,00	60,7	13,04	60,5	13,09	60,2
4,15	12,99	61,5	13,04	61,2	13,09	61,0	13,14	60,8	13,19	60,5
4,20	13,09	61,8	13,14	61,5	13,19	61,3	13,23	61,0	13,28	60,8
4,25	13,18	62,0	13,23	61,8	13,28	61,6	13,32	61,3	13,37	61,1
4,30	13,27	62,3	13,32	62,0	13,37	61,8	13,42	61,6	13,46	61,3
4,35	13,36	62,6	13,41	62,3	13,46	62,1	13,51	61,8	13,56	61,6
4,40	13,46	62,8	13,50	62,6	13,55	62,3	13,60	62,1	13,65	61,9
4,45	13,55	63,1	13,60	62,8	13,64	62,6	13,69	62,4	13,74	62,1
4,50	13,64	63,3	13,69	63,1	13,73	62,8	13,78	62,6	13,83	62,4
4,55	13,73	63,6	13,78	63,3	13,83	63,1	13,87	62,8	13,92	62,6
4,60	13,82	63,8	13,87	63,5	13,92	63,3	13,97	63,1	14,01	62,8
4,65	13,91	64,0	13,96	63,8	14,01	63,6	14,06	63,3	14,10	63,1
4,70	14,00	64,2	14,05	64,0	14,10	63,8	14,15	63,6	14,20	63,3
4,75	14,10	64,5	14,14	64,2	14,19	64,0	14,24	63,8	14,29	63,6
4,80	14,19	64,7	14,24	64,5	14,28	64,2	14,33	64,0	14,38	63,8
4,85	14,28	64,9	14,33	64,7	14,37	64,5	14,42	64,2	14,47	64,0
4,90	14,37	65,2	14,42	64,9	14,46	64,7	14,51	64,5	14,56	64,2
4,95	14,46	65,4	14,51	65,2	14,55	64,9	14,60	64,7	14,65	64,5

Alkohol	Extrakt 5,25		Extrakt 5,30		Extrakt 5,35		Extrakt 5,40		Extrakt 5,45	
	U. W.	V. G.	U. W.	V. G.	U. W.	V. G.	U. W.	V. G.	U. W.	V. G.
1,50	8,21	36,0	8,26	35,8	8,31	35,6	8,36	35,4	8,41	35,2
1,55	8,31	36,8	8,36	36,5	8,41	36,3	8,46	36,1	8,51	35,9
1,60	8,41	37,5	8,46	37,3	8,51	37,1	8,55	36,8	8,60	36,6
1,65	8,51	38,3	8,55	38,0	8,60	37,7	8,65	37,5	8.70	37,3
1,70	8,60	38,9	8,65	38,7	8,70	38,5	8,75	38,2	8,80	38,0
1,75	8,70	39,6	8,75	39,4	8,80	39,2	8,85	38,9	8,89	38,7
1,80	8,80	40,3	8,85	40,1	8,89	39,8	8,94	39,6	8,99	39,3
1,85	8,89	40,9	8,94	40,7	8,99	40,4	9,04	40,2	9,09	40,0
1,90	8,99	41,6	9,04	41,3	9,09	41,1	9,14	40,9	9,19	40,7
1,95	9,09	42,2	9,13	41,9	9,18	41,7	9,23	41,5	9,28	41,2
2,00	9,18	42,8	9,23	42,5	9,28	42,3	9,33	42,1	9,38	41,9
2,05	9,28	43,4	9,33	43,1	9,38	42,9	9,43	42,7	9,48	42,5
2,10	9,38	44,0	9,42	43,7	9,47	43,5	9,52	43,2	9,57	43,0
2,15	9,47	44,5	9,52	44,3	9,57	44,1	9,62	43,8	9,67	43,6
2,20	9,57	45,1	9,62	44,9	9,66	44,6	9,71	44,3	9,76	44,1
2,25	9,66	45,6	9,71	45,4	9,76	45,1	9,81	44,9	9,86	44,7
2,30	9,76	46,2	9,76	45,9	9,86	45,7	9,90	45,4	9,95	45,2
2,35	9,85	46,7	9,90	46,4	9,95	46,2	10,00	46,0	10,05	45,7
2,40	9,95	47,2	10,00	47,0	10,05	46,7	10,10	46,5	10,15	46,3
2,45	10,05	47,7	10,09	47,5	10,14	47,2	10,19	47,0	10,24	46,7
2,50	10,14	48,2	10,19	47,9	10,24	47,8	10,29	47,5	10,34	47,2
2,55	10,24	48,7	10,29	48,4	10,33	48,2	10,38	48,0	10,43	47,7
2,60	10,33	49,1	10,38	48,9	10,43	48,7	10,48	48,5	10,53	48,2
2,65	10,43	49,6	10,48	49,4	10,52	49,2	10,57	48,9	10,62	48,6
2,70	10,52	50,1	10,57	49,8	10,62	49,6	10,67	49,4	10,72	49,1
2,75	10,62	50,5	10,66	50,3	10,71	50,0	10,76	49,8	10,81	49,5
2,80	10,71	50,9	10,76	50,7	10,81	50,5	10,86	50,2	10,91	50,0
2,85	10,80	51,4	10,85	51,2	10,90	50,9	10,95	50,7	11,00	50,4
2,90	10,90	51,8	10,95	51,6	11,00	51,3	11,05	51,1	11,09	50,9
2,95	10,99	52,2	11,04	52,0	11,09	51,7	11,14	51,5	11,19	51,3
3,00	11,09	52,6	11,14	52,4	11,19	52,1	11,24	51,9	11,28	51,6
3,05	11,18	53,0	11,23	52,8	11,28	52,5	11,33	52,3	11,38	52,1
3,10	11,28	53,4	11,33	53,2	11,37	52,9	11,42	52,7	11,47	52,4
3,15	11,37	53,8	11,42	53,6	11,47	53,3	11,52	53,0	11,57	52,8
3,20	11,47	54,2	11,51	53,9	11,56	53,7	11,61	53,4	11,66	53,2

Alkohol	Extrakt 5,25		Extrakt 5,30		Extrakt 5,35		Extrakt 5,40		Extrakt 5,45	
	U. W.	V. G.	U. W.	V. G.	U. W.	V. G.	U. W.	V. G.	U. W.	V. G.
3,25	11,56	54,5	11,61	54,3	11,66	54,1	11,71	53,8	11,75	53,6
3,30	11,65	54,9	11,70	54,7	11,75	54,4	11,80	54,2	11,85	54,0
3,35	11,75	55,3	11,80	55,0	11,84	54,8	11,89	54,6	11,94	54,3
3,40	11,84	55,6	11,89	55,4	11,94	55,1	11,99	54,9	12,03	54,7
3,45	11,93	56,0	11,98	55,7	12,03	55,5	12,08	55,3	12,13	55,0
3,50	12,03	56,3	12,08	56,1	12,13	55,9	12,17	55,6	12,22	55,4
3,55	12,12	56,6	12,17	56,4	12,22	56,2	12,27	56,0	12,31	55,7
3,60	12,21	57,0	12,26	56,7	12,31	56,5	12,36	56,3	12,41	56,0
3,65	12,31	57,3	12,36	57,0	12,40	56,8	12,45	56,6	12,50	56,4
3,70	12,40	57,6	12,45	57,4	12,50	57,2	12,55	56,9	12,60	56,7
3,75	12,49	58,0	12,54	57,7	12,59	57,5	12,64	57,2	12,69	57,0
3,80	12,59	58,3	12,64	58,0	12,68	57,8	12,73	57,5	12,78	57,3
3,85	12,68	58,6	12,73	58,3	12,78	58,1	12,82	57,9	12,87	57,6
3,90	12,77	58,8	12,82	58,6	12,87	58,4	12,92	58,2	12,96	57,9
3,95	12,87	59,2	12,91	58,9	12,96	58,7	13,01	58,5	13,06	58,2
4,00	12,96	59,4	13,01	59,2	13,05	59,0	13,10	58,7	13,15	58,5
4,05	13,05	59,7	13,10	59,5	13,15	59,3	13,19	59,0	13,25	58,8
4,10	13,14	60,0	13,19	59,8	13,24	59,6	13,29	59,3	13,34	59,1
4,15	13,24	60,3	13,28	60,0	13,33	59,8	13,38	59,6	13,43	59,4
4,20	13,33	60,6	13,37	60,3	13,42	60,1	13,47	59,9	13,52	59,6
4,25	13,42	60,8	13,47	60,6	13,51	60,4	13,56	60,2	13,61	59,9
4,30	13,51	61,2	13,56	60,9	13,61	60,7	13,65	60,5	13,70	60,2
4,35	13,60	61,4	13,65	61,1	13,70	60,9	13,75	60,7	13,79	60,4
4,40	13,69	61,6	13,74	61,4	13,79	61,2	13,84	60,9	13,89	60,7
4,45	13,79	61,9	13,83	61,6	13,88	61,4	13,93	61,2	13,98	61,0
4,50	13,88	62,1	13,93	61,9	13,97	61,7	14,02	61,4	14,07	61,2
4,55	13,97	62,4	14,02	62,2	14,06	61,9	14,11	61,7	14,16	61,5
4,60	14,06	62,6	14,11	62,4	14,16	62,2	14,20	61,9	14,25	61,7
4,65	14,15	62,9	14,20	62,6	14,25	62,4	14,30	62,2	14,34	62,0
4,70	14,24	63,1	14,29	62,9	14,34	62,6	14,39	62,4	14,43	62,2
4,75	14,33	63,3	14,38	63,1	14,43	62,9	14,48	62,7	14,52	62,4
4,80	14,43	63,6	14,47	63,3	14,52	63,1	14,57	62,9	14,62	62,7
4,85	14,52	63,8	14,56	63,6	14,61	63,3	14,66	63,1	14,71	62,9
4,90	14,61	64,0	14,65	63,8	14,70	63,6	14,75	63,3	14,80	63,1
4,95	14,70	64,2	14,74	64,0	14,79	63,8	14,84	63,6	14,89	63,4

Alkohol	Extrakt 5,50		Extrakt 5,55		Extrakt 5,60		Extrakt 5,65		Extrakt 5,70	
	U. W.	V. G.	U. W.	V. G.	U. W.	V. G.	U. W.	V. G.	U. W.	V. G.
1,50	8,46	34,9	8,51	34,7	8,56	34,5	8,61	34,3	8,66	34,1
1,55	8,55	35,7	8,60	35,4	8,65	35,2	8,70	35,0	8,75	34,8
1,60	8,65	36,4	8,70	36,2	8,75	36,0	8,80	35,8	8,85	35,6
1,65	8,75	37,1	8,80	36,9	8,85	36,7	8,90	36,5	8,95	36,2
1,70	8,85	37,8	8,90	37,6	8,95	37,4	8,99	37,1	9,04	36,9
1,75	8,94	38,5	8,99	38,2	9,04	38,0	9,09	37,8	9,14	37,6
1,80	9,04	39,1	9,09	38,9	9,14	38,7	9,19	38,5	9,24	38,3
1,85	9,14	39,8	9,19	39,6	9,24	39,3	9,28	39,1	9,33	38,9
1,90	9,23	40,4	9,28	40,2	9,33	39,9	9,38	39,7	9,43	39,5
1,95	9,33	41,0	9,38	40,8	9,43	40,5	9,48	40,3	9,53	40,1
2,00	9,43	41,6	9,48	41,4	9,52	41,1	9,57	40,9	9,62	40,7
2,05	9,53	42,2	9,57	42,0	9,62	41,7	9,67	41,5	9,72	41,3
2,10	9,62	42,8	9,67	42,6	9,72	42,3	9,77	42,1	9,82	41,9
2,15	9,72	43,4	9,76	43,1	9,81	42,9	9,86	42,7	9,91	42,5
2,20	9,81	43,9	9,86	43,7	9,91	43,4	9,96	43,2	10,01	43,0
2,25	9,91	44,5	9,96	44,2	10,01	44,0	10,05	43,7	10,10	43,5
2,30	10,00	45,0	10,05	44,7	10,10	44,5	10,15	44,3	10,20	44,1
2,35	10,10	45,5	10,15	45,3	10,20	45,0	10,24	44,8	10,29	44,6
2,40	10,19	46,0	10,24	45,8	10,29	45,5	10,34	45,3	10,39	45,1
2,45	10,29	46,5	10,34	46,3	10,39	46,0	10,44	45,8	10,48	45,6
2,50	10,39	47,0	10,43	46,7	10,48	46,5	10,53	46,3	10,58	46,1
2,55	10,48	47,5	10,53	47,3	10,58	47,0	10,62	46,8	10,67	46,6
2,60	10,58	48,0	10,62	47,7	10,67	47,5	10,72	47,3	10,77	47,0
2,65	10,67	48,4	10,72	48,2	10,77	48,0	10,82	47,7	10,86	47,5
2,70	10,76	48,8	10,81	48,6	10,86	48,4	10,91	48,2	10,96	48,0
2,75	10,86	49,3	10,91	49,1	10,96	48,8	11,01	48,6	11,05	48,4
2,80	10,95	49,7	11,00	49,5	11,05	49,3	11,10	49,1	11,15	48,8
2,85	11,05	50,2	11,10	50,0	11,15	49,7	11,19	49,5	11,24	49,3
2,90	11,14	50,6	11,19	50,4	11,24	50,1	11,29	49,9	11,34	49,7
2,95	11,24	51,0	11,29	50,8	11,33	50,6	11,38	50,3	11,43	50,1
3,00	11,33	51,4	11,38	51,2	11,43	51,0	11,48	50,7	11,53	50,5
3,05	11,43	51,8	11,47	51,6	11,52	51,4	11,57	51,1	11,62	50,9
3,10	11,52	52,2	11,57	52,0	11,62	51,8	11,67	51,5	11,71	51,3
3,15	11,61	52,6	11,66	52,4	11,71	52,1	11,76	51,9	11,81	51,7
3,20	11,71	53,0	11,76	52,8	11,80	52,5	11,85	52,3	11,90	52,1

Alkohol	Extrakt 5,50		Extrakt 5,55		Extrakt 5,60		Extrakt 5,65		Extrakt 5,70	
	U. W.	V. G.	U. W.	V. G.	U. W.	V. G.	U. W.	V. G.	U. W.	V. G.
3,25	11,80	53,4	11,85	53,1	11,90	52,9	11,95	52,7	11,99	52,4
3,30	11,90	53,7	11,94	53,5	11,99	53,3	12,04	53,0	12,09	52,8
3,35	11,99	54,1	12,04	53,9	12,09	53,6	12,13	53,4	12,18	53,2
3,40	12,08	54,4	12,13	54,2	12,18	54,0	12,23	53,8	12,28	53,5
3,45	12,18	54,8	12,22	54,5	12,27	54,3	12,32	54,1	12,37	53,9
3,50	12,27	55,1	12,32	54,9	12,37	54,7	12,41	54,4	12,46	54,2
3,55	12,36	55,5	12,41	55,2	12,46	55,0	12,51	54,8	12,56	54,6
3,60	12,46	55,8	12,50	55,6	12,55	55,3	12,60	55,1	12,65	54,9
3,65	12,55	56,1	12,60	55,9	12,65	55,7	12,69	55,4	12,74	55,2
3,70	12,64	56,4	12,69	56,2	12,74	56,0	12,79	55,8	12,83	55,5
3,75	12,73	56,8	12,78	56,5	12,83	56,3	12,88	56,1	12,93	55,9
3,80	12,83	57,1	12,88	56,9	12,92	56,6	12,97	56,4	13,02	56,2
3,85	12,92	57,4	12,97	57,2	13,02	56,9	13,06	56,7	13,11	56,5
3,90	13,01	57,7	13,06	57,5	13,11	57,2	13,16	57,0	13,20	56,8
3,95	13,10	58,0	13,15	57,8	13,20	57,5	13,25	57,3	13,30	57,1
4,00	13,20	58,3	13,25	58,1	13,29	57,8	13,34	57,6	13,39	57,4
4,05	13,29	58,6	13,34	58,4	13,39	58,1	13,43	57,9	13,48	57,7
4,10	13,38	58,9	13,43	58,6	13,48	58,4	13,53	58,2	13,57	58,0
4,15	13,48	59,2	13,52	58,9	13,57	58,7	13,62	58,5	13,67	58,3
4,20	13,57	59,4	13,62	59,2	13,66	59,0	13,71	58,7	13,76	58,5
4,25	13,66	59,7	13,71	59,5	13,75	59,2	13,80	59,0	13,85	58,8
4,30	13,75	60,0	13,80	59,7	13,85	59,5	13,89	59,3	13,94	59,1
4,35	13,84	60,2	13,89	60,0	13,94	59,8	13,99	59,6	14,03	59,3
4,40	13,93	60,5	13,98	60,3	14,03	60,0	14,08	59,8	14,12	59,6
4,45	14,03	60,8	14,07	60,5	14,12	60,3	14,17	60,1	14,22	59,8
4,50	14,12	61,0	14,16	60,8	14,21	60,6	14,26	60,3	14,31	60,1
4,55	14,21	61,3	14,25	61,0	14,30	60,8	14,35	60,6	14,40	60,4
4,60	14,30	61,5	14,35	61,3	14,39	61,0	14,44	60,8	14,49	60,6
4,65	14,39	61,7	14,44	61,5	14,49	61,3	14,53	61,1	14,58	60,9
4,70	14,48	62,0	14,53	61,8	14,58	61,6	14,62	61,3	14,67	61,1
4,75	14,57	62,2	14,62	62,0	14,67	61,8	14,71	61,5	14,76	61,3
4,80	14,66	62,4	14,71	62,2	14,76	62,0	14,80	61,8	14,85	61,6
4,85	14,75	62,7	14,80	62,5	14,85	62,2	14,89	62,0	14,94	61,8
4,90	14,85	62,9	14,89	62,7	14,94	62,5	14,99	62,3	15,04	62,1
4,95	14,94	63,1	14,98	62,9	15,03	62,7	15,08	62,5	15,13	62,3

Alkohol	Extrakt 5,75		Extrakt 5,80		Extrakt 5,85		Extrakt 5,90		Extrakt 5,95	
	U.W.	V.G.	U.W.	V.G.	U.W.	V.G.	U.W.	V.G.	U.W.	V.G.
1,50	8,71	33,9	8,75	33,7	8,80	33,5	8,85	33,3	8,90	33,1
1,55	8,80	34,6	8,85	34,4	8,90	34,2	8,95	34,0	9,00	33,8
1,60	8,90	35,4	8,95	35,2	9,00	35,0	9,05	34,8	9,10	34,5
1,65	9,00	36,0	9,05	35,8	9,09	35,6	9,14	35,4	9,19	35,2
1,70	9,09	36,7	9,14	36,5	9,19	36,3	9,24	36,1	9,29	35,9
1,75	9,19	37,4	9,24	37,2	9,29	37,0	9,34	36,8	9,39	36,6
1,80	9,29	38,1	9,34	37,9	9,38	37,6	9,43	37,4	9,48	37,2
1,85	9,38	38,7	9,43	38,5	9,48	38,2	9,53	38,0	9,58	37,8
1,90	9,48	39,3	9,53	39,1	9,58	38,9	9,63	38,7	9,68	38,5
1,95	9,58	39,9	9,62	39,7	9,67	39,5	9,72	39,3	9,77	39,1
2,00	9,67	40,5	9,72	40,3	9,77	40,1	9,82	39,9	9,87	39,7
2,05	9,77	41,1	9,82	40,9	9,87	40,7	9,92	40,5	9,96	40,2
2,10	9,86	41,6	9,91	41,4	9,96	41,2	10,01	41,0	10,06	40,8
2,15	9,96	42,2	10,01	42,0	10,06	41,8	10,11	41,6	10,16	41,4
2,20	10,06	42,8	10,10	42,5	10,15	42,3	10,20	42,1	10,25	41,9
2,25	10,15	43,3	10,20	43,1	10,25	42,9	10,30	42,7	10,35	42,5
2,30	10,25	43,9	10,30	43,6	10,34	43,4	10,39	43,2	10,44	43,0
2,35	10,34	44,4	10,39	44,2	10,44	43,9	10,49	43,7	10,54	43,5
2,40	10,44	44,9	10,49	44,7	10,54	44,5	10,58	44,2	10,63	44,0
2,45	10,53	45,4	10,58	45,2	10,63	44,9	10,68	44,7	10,73	44,5
2,50	10,63	45,9	10,68	45,7	10,72	45,4	10,77	45,2	10,82	45,0
2,55	10,72	46,3	10,77	46,1	10,82	45,9	10,87	45,7	10,92	45,5
2,60	10,82	46,8	10,87	46,6	10,92	46,4	10,96	46,1	11,01	45,9
2,65	10,91	47,3	10,96	47,1	11,01	46,8	11,06	46,6	11,11	46,4
2,70	11,01	47,7	11,06	47,5	11,10	47,3	11,15	47,0	11,20	46,8
2,75	11,10	48,2	11,15	48,0	11,20	47,7	11,25	47,5	11,30	47,3
2,80	11,20	48,6	11,25	48,4	11,29	48,1	11,34	47,9	11,39	47,7
2,85	11,29	49,0	11,34	48,8	11,39	48,6	11,44	48,4	11,48	48,1
2,90	11,39	49,5	11,43	49,2	11,48	49,0	11,53	48,8	11,58	48,6
2,95	11,48	49,9	11,53	49,6	11,58	49,4	11,63	49,2	11,68	49,0
3,00	11,57	50,3	11,62	50,0	11,67	49,8	11,72	49,6	11,77	49,4
3,05	11,67	50,7	11,72	50,4	11,77	50,2	11,81	50,0	11,86	49,8
3,10	11,76	51,1	11,81	50,8	11,86	50,6	11,91	50,4	11,96	50,2
3,15	11,86	51,5	11,90	51,2	11,95	51,0	12,00	50,8	12,05	50,6
3,20	11,95	51,8	12,00	51,6	12,05	51,4	12,10	51,2	12,14	50,9

Alkohol	Extrakt 5,75		Extrakt 5,80		Extrakt 5,85		Extrakt 5,90		Extrakt 5,95	
	U.W.	V.G.	U.W.	V.G.	U.W.	V.G.	U.W.	V.G.	U.W.	V.G.
3,25	12,04	52,2	12,09	52,0	12,14	51,8	12,19	51,6	12,24	51,3
3,30	12,14	52,6	12,18	52,3	12,23	52,1	12,28	51,9	12,33	51,7
3,35	12,23	52,9	12,28	52,7	12,33	52,5	12,38	52,3	12,42	52,1
3,40	12,32	53,3	12,37	53,1	12,42	52,9	12,47	52,6	12,52	52,4
3,45	12,42	53,7	12,47	53,5	12,51	53,2	12,56	53,0	12,61	52,8
3,50	12,51	54,0	12,56	53,8	12,61	53,6	12,66	53,4	12,70	53,1
3,55	12,60	54,3	12,65	54,1	12,70	53,9	12,75	53,7	12,80	53,5
3,60	12,70	54,7	12,74	54,4	12,79	54,2	12,84	54,0	12,89	53,8
3,65	12,79	55,0	12,84	54,8	12,89	54,6	12,93	54,3	12,98	54,1
3,70	12,88	55,3	12,93	55,1	12,98	54,9	13,03	54,7	13,08	54,5
3,75	12,98	55,7	13,02	55,4	13,07	55,2	13,12	55,0	13,17	54,8
3,80	13,07	56,0	13,12	55,8	13,16	55,5	13,21	55,3	13,26	55,1
3,85	13,16	56,3	13,21	56,1	13,26	55,8	13,30	55,6	13,35	55,4
3,90	13,25	56,6	13,30	56,4	13,35	56,1	13,40	55,9	13,44	55,7
3,95	13,35	56,9	13,39	56,7	13,44	56,4	13,49	56,2	13,54	56,0
4,00	13,44	57,2	13,49	57,0	13,53	56,7	13,58	56,5	13,63	56,3
4,05	13,53	57,5	13,58	57,3	13,63	57,0	13,67	56,8	13,72	56,6
4,10	13,62	57,7	13,67	57,5	13,73	57,3	13,76	57,1	13,81	56,9
4,15	13,71	58,0	13,76	57,8	13,81	57,6	13,86	57,4	13,91	57,2
4,20	13,81	58,3	13,85	58,1	13,90	57,9	13,95	57,7	14,00	57,5
4,25	13,90	58,6	13,95	58,4	13,99	58,1	14,04	57,9	14,09	57,7
4,30	13,99	58,9	14,04	58,6	14,08	58,4	14,13	58,2	14,18	58,0
4,35	14,08	59,1	14,13	58,9	14,18	58,7	14,22	58,5	14,27	58,3
4,40	14,17	59,4	14,22	59,2	14,27	59,0	14,32	58,8	14,36	58,5
4,45	14,26	59,6	14,31	59,4	14,36	59,2	14,41	59,0	14,45	58,8
4,50	14,35	59,9	14,40	59,7	14,45	59,5	14,50	59,3	14,55	59,1
4,55	14,45	60,2	14,50	60,0	14,54	59,7	14,59	59,5	14,64	59,3
4,60	14,54	60,4	14,59	60,2	14,63	60,0	14,68	59,8	14,73	59,6
4,65	14,63	60,7	14,68	60,5	14,72	60,2	14,77	60,0	14,82	59,8
4,70	14,72	60,9	14,77	60,7	14,81	60,5	14,86	60,3	14,91	60,1
4,75	14,81	61,1	14,86	60,9	14,90	60,7	14,95	60,5	15,00	60,3
4,80	14,90	61,4	14,95	61,2	15,00	61,0	15,05	60,8	15,09	60,5
4,85	14,99	61,6	15,04	61,4	15,09	61,2	15,14	61,0	15,18	60,8
4,90	15,08	61,8	15,13	61,6	15,18	61,4	15,23	61,2	15,27	61,0
4,95	15,17	62,1	15,22	61,9	15,27	61,7	15,32	61,5	15,36	61,2

14*

Alkohol	Extrakt 6,00		Extrakt 6,05		Extrakt 6,10		Extrakt 6,15		Extrakt 6,20	
	U.W.	V.G.	U.W.	V.G.	U.W.	V.G.	U.W.	V.G.	U.W.	V.G.
1,50	8,95	32,9	9,00	32,7	9,05	32,6	9,10	32,4	9,15	32,2
1,55	9,05	33,6	9,10	33,5	9,15	33,3	9,20	33,1	9,25	32,9
1,60	9,14	34,3	9,19	34,1	9,24	33,9	9,29	33,8	9,34	33,6
1,65	9,24	35,0	9,29	34,8	9,34	34,6	9,39	34,5	9,44	34,3
1,70	9,34	35,7	9,39	35,5	9,44	35,3	9,49	35,2	9,54	35,0
1,75	9,44	36,4	9,48	36,2	9,53	36,0	9,58	35,8	9,63	35,6
1,80	9,53	37,0	9,58	36,8	9,63	36,6	9,68	36,4	9,73	36,2
1,85	9,63	37,6	9,68	37,4	9,73	37,2	9,78	37,1	9,83	36,9
1,90	9,72	38,2	9,77	38,0	9,82	37,8	9,87	37,6	9,92	37,5
1,95	9,82	38,9	9,87	38,7	9,91	38,4	9,97	38,3	10,02	38,1
2,00	9,92	39,5	9,97	39,3	10,01	39,0	10,06	38,8	10,11	38,6
2,05	10,01	40,0	10,06	39,8	10,11	39,6	10,16	39,4	10,21	39,2
2,10	10,11	40,6	10,16	40,4	10,21	40,2	10,26	40,0	10,30	39,8
2,15	10,20	41,2	10,25	41,0	10,30	40,8	10,35	40,5	10,40	40,3
2,20	10,30	41,7	10,35	41,5	10,40	41,3	10,45	41,1	10,49	40,9
2,25	10,40	42,2	10,44	42,0	10,49	41,8	10,54	41,6	10,59	41,4
2,30	10,49	42,8	10,54	42,6	10,59	42,4	10,64	42,2	10,69	42,0
2,35	10,59	43,3	10,63	43,1	10,68	42,9	10,73	42,7	10,78	42,5
2,40	10,68	43,8	10,73	43,6	10,78	43,4	10,83	43,2	10,88	43,0
2,45	10,78	44,3	10,83	44,1	10,87	43,9	10,92	43,7	10,97	43,5
2,50	10,87	44,8	10,92	44,6	10,97	44,3	11,02	44,1	11,07	44,0
2,55	10,97	45,3	11,01	45,0	11,06	44,8	11,11	44,6	11,16	44,4
2,60	11,06	45,7	11,11	45,5	11,16	45,3	11,21	45,1	11,26	44,9
2,65	11,16	46,2	11,20	46,0	11,25	45,8	11,30	45,5	11,35	45,3
2,70	11,25	46,6	11,30	46,4	11,35	46,2	11,40	46,0	11,44	45,8
2,75	11,34	47,1	11,39	46,9	11,44	46,7	11,49	46,4	11,54	46,2
2,80	11,44	47,5	11,49	47,3	11,54	47,1	11,58	46,8	11,63	46,6
2,85	11,53	47,9	11,58	47,7	11,63	47,5	11,68	47,3	11,73	47,1
2,90	11,63	48,4	11,68	48,2	11,73	48,0	11,77	47,7	11,82	47,5
2,95	11,72	48,8	11,77	48,6	11,82	48,4	11,87	48,1	11,92	47,9
3,00	11,82	49,2	11,87	49,0	11,91	48,7	11,96	48,5	12,01	48,3
3,05	11,91	49,6	11,96	49,4	12,01	49,1	12,06	48,9	12,10	48,7
3,10	12,00	50,0	12,05	49,7	12,10	49,5	12,15	49,3	12,20	49,1
3,15	12,10	50,4	12,15	50,2	12,20	49,9	12,24	49,7	12,29	49,5
3,20	12,19	50,7	12,24	50,5	12,29	50,3	12,34	50,1	12,38	49,9

Alkohol	Extrakt 6,00		Extrakt 6,05		Extrakt 6,10		Extrakt 6,15		Extrakt 6,20	
	U. W.	V. G.	U. W.	V. G.	U. W.	V. G.	U. W.	V. G.	U. W.	V. G.
3,25	12,29	51,1	12,33	50,9	12,38	50,7	12,43	50,5	12,48	50,3
3,30	12,38	51,5	12,43	51,3	12,47	51,0	12,52	50,8	12,57	50,6
3,35	12,47	51,9	12,52	51,6	12,57	51,4	12,62	51,2	12,67	51,0
3,40	12,57	52,2	12,61	52,0	12,66	51,8	12,71	51,6	12,76	51,4
3,45	12,66	52,6	12,71	52,4	12,76	52,1	12,80	51,9	12,85	51,7
3,50	12,75	52,9	12,80	52,7	12,85	52,5	12,90	52,3	12,94	52,0
3,55	12,84	53,3	12,89	53,0	12,94	52,8	12,99	52,6	13,04	52,4
3,60	12,94	53,6	12,99	53,4	13,03	53,1	13,08	52,9	13,13	52,7
3,65	13,03	53,9	13,08	53,7	13,13	53,5	13,17	53,3	13,22	53,1
3,70	13,12	54,2	13,17	54,0	13,22	53,8	13,27	53,6	13,32	53,4
3,75	13,22	54,6	13,26	54,3	13,31	54,1	13,36	53,9	13,41	53,7
3,80	13,31	54,9	13,36	54,7	13,40	54,4	13,45	54,2	13,50	54,0
3,85	13,40	55,2	13,45	55,0	13,50	54,8	13,54	54,5	13,59	54,3
3,90	13,49	55,5	13,54	55,3	13,59	55,1	13,64	54,9	13,68	54,6
3,95	13,59	55,8	13,63	55,6	13,68	55,4	13,73	55,2	13,78	55,0
4,00	13,68	56,1	13,73	55,9	13,77	55,7	13,82	55,5	13,87	55,3
4,05	13,77	56,4	13,82	56,2	13,87	56,0	13,91	55,7	13,96	55,5
4,10	13,86	56,7	13,91	56,5	13,96	56,3	14,00	56,0	14,05	55,8
4,15	13,95	56,9	14,00	56,7	14,05	56,6	14,10	56,3	14,14	56,1
4,20	14,04	57,2	14,09	57,0	14,14	56,9	14,19	56,6	14,24	56,4
4,25	14,14	57,5	14,18	57,3	14,23	57,1	14,28	56,9	14,33	56,7
4,30	14,23	57,8	14,28	57,6	14,32	57,4	14,37	57,2	14,42	57,0
4,35	14,32	58,1	14,37	57,9	14,42	57,7	14,46	57,4	14,51	57,2
4,40	14,41	58,3	14,46	58,1	14,51	57,9	14,55	57,7	14,60	57,5
4,45	14,50	58,6	14,55	58,4	14,60	58,2	14,65	58,0	14,69	57,8
4,50	14,59	58,8	14,64	58,6	14,69	58,4	14,74	58,2	14,78	58,0
4,55	14,69	59,1	14,73	58,9	14,78	58,7	14,83	58,5	14,88	58,3
4,60	14,78	59,4	14,82	59,1	14,87	58,9	14,92	58,7	14,97	58,5
4,65	14,87	59,6	14,91	59,4	14,96	59,2	15,01	59,0	15,06	58,8
4,70	14,96	59,9	15,00	59,6	15,05	59,4	15,10	59,2	15,15	59,0
4,75	15,05	60,1	15,09	59,9	15,14	59,7	15,19	59,5	15,24	59,3
4,80	15,14	60,3	15,19	60,1	15,23	59,9	15,28	59,7	15,33	59,5
4,85	15,23	60,6	15,28	60,4	15,32	60,2	15,37	60,0	15,42	59,8
4,90	15,32	60,8	15,37	60,6	15,42	60,4	15,46	60,2	15,51	60,0
4,95	15,41	61,0	15,46	60,8	15,51	60,6	15,55	60,4	15,60	60,2

Alkohol	Extrakt 6,25		Extrakt 6,30		Extrakt 6,35		Extrakt 6,40		Extrakt 6,45	
	U. W.	V. G.	U. W.	V. G.	U. W.	V. G.	U. W.	V. G.	U. W.	V. G.
1,50	9,20	32,1	9,25	31,9	9,30	31,7	9,35	31,5	9,39	31,3
1,55	9,29	32,7	9,34	32,5	9,39	32,3	9,44	32,2	9,49	32,0
1,60	9,39	33,4	9,44	33,2	9,49	33,0	9,54	32,9	9,59	32,7
1,65	9,49	34,1	9,54	33,9	9,59	33,7	9,63	33,5	9,68	33,3
1,70	9,58	34,7	9,63	34,5	9,68	34,4	9,73	34,2	9,78	34,0
1,75	9,68	35,4	9,73	35,2	9,78	35,0	9,83	34,8	9,88	34,7
1,80	9,78	36,1	9,83	35,9	9,88	35,7	9,92	35,4	9,97	35,3
1,85	9,87	36,7	9,92	36,5	9,97	36,3	10,02	36,1	10,07	35,9
1,90	9,97	37,3	10,02	37,1	10,07	36,9	10,12	36,7	10,17	36,5
1,95	10,07	37,9	10,11	37,7	10,16	37,5	10,21	37,3	10,26	37,1
2,00	10,16	38,4	10,21	38,3	10,26	38,1	10,31	37,9	10,36	37,7
2,05	10,26	39,0	10,31	38,8	10,35	38,6	10,40	38,4	10,45	38,2
2,10	10,35	39,6	10,40	39,4	10,45	39,2	10,50	39,0	10,55	38,8
2,15	10,45	40,1	10,50	39,9	10,55	39,8	10,60	39,6	10,64	39,4
2,20	10,54	40,7	10,59	40,5	10,64	40,3	10,69	40,1	10,74	39,9
2,25	10,64	41,2	10,69	41,0	10,74	40,8	10,79	40,6	10,83	40,4
2,30	10,73	41,7	10,78	41,5	10,83	41,3	10,88	41,1	10,93	40,9
2,35	10,83	42,2	10,88	42,0	10,93	41,8	10,98	41,6	11,02	41,4
2,40	10,93	42,8	10,97	42,5	11,02	42,3	11,07	42,1	11,12	41,9
2,45	11,02	43,2	11,07	43,0	11,12	42,8	11,17	42,6	11,21	42,4
2,50	11,11	43,7	11,16	43,5	11,21	43,3	11,26	43,1	11,31	42,9
2,55	11,21	44,2	11,26	44,0	11,31	43,8	11,36	43,6	11,40	43,4
2,60	11,30	44,6	11,35	44,4	11,40	44,3	11,45	44,1	11,50	43,9
2,65	11,40	45,1	11,45	44,9	11,50	44,7	11,54	44,5	11,59	44,3
2,70	11,49	45,6	11,54	45,4	11,59	45,2	11,64	45,0	11,69	44,8
2,75	11,59	46,0	11,64	45,8	11,69	45,6	11,73	45,4	11,78	45,2
2,80	11,68	46,4	11,73	46,2	11,78	46,1	11,83	45,9	11,88	45,7
2,85	11,78	46,9	11,82	46,7	11,87	46,5	11,92	46,3	11,97	46,1
2,90	11,87	47,3	11,92	47,1	11,97	46,9	12,02	46,7	12,06	46,5
2,95	11,96	47,7	12,01	47,5	12,06	47,3	12,11	47,1	12,16	46,9
8,00	12,06	48,1	12,11	47,9	12,16	47,7	12,20	47,5	12,25	47,3
8,05	12,15	48,5	12,20	48,3	12,25	48,1	12,30	47,9	12,35	47,7
8,10	12,25	48,9	12,29	48,7	12,34	48,5	12,39	48,3	12,44	48,1
8,15	12,34	49,3	12,39	49,1	12,44	48,9	12,49	48,7	12,53	48,5
8,20	12,43	49,7	12,48	49,5	12,53	49,3	12,58	49,1	12,63	48,9

Alkohol	Extrakt 6,25		Extrakt 6,30		Extrakt 6,35		Extrakt 6,40		Extrakt 6,45	
	U.W.	V.G.	U.W.	V.G.	U.W.	V.G.	U.W.	V.G.	U.W.	V.G.
3,25	12,53	50,1	12,57	49,9	12,62	49,6	12,67	49,4	12,72	49,2
3,30	12,62	50,4	12,67	50,2	12,72	50,0	12,76	49,8	12,81	49,6
3,35	12,71	50,8	12,76	50,6	12,81	50,4	12,86	50,2	12,91	50,0
3,40	12,81	51,2	12,85	50,9	12,90	50,7	12,95	50,5	13,00	50,3
3,45	12,90	51,5	12,95	51,3	13,00	51,1	13,04	50,9	13,09	50,7
3,50	12,99	51,8	13,04	51,6	13,09	51,4	13,14	51,2	13,19	51,0
3,55	13,09	52,2	13,13	52,0	13,18	51,8	13,23	51,6	13,28	51,4
3,60	13,18	52,5	13,23	52,3	13,27	52,1	13,32	51,9	13,37	51,7
3,65	13,27	52,9	13,32	52,7	13,37	52,5	13,41	52,3	13,46	52,1
3,70	13,37	53,2	13,41	53,0	13,46	52,8	13,51	52,6	13,56	52,4
3,75	13,46	53,5	13,50	53,3	13,55	53,1	13,60	52,9	13,65	52,7
3,80	13,55	53,8	13,60	53,6	13,64	53,4	13,69	53,2	13,74	53,0
3,85	13,64	54,1	13,69	53,9	13,74	53,7	13,78	53,5	13,83	53,3
3,90	13,73	54,4	13,78	54,2	13,83	54,0	13,88	53,8	13,92	53,6
3,95	13,82	54,7	13,87	54,5	13,92	54,3	13,97	54,1	14,02	53,9
4,00	13,92	55,1	13,97	54,9	14,01	54,6	14,06	54,4	14,11	5 4,2
4,05	14,01	55,3	14,06	55,1	14,10	54,9	14,15	54,7	14,20	5 4,5
4,10	14,10	55,6	14,15	55,4	14,19	55,2	14,24	55,0	14,29	54,8
4,15	14,19	55,9	14,24	55,7	14,29	55,5	14,34	55,3	14,38	55,1
4,20	14,28	56,2	14,33	56,0	14,38	55,8	14,43	55,6	14,48	55,4
4,25	14,38	56,5	14,42	56,3	14,47	56,1	14,52	55,9	14,57	55,7
4,30	14,47	56,8	14,52	56,6	14,56	56,3	14,61	56,1	14,66	56,0
4,35	14,56	57,0	14,61	56,8	14,65	56,6	14,70	56,4	14,75	56,2
4,40	14,65	57,3	14,70	57,1	14,74	56,9	14,79	56,7	14,84	56,5
4,45	14,74	57,6	14,79	57,4	14,84	57,2	14,88	57,0	14,93	56,8
4,50	14,83	57,8	14,88	57,6	14,93	57,4	14,98	57,2	15,02	57,0
4,55	14,92	58,1	14,97	57,9	15,02	57,7	15,07	57,5	15,11	57,3
4,60	15,01	58,3	15,06	58,1	15,11	57,9	15,16	57,7	15,20	57,5
4,65	15,11	58,6	15,15	58,4	15,20	58,2	15,25	58,0	15,30	57,8
4,70	15,19	58,8	15,24	58,6	15,29	58,4	15,34	58,2	15,39	58,0
4,75	15,28	59,1	15,33	58,9	15,38	58,7	15,43	58,5	15,48	58,3
4,80	15,38	59,3	15,42	59,1	15,47	58,9	15,52	58,7	15,57	58,5
4,85	15,47	59,6	15,52	59,4	15,56	59,2	15,61	59,0	15,66	58,8
4,90	15,56	59,8	15,61	59,6	15,65	59,4	15,70	59,2	15,75	59,0
4,95	15,65	60,0	15,70	59,8	15,74	59,6	15,79	59,4	15,84	59,2

Alkohol	Extrakt 6,50		Extrakt 6,55		Extrakt 6,60		Extrakt 6,65		Extrakt 6,70	
	U. W.	V. G.	U. W.	V. G.	U. W.	V. G.	U. W.	V. G.	U. W.	V. G.
1,50	9,44	31,1	9,49	30,9	9,54	30,8	9,59	30,6	9,64	30,5
1,55	9,54	31,8	9,59	31,7	9,64	31,5	9,69	31,3	9,74	31,1
1,60	9,64	32,5	9,69	32,3	9,73	32,1	9,78	32,0	9,83	31,8
1,65	9,73	33,2	9,78	33,0	9,83	32,8	9,88	32,6	9,93	32,5
1,70	9,83	33,8	9,88	33,7	9,93	33,5	9,98	33,3	10,03	33,2
1,75	9,93	34,5	9,97	34,3	10,02	34,1	10,07	33,9	10,12	33,8
1,80	10,02	35,1	10,07	34,9	10,12	34,7	10,17	34,5	10,22	34,4
1,85	10,12	35,7	10,17	35,5	10,22	35,3	10,27	35,2	10,31	35,0
1,90	10,21	36,3	10,26	36,1	10,31	35,9	10,36	35,8	10,41	35,6
1,95	10,31	36,9	10,36	36,7	10,41	36,5	10,46	36,4	10,51	36,2
2,00	10,41	37,5	10,45	37,3	10,50	37,1	10,55	36,9	10,60	36,7
2,05	10,50	38,1	10,55	37,9	10,60	37,7	10,65	37,5	10,70	37,3
2,10	10,60	38,6	10,65	38,4	10,70	38,2	10,74	38,0	10,79	37,9
2,15	10,69	39,2	10,74	39,0	10,79	38,8	10,84	38,6	10,89	38,4
2,20	10,79	39,7	10,84	39,5	10,89	39,3	10,93	39,1	10,98	38,9
2,25	10,88	40,2	10,93	40,0	10,98	39,9	11,03	39,7	11,08	39,5
2,30	10,98	40,8	11,03	40,6	11,08	40,4	11,12	40,2	11,17	40,0
2,35	11,07	41,3	11,12	41,1	11,17	40,9	11,22	40,7	11,27	40,5
2,40	11,17	41,8	11,22	41,6	11,27	41,4	11,32	41,2	11,36	41,0
2,45	11,26	42,3	11,31	42,1	11,36	41,9	11,41	41,7	11,46	41,5
2,50	11,36	42,7	11,41	42,6	11,46	42,4	11,50	42,1	11,55	41,9
2,55	11,45	43,2	11,50	43,0	11,55	42,8	11,60	42,6	11,65	42,4
2,60	11,55	43,7	11,60	43,5	11,64	43,3	11,69	43,1	11,74	42,9
2,65	11,64	44,1	11,69	43,9	11,74	43,7	11,79	43,6	11,84	43,4
2,70	11,74	44,6	11,78	44,4	11,83	44,2	11,88	44,0	11,93	43,8
2,75	11,83	45,0	11,88	44,8	11,93	44,6	11,98	44,4	12,02	44,2
2,80	11,92	45,4	11,97	45,2	12,02	45,0	12,07	44,8	12,12	44,6
2,85	12,02	45,9	12,07	45,7	12,12	45,5	12,16	45,3	12,21	45,1
2,90	12,11	46,3	12,16	46,1	12,21	45,9	12,26	45,7	12,31	45,5
2,95	12,21	46,7	12,26	46,5	12,31	46,3	12,35	46,1	12,40	45,9
3,00	12,30	47,1	12,35	46,9	12,40	46,7	12,45	46,5	12,50	46,4
3,05	12,39	47,5	12,44	47,3	12,49	47,1	12,54	46,9	12,59	46,7
8,10	12,49	47,9	12,54	47,7	12,58	47,5	12,63	47,3	12,68	47,1
8,15	12,58	48,3	12,63	48,1	12,68	47,9	12,73	47,7	12,78	47,5
8,20	12,68	48,7	12,72	48,5	12,77	48,3	12,82	48,1	12,87	47,9

Alkohol	Extrakt 6,50		Extrakt 6,55		Extrakt 6,60		Extrakt 6,65		Extrakt 6,70	
	U. W.	V. G.	U. W.	V. G.	U. W.	V. G.	U. W.	V. G.	U. W.	V.G.
3,25	12,77	49,1	12,82	48,9	12,87	48,7	12,91	48,5	12,96	48,3
3,30	12,86	49,4	12,91	49,2	12,96	49,0	13,01	48,8	13,05	48,6
3,35	12,95	49,8	13,00	49,6	13,05	49,4	13,10	49,2	13,15	49,0
3,40	13,05	50,1	13,10	49,9	13,14	49,7	13,19	49,5	13,24	49,4
3,45	13,14	50,5	13,19	50,3	13,24	50,1	13,29	49,9	13,33	49,7
3,50	13,23	50,8	13,28	50,6	13,33	50,4	13,38	50,2	13,43	50,0
3,55	13,33	51,2	13,37	51,0	13,42	50,8	13,47	50,6	13,52	50,4
3,60	13,42	51,6	13,47	51,3	13,51	51,1	13,56	50,9	13,61	50,7
3,65	13,51	52,0	13,56	51,6	13,61	51,4	13,66	51,3	13,70	51,1
3,70	13,60	52,3	13,66	52,0	13,70	51,8	13,75	51,6	13,80	51,4
3,75	13,70	52,5	13,75	52,3	13,79	52,1	13,84	51,9	13,89	51,7
8,80	13,79	52,8	13,84	52,6	13,89	52,4	13,93	52,2	13,98	52,0
8,85	13,88	53,1	13,93	52,9	13,98	52,7	14,02	52,5	14,07	52,3
3,90	13,97	53,4	14,02	53,2	14,07	53,0	14,12	52,8	14,16	52,6
8,95	14,06	53,7	14,11	53,5	14,16	53,3	14,21	53,2	14,26	53,0
4,00	14,16	54,1	14,20	53,8	14,25	53,6	14,30	53,5	14,35	53,3
4,05	14,25	54,3	14,30	54,1	14,34	53,9	14,39	53,7	14,44	53,6
4,10	14,34	54,6	14,39	54,4	14,44	54,2	14,49	54,0	14,53	53,8
4,15	14,43	54,9	14,48	54,7	14,53	54,5	14,58	54,3	14,62	54,1
4,20	14,52	55,2	14,57	55,0	14,62	54,8	14,67	54,6	14,71	54,4
4,25	14,62	55,5	14,66	55,3	14,71	55,1	14,76	54,9	14,81	54,7
4,30	14,71	55,8	14,75	55,6	14,80	55,4	14,85	55,2	14,90	55,0
4,35	14,80	56,0	14,85	55,8	14,89	55,6	14,94	55,4	14,99	55,3
4,40	14,89	56,3	14,94	56,1	14,98	55,9	15,03	55,7	15,03	55,5
4,45	14,98	56,6	15,03	56,4	15,08	56,2	15,12	56,0	15,17	55,8
4,50	15,07	56,8	15,12	56,6	15,17	56,4	15,21	56,2	15,26	56,0
4,55	15,16	57,1	15,21	56,9	15,26	56,7	15,30	56,5	15,35	56,3
4,60	15,25	57,3	15,30	57,1	15,35	57,0	15,40	56,8	15,44	56,6
4,65	15,34	57,6	15,39	57,4	15,44	57,2	15,49	57,0	15,53	56,8
4,70	15,43	57,8	15,48	57,6	15,53	57,4	15,58	57,3	15,62	57,1
4,75	15,52	58,1	15,57	57,9	15,62	57,7	15,67	57,5	15,71	57,3
4,80	15,61	58,3	15,66	58,1	15,71	57,9	15,76	57,8	15,80	57,6
4,85	15,71	58,6	15,75	58,4	15,80	58,2	15,85	58,0	15,90	57,8
4,90	15,80	58,8	15,84	58,6	15,89	58,4	15,94	58,2	15,99	58,1
4,95	15,89	59,1	15,93	58,9	15,98	58,7	16,03	58,5	16,07	58,3

Alkohol	Extrakt 6,75		Extrakt 6,80		Extrakt 6,85		Extrakt 6,90		Extrakt 6,95	
	U. W.	V. G.	U. W.	V. G.	U. W.	V. G.	U. W.	V. G.	U. W.	V. G.
1,50	9,69	30,3	9,74	30,1	9,79	30,0	9,84	29,8	9,89	29,7
1,55	9,79	31,0	9,84	30,8	9,88	30,6	9,93	30,5	9,98	30,3
1,60	9,88	31,6	9,93	31,5	9,98	31,3	10,03	31,2	10,08	31,0
1,65	9,98	32,3	10,03	32,1	10,08	32,0	10,13	31,8	10,18	31,7
1,70	10,08	33,0	10,12	32,8	10,17	32,6	10,22	32,4	10,27	32,3
1,75	10,17	33,6	10,22	33,4	10,27	33,3	10,32	33,1	10,37	32,9
1,80	10,27	34,2	10,32	34,1	10,37	33,9	10,41	33,7	10,46	33,5
1,85	10,36	34,8	10,41	34,7	10,46	34,5	10,51	34,3	10,56	34,1
1,90	10,46	35,4	10,51	35,3	10,56	35,1	10,61	34,9	10,66	34,7
1,95	10,56	36,0	10,60	35,8	10,65	35,6	10,70	35,5	10,75	35,3
2,00	10,65	36.6	10,70	36,4	10,75	36,2	10,80	36,1	10,85	35,9
2,05	10,75	37,2	10,80	37,0	10,84	36,8	10,89	36,6	10,94	36,4
2,10	10,84	37,7	10,89	37,5	10,94	37,3	10,99	37,2	11,04	37,0
2,15	10,94	38.3	10,99	38,1	11,03	37,9	11,08	37,7	11,13	37,5
2,20	11,03	38,8	11,08	38,6	11,13	38,4	11,18	38,2	11,23	38,1
2,25	11,13	39,3	11,18	39,1	11,22	38,9	11,27	38,8	11,32	38,6
2,30	11,22	39,8	11,27	39,6	11,32	39,4	11,37	39,3	11,42	39,1
2,35	11,32	40,3	11,37	40,1	11,41	39,9	11,46	39,8	11,51	39,6
2,40	11,41	40,8	11,46	40,6	11,51	40,4	11,56	40,3	11,61	40,1
2,45	11,51	41,3	11,56	41,1	11,60	40,9	11,65	40,8	11,70	40,6
2,50	11,60	41,8	11,65	41,6	11,70	41,4	11,75	41,2	11,80	41,0
2,55	11,70	42,3	11,75	42,1	11,79	41,9	11,84	41,7	11,89	41,5
2,60	11,79	42,7	11,84	42,5	11,89	42,3	11,94	42,2	11,99	42,0
2,65	11,89	43,2	11,93	43,0	11,98	42,8	12,03	42,6	12,08	42,4
2,70	11,98	43,6	12,03	43,4	12,09	43,2	12,12	43,0	12,17	42,8
2,75	12,07	44,0	12,12	43,8	12,17	43,7	12,22	43,5	12,27	43,3
2,80	12,17	44,5	12,22	44,3	12,26	44,1	12,31	43,9	12,36	43,7
2,85	12,26	44.9	12,31	44,7	12,36	44,5	12,41	44,4	12,46	44,2
2,90	12,36	45,3	12,40	45,1	12,45	44,9	12,50	44,8	12,55	44,6
2,95	12,45	45,7	12,50	45,5	12,55	45,4	12,60	45,2	12,64	45,0
3,00	12,54	46,1	12,59	45,9	12,64	45,8	12,69	45,6	12,74	45,4
3,05	12,64	46,5	12,69	46,3	12,73	46,1	12,78	46,0	12,83	45,8
8,10	12,73	46,9	12,78	46,7	12,83	46,5	12,88	46,3	12,92	46,2
8,15	12,82	47,3	12,87	47,1	12,92	46,9	12,97	46,7	13,02	46,6
8,20	12,92	47,7	12,97	47,5	13,01	47,3	13,06	47,1	13,11	46,9

Alkohol	Extrakt 6,75		Extrakt 6,80		Extrakt 6,85		Extrakt 6,90		Extrakt 6,95	
	U. W.	V. G.	U. W.	V. G.	U. W.	V. G.	U. W.	V. G.	U. W.	V. G.
3,25	13,01	48,1	13,06	47,9	13,11	47,7	13,16	47,5	13,20	47,3
3,30	13,10	48,4	13,15	48,2	13,20	48,1	13,25	47,9	13,30	47,7
3,35	13,20	48,8	13,24	48,6	13,29	48,4	13,34	48,2	13,39	48,1
3,40	13,29	49,2	13,34	49,0	13,39	48,8	13,43	48,6	13,48	48,4
3,45	13,38	49,5	13,43	49,3	13,48	49,1	13,53	49,0	13,57	48,8
3,50	13,47	49,8	13,52	49,6	13,57	49,5	13,62	49,3	13,67	49,1
3,55	13,57	50,2	13,62	50,0	13,66	49,8	13,71	49,6	13,76	49,4
3,60	13,66	50,5	13,71	50,3	13,76	50,2	13,80	50,0	13,85	49,8
3,65	13,75	50,9	13,80	50,7	13,85	50,5	13,90	50,3	13,94	50,1
3,70	13,85	51,2	13,89	51,0	13,94	50,8	13,99	50,6	14,04	50,5
3,75	13,94	51,5	13,99	51,3	14,03	51,1	14,08	51,0	14,13	50,8
3,80	14,03	51,8	14,08	51,7	14,13	51,5	14,17	51,3	14,22	51,1
3,85	14,12	52,2	14,17	52,0	14,22	51,8	14,27	51,6	14,31	51,4
3,90	14,21	52,5	14,26	52,3	14,31	52,1	14,36	51,9	14,40	51,7
3,95	14,30	52,8	14,35	52,6	14,40	52,4	14,45	52,2	14,50	52,0
4,00	14,40	53,1	14,44	52,9	14,49	52,7	14,54	52,5	14,59	52,3
4,05	14,49	53,4	14,54	53,2	14,58	53,0	14,63	52,8	14,68	52,6
4,10	14,58	53,7	14,63	53,5	14,68	53,3	14,72	53,1	14,77	52,9
4,15	14,67	53,9	14,72	53,8	14,77	53,6	14,81	53,4	14,86	53,2
4,20	14,76	54,2	14,81	54,0	14,86	53,9	14,91	53,7	14,95	53,5
4,25	14,85	54,5	14,90	54,3	14,95	54,1	15,00	54,0	15,04	53,8
4,30	14,95	54,8	14,99	54,6	15,04	54,4	15,09	54,2	15,14	54,0
4,35	15,04	55,1	15,08	54,9	15,13	54,7	15,18	54,5	15,23	54,3
4,40	15,13	55,3	15,17	55,1	15,22	54,9	15,27	54,8	15,32	54,6
4,45	15,22	55,6	15,27	55,4	15,31	55,2	15,36	55,0	15,41	54,9
4,50	15,31	55,9	15,36	55,7	15,40	55,5	15,45	55,3	15,50	55,1
4,55	15,40	56,1	15,45	55,9	15,49	55,7	15,54	55,6	15,59	55,4
4,60	15,49	56,4	15,54	56,2	15,59	56,0	15,63	55,8	15,68	55,6
4,65	15,58	56,6	15,63	56,5	15,68	56,3	15,72	56,1	15,77	55,9
4,70	15,67	56,9	15,72	56,7	15,77	56,5	15,81	56,3	15,86	56,1
4,75	15,76	57,1	15,81	56,9	15,86	56,8	15,91	56,6	15,95	56,4
4,80	15,85	57,4	15,90	57,2	15,95	57,0	16,00	56,8	16,04	56,6
4,85	15,94	57,6	15,99	57,4	16,04	57,2	16,09	57,1	16,13	56,9
4,90	16,03	57,9	16,08	57,7	16,13	57,5	16,18	57,3	16,22	57,1
4,95	16,12	58,1	16,17	57,9	16,22	57,7	16,27	57,6	16,31	57,4

Alkohol	Extrakt 7,00		Extrakt 7,05		Extrakt 7,10		Extrakt 7,15		Extrakt 7,20	
	U. W.	V. G.	U. W.	V. G.	U. W.	V. G.	U. W.	V. G.	U. W.	V. G.
1,50	9,94	29,5	9,99	29,4	10,03	29,2	10,08	29,0	10,13	28,9
1,55	10,03	30,2	10,08	30,0	10,13	29,9	10,18	29,7	10,23	29,5
1,60	10,13	30,9	10,18	30,7	10,23	30,6	10,28	30,4	10,32	30,2
1,65	10,23	31,5	10,28	31,4	10,32	31,2	10,37	31,0	10,42	30,9
1,70	10,32	32,1	10,37	32,0	10,42	31,8	10,47	31,7	10,52	31,5
1,75	10,42	32,8	10,47	32,6	10,52	32,4	10,56	32,2	10,61	32,1
1,80	10,51	33,4	10,56	33,2	10,61	33,0	10,66	32,9	10,71	32,7
1,85	10,61	34,0	10,66	33,8	10,71	33,6	10,76	33,5	10,81	33,3
1,90	10,70	34,5	10,75	34,4	10,80	34,2	10,85	34,1	10,90	33,9
1,95	10,80	35,2	10,85	35,0	10,90	34,8	10,95	34,7	11,00	34,5
2,00	10,90	35,8	10,94	35,6	10,99	35,4	11,04	35,2	11,09	35,0
2,05	10,99	36,3	11,04	36,1	11,09	35,9	11,14	35,8	11,19	35,6
2,10	11,09	36,8	11,14	36,6	11,18	36,4	11,23	36,3	11,28	36,1
2,15	11,18	37,4	11,23	37,2	11,28	37,0	11,33	36,9	11,38	36,7
2,20	11,28	37,9	11,33	37,7	11,37	37,5	11,42	37,3	11,47	37,2
2,25	11,37	38,4	11,42	38,2	11,47	38,0	11,52	37,9	11,57	37,7
2,30	11,47	38,9	11,52	38,7	11,56	38,5	11,61	38,4	11,66	38,2
2,35	11,56	39,4	11,61	39,2	11,66	39,0	11,71	38,9	11,76	38,7
2,40	11,66	39,9	11,71	39,7	11,75	39,5	11,80	39,4	11,85	39,2
2,45	11,75	40,4	11,80	40,2	11,85	40,0	11,90	39,9	11,95	39,7
2,50	11,84	40,8	11,89	40,7	11,94	40,5	11,99	40,3	12,04	40,2
2,55	11,94	41,3	11,99	41,2	12,04	41,0	12,09	40,8	12,13	40,6
2,60	12,04	41,8	12,08	41,6	12,13	41,4	12,18	41,3	12,23	41,1
2,65	12,13	42,2	12,18	42,1	12,23	41,9	12,27	41,7	12,32	41,5
2,70	12,22	42,7	12,27	42,5	12,32	42,3	12,37	42,2	12,42	42,0
2,75	12,32	43,1	12,37	43,0	12,41	42,8	12,46	42,6	12,51	42,4
2,80	12,41	43,5	12,46	43,4	12,51	43,2	12,56	43,0	12,60	42,8
2,85	12,51	44,0	12,55	43,8	12,60	43,6	12,65	43,4	12,70	43,2
2,90	12,60	44,4	12,65	44,2	12,70	44,0	12,74	43,8	12,79	43,7
2,95	12,69	44,8	12,74	44,6	12,79	44,4	12,84	44,3	12,89	44,1
3,00	12,79	45,2	12,83	45,0	12,88	44,8	12,93	44,7	12,98	44,5
3,05	12,88	45,6	12,93	45,4	12,97	45,2	13,02	45,0	13,07	44,9
3,10	12,97	46,0	13,02	45,8	13,07	45,6	13,12	45,5	13,17	45,3
3,15	13,07	46,4	13,11	46,2	13,16	46,0	13,21	45,8	13,26	45,7
3,20	13,16	46,8	13,21	46,6	13,26	46,4	13,30	46,2	13,35	46,0

Alkohol	Extrakt 7,00		Extrakt 7,05		Extrakt 7,10		Extrakt 7,15		Extrakt 7,20	
	U. W.	V. G.	U. W.	V. G.	U. W.	V. G.	U. W.	V. G.	U. W.	V. G.
3,25	13,25	47,1	13,30	46,9	13,35	46,8	13,40	46,6	13,45	46,4
3,30	13,34	47,5	13,39	47,3	13,44	47,1	13,49	47,0	13,54	46,8
3,35	13,44	47,9	13,48	47,7	13,53	47,5	13,58	47,3	13,63	47,1
3,40	13,53	48,2	13,58	48,0	13,63	47,9	13,67	47,7	13,72	47,5
3,45	13,62	48,6	13,67	48,4	13,72	48,2	13,77	48,0	13,82	47,9
3,50	13,72	48,9	13,76	48,7	13,81	48,5	13,86	48,4	13,91	48,2
3,55	13,81	49,3	13,86	49,1	13,90	48,9	13,95	48,7	14,00	48,5
3,60	13,90	49,6	13,95	49,4	14,00	49,2	14,04	49,0	14,09	48,9
3,65	13,99	49,9	14,04	49,7	14,09	49,6	14,14	49,4	14,19	49,2
3,70	14,09	50,3	14,14	50,1	14,18	49,9	14,23	49,7	14,28	49,5
3,75	14,18	50,6	14,23	50,4	14,27	50,2	14,32	50,0	14,37	49,9
3,80	14,27	50,9	14,32	50,7	14,37	50,5	14,41	50,3	14,46	50,2
3,85	14,36	51,2	14,41	51,0	14,46	50,9	14,51	50,7	14,55	50,5
3,90	14,45	51,5	14,50	51,3	14,55	51,2	14,60	51,0	14,64	50,8
3,95	14,54	51,8	14,59	51,6	14,64	51,5	14,69	51,3	14,74	51,1
4,00	14,64	52,1	14,68	51,9	14,73	51,8	14,78	51,6	14,83	51,4
4,05	14,73	52,4	14,78	52,3	14,82	52,1	14,87	51,9	14,92	51,7
4,10	14,82	52,7	14,87	52,5	14,91	52,3	14,96	52,2	15,01	52,0
4,15	14,91	53,0	14,96	52,8	15,01	52,6	15,05	52,4	15,10	52,3
4,20	15,00	53,3	15,05	53,1	15,10	52,9	15,15	52,8	15,19	52,6
4,25	15,09	53,6	15,14	53,4	15,19	53,2	15,24	53,0	15,29	52,9
4,30	15,18	53,8	15,23	53,7	15,28	53,5	15,33	53,3	15,38	53,1
4,35	15,28	54,1	15,32	53,9	15,37	53,8	15,42	53,6	15,47	53,4
4,40	15,37	54,4	15,41	54,2	15,46	54,0	15,51	53,9	15,56	53,7
4,45	15,46	54,7	15,50	54,5	15,55	54,3	15,60	54,1	15,65	54,0
4,50	15,55	54,9	15,59	54,7	15,64	54,6	15,69	54,4	15,74	54,2
4,55	15,64	55,2	15,69	55,0	15,73	54,8	15,78	54,6	15,83	54,5
4,60	15,73	55,5	15,78	55,3	15,82	55,1	15,87	54,9	15,92	54,7
4,65	15,82	55,7	15,87	55,5	15,91	55,3	15,96	55,2	16,01	55,0
4,70	15,91	56,0	15,96	55,8	16,00	55,6	16,05	55,4	16,10	55,2
4,75	16,00	56,2	16,05	56,0	16,10	55,9	16,14	55,7	16,19	55,5
4,80	16,09	56,5	16,14	56,3	16,19	56,1	16,23	55,9	16,28	55,7
4,85	16,18	56,7	16,23	56,5	16,28	56,4	16,32	56,2	16,37	56,0
4,90	16,27	56,9	16,32	56,8	16,37	56,6	16,41	56,4	16,46	56,2
4,95	16,36	57,2	16,41	57,0	16,46	56,8	16,50	56,6	16,55	56,5

Alkohol	Extrakt 7,25		Extrakt 7,30		Extrakt 7,35		Extrakt 7,40		Extrakt 7,45	
	U. W.	V. G.	U. W.	V. G.	U. W.	V. G.	U. W.	V. G.	U. W.	V. G.
1,50	10,18	28,7	10,23	28,6	10,28	28,5	10,33	28,3	10,38	28,2
1,55	10,28	29,4	10,33	29,3	10,38	29,1	10,43	29,0	10,47	28,8
1,60	10,37	30,0	10,42	29,9	10,47	29,8	10,52	29,6	10,57	29,5
1,65	10,47	30,7	10,52	30,6	10,57	30,4	10,62	30,3	10,67	30,1
1,70	10,57	31,4	10,62	31,2	10,66	31,0	10,71	30,9	10,76	30,7
1,75	10,66	31,9	10,71	31,8	10,76	31,6	10,81	31,5	10,86	31,4
1,80	10,76	32,6	10,81	32,4	10,86	32,3	10,91	32,1	10,95	31,8
1,85	10,85	33,2	10,90	33,1	10,95	32,8	11,00	32,7	11,05	32,5
1,90	10,95	33,8	11,00	33,7	11,05	33,4	11,10	33,3	11,15	33,1
1,95	11,04	34,3	11,09	34,2	11,14	34,0	11,19	33,9	11,24	33,7
2,00	11,14	34,9	11,19	34,7	11,24	34,6	11,29	34,4	11,34	34,3
2,05	11,24	35,5	11,28	35,3	11,33	35,1	11,38	35,0	11,43	34,8
2,10	11,33	36,0	11,38	35,8	11,43	35,7	11,48	35,5	11,53	35,3
2,15	11,43	36,5	11,47	36,3	11,52	36,2	11,57	36,0	11,62	35,8
2,20	11,52	37,0	11,57	36,9	11,62	36,7	11,67	36,5	11,72	36,4
2,25	11,62	37,5	11,66	37,4	11,71	37,2	11,76	37,1	11,81	36,9
2,30	11,71	38,0	11,76	37,9	11,81	37,7	11,86	37,6	11,91	37,4
2,35	11,80	38,5	11,85	38,4	11,90	38,2	11,95	38,1	12,00	37,9
2,40	11,90	39,0	11,95	38,9	12,00	38,7	12,05	38,5	12,10	38,4
2,45	11,99	39,5	12,04	39,3	12,09	39,2	12,14	39,0	12,19	38,8
2,50	12,09	40,0	12,14	39,8	12,19	39,7	12,23	39,5	12,28	39,3
2,55	12,18	40,4	12,23	40,3	12,28	40,1	12,33	39,9	12,38	39,8
2,60	12,28	40,9	12,33	40,8	12,37	40,5	12,42	40,4	12,47	40,2
2,65	12,37	41,4	12,42	41,2	12,47	41,0	12,52	40,8	12,57	40,7
2,70	12,46	41,8	12,51	41,6	12,56	41,4	12,61	41,3	12,66	41,1
2,75	12,56	42,2	12,61	42,1	12,66	41,9	12,70	41,7	12,75	41,5
2,80	12,65	42,6	12,70	42,5	12,75	42,3	12,80	42,1	12,85	42,0
2,85	12,75	43,1	12,80	42,9	12,84	42,7	12,89	42,6	12,94	42,4
2,90	12,84	43,5	12,89	43,3	12,94	43,2	12,99	43,0	13,03	42,8
2,95	12,93	43,9	12,98	43,7	13,03	43,5	13,08	43,4	13,13	43,2
8,00	13,03	44,3	18,08	44,1	13,12	43,9	13,17	43,8	13,22	43,6
8,05	13,12	44,7	13,17	44,5	13,22	44,4	13,27	44,2	13,32	44,0
8,10	13,21	45,1	13,26	44,9	13,31	44,7	13,36	44,6	13,41	44,4
3,15	13,31	45,5	13,36	45,3	13,40	45,1	13,45	45,0	13,50	44,8
3,20	13,40	45,9	13,45	45,7	13,50	45,5	13,55	45,3	13,59	45,1

Alkohol	Extrakt 7,25		Extrakt 7,30		Extrakt 7,35		Extrakt 7,40		Extrakt 7,45	
	U. W.	V. G	U. W.	V. G.	U. W.	V. G.	U. W.	V. G.	U. W.	V. G.
3,25	13,49	46,2	13,54	46,1	13,59	45,9	13,64	45,7	13,69	45,5
3,30	13,59	46,6	13,63	46,4	13,68	46,2	13,73	46,1	13,78	45,9
3,35	13,68	47,0	13,73	46,8	13,77	46,6	13,82	46,4	13,87	46,2
3,40	13,77	47,3	13,82	47,1	13,87	47,0	13,92	46,8	13,96	46,6
3,45	13,86	47,7	13,91	47,5	13,96	47,3	14,01	47,1	14,06	47,0
3,50	13,96	48,0	14,01	47,8	14,05	47,6	14,10	47,5	14,15	47,3
3,55	14,05	48,4	14,10	48,2	14,15	48,0	14,19	47,8	14,24	47,6
3,60	14,14	48,7	14,19	48,5	14,24	48,3	14,29	48,2	14,33	48,0
3,65	14,23	49,0	14,28	48,8	14,33	48,7	14,38	48,5	14,43	48,3
3,70	14,33	49,4	14,37	49,2	14,42	49,0	14,47	48,8	14,52	48,6
3,75	14,42	49,7	14,47	49,5	14,52	49,3	14,56	49,1	14,61	49,0
3,80	14,51	50,0	14,56	49,8	14,61	49,6	14,65	49,4	14,70	49,3
3,85	14,60	50,3	14,65	50,1	14,70	50,0	14,75	49,8	14,79	49,6
3,90	14,69	50,6	14,74	50,4	14,79	50,3	14,84	50,1	14,89	49,9
3,95	14,78	50,9	14,83	50,7	14,88	50,6	14,93	50,4	14,98	50,2
4,00	14,88	51,2	14,92	51,0	14,97	50,9	15,02	50,7	15,07	50,5
4,05	14,97	51,5	15,02	51,3	15,06	51,1	15,11	51,0	15,16	50,8
4,10	15,07	51,8	15,11	51,6	15,15	51,4	15,20	51,3	15,25	51,1
4,15	15,15	52,1	15,20	51,9	15,25	51,7	15,29	51,6	15,34	51,4
4,20	15,24	52,4	15,29	52,2	15,34	52,0	15,38	51,8	15,43	51,7
4,25	15,33	52,7	15,38	52,5	15,43	52,3	15,48	52,1	15,52	52,0
4,30	15,42	52,9	15,47	52,8	15,52	52,6	15,57	52,4	15,61	52,2
4,35	15,51	53,2	15,56	53,0	15,61	52,9	15,66	52,7	15,70	52,5
4,40	15,60	53,5	15,65	53,3	15,70	53,1	15,75	53,0	15,80	52,8
4,45	15,70	53,8	15,74	53,6	15,79	53,4	15,84	53,2	15,89	53,1
4,50	15,79	54,0	15,83	53,8	15,88	53,7	15,93	53,5	15,98	53,3
4,55	15,88	54,3	15,93	54,1	15,97	53,9	16,02	53,8	16,07	53,6
4,60	15,97	54,6	16,02	54,4	16,06	54,2	16,11	54,0	16,16	53,8
4,65	16,06	54,8	16,11	54,6	16,15	54,4	16,20	54,3	16,25	54,1
4,70	16,15	55,1	16,19	54,9	16,24	54,7	16,29	54,5	16,34	54,3
4,75	16,24	55,3	16,28	55,1	16,33	54,9	16,38	54,8	16,43	54,6
4,80	16,33	55,6	16,38	55,4	16,42	55,2	16,47	55,0	16,52	54,8
4,85	16,42	55,8	16,47	55,6	16,51	55,4	16,56	55,3	16,61	55,1
4,90	16,51	56,0	16,56	55,9	16,60	55,7	16,65	55,5	16,70	55,3
4,95	16,60	56,3	16,65	56,1	16,69	55,9	16,74	55,8	16,79	55,6

Alkohol	Extrakt 7,50		Extrakt 7,55		Extrakt 7,60		Extrakt 7,65		Extrakt 7,70	
	U.W.	V.G.	U.W.	V.G.	U.W.	V.G.	U.W.	V.G.	U.W.	V.G.
1,50	10,43	28,0	10,48	27,9	10,53	27,8	10,58	27,7	10,62	27,5
1,55	10,52	28,7	10,57	28,5	10,62	28,4	10,67	28,3	10,72	28,1
1,60	10,62	29,3	10,67	29,2	10,72	29,1	10,77	28,9	10,82	28,8
1,65	10,72	30,0	10,77	29,9	10,82	29,7	10,86	29,5	10,91	29,4
1,70	10,81	30,6	10,86	30,4	10,91	30,3	10,96	30,2	11,01	30,0
1,75	10,91	31,2	10,96	31,1	11,01	30,9	11,05	30,7	11,10	30,6
1,80	11,00	31,8	11,05	31,6	11,10	31,5	11,15	31,3	11,20	31,2
1,85	11,10	32,4	11,15	32,2	11,20	32,1	11,25	32,0	11,29	31,8
1,90	11,19	32,9	11,24	32,8	11,29	32,6	11,34	32,5	11,39	32,4
1,95	11,29	33,5	11,34	33,4	11,39	33,2	11,44	33,1	11,48	32,9
2,00	11,39	34,1	11,43	33,9	11,48	33,8	11,53	33,6	11,58	33,5
2,05	11,48	34,6	11,53	34,5	11,58	34,3	11,63	34,2	11,68	34,0
2,10	11,58	35,2	11,62	35,0	11,67	34,8	11,72	34,7	11,77	34,5
2,15	11,67	35,7	11,72	35,5	11,77	35,4	11,82	35,2	11,86	35,1
2,20	11,76	36,2	11,81	36,1	11,86	36,0	11,91	35,8	11,96	35,6
2,25	11,86	36,7	11,91	36,6	11,96	36,5	12,01	36,3	12,06	36,1
2,30	11,95	37,2	12,00	37,0	12,05	36,9	12,10	36,7	12,15	36,6
2,35	12,05	37,7	12,10	37,6	12,15	37,4	12,20	37,3	12,24	37,1
2,40	12,14	38,2	12,19	38,0	12,24	37,9	12,29	37,7	12,34	37,6
2,45	12,24	38,7	12,29	38,5	12,34	38,4	12,38	38,2	12,43	38,0
2,50	12,33	39,1	12,38	39,0	12,43	38,8	12,48	38,7	12,53	38,5
2,55	12,43	39,6	12,47	39,4	12,52	39,3	12,57	39,1	12,62	39,0
2,60	12,52	40,1	12,57	39,9	12,62	39,7	12,67	39,6	12,72	39,4
2,65	12,61	40,5	12,66	40,3	12,71	40,2	12,76	40,0	12,81	39,9
2,70	12,71	40,9	12,76	40,8	12,81	40,6	12,85	40,4	12,90	40,3
2,75	12,80	41,4	12,85	41,2	12,90	41,0	12,95	40,9	13,00	40,7
2,80	12,90	41,8	12,94	41,6	12,99	41,4	13,04	41,3	13,09	41,1
2,85	12,99	42,2	13,04	42,1	13,09	41,9	13,13	41,7	13,18	41,6
2,90	13,08	42,6	13,13	42,5	13,18	42,3	13,23	42,2	13,28	42,1
2,95	13,18	43,0	13,22	42,8	13,27	42,7	13,32	42,5	13,37	42,4
3,00	13,27	43,4	13,32	43,3	13,37	43,1	13,42	43,0	13,46	42,8
3,05	13,36	43,8	13,41	43,7	13,46	43,5	13,51	43,3	13,56	43,2
3,10	13,46	44,2	13,50	44,0	13,55	43,9	13,60	43,7	13,65	43,5
3,15	13,55	44,6	13,60	44,4	13,65	44,3	13,70	44,1	13,74	43,9
3,20	13,64	45,0	13,69	44,8	13,74	44,6	13,79	44,5	13,84	44,3

Alkohol	Extrakt 7,50		Extrakt 7,55		Extrakt 7,60		Extrakt 7,65		Extrakt 7,70	
	U. W.	V. G.	U. W.	V. G.	U. W.	V. G.	U. W.	V. G.	U. W.	V. G.
3,25	13,74	45,4	13,78	45,2	13,83	45,0	13,88	44,8	13,93	44,7
3,30	13,83	45,7	13,88	45,6	13,92	45,4	13,97	45,2	14,02	45,0
3,35	13,92	46,1	13,97	45,9	14,02	45,8	14,06	45,6	14,11	45,4
3,40	14,01	46,4	14,06	46,3	14,11	46,1	14,16	45,9	14,21	45,8
3,45	14,11	46,8	14,16	46,6	14,20	46,4	14,25	46,3	14,30	46,1
3,50	14,20	47,1	14,25	46,9	14,29	46,7	14,34	46,6	14,39	46,4
3,55	14,29	47,5	14,34	47,3	14,39	47,1	14,43	46,9	14,48	46,8
3,60	14,38	47,8	14,43	47,6	14,48	47,5	14,53	47,3	14,57	47,1
3,65	14,47	48,1	14,52	48,0	14,57	47,8	14,62	47,6	14,67	47,5
3,70	14,57	48,5	14,62	48,3	14,66	48,1	14,71	48,0	14,76	47,8
3,75	14,66	48,8	14,71	48,6	14,75	48,5	14,80	48,3	14,85	48,1
3,80	14,75	49,1	14,80	48,9	14,85	48,8	14,89	48,6	14,94	48,4
3,85	14,84	49,4	14,89	49,3	14,94	49,1	14,99	48,9	15,03	48,7
3,90	14,93	49,7	14,98	49,6	15,03	49,4	15,08	49,2	15,12	49,0
3,95	15,02	50,0	15,07	49,9	15,12	49,7	15,17	49,5	15,22	49,4
4,00	15,12	50,3	15,16	50,2	15,21	50,0	15,26	49,8	15,31	49,7
4,05	15,21	50,6	15,25	50,4	15,30	50,3	15,35	50,1	15,40	50,0
4,10	15,30	50,9	15,34	50,7	15,39	50,6	15,44	50,4	15,49	50,2
4,15	15,39	51,2	15,44	51,1	15,49	50,9	15,53	50,7	15,58	50,5
4,20	15,48	51,5	15,53	51,3	15,58	51,2	15,62	51,0	15,67	50,8
4,25	15,57	51,8	15,62	51,6	15,67	51,5	15,71	51,3	15,76	51,1
4,30	15,66	52,1	15,71	51,9	15,76	51,7	15,81	51,6	15,85	51,4
4,35	15,75	52,3	15,80	52,2	15,85	52,0	15,90	51,8	15,95	51,7
4,40	15,84	52,6	15,89	52,4	15,94	52,3	15,99	52,1	16,04	51,9
4,45	15,93	52,9	15,98	52,7	16,03	52,5	16,08	52,4	16,13	52,2
4,50	16,02	53,1	16,07	53,0	16,12	52,8	16,17	52,6	16,22	52,5
4,55	16,11	53,4	16,16	53,2	16,21	53,1	16,26	52,9	16,31	52,7
4,60	16,21	53,7	16,25	53,5	16,30	53,3	16,35	53,2	16,40	53,0
4,65	16,30	53,9	16,34	53,7	16,39	53,6	16,44	53,4	16,49	53,3
4,70	16,39	54,2	16,43	54,0	16,48	53,8	16,53	53,7	16,58	53,5
4,75	16,48	54,5	16,52	54,3	16,57	54,1	16,62	53,9	16,67	53,8
4,80	16,57	54,7	16,61	54,5	16,66	54,3	16,71	54,2	16,76	54,0
4,85	16,66	54,9	16,70	54,7	16,75	54,6	16,80	54,4	16,85	54,3
4,90	16,75	55,2	16,79	55,0	16,84	54,8	16,89	54,7	16,94	54,5
4,95	16,84	55,4	16,88	55,2	16,93	55,1	16,98	54,9	17,03	54,7

Alkohol	Extrakt 7,75		Extrakt 7,80		Extrakt 7,85		Extrakt 7,90		Extrakt 7,95	
	U.W.	V.G.	U.W.	V.G.	U.W.	V.G.	U.W.	V.G.	U.W.	V.G.
1,50	10,67	27,3	10,72	27,2	10,77	27,1	10,82	26,9	10,87	26,8
1,55	10,77	28,0	10,82	27,8	10,87	27,7	10,92	27,6	10,97	27,5
1,60	10,87	28,7	10,91	28,5	10,96	28,3	11,01	28,2	11,06	28,1
1,65	10,96	29,2	11,01	29,1	11,06	29,0	11,11	28,8	11,16	28,7
1,70	11,06	29,9	11,11	29,7	11,16	29,6	11,20	29,4	11,25	29,3
1,75	11,15	30,4	11,20	30,3	11,25	30,2	11,30	30,0	11,35	29,9
1,80	11,25	31,1	11,30	30,9	11,35	30,8	11,40	30,7	11,44	30,5
1,85	11,34	31,7	11,39	31,6	11,44	31,4	11,49	31,2	11,54	31,1
1,90	11,44	32,3	11,49	32,2	11,54	32,0	11,59	31,8	11,64	31,7
1,95	11,53	32,8	11,58	32,7	11,63	32,5	11,68	32,3	11,73	32,2
2,00	11,62	33,3	11,68	33,2	11,73	33,0	11,78	32,9	11,83	32,7
2,05	11,72	33,8	11,77	33,7	11,82	33,5	11,87	33,4	11,92	33,3
2,10	11,82	34,4	11,87	34,2	11,92	34,1	11,97	34,0	12,02	33,8
2,15	11,91	34,9	11,96	34,7	12,01	34,6	12,06	34,5	12,11	34,3
2,20	12,01	35,4	12,06	35,3	12,11	35,1	12,16	35,0	12,20	34,8
2,25	12,10	35,9	12,15	35,8	12,20	35,6	12,25	35,5	12,30	35,3
2,30	12,20	36,4	12,25	36,3	12,30	36,1	12,35	36,0	12,39	35,8
2,35	12,29	36,9	12,34	36,8	12,39	36,6	12,44	36,5	12,49	36,3
2,40	12,39	37,4	12,44	37,3	12,49	37,1	12,53	36,9	12,58	36,8
2,45	12,48	37,9	12,53	37,7	12,58	37,6	12,63	37,4	12,68	37,3
2,50	12,58	38,4	12,62	38,2	12,67	38,0	12,72	37,8	12,77	37,7
2,55	12,67	38,8	12,72	38,6	12,77	38,5	12,82	38,3	12,86	38,1
2,60	12,76	39,2	12,81	39,1	12,86	38,9	12,91	38,8	12,96	38,6
2,65	12,86	39,7	12,91	39,5	12,95	39,3	13,00	39,2	13,05	39,0
2,70	12,95	40,1	13,00	40,0	13,05	39,8	13,10	39,6	13,15	39,5
2,75	13,05	40,6	13,09	40,4	13,14	40,2	13,19	40,1	13,24	39,9
2,80	13,14	41,0	13,19	40,8	13,24	40,7	13,28	40,5	13,33	40,3
2,85	13,23	41,4	13,28	41,2	13,33	41,1	13,38	40,9	13,43	40,8
2,90	13,33	41,8	13,37	41,6	13,42	41,5	13,47	41,3	13,52	41,2
2,95	13,42	42,2	13,47	42,0	13,52	41,9	13,57	41,7	13,61	41,5
3,00	13,51	42,6	13,56	42,4	13,61	42,3	13,66	42,1	13,71	42,0
3,05	13,61	43,0	13,65	42,8	13,70	42,7	13,75	42,5	13,80	42,3
3,10	13,70	43,4	13,75	43,2	13,79	43,0	13,84	42,9	13,89	42,7
3,15	13,79	43,8	13,84	43,6	13,89	43,4	13,94	43,3	13,99	43,1
3,20	13,88	44,1	13,93	44,0	13,98	43,8	14,03	43,6	14,08	43,5

Alkohol	Extrakt 7,75		Extrakt 7,80		Extrakt 7,85		Extrakt 7,90		Extrakt 7,95	
	U. W.	V. G.	U. W.	V. G.	U. W.	V. G.	U. W.	V. G.	U. W.	V. G.
3,25	13,98	44,5	14,03	44,4	14,07	44,2	14,12	44,0	14,17	43,8
3,30	14,07	44,9	14,12	44,7	14,17	44,6	14,21	44,4	14,26	44,2
3,35	14,16	45,2	14,21	45,1	14,26	44,9	14,31	44,7	14,35	44,6
3,40	14,25	45,6	14,30	45,4	14,35	45,3	14,40	45,1	14,45	44,9
3,45	14,35	45,9	14,39	45,8	14,44	45,6	14,49	45,4	14,54	45,3
3,50	14,44	46,3	14,49	46,1	14,54	46,0	14,58	45,8	14,63	45,6
3,55	14,53	46,6	14,58	46,5	14,63	46,3	14,68	46,1	14,72	45,9
3,60	14,62	46,9	14,67	46,8	14,72	46,6	14,77	46,5	14,81	46,3
3,65	14,71	47,3	14,76	47,1	14,81	47,0	14,86	46,8	14,91	46,6
3,70	14,81	47,6	14,85	47,4	14,90	47,3	14,95	47,1	15,00	47,0
3,75	14,90	47,9	14,95	47,8	15,00	47,6	15,04	47,4	15,09	47,3
3,80	14,99	48,3	15,04	48,1	15,09	47,9	15,13	47,7	15,18	47,6
3,85	15,08	48,6	15,13	48,4	15,18	48,2	15,23	48,1	15,27	47,9
3,90	15,17	48,9	15,22	48,7	15,27	48,5	15,32	48,4	15,36	48,2
3,95	15,26	49,2	15,31	49,0	15,36	48,8	15,41	48,7	15,46	48,5
4,00	15,36	49,5	15,40	49,3	15,45	49,1	15,50	49,0	15,55	48,8
4,05	15,45	49,8	15,49	49,6	15,54	49,4	15,59	49,3	15,64	49,1
4,10	15,54	50,1	15,58	49,9	15,63	49,7	15,68	49,6	15,73	49,4
4,15	15,63	50,4	15,68	50,2	15,72	50,0	15,77	49,9	15,82	49,7
4,20	15,72	50,6	15,77	50,5	15,82	50,3	15,86	50,1	15,91	50,0
4,25	15,81	50,9	15,86	50,8	15,91	50,6	15,96	50,4	16,00	50,3
4,30	15,90	51,2	15,95	51,1	16,00	50,9	16,05	50,7	16,09	50,5
4,35	15,99	51,5	16,04	51,3	16,09	51,2	16,14	51,0	16,18	50,8
4,40	16,08	51,8	16,13	51,6	16,18	51,4	16,23	51,3	16,27	51,1
4,45	16,17	52,0	16,22	51,9	16,27	51,7	16,32	51,6	13,36	51,4
4,50	16,26	52,3	16,31	52,1	16,36	52,0	16,41	51,8	16,45	51,6
4,55	16,35	52,6	16,40	52,4	16,45	52,2	16,50	52,1	16,54	51,9
4,60	16,44	52,8	16,49	52,7	16,54	52,5	16,59	52,3	16,63	52,2
4,65	16,53	53,1	16,58	52,9	16,63	52,8	16,68	52,6	16,72	52,4
4,70	16,62	53,3	16,67	53,2	16,72	53,0	16,77	52,8	16,81	52,7
4,75	16,71	53,6	16,76	53,4	16,81	53,3	16,86	53,1	16,90	52,9
4,80	16,80	53,8	16,85	53,7	16,90	53,5	16,95	53,3	16,99	53,2
4,85	16,89	54,1	16,94	53,9	16,99	53,8	17,04	53,6	17,08	53,4
4,90	16,98	54,3	17,03	54,2	17,08	54,0	17,13	53,8	17,17	53,7
4,95	17,07	54,6	17,12	54,4	17,17	54,2	17,22	54,1	17,26	53,9

Alkohol	Extrakt 8,00		Extrakt 8,05		Extrakt 8,10		Extrakt 8,15		Extrakt 8,20	
	U. W.	V. G.	U. W.	V. G.	U. W.	V. G.	U. W.	V. G.	U. W.	V. G.
1,50	10,92	26,7	10,97	26,6	11,02	26,5	11,07	26,3	11,12	26,2
1,55	11,02	27,3	11,06	27,2	11,11	27,1	11,16	26,9	11,21	26,8
1,60	11,11	27,9	11,16	27,8	11,21	27,7	11,26	27,6	11,31	27,5
1,65	11,21	28,5	11,26	28,4	11,31	28,3	11,36	28,2	11,41	28,1
1,70	11,30	29,1	11,35	29,0	11,40	28,9	11,45	28,8	11,50	28,7
1,75	11,40	29,7	11,45	29,6	11,50	29,5	11,55	29,4	11,60	29,3
1,80	11,49	30,3	11,54	30,2	11,59	30,1	11,64	29,9	11,69	29,8
1,85	11,59	30,9	11,64	30,8	11,69	30,7	11,74	30,5	11,79	30,4
1,90	11,68	31,5	11,73	31,3	11,78	31,2	11,83	31,1	11,88	30,9
1,95	11,78	32,0	11,83	31,9	11,88	31,8	11,93	31,6	11,98	31,5
2,00	11,87	32,6	11,92	32,4	11,97	32,3	12,02	32,2	12,07	32,0
2,05	11,97	33,1	12,02	33,0	12,07	32,8	12,12	32,7	12,17	32,6
2,10	12,06	33,6	12,11	33,5	12,16	33,3	12,21	33,2	12,26	33,1
2,15	12,16	34,2	12,21	34,0	12,26	33,9	12,31	33,7	12,35	33,6
2,20	12,25	34,7	12,30	34,5	12,35	34,4	12,40	34,2	12,44	34,1
2,25	12,35	35,2	12,40	35,0	12,45	34,9	12,49	34,7	12,54	34,6
2,30	12,44	35,6	12,49	35,5	12,54	35,4	12,59	35,2	12,64	35,1
2,35	12,54	36,1	12,59	36,0	12,64	35,9	12,68	35,7	12,73	35,6
2,40	12,63	36,6	12,68	36,5	12,73	36.3	12,78	36,2	12,83	36,0
2,45	12,73	37,1	12,77	36,9	12,82	36,8	12,87	36,6	12,92	36,5
2,50	12,82	37,6	12,87	37,4	12,92	37,3	12,97	37,1	13,01	36,9
2,55	12,91	38,0	12,96	37,8	13,01	37,7	13,06	37,5	13,11	37,4
2,60	13,01	38,5	13,05	38,3	13,10	38,1	13,15	38,0	13,20	37,8
2,65	13,10	38,9	13,15	38,7	13,20	38,6	13,25	38,4	13,30	38,3
2,70	13,19	39,3	13,24	39,2	13,29	39,0	13,34	38,9	13,39	38,7
2,75	13,29	39,8	13,34	39,6	13,39	39,5	13,43	39,3	13,48	39,1
2,80	13,38	40,2	13,43	40,0	13,48	39,9	13,53	39,7	13,58	39,6
2,85	13,48	40,6	13,52	40,4	13,57	40,3	13,62	40,1	13,67	40,0
2,90	13,57	41,0	13,62	40,9	13,66	40,7	13,71	40,5	13,76	40,4
2,95	13,66	41,4	13,71	41,2	13,76	41,1	13,81	40,9	13,86	40,8
3,00	13,75	41,8	13,80	41,6	13,85	41,5	13,90	41,3	13,95	41,2
3,05	13,85	42,2	13,90	42,0	13,94	41,9	13,99	41,7	14,04	41,5
3,10	13,94	42,6	13,99	42,4	14,04	42,3	14,09	42,1	14,13	41,9
3,15	14,03	43,0	14,08	42,8	14,13	42,6	14,18	42,5	14,23	42,3
3,20	14,13	43,3	14,18	43,2	14,22	43,0	14,27	42,8	14,32	42,7

Alkohol	Extrakt 8,00		Extrakt 8,05		Extrakt 8,10		Extrakt 8,15		Extrakt 8,20	
	U. W.	V. G.	U. W.	V. G.	U. W.	V. G.	U. W.	V. G.	U. W.	V. G.
3,25	14,22	43,7	14,27	43,5	14,32	43,4	14,36	43,2	14,41	43,1
3,30	14,31	44,1	14,36	43,9	14,41	43,7	14,46	43,6	14,50	43,4
3,35	14,40	44,4	14,45	44,2	14,50	44,1	14,55	43,9	14,60	43,8
3,40	14,50	44,8	14,54	44,6	14,59	44,4	14,64	44,3	14,69	44,1
3,45	14,59	45,1	14,64	45,0	14,68	44,8	14,73	44,7	14,78	44,5
3,50	14,68	45,5	14,73	45,3	14,78	45,2	14,82	45,0	14,87	44,8
3,55	14,77	45,8	14,82	45,6	14,87	45,5	14,92	45,3	14,96	45,2
3,60	14,86	46,1	14,91	46,0	14,96	45,8	15,01	45,7	15,06	45,5
3,65	14,96	46,5	15,00	46,3	15,05	46,1	15,10	46,0	15,15	45,8
3,70	15,05	46,8	15,10	46,6	15,14	46,5	15,19	46,3	15,24	46,1
3,75	15,14	47,1	15,19	47,0	15,24	46,8	15,28	46,6	15,33	46,5
3,80	15,23	47,4	15,28	47,3	15,33	47,1	15,37	46,9	15,42	46,8
3,85	15,32	47,7	15,37	47,6	15,42	47,4	15,47	47,3	15,51	47,1
3,90	15,41	48,0	15,46	47,9	15,51	47,7	15,56	47,6	15,60	47,4
3,95	15,51	48,4	15,56	48,2	15,60	48,0	15,65	47,9	15,70	47,7
4,00	15,60	48,7	15,65	48,5	15,69	48,3	15,74	48,2	15,79	48,0
4,05	15,69	49,0	15,74	48,8	15,78	48,6	15,83	48,5	15,88	48,3
4,10	15,77	49,2	15,82	49,1	15,87	48,9	15,92	48,8	15,97	48,6
4,15	15,87	49,5	15,92	49,4	15,96	49,2	16,01	49,1	16,06	48,9
4,20	15,96	49,8	16,01	49,7	16,05	49,5	16,10	49,3	16,15	49,2
4,25	16,05	50,1	16,10	50,0	16,15	49,8	16,19	49,6	16,24	49,5
4,30	16,14	50,4	16,19	50,2	16,24	50,1	16,28	49,9	16,33	49,7
4,35	16,23	50,7	16,28	50,5	16,33	50,4	16,37	50,2	16,42	50,0
4,40	16,32	50,9	16,37	50,8	16,42	50,6	16,46	50,4	16,51	50,3
4,45	16,41	51,2	16,46	51,1	16,51	50,9	16,55	50,7	16,60	50,6
4,50	16,50	51,5	16,55	51,3	16,60	51,2	16,64	51,0	16,69	50,8
4,55	16,59	51,7	16,64	51,6	16,69	51,4	16,73	51,2	16,78	51,1
4,60	16,68	52,0	16,73	51,8	16,78	51,7	16,82	51,5	16,87	51,3
4,65	16,77	52,3	16,82	52,1	16,87	51,9	16,91	51,8	16,96	51,6
4,70	16,86	52,5	16,91	52,4	16,96	52,2	17,00	52,0	17,05	51,9
4,75	16,95	52,8	17,00	52,6	17,05	52,4	17,09	52,3	17,14	52,1
4,80	17,04	53,0	17,09	52,9	17,14	52,7	17,18	52,5	17,23	52,4
4,85	17,13	53,3	17,18	53,1	17,23	52,9	17,27	52,8	17,32	52,6
4,90	17,22	53,5	17,27	53,3	17,32	53,2	17,36	53,0	17,41	52,8
4,95	17,31	53,7	17,36	53,6	17,41	53,4	17,45	53,3	17,50	53,1

Alkohol	Extrakt 8,25		Extrakt 8,30		Extrakt 8,35		Extrakt 8,40		Extrakt 8,45	
	U. W.	V. G.	U. W.	V. G.	U. W.	V. G.	U. W.	V. G.	U. W.	V. G.
1,50	11,17	26,1	11,22	26,0	11,26	25,8	11,31	25,7	11,36	25,6
1,55	11,26	26,7	11,31	26,6	11,36	26,5	11,40	26,3	11,46	26,2
1,60	11,36	27,3	11,41	27,2	11,46	27,1	11,50	26,9	11,55	26,8
1,65	11,45	27,9	11,50	27,8	11,55	27,7	11,60	27,5	11,65	27,4
1,70	11,55	28,5	11,60	28,4	11,65	28,3	11,70	28,2	11,74	28,0
1,75	11,64	29,1	11,69	29,0	11,74	28,8	11,79	28,7	11,84	28,6
1,80	11,74	29,7	11,79	29,6	11,84	29,4	11,89	29,3	11,94	29,2
1,85	11,83	30,2	11,88	30,1	11,93	30,0	11,98	29,9	12,03	29,7
1,90	11,93	30,8	11,98	30,7	12,03	30,5	12,08	30,4	12,13	30,3
1,95	12,02	31,3	12,07	31,2	12,12	31,1	12,17	31,0	12,22	30,8
2,00	12,12	31,9	12,17	31,8	12,22	31,6	12,27	31,5	12,32	31,4
2,05	12,21	32,4	12,26	32,3	12,31	32,1	12,36	32,0	12,41	31,9
2,10	12,31	32,9	12,36	32,8	12,41	32,7	12,46	32,5	12,50	32,4
2,15	12,40	33,4	12,45	33,3	12,50	33,2	12,55	33,0	12,60	32,9
2,20	12,50	33,9	12,55	33,8	12,60	33,7	12,64	33,5	12,69	33,4
2,25	12,59	34,4	12,64	34,3	12,69	34,2	12,74	34,0	12,79	33,9
2,30	12,69	34,9	12,74	34,8	12,78	34,6	12,83	34,5	12,88	34,4
2,35	12,78	35,4	12,83	35,3	12,88	35,1	12,93	35,0	12,98	34,9
2,40	12,88	35,9	12,92	35,7	12,97	35,6	13,02	35,4	13,07	35,3
2,45	12,97	36,4	13,02	36,2	13,06	36,0	13,12	35,9	13,16	35,7
2,50	13,06	36,8	13,11	36,6	13,16	36,5	13,21	36,4	13,26	36,2
2,55	13,16	37,3	13,20	37,1	13,25	36,9	13,30	36,8	13,35	36,7
2,60	13,25	37,7	13,30	37,5	13,35	37,4	13,40	37,3	13,45	37,1
2,65	13,34	38,1	13,39	38,0	13,44	37,8	13,49	37,7	13,54	37,5
2,70	13,44	38,6	13,49	38,4	13,53	38,2	13,58	38,1	13,63	38,0
2,75	13,53	39,0	13,58	38,8	13,63	38,7	13,68	38,5	13,73	38,4
2,80	13,62	39,4	13,67	39,2	13,72	39,1	13,77	39,0	13,82	38,8
2,85	13,72	39,8	13,77	39,7	13,81	39,5	13,86	39,4	13,91	39,2
2,90	13,81	40,2	13,86	40,1	13,91	39,9	13,96	39,7	14,00	39,6
2,95	13,90	40,6	13,95	40,5	14,00	40,3	14,05	40,1	14,10	40,0
3,00	14,00	41,0	14,05	40,9	14,10	40,7	14,14	40,5	14,19	40,4
3,05	14,09	41,4	14,14	41,3	14,19	41,1	14,23	40,9	14,28	40,8
3,10	14,18	41,8	14,23	41,6	14,28	41,5	14,33	41,3	14,38	41,2
3,15	14,28	42,2	14,32	42,0	14,37	41,8	14,42	41,7	14,47	41,6
3,20	14,37	42,5	14,41	42,4	14,46	42,2	14,51	42,1	14,56	41,9

Alkohol	Extrakt 8,25		Extrakt 8,30		Extrakt 8,35		Extrakt 8,40		Extrakt 8,45	
	U. W.	V. G.	U. W.	V. G.	U. W.	V. G.	U. W.	V. G.	U. W.	V. G.
3,25	14,46	42,9	14,51	42,7	14,56	42,6	14,60	42,4	14,65	42,3
3,30	14,55	43,3	14,60	43,1	14,65	43,0	14,70	42,8	14,74	42,6
3,35	14,64	43,6	14,69	43,5	14,74	43,3	14,79	43,2	14,84	43,0
3,40	14,73	44,0	14,78	43,8	14,83	43,7	14,88	43,5	14,93	43,4
3,45	14,83	44,3	14,88	44,1	14,93	44,0	14,97	43,9	15,02	43,7
3,50	14,92	44,6	14,97	44,4	15,02	44,3	15,07	44,2	15,11	44,0
3,55	15,01	45,0	15,06	44,8	15,11	44,7	15,16	44,6	15,21	44,4
3,60	15,10	45,3	15,15	45,2	15,20	45,0	15,25	44,9	15,30	44,7
3,65	15,20	45,7	15,24	45,5	15,29	45,3	15,34	45,2	15,39	45,0
3,70	15,29	46,0	15,34	45,9	15,39	45,7	15,43	45,5	15,48	45,4
3,75	15,39	46,3	15,43	46,2	15,48	46,0	15,52	45,8	15,57	45,7
3,80	15,47	46,6	15,52	46,5	15,57	46,3	15,62	46,2	15,66	46,0
3,85	15,56	46,9	15,61	46,8	15,66	46,6	15,71	46,5	15,75	46,3
3,90	15,65	47,2	15,70	47,1	15,75	46,9	15,80	46,8	15,84	46,6
3,95	15,75	47,6	15,79	47,4	15,84	47,2	15,89	47,1	15,94	46,9
4,00	15,84	47,9	15,88	47,7	15,93	47,5	15,98	47,4	16,03	47,2
4,05	15,93	48,2	15,97	48,0	16,02	47,8	16,07	47,7	16,12	47,5
4,10	16,02	48,5	16,06	48,3	16,11	48,1	16,16	48,0	16,21	47,8
4,15	16,11	48,8	16,16	48,6	16,20	48,4	16,25	48,2	16,30	48,1
4,20	16,20	49,1	16,25	48,9	16,29	48,7	16,34	48,5	16,39	48,4
4,25	16,29	49,3	16,34	49,2	16,38	49,0	16,43	48,8	16,48	48,7
4,30	16,38	49,6	16,43	49,4	16,47	49,3	16,52	49,1	16,57	49,0
4,35	16,47	49,9	16,52	49,7	16,56	49,5	16,61	49,4	16,66	49,2
4,40	16,56	50,1	16,61	50,0	16,65	49,8	16,70	49,7	16,75	49,5
4,45	16,65	50,4	16,70	50,3	16,74	50,1	16,79	49,9	16,84	49,8
4,50	16,74	50,7	16,79	50,5	16,83	50,3	16,88	50,2	16,93	50,0
4,55	16,83	50,9	16,88	50,8	16,93	50,6	16,98	50,5	17,02	50,3
4,60	16,92	51,2	16,97	51,0	17,01	50,9	17,06	50,7	17,11	50,6
4,65	17,01	51,5	17,06	51,3	17,10	51,1	17,15	51,0	17,20	50,8
4,70	17,10	51,7	17,15	51,6	17,19	51,4	17,24	51,2	17,29	51,1
4,75	17,19	52,0	17,24	51,8	17,28	51,6	17,33	51,5	17,38	51,3
4,80	17,28	52,2	17,33	52,1	17,37	51,9	17,42	51,7	17,47	51,6
4,85	17,37	52,5	17,42	52,3	17,46	52,1	17,51	52,0	17,56	51,8
4,90	17,46	52,7	17,51	52,6	17,55	52,4	17,60	52,2	17,65	52,1
4,95	17,55	52,9	17,60	52,8	17,64	52,6	17,69	52,5	17,74	52,3

Die Zymasegärung. Untersuchungen über den Inhalt der Hefezellen und die biologische Seite des Gärungsproblems. Aus dem hygienischen Institut der Kgl. Universität München und dem chem. Laboratorium der Kgl. landwirtschaftlichen Hochschule zu Berlin von **Eduard Buchner** (Berlin), **Hans Buchner** (München) und **Martin Hahn** (München). Preis M. **12.—**.

Untersuchungen aus der **Praxis der Gärungsindustrie.** Beiträge zur Lebensgeschichte der Mikroorganismen von Professor Dr. **Emil Chr. Hansen.** Erstes Heft. Dritte, vermehrte und neubearbeitete Auflage, mit 19 Abbildungen. VII und 92 Seiten gr. 8⁰. Preis M. **3.50**. Zweites Heft. VIII und 128 Seiten gr. 8⁰. Preis M. **4.40**.

Die Hefe. Morphologie und Physiologie. Praktische Bedeutung der Hefereinzucht von Dr. **Edmond Kayser,** Vorstand des gärungs-physiologischen Laboratoriums am Institut National argronomique zu Paris. Autorisierte deutsche Ausgabe von Dr. **E. P. Meinecke.** 150 Seiten gr. 8⁰. Preis M. **3.—**.

Die Petroleum- und Benzinmotoren, ihre Entwicklung, Konstruktion und Verwendung. Ein Handbuch für Ingenieure, Studierende des Maschinenbaues, Landwirte und Gewerbetreibende aller Art. Bearbeitet von **G. Lieckfeld,** Zivil-Ingenieur in Hannover. Zweite umgearbeitete und vermehrte Auflage. Mit 188 in den Text gedruckten Abbildungen. gr. 8⁰. Preis M. **9.—**. In Leinwand geb. M. **10.—**.

Aus der Gasmotoren-Praxis. Ratschläge für den Ankauf, die Untersuchung und den Betrieb von Gasmotoren. Von **G. Lieckfeld,** Zivil-Ingenieur in Hannover. 8⁰. 67 Seiten. Preis kart. M. **1.50**.

Vergleichende Versuche an Kältemaschinen. Ausgeführt in der Versuchsstation des Polytechnischen Vereins zu München. Im Auftrage der Prüfungskommission veröffentlicht von **M. Schröter,** o. Professor der theoretischen Maschinenlehre an der Techn. Hochschule zu München. Mit 5 Lichtdruckbildern und 21 Diagrammtafeln. Preis geb. M. **3.25**.

www.ingramcontent.com/pod-product-compliance
Lightning Source LLC
Chambersburg PA
CBHW030242230326
41458CB00093B/571